代 数 学 1
―基礎編―

宮 西 正 宜 著

東京 裳華房 発行

ALGEBRA 1
— THE FUNDAMENTAL COURSE —

by

MASAYOSHI MIYANISHI

SHOKABO

TOKYO

はじめに

　代数学の起源は古い．整数の加減乗除や 2 次方程式の解法はエジプトやメソポタミアの文明創始期にまでさかのぼる．$\sqrt{2}$ や $\sqrt{3}$ が無理数であることはギリシャ時代から知られている．しかし，3 次方程式や 4 次方程式の解法は 16 世紀のルネッサンス期まで待たねばならず，5 次以上の一般方程式が解けるかどうかという問題は，19 世紀のアーベルとガロアに至って解決している．このように長い時間がかかって進歩している理由の 1 つは，新しい概念の導入とその展開が必要であったからである．たとえば，アーベルとガロアの画期的成功は，群の可解性が代数方程式の可解性に結び付くという発見によってなされたのである．この発見以降，群構造の研究は飛躍的に進展し，20 世紀末には単純群の分類という人類的偉業が達成された．一方，群と代数方程式の解との関係はガロア理論として整備されて，代数的整数論や被覆空間理論の基礎を与えた．また，代数方程式の研究を 1 変数から多変数に拡張することが環論の発達を促した．とくに，1900 年を挟む前後の期間におけるゲッチンゲン大学は，ヒルベルトやネーターがいて，そのような研究の中心であった．

　このような研究の発展を受けて代数学は，大学における数学教育において，幾何学と解析学に並ぶ 3 本柱の 1 つと位置付けられた．またその内容は，群・環・体を中心として，理論体系を学ぶとともに，抽象的概念を理解する場（道具）としても位置付けられた．このような位置付けは現在でも大きく変わっていない．しかし，その高度な抽象性は，初めて大学で代数学を本格的に学習する者にとっては，大きな壁にもなりうるものである．その解決方法として，抽象的概念をできるだけ身近な具体例に還元することも対応策の 1 つであろうが，講義内容を一歩踏み込んで学習することによっても深い理解が可能になるのではないかと考えている．本書は後者の立場を支持するものである．時間に制約のある講義で触れられる内容には限度があるから，一歩踏み込んで学習することは，学習者個人の努力に待つことになる．し

たがって，本書を書くにあたり意図したことは，講義に即した教科書の範囲を超えて，学習者が個人で読む部分を若干の努力で読みこなせるように工夫して書き加えることであった．

取り扱う内容は，大学2年生から4年生までに学習することがらを中心にして，それらを2巻に分ける構成とした．ただし，紙数の関係で，行列と行列式の計算は他書に譲ることとした．第1巻目となる本書の内容は，大学の2年生と3年生の内容に相当する．第2巻は，4年生と大学院修士課程の基礎的内容に相当する．

第1巻の本書を教科書として使用する場合の内容の取り扱いについて触れておく．第0章は，本書で使われる集合論の内容を簡単に述べたもので，集合論の講義が別途ある場合には省略するか，必要に応じて触れていただければ十分である．第1章の整数と第3章の1変数多項式環は，具体例を詳しく取り扱うことによって後で学ぶ抽象的内容の理解に役立てることを目的にしている．したがって，第1章を最初の半年の講義内容として，第3章を続く半年の内容とすることも可能である．1.6節の連分数展開や3.4節，3.5節を講義では省略して，興味ある学生の独習にまかせることでも構わない．第2章のベクトル空間は抽象ベクトル空間を取り扱っている．その内容は，群や環上の加群の理解を助けるために必要なことがらとして，行ベクトル空間や列ベクトル空間を取り扱うだけでは得られない，理論の簡明さを理解してもらえることを期待して書いたものである．教科書として使う場合には，2.4節までを扱うだけでよい．第4章の群の内容は少し多めなので，教科書としては4.3節または4.4節までの扱いでよいが，大学院で代数学の関連分野を専攻することを希望する学生には，残りの節も読んでもらいたいと考えている．実は，組成列やジョルダン・ヘルダーの定理も含めたかったが，紙数の関係で割愛した．第5章の環論は標準的内容である．環に関連する内容は，第2巻で本格的に取り扱う．なお，第2巻の構成は次のようになっている．

　　　　第6章　　代数方程式とガロア理論
　　　　第7章　　有限群の複素表現
　　　　第8章　　環の整拡大
　　　　第9章　　代数群と不変式論

はじめに

　本書は著者の長年の講義ノートを中心に書き下ろしたものである．講義ノートを作成する際には，いろいろな文献にあたっているが，いまになってはどの文献か指摘することはできない．読者の中には，他の本の進め方と似ている箇所があることに気付く方もいるかと思うが，重複があればご容赦願いたい．なお，用語は，できるだけ日本数学会編集の『数学辞典』（岩波書店）の最新版によることとした．

　このような代数学の教科書を書くことは，著者が長年抱いてきた希望の一つである．何年か前になるが，本書と似た企画を裳華房編集部の細木周治氏にお話しして執筆の承諾を得ながら，著者の勝手で実現せずに終ってしまった．今回，企画を新たにして，本書の第1巻目の刊行に至った．細木氏には長年の身勝手をお詫びするとともに，今回の刊行について深く感謝するものである．また，関西学院大学の増田佳代教授には，協力者として，原稿ならびに校正段階で目を通していただいた．ここに感謝の気持ちを表すものである．

　2010年4月

宮西　正宜

目　次

第0章　集合と演算
- 0.1　集合と写像 ... 1
- 0.2　同値関係と集合の直和分解 ... 7
- 0.3　集合の濃度 ... 10
- 0.4　商集合と商写像 ... 11
- 0.5　順序集合とツォルンの補題 ... 12
- 0.6　帰納的極限と射影的極限 ... 14
- 0.7　集合の上の2項演算 ... 18
- 　　問　題 ... 19

第1章　整数
- 1.1　整数の和と積 ... 21
- 1.2　約元と倍元 ... 22
- 1.3　剰余の定理とユークリッドの互除法 ... 23
- 1.4　合同関係と合同類 ... 28
- 1.5　オイラーの φ 関数 ... 36
- 1.6　連分数展開 ... 38
- 1.7　整数のイデアル ... 43
- 　　問　題 ... 46
- 　　〈エラトステネスの篩〉 ... 48

第2章　ベクトル空間
- 2.1　体の定義 ... 49

2.2	有限生成ベクトル空間と基底	50
2.3	線形写像	58
2.4	部分ベクトル空間と商ベクトル空間	65
2.5	双対ベクトル空間	75
2.6	線形変換と三角化	86
2.7	ジョルダン標準形	90
2.8	双一次形式	97
	問題	104

第3章　1変数多項式環

3.1	1変数多項式と次数	107
3.2	既約分解と分解の一意性	109
3.3	イデアル	113
3.4	終結式と判別式	121
3.5	$K[x]$ 上の有限生成加群	130
	問題	145
	〈終結式の計算〉	148

第4章　群

4.1	群の定義	149
4.2	巡回群・2面体群・置換群	156
4.3	正規部分群と剰余群	165
4.4	群作用とシローの定理	171
4.5	可解群とべき零群	179
4.6	有限生成アーベル群の構造	188
4.7	群の生成系と基本関係	192
4.8	低位数の有限群の構造	198
	問題	205
	〈群論の応用〉	207

第5章 環

- 5.1 環の定義，準同型写像，イデアル 209
- 5.2 商環と商体 216
- 5.3 ユークリッド整域と素元分解整域 222
- 5.4 素元分解整域上の多項式環 227
- 5.5 ネーター環とヒルベルトの基底定理 232
- 　　　問　題 237
- 　　　〈多項式環のイデアルとグレブナー基底〉 239

問題の解答 241
索　引 274

第0章 集合と演算

本章では，第1章から始まる主題の理解に必要な集合論の最低限の知識がまとめてある．集合論についてある程度の知識をもっている読者は本章を飛ばして第1章から読み始めてもよい．また，必要になった時点で立ち戻って読んでもよい．

0.1 集合と写像

まず，集合と写像について以下で必要になることがらをまとめておく．集合 (set) は S, T, X, Y, A, B など，必要となる状況でその状況をよく表すアルファベットの大文字を使って表すことが多い．そのとき，集合の要素（以下，**元**と呼ぶことが多い.）を示すときは，小文字のアルファベットで表す．元の数が有限個の集合を**有限集合**といい，そうでない集合を**無限集合**という．また，元を含まない集合を**空集合**といい，$\emptyset$ という記号で表す．

集合を
$$X = \{x \mid x \text{ は性質 } P \text{ を満たす }\}$$
と書いて表すとき，「x は性質 P を満たす」という部分は**条件式**と呼ばれる．整数全体の集合を $\mathbb{Z}$ で，実数全体の集合を $\mathbb{R}$，複素数全体の集合を $\mathbb{C}$ と表す．自然数全体の集合 $\mathbb{N}$ は
$$\mathbb{N} = \{z \in \mathbb{Z} \mid z > 0\}$$
と表される．集合が有限集合で，元全体を数え上げることができるときは，元全体を書き上げることもある．たとえば
$$\{z \in \mathbb{Z} \mid |z| < 2\} = \{-1, 0, 1\}$$

という等式は同じ集合を表していて，等式の左辺は条件式の形で集合を表したものであり，右辺は元全体を書き上げたものである．

与えられた集合 S の一部 T を集合と見たとき，T をもとの集合 S の**部分集合**といい，$T \subset S$ または $T \subseteq S$ と書く．ここで $\subset$ や $\subseteq$ の記号は不等号 $<$ や $\leq$ の使用に準じて，$T \subset S$ は T が S の真部分集合であることを示し，$T \subseteq S$ は「$T \subset S$ または $T = S$」となることを示す．$T \neq S$ であることを強調したいときは $T \subsetneq S$ とも書く．たとえば，$\mathbb{N} \subsetneq \mathbb{Z}$, $\mathbb{Z} \subsetneq \mathbb{R}$, $\mathbb{R} \subsetneq \mathbb{C}$ である．T が S の部分集合であるとき，S における T の**補集合**を $\{x \mid x \in S, x \notin T\}$ で定義し，$S - T$ または $S \setminus T$ と表す．集合 S の部分集合 T, U の**和** $T \cup U$ と**共通部分**または**交わり** $T \cap U$ は次のように定義される．

$$T \cup U = \{x \in S \mid x \in T \text{ または } x \in U\}, \quad T \cap U = \{x \in S \mid x \in T \text{ かつ } x \in U\}.$$

部分集合の和と共通部分の定義は，部分集合の個数が 2 つ以上または無限個の場合にも拡張される．集合 S の部分集合の系[1] $\{T_i\}_{i \in I}$ について，その和と共通部分の定義は次の通りである．

$$\bigcup_{i \in I} T_i = \{x \in S \mid x \in T_i \ (\exists i \in I)\},$$
$$\bigcap_{i \in I} T_i = \{x \in S \mid x \in T_i \ (\forall i \in I)\}.$$

集合 X から集合 Y への**写像**とは，X の各元 x に Y の元 y をある規則によって対応付けることである．写像は $f: X \to Y$ のように表し，元 $x \in X$ に元 $y \in Y$ が対応することを $y = f(x)$ または $f: x \mapsto y$ のように表す．集合の写像では，X の 2 つ以上の元が Y の 1 つの元に対応することは許すが，X の 1 つの元が Y の 2 つ以上の元に対応することはない．集合の写像 $f: X \to Y$ が **1 : 1 写像**または**単射**であるというのは，$f(x) = f(x')$ ならば $x = x'$ であるという性質を f がもつときにいう．また，**上への写像**または**全射**であるというのは，Y のどんな元 y をとっても X の元 x が存在して，$y = f(x)$ となる性質を f がもつときにいう．集合の写像 $f: X \to Y$ が与えられたとき，$f(X) = \{f(x) \mid x \in X\}$ を f の**像**という．ここで条件式「$x \in X$」は「x は X の元全部を動く」ことを意味する．f が全射というの

---

[1] 集合で添字付けされた系の概念については，話が前後するが，0.6 節にある．

0.1 集合と写像

は，$f(X) = Y$ となることと同じである．集合の写像 $f : X \to Y$ が，$1:1$ で上への写像であるとき，**全単射**であるという．全単射の概念は，2つの集合 X と Y が見かけは違っていても，集合として同一であることを示すために重要な概念である．また，全単射のことを**同型写像**ともいう．

2つの集合の写像 $f : X \to Y$ と $g : Y \to Z$ が与えられると，**合成写像** $g \circ f : X \to Z$ を $g \circ f(x) = g(f(x))$ によって定義できる．3つの集合の写像 $f : X \to Y$, $g : Y \to Z$, $h : Z \to W$ に対して，それらを2通りの仕方で合成した写像 $h \circ (g \circ f)$ と $(h \circ g) \circ f$ は同じ写像である．そのことは，$h \circ (g \circ f)(x) = h(g \circ f(x)) = h(g(f(x)))$ であり，$(h \circ g) \circ f(x) = h \circ g(f(x)) = h(g(f(x)))$ となることからわかる．すなわち，集合の写像の合成について**結合法則**が成立している．集合の写像 $f : X \to Y$ が全単射であったとすると，任意の $y \in Y$ に対して $f(x) = y$ となる $x \in X$ がただ一つ存在することがわかる．そこで，$g(y) = x$ として $g : Y \to X$ を定めると，g は集合の写像で，$g \circ f = 1_X$ となっている．ここで，1_X は X の**恒等写像**で，$1_X(x) = x$ と定義される．このとき $f \circ g = 1_Y$ も成立している．このような写像 g のことを，f の**逆写像**という．

集合の写像 $f : X \to Y$ と Y の部分集合 T に対して，$f^{-1}(T) = \{x \in X \mid f(x) \in T\}$ とおいたものを，f による T の**逆像**という．T が Y の1点から成る部分集合 $\{y\}$ のときは，$f^{-1}(\{y\}) = f^{-1}(y)$ と略記する．

例 0.1.1 偶数全体の集合を $\mathbb{Z}_{\text{even}} = \{2m \mid m \in \mathbb{Z}\}$ とし，奇数全体の集合を $\mathbb{Z}_{\text{odd}} = \{2m+1 \mid m \in \mathbb{Z}\}$ とすると，$\mathbb{Z}_{\text{even}}$ と $\mathbb{Z}$ および，$\mathbb{Z}_{\text{even}}$ と $\mathbb{Z}_{\text{odd}}$ の間には，集合の写像として全単射であるものが存在する．また，自然数の集合 $\mathbb{N}$ と整数の集合 $\mathbb{Z}$ の間には，集合の写像で全単射なものが存在する．

実際，集合の写像 $f : \mathbb{Z} \to \mathbb{Z}_{\text{even}}$ を $f(m) = 2m$ と定義すると，f は全単射である．また，集合の写像 $g : \mathbb{Z} \to \mathbb{Z}_{\text{odd}}$ を $g(m) = 2m+1$ として定義すると，全単射である． □

$\mathbb{N}$ と $\mathbb{Z}$ の間に全単射が存在することは演習問題として考えてみよ．後の定理を示すために，**オイラーの関数**を次のように定義する．

定義 0.1.2 正整数 n に対して，0 と n の間の整数 m で，n と互いに素なものの総

数を $\varphi(n)$ と表す．特別に，$\varphi(1) = 1$ とおく．

$\varphi(2) = 1, \varphi(3) = 2, \varphi(4) = 2, \varphi(5) = 4$ である．$n = p_1^{\alpha_1} p_2^{\alpha_2} \cdots p_r^{\alpha_r}$ のように，n を互いに異なる素数 $p_1, p_2, \ldots, p_r$ の積として表すとき，

$$\varphi(n) = p_1^{\alpha_1 - 1} p_2^{\alpha_2 - 1} \cdots p_r^{\alpha_r - 1}(p_1 - 1) \cdots (p_r - 1)$$
$$= n \left(1 - \frac{1}{p_1}\right)\left(1 - \frac{1}{p_2}\right) \cdots \left(1 - \frac{1}{p_r}\right)$$

と表せることを第 1 章で示す（1.5 節を参照）．また定義からわかるように，$n \neq 1$ ならば $0 < \varphi(n) < n$ となる．

定理 0.1.3 正の有理数全体の集合を $\mathbb{Q}_+$ と表すとき，集合 $\mathbb{Z}$ との間に全単射 $f: \mathbb{Q}_+ \to \mathbb{Z}$ が存在する．同様に，有理数全体の集合 $\mathbb{Q}$ と集合 $\mathbb{Z}$ の間に全単射 $g: \mathbb{Q} \to \mathbb{Z}$ が存在する．

証明 $\mathbb{Q}_+$ の元は $\dfrac{m}{n}$ と既約分数の形で表される．ここで n と m は互いに素な正整数である．すなわち，n と m の最大公約数を $\gcd(n, m)$ と表すと，$\gcd(n, m) = 1$ である．まず，

$$\mathbb{Q}_+^{\leq 1} = \left\{ \frac{m}{n} \,\Big|\, \gcd(n, m) = 1,\ 0 < m \leq n \right\}$$

とおいて，$\mathbb{Q}_+^{\leq 1}$ と $\mathbb{N}$ の間に全単射 $f: \mathbb{Q}_+^{\leq 1} \to \mathbb{N}$ を構成しよう．$\mathbb{Q}_+^{\leq 1}$ は，n の値を $1, 2, \ldots$ と変えて考えると，

$$S_1 = \{1\}, \quad S_n = \left\{ \frac{m}{n} \,\Big|\, 0 < m < n,\ \gcd(n, m) = 1 \right\} \ (n \geq 2)$$

という部分集合の和として表される．すなわち，$\mathbb{Q}_+^{\leq 1} = \bigcup_{n=1}^{\infty} S_n$ である．しかも，n と n' が異なれば，$S_n \cap S_{n'} = \emptyset$ である．実際，$\dfrac{m}{n} = \dfrac{m'}{n'}$ となれば，$n'm = nm'$ となる．$\gcd(n, m) = \gcd(n', m') = 1$ だから，n は n' の約数であり，n' は n の約数である（補題 1.3.5 を参照）．よって，$n = n'$，$m = m'$ となる．$n \neq n'$ と仮定したから，これは矛盾である．有限集合 S の元の数を $\#(S)$ または $|S|$ と書くことにすれば，$\#(S_n) = \varphi(n)$ となる．

ここで $f_1: S_1 \to \mathbb{N}$ を $f_1(1) = 1$ で定義する．ついで S_2 を考えて，S_2 の元 $\dfrac{1}{2}$ に対して $f_1\left(\dfrac{1}{2}\right) = 2$ とする．S_3 は 2 つの元 $\dfrac{1}{3}, \dfrac{2}{3}$ をもつから，小さい方から数えて

0.1 集合と写像

$f_1\left(\frac{1}{3}\right) = 3$, $f_1\left(\frac{2}{3}\right) = 4$ とする．$S_4 = \left\{\frac{1}{4}, \frac{3}{4}\right\}$ だから，$f_1\left(\frac{1}{4}\right) = 5$, $f_1\left(\frac{3}{4}\right) = 6$ とする．以上の数え上げを考えると

$$f_1\left(\frac{3}{4}\right) = \varphi(1) + \varphi(2) + \varphi(3) + \varphi(4) = 1 + 1 + 2 + 2 = 6$$

となっていることがわかる．この後は n に関する帰納法を使って $f_1 : S_n \to \mathbb{N}$ を定義する．S_n に属する一番大きい元は $\frac{n-1}{n}$ である．ここで，

$$f_1\left(\frac{n-1}{n}\right) = \varphi(1) + \varphi(2) + \cdots + \varphi(n)$$

となっていると仮定しよう．このとき S_{n+1} は $\varphi(n+1)$ 個の元 $\frac{1}{n+1}, \ldots, \frac{n}{n+1}$ から成り，

$$f_1\left(\frac{1}{n+1}\right) = \sum_{i=1}^{n} \varphi(i) + 1, \quad \ldots, \quad f_1\left(\frac{n}{n+1}\right) = \sum_{i=1}^{n+1} \varphi(i)$$

と数え上げられる．このようにして集合の写像 $f_1 : \mathbb{Q}_+^{\leq 1} \to \mathbb{N}$ が定義できて，その構成から見て，f_1 は全単射になっている．

ついで $\mathbb{Q}_+^{\geq 1} = \left\{\frac{n}{m} \middle| (n, m) = 1, m > n\right\}$ という集合を考える．$\mathbb{Q}_+^{\geq 1}$ は，1 と 1 より大きな既約分数 $\frac{n}{m}$ 全体から成る集合である．$\mathbb{Q}_+^{\leq 1}$ と $\mathbb{Q}_+^{\geq 1}$ の間には，$\frac{m}{n} \in \mathbb{Q}_+^{\leq 1}$ に対して $\frac{n}{m} \in \mathbb{Q}_+^{\geq 1}$ を対応させることによって，全単射 $\alpha : \mathbb{Q}_+^{\leq 1} \to \mathbb{Q}_+^{\geq 1}$ がある．α の逆写像を $\beta : \mathbb{Q}_+^{\geq 1} \to \mathbb{Q}_+^{\leq 1}$ とすれば，集合の写像 $f_2 = f_1 \circ \beta : \mathbb{Q}_+^{\geq 1} \to \mathbb{N}$ は全単射である．集合の写像 f_1 と f_2 を使って全単射 $f : \mathbb{Q}_+ \to \mathbb{N}$ を次のように構成する．このとき，$\mathbb{Q}_+$ は $\mathbb{Q}_+ = \mathbb{Q}_+^{\leq 1} \bigcup (\mathbb{Q}_+^{\geq 1} - \{1\})$ のように集合の和で表され，$\mathbb{Q}_+^{\leq 1} \bigcap (\mathbb{Q}_+^{\geq 1} - \{1\}) = \emptyset$ であることに注意しよう．すると

$$f(z) = \begin{cases} 2f_1(z) - 1 & (z \in \mathbb{Q}_+^{\leq 1}), \\ 2f_2(z) & (z \in \mathbb{Q}_+^{\geq 1} - \{1\}) \end{cases}$$

と定義すると，$f(1) = 1$, $f\left(\frac{1}{2}\right) = 3$, $f\left(\frac{1}{3}\right) = 5$, $f\left(\frac{2}{3}\right) = 7$, $\ldots$, $f(2) = 4$, $f(3) = 6$, $f\left(\frac{3}{2}\right) = 8$, $\ldots$ となって，z が $\mathbb{Q}_+^{\leq 1}$ の元を動くとその像 $f(z)$ は正の奇数全体と $1 : 1$ 対応し，z が $\mathbb{Q}_+^{\geq 1} - \{1\}$ の元を動くと $f(z)$ は正の偶数全体と $1 : 1$ に対応している．

最後に全単射 $g: \mathbb{Q} \to \mathbb{Z}$ を構成しよう．その定義は簡単で次のようにおけばよい．

$$g(z) = \begin{cases} f(z) & (z \in \mathbb{Q}_+), \\ 0 & (z = 0), \\ -f(z) & (z \in \mathbb{Q} - \mathbb{Q}_+ \cup \{0\}). \end{cases}$$

□

無限集合 $\mathbb{Z}$ と $\mathbb{Q}$ を比べると，一見，$\mathbb{Q}$ の方が $\mathbb{Z}$ より断然多くの元を含んでいるように見える．しかし，全単射となる集合の写像という観点から見れば，同じ数の元を含んでいるのである．

$\mathbb{Z}$ との間に全単射が存在するような集合 S のことを**可算集合**または**可付番集合**という．可算集合でない集合は**非可算集合**という．非可算集合の例を挙げておこう．$I = \{x \in \mathbb{R} \mid 0 \leq x < 1\}$ とおく．すなわち，I は区間 $0 \leq x < 1$ に属する実数全体の集合である．

定理 0.1.4 I は非可算集合である．

証明 以下の議論はカントール（Cantor）の**対角線論法**によっている．任意の実数は有限小数または無限小数で表される．たとえば，I に属する正の実数 a は

$$a = 0.a_1 a_2 a_3 \cdots a_i \cdots$$

と書ける．ここで a_i は小数点 i 桁目の数字で，$0 \leq a_i \leq 9$ の間にある整数である．a が小数点 n 桁の有限小数ならば，$a_i = 0\ (i > n)$ とおいた無限小数で表す．

さて，I が可算集合であったとしよう．すると I に属する実数全体は，自然数の集合 $\mathbb{N}$ と全単射で対応付けられている．その i 番目の実数を a_i として，その小数展開を

$$a_i = 0.a_{i1} a_{i2} \cdots a_{ij} \cdots$$

とする．ただし，a_{ij} は小数点 j 桁目の整数である．そこで I に属する実数 b を，その小数展開

$$b = 0.b_1 b_2 \cdots b_n \cdots$$

において，$b_1 \neq a_{11},\ b_2 \neq a_{22},\ \ldots,\ b_n \neq a_{nn},\ \ldots$ ととって定める．このような b が存在して I に属することは明らかであろう．したがって，b は，I の数え上げの N

番目の数 a_N に一致しているとしてよい．ただし N は自然数である．すると，b の小数展開は a_N の小数展開と一致しているから，

$$b_1 = a_{N1}, \quad b_2 = a_{N2}, \quad \ldots, \quad b_N = a_{NN}, \quad \ldots$$

となる．しかし b の構成方法から $b_N \neq a_{NN}$ である．この矛盾は I が可算集合であると仮定したことから生じている．よって I は非可算集合である[2]．   □

0.2 同値関係と集合の直和分解

集合 S をある規則に基づいて部分集合の和に分解することを考えよう．S の2つの元にかかわる1つの関係を考えて，2元 x と y の間にその関係が成立するとき，$x \sim y$ と書いて表す．任意に2元 x, y をとってきたときには，x と y の間に関係が成立する場合も成立しない場合もある．成立しないときには，$x \not\sim y$ と表す．また，関係の取り方によっては，$x \sim y$ であるが，$y \sim x$ とは限らない．すなわち，関係が2元のとる順序にかかわることがある．そこで関係として次の3条件を満たすものを考えて，S 上の**同値関係**という．

（ⅰ）（**反射律**）　任意の $x \in S$ について，$x \sim x$．
（ⅱ）（**対称律**）　$x \sim y$ ならば，$y \sim x$．
（ⅲ）（**推移律**）　$x \sim y,\ y \sim z$ ならば，$x \sim z$．

例 0.2.1　整数全体の集合 $\mathbb{Z}$ に次の関係を考える．

$$m \sim n \iff m - n は 2 で割れる．$$

この関係は同値関係で，第1章で2を法とする**合同関係**と呼ばれるものである．　□

集合 S 上の同値関係を考えると，S の元 s に対して部分集合

$$S(s) = \{x \in S \mid x \sim s\}$$

---

[2] ここでは，与えられた条件から ある性質 P または結論 C を導くとき，P または C が成立しないと仮定して矛盾を導く論法によって証明している．このような論法を背理法または帰謬（きびゅう）法という．英語ではラテン語をそのまま使って reductio absurdum という．

が考えられる．この部分集合 $S(s)$ を s の**同値類**という．$s \in S(s)$ だから，$S(s)$ は空集合ではない．このとき次の定理が成立する．

定理 0.2.2 (1) $s, t \in S$ について，$S(s) = S(t)$ または $S(s) \cap S(t) = \emptyset$ のいずれかが成立する．

(2) 集合 S は互いに交わらない部分集合 $S(s)$ の和として表される．

証明 (1) $S(s) \cap S(t) \neq \emptyset$ と仮定する．$u \in S(s) \cap S(t)$ を1つ選ぶと，$u \sim s$ かつ $u \sim t$ である．このとき対称律より $s \sim u$ だから，推移律により $s \sim t$ となる．すなわち $s \in S(t)$ である．すると $S(s)$ の任意の元 x に対して，$x \sim s, s \sim t$ だから $x \sim t$ となって，$x \in S(t)$．よって $S(s) \subseteq S(t)$ である．また $t \sim s$ でもあるから，上と同様にして，$S(t) \subseteq S(s)$ がわかる．よって $S(s) = S(t)$ である．

(2) S の任意の元 x は $S(x)$ に属する．よって S は互いに交わらない部分集合の和として表される． $\square$

定理 0.2.2 の (2) の結果により，S は同値類の相交わらない和となっているが，その表し方を考えてみよう．相異なる同値類全体の成す集合を Λ とする．$\Lambda = \{S(s) \mid s \in S\}$ であるが，$s \neq t$ でも $S(s) = S(t)$ となれば，Λ の元としては同一の元と見なしている．Λ の元 λ は同値類に対応するから，その同値類に属する S の元を1つ定めて s_λ と書く．s_λ を，この元が属する同値類の**代表元**という．このとき $S = \bigcup_{\lambda \in \Lambda} S(s_\lambda)$ と表される．ここで $\bigcup_{\lambda \in \Lambda}$ という記号は，λ が集合 Λ の元すべてを動くことを意味する．さらに $\lambda \neq \mu$ ならば $S(s_\lambda) \cap S(s_\mu) = \emptyset$ である．このような S の部分集合の和を**直和**と呼んで $S = \coprod_{\lambda \in \Lambda} S(s_\lambda)$ と書き，Λ を**添字集合**という．また，S をこのような部分集合の直和に分解することを**直和分解**といい，$\{s_\lambda \mid \lambda \in \Lambda\}$ をこの直和分解の**代表系**という．

一般に，$S = \coprod_{\lambda \in \Lambda} S_\lambda$ という Λ を添字集合とするような直和分解を考えてみよう．すなわち，任意の $\lambda \in \Lambda$ に対して $S_\lambda \neq \emptyset$ で，$\lambda \neq \mu$ ならば $S_\lambda \cap S_\mu = \emptyset$ となるような分解である．S の2元 x, y に対して，ある $\lambda \in \Lambda$ が存在して $x, y \in S_\lambda$ となるとき，$x \sim y$ という関係を付ける．このとき，$x \sim x$ となることと，$x \sim y$ ならば $y \sim x$ となることとは明らかであろう．推移律を考えよう．$x, y \in S_\lambda, y, z \in S_\mu$ ならば $\lambda = \mu$ となるから，$x, y, z \in S_\lambda$ である．よって，$x \sim z$ となるから推移律が成立する．すなわち，$S = \coprod_{\lambda \in \Lambda} S_\lambda$ という直和分解を利用して定義した S 上の関

0.2 同値関係と集合の直和分解

係 $x \sim y$ は同値関係である．この定義から明らかであるが，S_λ は S_λ に属する元 s の同値類になっている．よって次の結果が得られたことになる．

定理 0.2.3 集合 S の直和分解 $S = \coprod_{\lambda \in \Lambda} S_\lambda$ に対して，S 上の同値関係がただ一つ定まり，各 S_λ はその同値関係による同値類である．

ここで 2 つの集合 S と T の**直積集合**（または簡単に，**直積**）$S \times T$ を定義する．$S \times T$ の元は，S の元と T の元の組 (s,t) である．この組は $(S$ の元, T の元$)$ という順序の付いた組である．すなわち $S \times T = \{(s,t) \mid s \in S, t \in T\}$ である．$S \times T$ を表すのに xy-座標系のような下図を用いると理解しやすい．

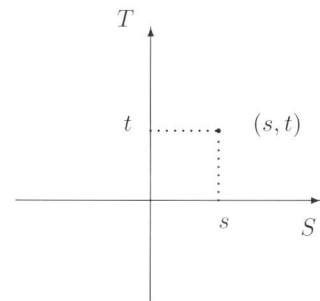

射影 $p_1 : S \times T \to S$ と射影 $p_2 : S \times T \to T$ を，$p_1(s,t) = s$, $p_2(s,t) = t$ と定義する．p_1, p_2 と番号付けしているのは，1 番目の座標への射影と 2 番目の座標への射影を区別して示すためである．

集合 S 上の同値関係 $x \sim y$ から，直積集合 $S \times S$ の部分集合 R が

$$R = \{(x,y) \in S \times S \mid x \sim y\}$$

として定義できる．すると同値関係に関する 3 条件 (i), (ii), (iii) は次の 3 条件 (i)′, (ii)′, (iii)′ と同値である．

(ⅰ)′ （反射律） $\Delta \subseteq R$．ここで Δ は部分集合 $\{(x,x) \mid x \in S\}$ を表し，**対角集合**と呼ばれる．

(ⅱ)′ （対称律） $R = {}^t R$．ここで ${}^t R$ は部分集合 ${}^t R = \{(y,x) \mid (x,y) \in R\}$ を表す．

(ⅲ)′ （推移律） $p_{13} : S \times S \times S \to S \times S$ を $p_{13}(x,y,z) = (x,z)$ と定義すると

$$p_{13}((R \times S) \cap (S \times R)) = R.$$

(i) と (i)′, (ii) と (ii)′ が同値であることは明らかであろう．条件 (i)′ のもとで (iii) と (iii)′ が同値なことは次のようにしてわかる．$(x, y, z) \in (R \times S) \cap (S \times R)$ とすると，$(x, y, z) \in R \times S$ より $x \sim y$ であり，$(x, y, z) \in S \times R$ より $y \sim z$ となる．よって推移律より $x \sim z$ となり，$x \sim z$ である．すなわち，$p_{13}((R \times S) \cap (S \times R)) \subseteq R$ となる．ここで R の任意の元 (x, y) をとると，$(x, x, y) \in (R \times S) \cap (S \times R)$ だから，$p_{13}((R \times S) \cap (S \times R)) = R$ となる．逆に，$p_{13}((R \times S) \cap (S \times R)) = R$ となったとして推移律を導いてみよう．$(x, y, z) \in (R \times S) \cap (S \times R)$ ならば，$x \sim y$ かつ $y \sim z$ であり，仮定した等式により $x \sim z$ が導かれる．

例 0.2.4 例 0.2.1 における 2 を法とする合同関係で，$\mathbb{Z}$ は 2 つの同値類 $\mathbb{Z}(0)$ と $\mathbb{Z}(1)$ の直和に分解される．ここで

$$\mathbb{Z}(0) = \{n \in \mathbb{Z} \mid n \sim 0\} = \{\,\text{偶数}\,\},$$
$$\mathbb{Z}(1) = \{n \in \mathbb{Z} \mid n \sim 1\} = \{\,\text{奇数}\,\}$$

である． □

0.3 集合の濃度

0.2 節で考えた同値関係を使って，集合の大きさを測る工夫をしてみよう．$\mathcal{S}$ を集合の集まりとする．$\mathcal{S}$ はできるだけ多くの集合を含むものとする[3]．$\mathcal{S}$ に属する 2 つの集合 S と T について，S と T の間に全単射 $f : S \to T$ が存在するとき，$S \sim T$ であるとして関係を定義する．

補題 0.3.1 $\mathcal{S}$ 上の関係 $S \sim T$ は同値関係である．

証明 S を $\mathcal{S}$ に属する任意の集合とすると，S の恒等写像 $1_S : S \to S$ は明らかに全単射である．よって $S \sim S$ となって，反射律が成立する．$S, T \in \mathcal{S}$ に対して全単射 $f : S \to T$ が存在したとしよう．f の逆写像 $f^{-1} : T \to S$ も全単射である．よっ

---

[3] 集合全体の集まりとすると，$\mathcal{S}$ が $\mathcal{S}$ を元として含むことになって論理的におかしくなる．

て，$S \sim T$ ならば $T \sim S$ となるので，対称律が成立する．$S, T, U \in \mathcal{S}$ について $S \sim T$, $T \sim U$ と仮定すれば，全単射 $f: S \to T$ と $g: T \to U$ が存在する．それらの合成写像 $g \circ f: S \to U$ も全単射である．よって $S \sim U$ となり，推移律が成立する． □

$S \in \mathcal{S}$ を 1 つ定めると，S の同値類に属する集合 T は，S と同数の元を含んでいると考えることができる．S が n 個の元を含む有限集合ならば，T も n 個の元から成り立っている．しかし，S が無限集合ならば，T は S と同数の元を含むといっても正確な表現ではない．S と T の元は全単射によって 1:1 に結ばれているので，このことを，S と T は同数の元を含んでいる，といったわけである．

$\mathcal{S}$ を上の同値関係で分解したとき，1 つの同値類のことを，その同値類に属する集合 S の **濃度** という．これは理解しにくい定義であるが，S が n 個の元を含む有限集合ならば，この同値類に属する集合はすべて n 個の元を含むことになる．別の言い方をすれば，n 個の元をもつ有限集合のすべてを 1 つの同値類と見なした，といってもよい．

0.1 節で述べたように，$\mathbb{Z}$, $\mathbb{Z}_{\text{even}}$, $\mathbb{Z}_{\text{odd}}$, $\mathbb{Q}_+^{\leq 1}$, $\mathbb{Q}_+^{\geq 1}$, $\mathbb{Q}$ はすべて同じ濃度をもっている．この濃度のことを **可算濃度** または **可付番濃度** という．これに反して，区間 $0 \leq x < 1$ に属する実数の集合 I や $\mathbb{R}$ 自身は，$\mathbb{Z}$ の属する同値類には属さない．I や $\mathbb{R}$ の属する同値類を **連続体の濃度** という．

0.4　商集合と商写像

集合 S の上に 1 つの同値関係 $\sim$ を考えて，その同値関係による S の同値類への分解を $S = \coprod_{\lambda \in \Lambda} S_\lambda$ とする．ここで添字の λ ごとに（ただ一通りに）同値類 S_λ が定まっている．また，各 S_λ から元 s_λ を 1 つ選んで S_λ を代表させることができる．S を，同値類という部分集合の集まりに分解したとき，その同値類の集まり $\{S_\lambda \mid \lambda \in \Lambda\}$ を，この同値関係による S の **商集合** といって $S/\sim$ と書く．S の元 s に，s が属する同値類 S_λ を対応させて，全射 $q: S \to T$ が得られる．ここで $T = S/\sim$ とおいた．写像 q を同値関係 $\sim$ の **商写像** という．

この逆の結果が成立する．

補題 0.4.1 $q: S \to T$ を集合の全射とすると，T を商集合とし q を商写像とするような S 上の同値関係がただ一つ存在する．

証明 T の各元 t に対して $S_t = q^{-1}(t)$ とおく．q は全射だから，$S = \coprod_{t \in T} S_t$ と空でない部分集合に直和分解される．ここで $t \neq t'$ ならば $S_t \cap S_{t'} = \emptyset$ となることに注意しよう．すると，定理 0.2.3 により，各 S_t を同値類とするような同値関係が S 上にただ一通りに定まる． □

同じ集合 S 上に 2 つの同値関係 $\sim$ と $\approx$ が与えられて「$x \sim y \Rightarrow x \approx y$」となるとき，同値関係 $\sim$ は同値関係 $\approx$ よりも**細かい**（または**強い**）という．元 x を含む同値関係 $\sim$ による同値類 $S^{\sim}(x)$ と同値関係 $\approx$ による同値類 $S^{\approx}(x)$ の間には，$S^{\sim}(x) \subseteq S^{\approx}(x)$ という関係がある．同値関係 $\sim$ による商集合を T とし，商写像を $q: S \to T$ とすると，S 上の同値関係 $\approx$ は次のようにして，T 上の同値関係 $\equiv$ を導く．すなわち，$t, t' \in T$ について

$$t \equiv t' \iff \text{ある } x \in S \text{ が存在して，} q^{-1}(t) \subseteq S^{\approx}(x), q^{-1}(t') \subseteq S^{\approx}(x)$$

と定義する．これは明らかに T 上の同値関係になっている．T の同値関係 $\equiv$ による商集合を U とし，その商写像を $q': T \to U$ とすると，次の結果が成立している．

定理 0.4.2 合成写像 $q' \circ q: S \to U$ は同値関係 $\approx$ による商写像で，U はその商集合になっている．

0.5 順序集合とツォルンの補題

整数の集合 $\mathbb{Z}$ や実数の集合 $\mathbb{R}$ においては，2 つの数 a, b が与えられると，それらの大小によって $a < b$, $a = b$, $a > b$ の 3 つの場合のどれか 1 つが成立する．すなわち，a と b は順序付けられている．この考え方を一般化した順序集合の概念を導入しよう．

集合 S の元に**順序**（または**大小関係**）と呼ばれる関係 $x \leq y$ が定義されていて次の 3 条件を満たすとき，S を**順序集合**という．

(i) （反射律） 任意の元 $x \in S$ について，$x \leq x$.

0.5　順序集合とツォルンの補題

(ii)（反対称律）　$x \leq y$ かつ $y \leq x$ ならば, $x = y$.
(iii)（推移律）　$x \leq y$ かつ $y \leq z$ ならば, $x \leq z$.

順序 $x \leq y$ のことを $y \geq x$ と書いてもよい．ただし，$\mathbb{Z}$ や $\mathbb{R}$ のように，S のどの 2 元 x, y をとっても，x と y の間に順序が定義されているとは限らない．そこで次の条件 (iv) を満たすような順序集合を，**全順序集合**と呼ぶことがある．

(iv)　S のどの 2 元 x, y をとっても $x \leq y$, $x = y$, $y \leq x$ のどれか 1 つが成立する．

どのような集合 S にも自明な順序を入れることができる．すなわち，$x \leq y$ となるのは $x = y$ のときだけ，とする順序である．順序集合の最初の 3 条件 (i), (ii), (iii) は同値関係の定義における条件と似ているようであるが，順序集合の反対称律と同値関係の対称律は相反するものである．実際に，順序の定義において対称律「$x \leq y$ ならば $y \leq x$」が成立すれば，反対称律によって $x = y$ となり，順序は自明なものとなってしまう．

例 0.5.1　X を集合とし，S は X の部分集合から成る集合とする．S は X のすべての部分集合を（元として）含まなくてもよい．S の元 U と V について，$U \leq V \iff U \subseteq V$ によって順序（包含関係による順序）を考える．条件 (i), (ii), (iii) が成立していることは容易にわかる． □

S を順序集合とするとき，その部分集合 A に同じ順序を考えると，A は順序集合である．この順序で A が全順序集合になるとき，A は**全順序部分集合**という．また，S の部分集合 B が与えられ，B の任意の元 x について $x \leq s$ となるような S の元 s が存在するとき，B は**上に有界**であるという．全順序部分集合がすべて上に有界であるような順序集合を**帰納的順序集合**という．

再び S を順序集合とする．S の元 s が「$s \leq x$ ならば $s = x$ となる」という条件を満たすとき，s は S の**極大元**という．一般に極大元は最大元とは異なる．また，「$x \leq s$ ならば $s = x$ となる」という条件を満たすとき，s は**極小元**であるという．次の結果は**ツォルン (Zorn) の補題**と称されて，代数学でしばしば用いられる結果である．

定理 0.5.2　帰納的順序集合は極大元をもつ．

実は，ツォルンの補題で述べられていることがらは，**選択公理**と呼ばれる集合論における公理に同値である，というのがツォルンの主張である．選択公理にはいくつかの同値な述べ方があるが，次の形で述べることにする．

選択公理 集合 A から集合 B への全射 $f : A \to B$ が与えられると，集合の写像 $g : B \to A$ が存在して，$f \circ g = 1_B$ となる．

B の任意の元 b に対して $S_b = f^{-1}(b)$ とおけば，$S_b \neq \emptyset$ で，$A = \coprod_{b \in B} S_b$ と書ける．この公理が主張していることは，各 S_b から代表元を1つずつ選んで $g(b)$ とできる，ということである．この公理は成立していると考えることができるので，ツォルンの補題も正しいと考えるのである．

0.6　帰納的極限と射影的極限

I を順序集合とする．I の元 i, j, k について $i \leq j$, $i \leq k$ ならば，I の元 ℓ が存在して $j \leq \ell$, $k \leq \ell$ となるとき，I は**有向集合**であるという．I は順序集合であると仮定する．I の各元 i に対して集合 X_i が対応付けられているとき，集合 X_i の集まりを $\{X_i\}_{i \in I}$ と書き表して，I を添字集合にもつ**集合の系**という．

I を添字集合にもつ集合の系 $\{X_i\}_{i \in I}$ において，$i \leq j$ ならば $f_{ji} : X_i \to X_j$ という集合の写像が存在して[4]

(i) 各 $i \in I$ に対して，$f_{ii} = 1_{X_i}$,
(ii) $i \leq j \leq k$ のとき，$f_{ki} = f_{kj} \circ f_{ji}$

となっているとき，$\{X_i\}_{i \in I}$ と $\{f_{ji} \mid i, j \in I, i \leq j\}$ の組を $\{X_i, f_{ji} \mid i, j \in I, i \leq j\}$ と書き表して，I で添字付けられた**帰納的系**という．このとき次の定理が成立する．

定理 0.6.1 有向集合 I で添字付けられた帰納的系 $\{X_i, f_{ji} \mid i, j \in I, i \leq j\}$ に対して，集合 X と集合の写像 $g_i : X_i \to X$ が存在して，次の条件を満たす．

(1) $i \leq j$ ならば，$g_i = g_j \circ f_{ji}$.

---
[4] f_{ji} における添字 ji の付け方は，「f_{ji} は，X_i から X_j への写像」ということがわかるような順序になっている．

0.6 帰納的極限と射影的極限

(2) 集合 Y と集合の写像 $h_i : X_i \to Y$ について条件「$i \leq j$ なら $h_i = h_j \circ f_{ji}$」が満たされるならば,集合の写像 $h : X \to Y$ がただ一通りに存在して,各 $i \in I$ に対して $h_i = h \circ g_i$ となる.

このような集合 X は全単射を除いてただ一通りに定まる[5].

証明 まず,$\{X_i\}_{i \in I}$ の直和集合 S を定義する.$S = \{(i, x) \mid i \in I, x \in X_i\}$ とおく.S の元 $s = (i, x)$ をとるとき,添字 $i \in I$ は $x \in X_i$ によって定まるから,s と x を同一視することがある.集合 S に同値関係を

$$s \sim t \iff s \in X_i,\ t \in X_j \text{ とすると},\ k \in I \text{ が存在して},$$
$$i \leq k,\ j \leq k \text{ かつ } f_{ki}(s) = f_{kj}(t)$$

として定義する.これが同値関係であることは次のようにしてわかる.

(i)(反射律) $s \in X_i$ ならば,$s = 1_{X_i}(s)$ より $s \sim s$.

(ii)(対称律) $s \sim t$ ならば,$s \in X_i,\ t \in X_j$ として,$i \leq k,\ j \leq k$ を満たす $k \in I$ がとれて $f_{ki}(s) = f_{kj}(t)$.よって $t \sim s$ でもある.

(iii)(推移律) $s \sim t,\ t \sim u$ とする.$s \in X_i,\ t \in X_j,\ u \in X_k$ とすると,$\ell, m \in I$ が存在して,$i \leq \ell,\ j \leq \ell,\ j \leq m,\ k \leq m$ かつ $f_{\ell i}(s) = f_{\ell j}(t),\ f_{mj}(t) = f_{mk}(u)$ となる.I は有向集合だから,$j \leq \ell,\ j \leq m$ より $n \in I$ が存在して,$\ell \leq n,\ m \leq n$ となる.このとき,$f_{n\ell} \circ f_{\ell j}(t) = f_{nj}(t) = f_{nm} \circ f_{mj}(t)$ である.よって,$f_{ni}(s) = f_{n\ell} \circ f_{\ell i}(s) = f_{n\ell} \circ f_{\ell j}(t) = f_{nj}(t) = f_{nm} \circ f_{mj}(t) = f_{nm} \circ f_{mk}(u) = f_{nk}(u)$ である.したがって $s \sim u$ となる.

この同値関係による S の商集合を X とする.各 X_i は直和 S に自然に含まれているので,商写像 $q : S \to X$ を X_i に制限したものを $g_i : X_i \to X$ とおく.$i \leq j$ ならば,X_i の任意の元 s に対して $s \sim f_{ji}(s)$ である.よって $g_i(s) = g_j \circ f_{ji}(s)$ である.すなわち $g_i = g_j \circ f_{ji}$ となり,定理の (1) の主張が示された.

(2) を証明しよう.$s \in X_i,\ t \in X_j$ について $s \sim t$ と仮定する.このとき $k \in I$ が存在して,$i \leq k,\ j \leq k,\ f_{ki}(s) = f_{kj}(t)$ となる.したがって $h_i(s) = h_k \circ f_{ki}(s) =$

---

[5] 条件 (1), (2) を満たす 2 つの集合 X, X' があれば,X と X' の間には全単射が存在することを,このような言い回しで表現する.

$h_k \circ f_{kj}(t) = h_j(t)$ となる．よって，商集合 X から Y への写像 $h : X \to Y$ を，同値類 $S(s)$ の代表元 s の像を使って，$h(S(s)) = h_i(s)$ と定義することができる．定義から $h_i = h \circ g_i$ となっている．

X が全単射を除いてただ一通りに定まることを示そう．そのために集合 X' と集合の写像の集まり $\{g'_i\}_{i \in I}$ が，X と $\{g_i\}_{i \in I}$ と同様に条件 (1), (2) を満たしていると仮定する．条件 (2) において，Y の代わりに X' をとると，集合の写像 $\alpha : X \to X'$ がただ一通りに存在して $g'_i = \alpha \circ g_i$ $(i \in I)$ となる．同様に，X と X' の役割を入れ換えて考えると，集合の写像 $\beta : X' \to X$ がただ一通りに存在して $g_i = \beta \circ g'_i$ $(i \in I)$ となる．このとき $g_i = \beta \circ g'_i = (\beta \circ \alpha) \circ g_i$ だから，$\beta \circ \alpha = 1_X$ でなければならない．なぜならば，(2) の条件において，Y として X をとると，写像 $1_X : X \to X$ と $\beta \circ \alpha : X \to X'$ が，条件 $g_i = 1_X \circ g_i$, $g_i = (\beta \circ \alpha) \circ g_i$ $(i \in I)$ を満たすから，そのような写像がただ一つであることを使って，$\beta \circ \alpha = 1_X$ となることがわかる．同様にして，$\alpha \circ \beta = 1_{X'}$ も従う．すなわち，X は全単射を除いてただ一通りに定まる． □

定理 0.6.1 で構成した集合 X を，帰納的系 $\{X_i, f_{ji} \mid i, j \in I, i \leq j\}$ の**帰納的極限**と呼んで，$X = \varinjlim_{i \in I} X_i$ と表す．

例 0.6.2 添字集合 I 上の順序は自明なものであるとする．すなわち，I の各元 i について $i \leq i$ しか順序がないものとすると，$f_{ii} = 1_{X_i}$ だから $\varinjlim_{i \in I} X_i$ は直和 $\coprod_{i \in I} X_i$ に等しい．

また，各 X_i が集合 Z の部分集合で，$f_{ji} : X_i \to X_j$ は X_i から X_j への自然な包含写像であるとすると，$\varinjlim_{i \in I} X_i = \bigcup_{i \in I} X_i$ となる． □

今度は射影的極限について説明しよう．I を順序集合とする．I を添字集合とする集合の系 $\{X_i\}_{i \in I}$ と，集合の写像 $f_{ij} : X_j \to X_i$ ($i \leq j$ のとき) の組とが与えられて，次の 2 条件

(ⅰ)′ 各 $i \in I$ に対して，$f_{ii} = 1_{X_i}$,
(ⅱ)′ $i \leq j \leq k$ ならば，$f_{ik} = f_{ij} \circ f_{jk}$

を満たすとき，$\{X_i, f_{ij} \mid i, j \in I, i \leq j\}$ を I で添字付けされた**射影的系**という．こ

0.6　帰納的極限と射影的極限

のとき，次の定理が成立する．

定理 0.6.3　I を順序集合[6]として，$\{X_i, f_{ij} \mid i,j \in I, i \leq j\}$ を I で添字付けされた射影的系とする．このとき，集合 V と集合の写像 $p_i : V \to X_i$ ($\forall i \in I$) が存在して，次の 2 条件を満たす．

(1) $i \leq j$ ならば，$p_i = f_{ij} \circ p_j$.
(2) 集合 W と集合の写像 $q_i : W \to X_i$ ($\forall i \in I$) が存在して，$i \leq j$ のとき $q_i = f_{ij} \circ q_j$ となれば，集合の写像 $u : W \to V$ がただ一通りに存在して，各 $i \in I$ に対して $q_i = p_i \circ u$ となる．

このような集合 V は全単射を除いてただ一通りに定まる．

証明　$\{X_i\}_{i \in I}$ の直積 $\prod_{i \in I} X_i$ を S と表す．$\prod_{i \in I} X_i$ の元は，各 $i \in I$ に対して X_i の元 x_i を対応させて選んだ行[7]で，$(x_i)_{i \in I}$ と書く．S の部分集合 V を

$$V = \{(x_i)_{i \in I} \in S \mid i \leq j \text{ ならば } x_i = f_{ij}(x_j)\}$$

として定義する．V に属する元 $(x_i)_{i \in I}$ に x_i を対応させる写像を $p_i : V \to X_i$ とおく．すると，$s = (x_i)_{i \in I}$ について $f_{ij} \circ p_j(s) = f_{ij}(x_j) = x_i = p_i(s)$ となるから，$f_{ij} \circ p_i = p_j$ が成立する．よって，V と $\{p_i\}_{i \in I}$ に対して条件 (1) が成立する．

条件 (2) の集合 W と写像の集まり $\{q_i\}_{i \in I}$ が与えられたとする．W の元 w をとって $w_i = q_i(w) \in X_i$ とおくと，$i \leq j$ ならば $w_i = q_i(w) = f_{ij} \circ q_j(w) = f_{ij}(w_j)$ となるので，$(w_i)_{i \in I}$ は V の元である．そこで，写像 $u : W \to V$ を $u(w) = (w_i)_{i \in I}$ と定義する．このとき $q_i(w) = w_i = p_i(u(w))$ となるので，$q_i = p \circ u$ が成立する．

条件 (1),(2) を満たす組 $\{V, \{p_i\}_{i \in I}\}$ とは別な組 $\{V', \{p'_i\}_{i \in I}\}$ が存在したとする．条件 (2) において，W として V' を，q_i として p'_i をとれば，集合の写像 $\gamma : V' \to V$ が存在して $p'_i = p_i \circ \gamma$ ($\forall i \in I$) となる．ついで，$\{V, \{p_i\}_{i \in I}\}$ と $\{V', \{p'_i\}_{i \in I}\}$ の役割を入れ換えて考えると，写像 $\delta : V \to V'$ が存在して $p_i = p'_i \circ \delta$ ($\forall i \in I$) となる．よって $\gamma \circ \delta = 1_V$, $\delta \circ \gamma = 1_{V'}$ となる．その考え方は定理 0.6.1 におけるのと同じである．　□

---

[6] 射影的極限の場合は，有向集合と仮定していないことに注意せよ．
[7] I が無限集合ならば成分は無限個あることになるが，行列の 1 つの行のように考えるとわかりやすい．

例 0.6.4 I が自明な順序集合ならば $\varprojlim_{i \in I} X_i = \prod_{i \in I} X_i$ である．また，X_i が集合 Z の部分集合で，$i \leq j$ のとき，$f_{ij} : X_j \to X_i$ は X_j から X_i への自然な包含写像であるとすると，$\varprojlim_{i \in I} X_i = \bigcap_{i \in I} X_i$ である． □

0.7 集合の上の 2 項演算

X を集合とする．X の 2 元の組 (x, y) に X の元 z を対応させる規則を **2 項演算** という．2 項演算は集合の写像 $\varphi : X \times X \to X$ を与えることによって定まる．すなわち $z = \varphi(x, y)$ である．(X, φ) のように書く場合は，X の上で 2 項演算 φ を考えていることを示している．

たとえば，整数の集合 $\mathbb{Z}$ において，加法 $\varphi(x, y) = x + y$，減法 $\varphi(x, y) = x - y$，乗法 $\varphi(x, y) = xy$ のいずれの場合にも，2 元の組に $\mathbb{Z}$ の元 $x + y$，$x - y$，xy が対応しているので 2 項演算である．代数学で取り扱う演算は，本質的に，2 項演算から組み立てられている．

2 項演算をもつ集合 (X, φ) の部分集合 S が，$s, t \in S$ について $\varphi(s, t) \in S$ となるならば，S は X の 2 項演算 φ で**閉じている**という．また，2 項演算をもつ集合 (X, φ) と (Y, ψ) について，集合の写像 $f : X \to Y$ が $x_1, x_2 \in X$ に対して $f(\varphi(x_1, x_2)) = \psi(f(x_1), f(x_2))$ という条件を満たすとき，f は **2 項演算を保つ**という．

(X, φ) が 2 項演算をもつ集合であるとき，任意の $x, y, z \in X$ について等式

$$\varphi(\varphi(x, y), z) = \varphi(x, \varphi(y, z))$$

が成立するならば，2 項演算 φ は**結合法則**を満たすという．結合法則は x, y, z の順に元が並んでいれば，最初の 2 元に演算を行ってから z と行うのと，x と後の 2 元に演算を行って得ている元との間で演算を行うのとでは，結果は同じであると保証している．結合法則があれば，3 項演算 $\varphi(x, y, z)$ を $\varphi(\varphi(x, y), z)$ で定義できるのである．n 個の元 $x_1, \ldots, x_n$ に対しても，n 項演算が $\varphi(x_1, \ldots, x_n) = \varphi(\varphi(x_1, \ldots, x_{n-1}), x_n)$ として定義できる（章末の問題 **8** を参照）．

また，2項演算 φ は，任意の 2 元 $x, y \in X$ に対して $\varphi(x,y) = \varphi(y,x)$ を満たすとき，**可換**であるという．

問　題

1. 集合 Z の部分集合 X_i $(i \in I), Y$ について，次の等式が成立することを示せ．

    (i) $\left(\bigcup_{i \in I} X_i\right) \cap Y = \bigcup_{i \in I}(X_i \cap Y)$, (ii) $\bigcap_{i \in I}(X_i \cup Y) = \left(\bigcap_{i \in I} X_i\right) \cup Y$.

2. $\mathbb{R}$ を数直線と同一視するとき，集合の写像 $f : \mathbb{R} \to \mathbb{R}$ は数直線全体 $-\infty < x < \infty$ で定義された関数 $y = f(x)$ と見なすことができる．次の関数は全射，単射，全単射のいずれになるかを判定せよ．

    (1) $f(x) = x^2$　　(2) $f(x) = x^3$　　(3) $f(x) = x^n$ (n は正整数)

    (4) $f(x) = \begin{cases} \dfrac{1}{x} & (x \neq 0) \\ 0 & (x = 0) \end{cases}$　(5) $f(x) = e^x$　　(6) $f(x) = \log(1 + |x|)$

    (7) $f(x) = \sin x$

3. F を有限集合，$f : F \to F$ を F から自分自身への集合の写像とすると，次の 3 条件が同値であることを示せ．

    (1) f は単射である．
    (2) f は全射である．
    (3) f は全単射である．

4. $f : X \to Y$ を集合の写像とする．X に「$x_1 \sim x_2 \iff f(x_1) = f(x_2)$」で同値関係を定義すると，この同値関係による商集合は f の像 $f(X)$ と同一視でき，商写像 q は $f = i \circ q$ という関係を満たすことを示せ．ただし $i : f(X) \to Y$ は部分集合 $f(X)$ の Y への自然な包含写像である．

5. 3 つの集合 X_1, X_2, X_3 とそれらの間の集合の写像 $f_{21} : X_1 \to X_2$, $f_{31} : X_1 \to X_3$ が与えられたとき，直和 $X_2 \coprod X_3$ の上に，関係を次のように定義する．

    (i) $x \in X_2 \coprod X_3$ に対して，$x \sim x$.
    (ii) $x_2 \in X_2$ と $x_3 \in X_3$ について

$$x_2 \sim x_3 \iff \exists x_1 \in X_1,\ x_2 = f_{21}(x_1),\ x_3 = f_{31}(x_1) \iff x_3 \sim x_2.$$

このとき，次のことがらを示せ．

(1) この関係は反射律と対称律を満たすが，必ずしも推移律を満たさない．推移律を満たさない例を構成せよ．

(2) $X_2 \coprod X_3$ の有限点列 $u_0, \ldots, u_n$ が存在して，$u_i \sim u_{i+1}$ $(0 \leq i < n)$, $u_0 = x$, $u_n = y$ となるとき，$x \approx y$ として新しい関係を定義する．この関係が同値関係であることを証明せよ．

この同値関係 $\approx$ による $X_2 \coprod X_3$ の商集合を $X_2 \coprod^{X_1} X_3$ と表して，X_2 と X_3 の f_{21} と f_{31} による**押し出し**という．

6. 3つの集合 X_1, X_2, X_3 と集合の写像 $f_{12}: X_2 \to X_1$, $f_{13}: X_3 \to X_1$ が与えられたとき，$X_2 \times_{X_1} X_3 = \{(x_2, x_3) \in X_2 \times X_3 \mid f_{12}(x_2) = f_{13}(x_3)\}$ と定義する．ここで3元の集合 $I = \{1, 2, 3\}$ に順序を $1 \leq 2$, $1 \leq 3$ と定義したとき，I で添字付けされた射影的系 $\{X_1, X_2, X_3, f_{12}: X_2 \to X_1, f_{13}: X_3 \to X_1\}$ の射影的極限が $X_2 \times_{X_1} X_3$ になっていることを示せ．$X_2 \times_{X_1} X_3$ を，X_2 と X_3 の f_{12} と f_{13} に関する**引き戻し**または**ファイバー積**という．

7. 2項演算をもつ集合 (X, φ) と (Y, ψ) について，$f: X \to Y$ が2項演算を保つならば，f の像 $f(X)$ は Y の2項演算で閉じた部分集合であることを示せ．

8. (X, φ) が2項演算をもつ集合で結合法則を満たすならば，n 個の元 $x_1, \ldots, x_n$ に対して

$$x_1, \ldots, ((x_{i-1}, x_i), x_{i+1}), \ldots, x_n$$

のように，隣り合う2元にどのように括弧を入れて2項演算を行っても同じ元が得られることを示せ．たとえば，4元の場合ならば

$$\varphi(x_1, x_2, x_3, x_4) = \varphi(\varphi(x_1, x_2), \varphi(x_3, x_4)) = \varphi(\varphi(x_1, \varphi(x_2, x_3)), x_4)$$
$$= \cdots$$

である．

第1章　整数

整数と1変数多項式に関する性質は代数学で取り扱う種々のことがらのモデルになっている．この章では，整数に関する演算と性質を述べて以降の章の出発点とする．2項演算の結合法則や可換法則については第0章にある．

1.1　整数の和と積

整数全体の集合は $\mathbb{Z}$ と表す．$a, b \in \mathbb{Z}$ に和 $a+b$ と積 ab を対応させる演算はいずれも2項演算である．和を加法といい，積を乗法という．積を $a \cdot b$ と書くこともある．加法と乗法は結合法則を満たしている．結合法則以外にも次のような法則を満たしている．

(1) （零元の存在）　整数 0 はどんな整数 a に対しても $a+0 = a = 0+a$ を満たす．
(2) （負元の存在）　任意の整数 a に対して負元 $-a$ が存在して，$a+(-a) = (-a)+a = 0$ となる．
(3) （単位元の存在）　整数 1 は任意の整数 a に対して $a \cdot 1 = 1 \cdot a = a$ を満たす．

後ほど（1.4節）考える，零因子の非存在に関する次の性質も重要である．

(4) $a, b \in \mathbb{Z}$ について $a \cdot b = 0$ ならば，$a = 0$ または $b = 0$ である．

整数の演算については，公理的な取り扱いは避けて，読者がもっている知識に沿って理解を進めるようにしたい．2つの整数の和と積は可換である．すなわち，$a+b = b+a$, $a \cdot b = b \cdot a$ である．任意の正整数 n は単位元 1 を n 個繰り返して加えたものである．

$$2 = 1+1, \quad 3 = 2+1 = \underbrace{1+1+1}_{3}, \quad \cdots, \quad n = \underbrace{1+1+\cdots+1}_{n}$$

負の整数 $-n$ は n の負元であり，-1 を n 個加えたものである．また，$-n$ の負元は n であることも注意しておこう．すなわち $-(-n) = n$ である．すべての整数は $1, 0, -1$ から加法によって作り出される．正整数 m, n について積 $m \cdot n$ は，m を n 個繰り返して加えたものである．

1.2　約元と倍元

整数の割り算について振り返ってみよう．割り算の考え方は代数学の中でさまざまに一般化される最重要なものの1つである．

整数 a, b について $b = ac$ となる整数 c が存在するならば，b は a の**倍元**であるといい，a は b の**約元**であるという．記号として $a \mid b$ と表す．b が2つ以上の整数 $a_1, \ldots, a_s$ の倍元になっているとき，b は $a_1, \ldots, a_s$ の**公倍元**という．a が2つ以上の整数 $b_1, \ldots, b_t$ の約元になっているとき，a は $b_1, \ldots, b_t$ の**公約元**という．0でない整数 $a_1, \ldots, a_s$ が与えられると，それらの積の絶対値 $|a_1 \cdots a_s|$ は $a_1, \ldots, a_s$ の正の公倍元であるから，公倍元の中で最小の正整数が存在する．それを**最小公倍元**といい，$\mathrm{lcm}(a_1, \ldots, a_s)$ と表す．また，$b_1, \ldots, b_t$ の公約元のうち最大の正整数を**最大公約元**といい，$\gcd(b_1, \ldots, b_t)$ と表す．

注意 1.2.1　(1)　整数を取り扱うときは，倍元や約元といわずに，倍数や約数というのが普通である．しかし，本章以降で整数を離れた多項式環やもっと一般的な設定で同じ概念を取り扱うので，用語を統一しておいた方がよいと判断して，このような言い回しをしている．

(2)　b が a の倍元であれば，$-b$ も a の倍元である．同様に，a が b の約元ならば $-a$ も b の約元である．最小公倍元や最大公約元は，断らない限り正の整数と定義する．

(3)　最大公約元と最小公倍元の存在は，$\mathbb{Z}$ のなかでは以上の説明から明らかである．その理由は $\mathbb{Z}$ が全順序集合だからである．

1.3　剰余の定理とユークリッドの互除法

2つの整数 a_0, a_1 をとって $a_1 > 0$ と仮定しよう．高校数学の学習でよく承知していることであるが，次の**剰余の定理**を証明しよう．

定理 1.3.1　上のようにとった整数 a_0, a_1 に対して，整数 q_1 と a_2 が，次の関係式を満たすように，ただ一通りに存在する．

$$a_0 = q_1 a_1 + a_2, \quad 0 \leq a_2 < a_1 \tag{1}$$

証明　まず q_1 と a_2 が存在することを示す．$a_0 \geq 0$ の場合に q_1, a_2 が存在したとすると，$a_0 < 0$ の場合にも存在する．実際，$-a_0 = qa_1 + c$ $(0 \leq c < a_1)$ となれば，$a_0 = (-q)a_1 + (-c)$ となる．$c = 0$ のときは，$q_1 = -q$, $a_2 = 0$ とおけばよい．$c \neq 0$ ならば，$a_0 = (-q-1)a_1 + (a_1 - c)$ において $0 < a_1 - c < a_1$ だから，$q_1 = -q - 1$, $a_2 = a_1 - c$ とおけばよい．$a_0 \geq 0$ と仮定しよう．この場合には a_0 に関する帰納法を用いる．$0 \leq a_0 < a_1$ ならば $q_1 = 0$, $a_2 = a_0$ とおけばよい．$a_0 > a_1$ の場合には，$a_0 - a_1 < a_0$ だから帰納法の仮定により

$$a_0 - a_1 = qa_1 + c, \quad 0 \leq c < a_1$$

となる q と c が存在する．このとき $a_0 = (q+1)a_1 + c$ だから，$q_1 = q + 1$, $a_2 = c$ とおけばよい．

次に，q_1 と a_2 がただ一通りに定まることを示そう．関係式 (1) と同様な取り方

$$a_0 = q_1' a_1 + a_2', \quad 0 \leq a_2' < a_1 \tag{2}$$

が存在すれば，$q_1 = q_1'$, $a_2 = a_2'$ となることを示せばよい．関係式 (1) と (2) により，$(q_1 - q_1')a_1 = (a_2' - a_2)$．したがって，$a_2' = a_2$ ならば $q_1 = q_1'$ となる．$a_2' \neq a_2$ のときは $a_2' > a_2$ と仮定してもよい．この場合には $q_1 - q_1' > 0$ で，$a_2' - a_2 = (q_1 - q_1')a_1 \geq a_1$. 一方，定理の仮定から $a_2' - a_2 \leq a_2' < a_1$ となって矛盾が生じる．よって $a_2 = a_2'$, $q_1 = q_1'$ となる．□

q と a_2 を，それぞれ，a_0 を a_1 で割ったときの**商**および**剰余**（または**余り**）という．

剰余の定理の帰結として次の系が得られる．そのために，正整数 n による**合同**という同値関係を $\mathbb{Z}$ 上に考えよう．$x, y \in \mathbb{Z}$ について，$x \sim y$ となるのは $x - y$ が n の

倍数のときであると定義する．これをわかりやすく表すために，$n\mathbb{Z} = \{nx \mid x \in \mathbb{Z}\}$ のように $\mathbb{Z}$ の部分集合を定義する．$n\mathbb{Z}$ は n の倍数全体である．このとき

$$x \sim y \iff x - y \in n\mathbb{Z}.$$

系 1.3.2 正整数 n を 1 つ定めると，任意の整数 m は，n の倍数分を除いて，$0, 1, \ldots, n-1$ のどれかに合同になる．

2 つの整数 a_0, a_1 ($a_1 > 0$) が与えられたとき，剰余の定理における割算を次のように繰り返して，剰余が 0 になるまで続けることができる．

$$\begin{aligned}
a_0 &= q_1 a_1 + a_2, & 0 < a_2 < a_1, \\
a_1 &= q_2 a_2 + a_3, & 0 < a_3 < a_2, \\
&\cdots\cdots & \cdots\cdots \\
a_{i-1} &= q_i a_i + a_{i+1}, & 0 < a_{i+1} < a_i, \\
&\cdots\cdots & \cdots\cdots \\
a_{r-2} &= q_{r-1} a_{r-1} + a_r, & 0 < a_r < a_{r-1}, \\
a_{r-1} &= q_r a_r\, .
\end{aligned}$$

a_0, a_1 から出発して剰余 $a_2, a_3, \ldots, a_r$ を求めていくと，a_r が a_{r-1} を割り切るような r が存在する．この繰り返し除法を**ユークリッドの互除法**という．この互除法を使って重要な結果がいくつか得られる．

定理 1.3.3 上の記号で，a_r は a_0 と a_1 の最大公約元である．また，整数 m, n が存在して $a_r = m a_0 + n a_1$ と書ける．

証明 d を a_0 と a_1 の公約元とすると，$a_2 = a_0 - q a_1$ だから，d は a_2 の約元でもある．さらに $a_3 = a_1 - q_2 a_2$ だから，d は a_3 の約元でもある．このようにして，d は $a_2, a_3, \ldots, a_r$ の約元である．逆に，a_r は a_{r-1} の約元で，$a_{r-2} = q_{r-1} a_{r-1} + a_r$ だから a_{r-2} の約元である．このようにして順次さかのぼると，a_r は a_1, a_0 の公約元であることがわかる．よって，a_r は a_0, a_1 の公約元のうち最大のものであるから，最大公約元になっている．

a_i が a_0 と a_1 の整数倍の和として表されることを，i ($2 \leq i \leq r$) に関する帰納法で示そう．$a_2 = a_0 - q_1 a_1$ だから，$i = 2$ のとき主張は成立している．ここで

1.3 剰余の定理とユークリッドの互除法

$$a_{i-1} = m_{i-1}a_0 + n_{i-1}a_1, \quad a_i = m_i a_0 + n_i a_1$$

と表されたとしよう．このとき

$$\begin{aligned}
a_{i+1} &= a_{i-1} - q_i a_i \\
&= (m_{i-1}a_0 + n_{i-1}a_1) - q_i(m_i a_0 + n_i a_1) \\
&= (m_{i-1} - q_i m_i)a_0 + (n_{i-1} - q_i n_i)a_1
\end{aligned}$$

となって，主張は $i+1$ のときも成立する．したがって，a_r は a_0 と a_1 の整数倍の和であることがわかる． □

2つの整数 a, b は，$\gcd(a,b) = 1$ となるとき，**互いに素**であるという．3つ以上の整数 $a_1, \ldots, a_n$ が互いに素であるというのは，どの2つの a_i, a_j $(i \neq j)$ をとっても互いに素であることをいう．この条件は $\gcd(a_1, \ldots, a_n) = 1$ となることよりも強い条件であることに注意しよう．たとえば，$a_1 = 6, a_2 = 10, a_3 = 15$ はどの2つも互いに素でないが，$\gcd(a_1, a_2, a_3) = 1$ である．簡単な結果を証明しておこう．

補題 1.3.4 (1) a, b が互いに素であるための必要十分条件は，整数 m, n が存在して，$am + bn = 1$ となることである．

(2) $\gcd(a,b) = 1$, $a \mid bc$ ならば，$a \mid c$．

(3) $\gcd(a,bc) = 1$ となるための必要十分条件は，$\gcd(a,b) = 1$ かつ $\gcd(a,c) = 1$ となることである．

(4) a と b が互いに素であるとき，$a \mid c$, $b \mid c$ ならば，$ab \mid c$ である．

証明 (1) $\gcd(a,b) = 1$ とする．$a > 0$ ならば，定理 1.3.3 により $am + bn = 1$ となる整数 m, n が存在する．$a < 0$ のときは，$(-a)m' + bn' = 1$ となる整数 m', n' が存在するから，$m = -m'$, $n = n'$ とおけばよい．$a = 0$ ならば $b = 1$ だから，m は任意の整数，$n = 1$ ととればよい．逆に，$am + bn = 1$ となる整数 m, n が存在すれば，a, b の約元は1の約元になるから，$\gcd(a,b) = 1$ となることは明らかであろう．

(2) 条件より $am + bn = 1$ となる整数 m, n が存在する．よって，$c = a(cm) + (bc)n$ で $a \mid bc$ だから，この等式の右辺は a で割り切れる．したがって，$a \mid c$．

(3) $\gcd(a,bc) = 1$ ならば，整数 m, n が存在して $am + bcn = 1$ となる．この式は $am + b(cn) = 1$ または $am + c(bn) = 1$ と書けるので，$\gcd(a,b) = 1$ かつ $\gcd(a,c) = 1$

である．逆に，$\gcd(a,b) = 1$, $\gcd(a,c) = 1$ ならば，整数 m, m', n, n' が存在して $am+bn = 1$, $am'+cn' = 1$ と書ける．したがって，$(am+bn)(am'+cn') = 1$ を計算すると，$a(amm'+cmn'+bm'n)+bc(nn') = 1$ が得られる．よって，$\gcd(a,bc) = 1$ である．

(4) $c = ac_1$, $c = bd_1$ とおく．$am + bn = 1$ となる整数 m, n が存在するので，$c = acm + bcn = ab(d_1 m + c_1 n)$ となる．よって，$ab \mid c$ である． □

正整数 p が（可逆元を除いて）1 と p 以外に約元をもたないとき，p は**素数**であるという．整数 a が**可逆元**（または**単元**）をもつというのは，$ab = 1$ となる整数 b が存在するときにいう．整数のなかで可逆元は 1 と -1 だけであることに注意しよう．したがって，可逆元を掛けることは，±1 を掛けて符号を変えることに他ならない．

定理 1.3.5 任意の正整数 a は素数の積に分解できる．また，その分解はただ一通りである．

証明 a が素数の積に分解できることを，a の大きさに関する帰納法で証明する．もし a が素数ならば，それ以上に示すことはない．a が素数でなければ，$a = a_1 a_2$ ($1 < a_1 < a$, $1 < a_2 < a$) と分解できる．帰納法の仮定によって，

$$a_1 = p_1 p_2 \cdots p_m, \quad a_2 = q_1 q_2 \cdots q_n$$

のように素数の積に表せるから，$a = p_1 p_2 \cdots p_m q_1 q_2 \cdots q_n$ のように，a は素数の積で表せる．

a が 2 通りの方法で素数の積に書けたとして，それらが

$$a = p_1 p_2 \cdots p_m, \quad a = p'_1 p'_2 \cdots p'_n$$

であったとしよう．ここで $p_1 \neq p'_1$ ならば $\gcd(p_1, p'_1) = 1$ に注意しよう．$p_1 \mid p'_1(p'_2 \cdots p'_n)$ だから，補題 1.3.4 によって，$p_1 \neq p'_1$ ならば $p_1 \mid p'_2 \cdots p'_n$ となる．同じ議論を繰り返すと，$p_1 = p'_j$ となる j ($1 \leq j \leq n$) が存在することがわかる．そこで $p'_1, \ldots, p'_n$ を並べ替えて，$j = 1$ であったとしてもよい．すると

$$\frac{a}{p_1} = p_2 \cdots p_m = p'_2 \cdots p'_n.$$

1.3 剰余の定理とユークリッドの互除法　　　　　　　　　　　　　27

ここで a の大きさに関する帰納法を使うと，$\dfrac{a}{p_1} < a$ だから，$m = n$ で，$p'_2, \ldots, p'_n$ の並べ方を変えると，$p_2 = p'_2, \ldots, p_m = p'_m$ とできる．$p_1 = p'_1$ と合わせて，a に対する素数の積への分解の一意性が示された．　　　　　　　　　　　　　　　□

この定理で保証された，a に対する素数の積への分解を，a の**素因数分解**という[1]．a の素因数分解において，同じ素数をまとめて，

$$a = p_1^{\alpha_1} p_2^{\alpha_2} \cdots p_r^{\alpha_r}, \quad p_i \neq p_j \ (i \neq j), \quad \alpha_i \geq 1$$

と書くことがある．与えられた正整数 a, b の素因数分解を

$$a = p_1^{\alpha_1} p_2^{\alpha_2} \cdots p_r^{\alpha_r}, \quad b = q_1^{\beta_1} q_2^{\beta_2} \cdots q_s^{\beta_s}$$

とすると，

$$a \mid b \iff \{p_1, p_2, \ldots, p_r\} \subseteq \{q_1, q_2, \ldots, q_s\} \text{ かつ,}$$
$$p_1, p_2, \ldots, p_r \text{ を並べ替えて } p_1 = q_1, \ldots, p_r = q_r$$
$$\text{としたとき，} \alpha_1 \leq \beta_1, \ldots, \alpha_r \leq \beta_r$$

という言い換えが成立する．

2つの正整数 a, b に対する素因数分解のなかに，a と b が共有しない素数がある場合には，$\alpha_i \geq 0$, $\beta_i \geq 0$ として

$$a = p_1^{\alpha_1} p_2^{\alpha_2} \cdots p_n^{\alpha_n}, \quad b = p_1^{\beta_1} p_2^{\beta_2} \cdots p_n^{\beta_n}$$

と表すことがある．ここで $p_i \neq p_j \ (i \neq j)$ である．厳密にいえば，p_i は a または b の素因数であるから，$\alpha_i + \beta_i > 0$ ということも仮定している．

系 1.3.6　2つの正整数 a, b の素因数分解を上のように表すと，a と b の最大公約元 $\gcd(a, b)$ と最小公倍元 $\mathrm{lcm}\,(a, b)$ は次式で与えられる．

$$\gcd(a, b) = p_1^{\gamma_1} p_2^{\gamma_2} \cdots p_n^{\gamma_n}, \quad \mathrm{lcm}\,(a, b) = p_1^{\delta_1} p_2^{\delta_2} \cdots p_n^{\delta_n}.$$

ただし，$\gamma_i = \min(\alpha_i, \beta_i)$, $\delta_i = \max(\alpha_i, \beta_i)$ である．

証明は容易だから読者に委ねる．

---

[1] ここでは用語の使用が多少混乱している．一般的用語では，素数は環の**素元**，素因数分解は**素元分解**と呼ばれるものである．本章における整数の取り扱いでは，なじみ深い，素数や素因数分解という用語を用いている．素因数というのは，素数の約元という意味である．

1.4 合同関係と合同類

前節で定義した合同関係を詳しく眺めてみよう．$x, y \in \mathbb{Z}$ について正整数 n を法とした合同関係は

$$x \sim y \iff x - y \in n\mathbb{Z}$$

で定義された．これが同値関係の定義を満たすことは容易に確かめられる．この関係を $x \equiv y \pmod{n}$ と書いて，**n を法として x と y は合同である**という[2]．この合同関係において，整数全体 $\mathbb{Z}$ は $0, 1, \ldots, n-1$ で代表される同値類（**合同類**）に直和分解される．すなわち，$0 \leq i < n$ について

$$i + n\mathbb{Z} = \{x \in \mathbb{Z} \mid x \equiv i \pmod{n}\}$$

とおけば，$\mathbb{Z} = \coprod_{i=0}^{n-1}(i + n\mathbb{Z})$ と表される．

合同類と加法・乗法との関係を考えよう．

補題 1.4.1 $a \equiv a' \pmod{n}$, $b \equiv b' \pmod{n}$ ならば，$a \pm b \equiv a' \pm b' \pmod{n}$, $ab \equiv a'b' \pmod{n}$ となる．

証明 $a - a' = nc$, $b - b' = nd$ と書くと，$(a \pm b) - (a' \pm b') = n(c \pm d)$, $ab - a'b' = n(b'c + a'd + ncd)$ となる．よって補題の関係式が成立する． □

この補題から，定理 1.3.1 におけるように，a を n で割った余りを a', b を n で割った余りを b' とすると，$a \pm b$ を n で割った余りは $a' \pm b'$ であり，ab を n で割った余りは $a'b'$ となる．正確にいえば，$a' \pm b', a'b'$ を，必要ならばもう一度，n で割った余りである．

$\mathbb{Z}$ を $\pmod{n}$ という同値関係で割った商集合を $\mathbb{Z}/n\mathbb{Z}$ または $\mathbb{Z}_n$ と表す．ともに，n で割ったときの余りという意味を示唆している記号である．合同類 $i + n\mathbb{Z}$ を i で代表させて，$\mathbb{Z}/n\mathbb{Z} = \{0, 1, 2, \ldots, n-1\}$ と表す．普通の整数 $0, 1, \ldots, n-1$ と紛らわしい場合には，$\overline{0}, \overline{1}, \ldots, \overline{n-1}$ のように数字に上付きの線を引いたり，$0 + n\mathbb{Z}$, $1 + n\mathbb{Z}$, $\ldots$, $(n-1) + n\mathbb{Z}$ などと表す．

$\mathbb{Z}/n\mathbb{Z}$ のなかでは，加法と乗法は次の規則で与えられる．

---

[2] mod は modulus というラテン語からきている．

1.4 合同関係と合同類

(加法)　$\bar{i} + \bar{j} = i+j$ を n で割った余り，

(乗法)　$\overline{ij} = ij$ を n で割った余り．

例 1.4.2　$n=5$ とすると，$\mathbb{Z}/5\mathbb{Z}$ における加法と乗法の結果は次表の通りである．

+	0	1	2	3	4
0	0	1	2	3	4
1	1	2	3	4	0
2	2	3	4	0	1
3	3	4	0	1	2
4	4	0	1	2	3

×	0	1	2	3	4
0	0	0	0	0	0
1	0	1	2	3	4
2	0	2	4	1	3
3	0	3	1	4	2
4	0	4	3	2	1

□

$\mathbb{Z}/n\mathbb{Z}$ における加法と乗法は

$$\bar{i} + \bar{j} = \overline{i+j}, \quad \bar{i} \cdot \bar{j} = \overline{ij}$$

と表した方が簡潔である．これらは次の条件を満たしている．

(I) 加法について

(1) $(\bar{i} + \bar{j}) + \bar{k} = \bar{i} + (\bar{j} + \bar{k})$ （結合法則），

(2) $\bar{i} + \bar{0} = \bar{0} + \bar{i} = \bar{i},\ \forall \bar{i} \in \mathbb{Z}/n\mathbb{Z}$ （零元），

(3) $-\bar{i} = \overline{(-i)}$ とおくと，$\bar{i} + (-\bar{i}) = (-\bar{i}) + \bar{i} = \bar{0}$ （負元）．

(II) 乗法について

(1) $(\bar{i} \cdot \bar{j}) \cdot \bar{k} = \bar{i} \cdot (\bar{j} \cdot \bar{k})$ （結合法則），

(2) $\bar{1} \cdot \bar{i} = \bar{i} \cdot \bar{1} = \bar{i}$ （単位元）．

(III) 加法と乗法の相互関係

$$\left.\begin{array}{l}(\bar{i} + \bar{j}) \cdot \bar{k} = \bar{i} \cdot \bar{k} + \bar{j} \cdot \bar{k} \\ \bar{i} \cdot (\bar{j} + \bar{k}) = \bar{i} \cdot \bar{j} + \bar{i} \cdot \bar{k}\end{array}\right\}$$ （分配法則）．

この他に，加法および乗法ともに，可換法則

$$\bar{i} + \bar{j} = \bar{j} + \bar{i}, \quad \bar{i} \cdot \bar{j} = \bar{j} \cdot \bar{i}$$

を満たす．さらに，$\bar{0}\cdot\bar{i}=\bar{i}\cdot\bar{0}$ という関係も成立する．このように $\mathbb{Z}/n\mathbb{Z}$ は加法と乗法という 2 つの 2 項演算をもち，上の条件を満たすような集合である．このような集合を**可換環**（この本では単に環）という[3]．$\mathbb{Z}$ も可換環である．とくに，$\mathbb{Z}/n\mathbb{Z}$ を，$\mathbb{Z}$ の n を法とする**剰余環**という．

p が素数ならば，$\mathbb{Z}/p\mathbb{Z}$ において，$\bar{0}$ 以外の元 $\bar{a}$ は逆元をもつ．可換環 R において，0 以外の元がすべて逆元をもつとき，R は**体**であるという．

補題 1.4.3 p を素数とするとき，$\mathbb{Z}/p\mathbb{Z}$ は体である．

証明 $\bar{a}\neq\bar{0}$ とすると，a と p は互いに素である．補題 1.3.4 によって整数 x と y が存在して，$ax+py=1$ となる．この関係式を $\mathbb{Z}/p\mathbb{Z}$ で考えると，$\bar{a}\cdot\bar{x}=\bar{1}$ となり，$\bar{x}$ が $\bar{a}$ の逆元となっている．$\square$

n が素数でなければ $\mathbb{Z}/n\mathbb{Z}$ は体にならない．なぜならば，$n=ab$ ($a\neq 1$, $b\neq 1$) と分解されるから，$\bar{a}\neq\bar{0}$, $\bar{b}\neq\bar{0}$ で $\bar{a}\cdot\bar{b}=\bar{0}$ となる．$\bar{a}$ が逆元 $\bar{c}$ をもてば，$\bar{b}=(\bar{c}\cdot\bar{a})\cdot\bar{b}=\bar{c}\cdot(\bar{a}\cdot\bar{b})=\bar{c}\cdot\bar{0}=\bar{0}$ となって，矛盾が生じる．このように零元 $\bar{0}$ が非零元 $\bar{a},\bar{b}$ の積に分解されるとき，$\bar{0}$ の約元である $\bar{a}$ および $\bar{b}$ は**零因子**と呼ばれる．

次の結果は**フェルマーの小定理**と呼ばれることがある．

定理 1.4.4 p を素数とすると，任意の整数 a について $a^p\equiv a\pmod{p}$ である．

証明 $a\not\equiv 0\pmod{p}$ と仮定してもよい．集合の写像 $\mu:\mathbb{Z}/p\mathbb{Z}\to\mathbb{Z}/p\mathbb{Z}$ を $\mu(\bar{b})=\bar{a}\cdot\bar{b}$ と定義する．$\bar{a}$ は逆元をもつから，$\bar{a}\cdot\bar{b}=\bar{a}\cdot\bar{c}$ ならば $\bar{b}=\bar{c}$ が従う．よって μ は単射である．$\mathbb{Z}/p\mathbb{Z}$ は有限集合だから μ は全射でもある（第 0 章章末の問題 **2** を参照）．ここで $\mathbb{Z}/p\mathbb{Z}$ の部分集合 $\{\bar{a}^i\mid i\in\mathbb{Z}\}$ を考えると，$\mathbb{Z}/p\mathbb{Z}$ は有限集合だから，$\bar{a}^i=\bar{a}^j$ となる正整数 i,j ($i<j$) が存在することがわかる．この式は $\bar{a}^i(\bar{a}^{j-i}-\bar{1})=0$ と変形されるが，$\bar{a}^i\neq\bar{0}$ だから $\bar{a}^{j-i}=\bar{1}$ となる．そこで正整数 m を $\bar{a}^m=\bar{1}$ となる最小のものに選ぶと，$S=\{\bar{1},\bar{a},\bar{a}^2,\ldots,\bar{a}^{m-1}\}$ はちょうど m 個の元から成る部分集合であることがわかる．

$S\subsetneq(\mathbb{Z}/p\mathbb{Z}-\{\bar{0}\})$ ならば，$\mathbb{Z}/p\mathbb{Z}$ の非零元 $\bar{b}$ を $\bar{b}\notin S$ となるように選べる．このとき，$S(\bar{b})=\{\bar{b},\bar{a}\bar{b},\bar{a}^2\bar{b},\ldots,\bar{a}^{m-1}\bar{b}\}$ も m 個の元から成る部分集合である．も

---
[3] 第 5 章で詳しく取り扱う．

1.4 合同関係と合同類

し $S \cap S(\bar{b}) \neq \emptyset$ ならば，$\bar{a}^i = \bar{a}^j \bar{b}$ となる整数 $i, j \geq 0$ が存在する．このとき $\bar{b} = \bar{a}^{i-j} \in S$ である．$[i - j < 0$ であっても，$\bar{a}^{i-j} = \bar{a}^m \cdot \bar{a}^{i-j} = \bar{a}^{m+i-j}$ で，$m + i - j \geq 0$ となる．$]$ これは $\bar{b} \notin S$ に矛盾するから $S \cap S(\bar{b}) = \emptyset$ である．もし $S \cup S(\bar{b}) \subsetneq (\mathbb{Z}/p\mathbb{Z} - \{\bar{0}\})$ ならば，$\bar{c} \in \mathbb{Z}/p\mathbb{Z}$ で，$\bar{c} \neq \bar{0}$, $\bar{c} \notin S \cup S(\bar{b})$ となるものが存在する．そこで $S(\bar{c}) = \{\bar{c}, \overline{ac}, \dots, \overline{a^{m-1}c}\}$ とおくと，$S(\bar{c})$ は m 個の元から成る部分集合であり，上と同様にして，$S(\bar{c}) \cap (S \cup S(\bar{b})) = \emptyset$ が証明できる．

このようにして，$\mathbb{Z}/p\mathbb{Z}$ は $\{\bar{0}\}$ と互いに相交わらない m 個の点から成る部分集合 $S, S(\bar{b}), S(\bar{c}), \dots$ の直和に分解される．すなわち $m \mid (p-1)$ がわかる．$p - 1 = m\ell$ と書くと，$\bar{a}^m = \bar{1}$ であったから，$\bar{a}^{p-1} = (\bar{a}^m)^\ell = \bar{1}$ となる．よって，$\bar{a}^p = \bar{a}$ となる．すなわち $a^p \equiv a \pmod{p}$ がわかった． □

a, b を整数として，方程式 $ax \equiv b \pmod{n}$ を満たす整数 x の値を，n を法として求めることを，**合同 1 次方程式を解く**という．解の存在に関して次の結果がある．

定理 1.4.5 n を正整数，a, b を整数として $a \neq 0$ と仮定する．このとき，n を法とする合同 1 次方程式
$$ax \equiv b \pmod{n} \qquad (*)$$
について，次のことがらが成立する．

(1) $\gcd(a, n) = 1$ ならば，方程式 $(*)$ の解は，n を法としてただ一つ存在して，$x \equiv bc \pmod{n}$ で与えられる．ただし，c は $ac \equiv 1 \pmod{n}$ を満たす整数である[4]．

(2) $d = \gcd(a, n) > 1$ のとき，方程式 $(*)$ が解をもつ必要十分条件は $b \equiv 0 \pmod{d}$ である．

(3) $d > 1$ かつ $b \equiv 0 \pmod{d}$ のとき，$a = da'$, $b = db'$, $n = dn'$ とおく．x_1 を合同 1 次方程式 $a'x \equiv b' \pmod{n'}$ の解とすると，
$$x_1, \ x_1 + n', \ \dots, \ x_1 + (d-1)n'$$
は方程式 $(*)$ の解であり，これらの解は，方程式 $(*)$ の n を法とする解のすべてを尽くしている．

---
[4] $\mathbb{Z}/n\mathbb{Z}$ において $\bar{c}$ は $\bar{a}$ の逆元である．よって，合同方程式 $(*)$ を解くには，$\bar{a}$ の逆元を方程式の両辺に掛ければ求まる．

証明 (1) $\gcd(a,n) = 1$ ならば,整数 c, m が存在して $ac + mn = 1$ を満たす.よって $abc \equiv b \pmod{n}$ となるので,$x \equiv bc \pmod{n}$ は方程式 $(*)$ の解である.もし x_1 が方程式 $(*)$ の解ならば,$a(x_1 - bc) \equiv 0 \pmod{n}$ となる.よって,$ac(x_1 - bc) \equiv 0 \pmod{n}$ となるが,$ac \equiv 1 \pmod{n}$ だから $x_1 - bc \equiv 0 \pmod{n}$ が従う.すなわち $x_1 \equiv bc \pmod{n}$ がわかる.

(2) $d = \gcd(a, n) > 1$ と仮定する.$x = x_1$ が方程式 $(*)$ の解ならば,整数 n_1 が存在して $ax_1 - b = nn_1$ と書ける.(3) の記号を用いると,$b = ax_1 - nn_1 = d(a'x_1 - n'n_1)$ となって,$b \equiv 0 \pmod{d}$ が従う.逆に,$b = db'$ と書けたとしよう.$\gcd(a', n') = 1$ だから主張 (1) によって,合同 1 次方程式 $a'x \equiv b' \pmod{n'}$ は解をもつ.その解を x_1 とすると,ある整数 y_1 が存在して $a'x_1 - b' = n'y_1$ と書ける.この両辺を d 倍すると $ax_1 - b = ny_1$ となり,x_1 が方程式の解であることがわかる.

(3) x_1 を方程式 $(*)$ の解とすると $ax_1 \equiv b \pmod{n}$.よって,方程式 $(*)$ との差をとって $a(x - x_1) \equiv 0 \pmod{n}$ となる.これは $a'(x - x_1) \equiv 0 \pmod{n'}$ となることに同値である.さらに,$\gcd(a', n') = 1$ により $\overline{a'}$ は $\mathbb{Z}/n'\mathbb{Z}$ において逆元をもつので,$x - x_1 \equiv 0 \pmod{n'}$ と同値になる.よって $x = x_1 + \ell n'$ と表される.逆に,$x_1 + \ell n'$ を方程式 $(*)$ の左辺の x に代入すると

$$a(x_1 + \ell n') \equiv ax_1 + a\ell n' \equiv b + \ell a' n \equiv b \pmod{n}$$

となる.$x = x_1 + \ell n'$ ($\ell \in \mathbb{Z}$) のなかで mod n で相異なるものは

$$x_1, \ x_1 + n', \ \dots, \ x_1 + (d-1)n'$$

で代表される. □

例 1.4.6 (1) 合同 1 次方程式 $2x \equiv 3 \pmod{5}$ の解は,$2 \cdot 3 \equiv 1 \pmod{5}$ だから,$x \equiv 9 \equiv 4 \pmod{5}$ と解ける.

(2) 合同 1 次方程式 $4x \equiv 7 \pmod{10}$ は,$\gcd(4,10) = 2$ で $7 \not\equiv 0 \pmod{2}$ だから,解をもたない.

(3) 合同 1 次方程式 $4x \equiv 6 \pmod{10}$ の解は,$2x \equiv 3 \pmod{5}$ の解が $x \equiv 4 \pmod{5}$ だから,$x \equiv 4, 9 \pmod{10}$ である.

次の結果は**中国式剰余定理**と呼ばれている.

1.4 合同関係と合同類

定理 1.4.7 $n_1, \ldots, n_r$ を互いに素な正整数，$a_1, \ldots, a_r$ を任意の整数とすると，連立合同 1 次方程式

$$x \equiv a_1 \pmod{n_1}, \quad \ldots, \quad x \equiv a_r \pmod{n_r}$$

は解をもち，その解は，n を法としてただ一つである．ただし，$n = n_1 \cdots n_r$.

証明 r に関する帰納法で証明する．$r = 1$ ならば定理 1.4.5 の (1) に他ならない．$r-1$ のとき結果が正しいと仮定して，r の場合に成立することを示す．$n' = n_1 \cdots n_{r-1}$ とおくと，連立合同 1 次方程式

$$x \equiv a_1 \pmod{n_1}, \quad \ldots, \quad x \equiv a_{r-1} \pmod{n_{r-1}}$$

を満たす解が存在して，n' を法としてただ一つである．その解を $x = c + n'x'$ とおいて，$x \equiv a_r \pmod{n_r}$ に代入すると，$n'x' \equiv a_r - c \pmod{n_r}$ となる．仮定より $\gcd(n', n_r) = 1$ だから，この方程式は解をもつ．それを $x' = b + n_r m$ と書いて $x = c + n'x'$ に代入すると，$x = c + n'(b + n_r m) = (c + n'b) + mn$ となる．よって，$x \equiv c + n'b \pmod{n}$ と解ける．もし，x_1 と x_1' が与えられた連立合同 1 次方程式の解ならば，$x_1 \equiv x_1' \pmod{n_1}, \ldots, x_1 \equiv x_1' \pmod{n_r}$ となる．よって $n_1 \mid (x_1 - x_1'), \ldots, n_r \mid (x_1 - x_1')$ となるから，$n \mid (x_1 - x_1')$ が従う．すなわち，$x_1 \equiv x_1' \pmod{n}$ である． □

中国式剰余定理の新たな意味付けを考えてみよう．n, m を互いに素な正整数として，剰余環 $\mathbb{Z}/n\mathbb{Z}$ と $\mathbb{Z}/m\mathbb{Z}$ の集合としての直積 $\mathbb{Z}/n\mathbb{Z} \times \mathbb{Z}/m\mathbb{Z}$ をとる．この直積集合の元に対して成分ごとに，次のように加法と乗法を定める．

$$(\overline{a}_1, \overline{b}_1) + (\overline{a}_2, \overline{b}_2) = (\overline{a}_1 + \overline{a}_2, \overline{b}_1 + \overline{b}_2),$$
$$(\overline{a}_1, \overline{b}_1) \cdot (\overline{a}_2, \overline{b}_2) = (\overline{a}_1 \cdot \overline{a}_2, \overline{b}_1 \cdot \overline{b}_2).$$

このとき，加法と乗法が結合法則を満たすことは明らかである．零元は $(\overline{0}, \overline{0})$，負元は $-(\overline{a}, \overline{b}) = (-\overline{a}, -\overline{b})$ であり，乗法の単位元は $(\overline{1}, \overline{1})$ である．分配法則が成立することは次のように示される．

$$\{(\overline{a}_1, \overline{b}_1) + (\overline{a}_2, \overline{b}_2)\} \cdot (\overline{a}_3, \overline{b}_3)$$

$$= (\overline{a}_1 + \overline{a}_2, \overline{b}_1 + \overline{b}_2) \cdot (\overline{a}_3, \overline{b}_3) = ((\overline{a}_1 + \overline{a}_2)\overline{a}_3, (\overline{b}_1 + \overline{b}_2)\overline{b}_3)$$
$$= (\overline{a}_1\overline{a}_3 + \overline{a}_2\overline{a}_3, \overline{b}_1\overline{b}_3 + \overline{b}_2\overline{b}_3) = (\overline{a}_1\overline{a}_3, \overline{b}_1\overline{b}_3) + (\overline{a}_2\overline{a}_3 + \overline{b}_2\overline{b}_3)$$
$$= (\overline{a}_1, \overline{b}_1) \cdot (\overline{a}_3, \overline{b}_3) + (\overline{a}_2, \overline{b}_2) \cdot (\overline{a}_3, \overline{b}_3).$$

もう 1 つの式

$$(\overline{a}_1, \overline{b}_1) \cdot \{(\overline{a}_2, \overline{b}_2) + (\overline{a}_3, \overline{b}_3)\} = (\overline{a}_1, \overline{b}_1) \cdot (\overline{a}_2, \overline{b}_2) + (\overline{a}_1, \overline{b}_1) \cdot (\overline{a}_3, \overline{b}_3)$$

も同様に計算して示される．

このようにして $\mathbb{Z}/n\mathbb{Z} \times \mathbb{Z}/m\mathbb{Z}$ は可換環になるので，**剰余環の直積**という．写像

$$f : \mathbb{Z}/mn\mathbb{Z} \longrightarrow (\mathbb{Z}/n\mathbb{Z}) \times (\mathbb{Z}/m\mathbb{Z})$$

を $f(a+nm\mathbb{Z}) = (a+n\mathbb{Z}, a+m\mathbb{Z})$ で定義する．ここで，$a+nm\mathbb{Z} \subset a+n\mathbb{Z}$, $a+nm\mathbb{Z} \subset a+m\mathbb{Z}$ だから，f は集合の写像になっている．f が全単射であることを示そう．

まず，$f(a+nm\mathbb{Z}) = f(a'+nm\mathbb{Z})$ ならば，$a+n\mathbb{Z} = a'+n\mathbb{Z}$, $a+m\mathbb{Z} = a'+m\mathbb{Z}$ となるから，$a \equiv a' \pmod{n}$, $a \equiv a' \pmod{m}$. よって，$n \mid (a-a')$, $m \mid (a-a')$ となる．$\gcd(n,m) = 1$ だから，$nm \mid (a-a')$ が従う．よって，$a+nm\mathbb{Z} = a'+nm\mathbb{Z}$ となる．すなわち，f は単射である．

次に，$\overline{a} \in \mathbb{Z}/n\mathbb{Z}$, $\overline{b} \in \mathbb{Z}/m\mathbb{Z}$ を任意にとると，連立合同 1 次方程式 $x \equiv a \pmod{n}$, $x \equiv b \pmod{m}$ は中国式剰余定理によって解をもつ．その解を c とすれば，$f(c+nm\mathbb{Z}) = (\overline{a}, \overline{b})$ となる．よって f は全射である．したがって，f は集合の写像として全単射になっている．

f は，さらに次の性質をもっている．

(i) $f((a_1 + nm\mathbb{Z}) + (a_2 + nm\mathbb{Z})) = f(a_1 + nm\mathbb{Z}) + f(a_2 + nm\mathbb{Z})$,
(ii) $f((a_1 + nm\mathbb{Z}) \cdot (a_2 + nm\mathbb{Z})) = f(a_1 + nm\mathbb{Z}) \cdot f(a_2 + nm\mathbb{Z})$.

(i) を証明してみよう．(i) の左辺は

$$f(a_1 + a_2 + nm\mathbb{Z}) = (a_1 + a_2 + n\mathbb{Z}, a_1 + a_2 + m\mathbb{Z})$$
$$= (a_1 + n\mathbb{Z}, a_1 + m\mathbb{Z}) + (a_2 + n\mathbb{Z}, a_2 + m\mathbb{Z})$$

であり，(i) の右辺は

1.4 合同関係と合同類

$$(a_1 + n\mathbb{Z}, a_1 + m\mathbb{Z}) + (a_2 + n\mathbb{Z}, a_2 + m\mathbb{Z})$$

となるので，(i) の等式が成立する．(ii) も同様にして証明される．

すなわち，f は環の加法と乗法を保つ写像である[5]．このような写像を**環準同型写像**という．f は全単射でもあるから**環同型写像**という．環同型写像で結ばれた 2 つの環は同一視して考えてよい．

上と同じ考え方をして，次の結果を示すことができる．

定理 1.4.8 $n_1, n_2, \ldots, n_r$ を互いに素な正整数として，$n = n_1 n_2 \cdots n_r$ とおく．集合の写像 $f : \mathbb{Z}/n\mathbb{Z} \longrightarrow \mathbb{Z}/n_1\mathbb{Z} \times \cdots \times \mathbb{Z}/n_r\mathbb{Z}$ を

$$f(a + n\mathbb{Z}) = (a + n_1\mathbb{Z}, \ldots, a + n_r\mathbb{Z})$$

で定義すると，次のことがらが成立する．

(1) 直積 $\mathbb{Z}/n_1\mathbb{Z} \times \cdots \times \mathbb{Z}/n_r\mathbb{Z}$ に対して，成分ごとに加法と乗法を定義して環の構造を与えると，f は環準同型写像である．

(2) f は全単射である．よって，f は環同型写像である．

証明 (1) の証明は $r = 2$ の場合と同様にしてできるから，読者に委ねる．

(2) $f(a + n\mathbb{Z}) = f(b + n\mathbb{Z})$ ならば，$a \equiv b \pmod{n_1}, \ldots, a \equiv b \pmod{n_r}$ である．よって，$1 \leq i \leq r$ に対して $n_i \mid (a - b)$ となる．$n_1, \ldots, n_r$ は互いに素であるから，$n \mid (a - b)$. よって $a \equiv b \pmod{n}$ となる．すなわち，f は単射である．

f が全射であることは，$(a_1 + n_1\mathbb{Z}, \ldots, a_r + n_r\mathbb{Z})$ という $\mathbb{Z}/n_1\mathbb{Z} \times \cdots \times \mathbb{Z}/n_r\mathbb{Z}$ の元を任意に与えて，$f(x + n\mathbb{Z}) = (a_1 + n_1\mathbb{Z}, \ldots, a_r + n_r\mathbb{Z})$ となる x の値を求めればよい．これは f の定義によって，

$$x \equiv a_1 \pmod{n_1}, \quad \ldots, \quad x \equiv a_r \pmod{n_r}$$

という連立合同 1 次方程式を解くことに他ならない．中国式剰余定理によれば，この解は，n を法としてただ一つ存在する． □

上の定理から次の系が得られる．

---

[5] この言葉遣いについては，0.7 節を参照せよ．

系 1.4.9 正整数 n の素因数分解を $n = p_1^{\alpha_1} p_2^{\alpha_2} \cdots p_r^{\alpha_r}$ とすると，

$$f : \mathbb{Z}/n\mathbb{Z} \longrightarrow \mathbb{Z}/p_1^{\alpha_1}\mathbb{Z} \times \cdots \times \mathbb{Z}/p_r^{\alpha_r}\mathbb{Z}$$

は環同型写像である．ただし，$f(a + n\mathbb{Z}) = (a + p_1^{\alpha_1}\mathbb{Z}, \cdots, a + p_r^{\alpha_r}\mathbb{Z})$．

1.5 オイラーの φ 関数

次の結果は，これまで部分的に述べたことがらのまとめである．

補題 1.5.1 $0 < d < n$ を満たす整数 n, d について，次の条件は同値である．

(1) $\gcd(n, d) = 1$.
(2) 整数 ℓ, m が存在して，$\ell n + md = 1$.
(3) $\overline{d}$ は，$\mathbb{Z}/n\mathbb{Z}$ において可逆元である．

記号 $(\mathbb{Z}/n\mathbb{Z})^*$ で $\mathbb{Z}/n\mathbb{Z}$ の可逆元全体の集合を表すことにする．$\overline{d}, \overline{d}' \in (\mathbb{Z}/n\mathbb{Z})^*$ ならば，$\gcd(d, n) = 1$，$\gcd(d', n) = 1$ だから，$\gcd(dd', n) = 1$ となる．すなわち，$\overline{d} \cdot \overline{d}' \in (\mathbb{Z}/n\mathbb{Z})^*$ である．実際，$\ell n + md = 1$，$\ell' n + m'd' = 1$ ならば，$(\ell n + md)(\ell' n + m'd') = 1$ より，$(\ell\ell' n + \ell' md + \ell m'd')n + mm' \cdot dd' = 1$ が従うからである．また，

$$(\mathbb{Z}/n\mathbb{Z})^* = \{\overline{d} \in \mathbb{Z}/n\mathbb{Z} \mid 0 < d < n, \ \gcd(n, d) = 1\}$$

と表せる．集合 $(\mathbb{Z}/n\mathbb{Z})^*$ の濃度 $|(\mathbb{Z}/n\mathbb{Z})^*|$ を $\varphi(n)$ と書く．$\varphi(n)$ は正整数 n に対して値が定まる関数と見られるが，この関数を**オイラーの φ 関数**という．$\varphi(n)$ は次の性質をもっている．

補題 1.5.2 $n_1, \ldots, n_r$ を互いに素な正整数として，$n = n_1 \cdots n_r$ とおけば，$\varphi(n) = \varphi(n_1) \cdots \varphi(n_r)$ である．

証明 定理 1.4.8 の環同型写像

$$f : \mathbb{Z}/n\mathbb{Z} \longrightarrow (\mathbb{Z}/n_1\mathbb{Z}) \times \cdots \times (\mathbb{Z}/n_r\mathbb{Z})$$

は $f(d + n\mathbb{Z}) = (d + n_1\mathbb{Z}, \ldots, d + n_r\mathbb{Z})$ として与えられる．もし $\overline{d} = d + n\mathbb{Z}$ が $\mathbb{Z}/n\mathbb{Z}$ で逆元 $\overline{d}' = d' + n\mathbb{Z}$ をもてば，$\overline{d} \cdot \overline{d}' = \overline{1}$ および $f(\overline{d}) \cdot f(\overline{d}') = (\overline{1}, \ldots, \overline{1})$ を満たす．

1.5 オイラーの φ 関数

とくに, $1 \leq i \leq r$ に対して, $(d+n_i\mathbb{Z}) \cdot (d'+n_i\mathbb{Z}) = 1+n_i\mathbb{Z}$ となる[6]. すなわち, $d+n_i\mathbb{Z}$ は $\mathbb{Z}/n_i\mathbb{Z}$ で逆元をもつ.

逆に, $d_1, \ldots, d_r$ が $0 < d_i < n_i$, $\gcd(n_i, d_i) = 1$ $(1 \leq i \leq r)$ という条件を満たせば, $\overline{d}_i = d_i + n_i\mathbb{Z}$ は $\mathbb{Z}/n_i\mathbb{Z}$ で逆元 $\overline{d}'_i$ をもつ. したがって, $\mathbb{Z}/n_1\mathbb{Z} \times \cdots \times \mathbb{Z}/n_r\mathbb{Z}$ において, 元 $(\overline{d}_1, \ldots, \overline{d}_r)$ は逆元 $(\overline{d}'_1, \ldots, \overline{d}'_r)$ をもつ. d, d' $(0 \leq d, d' < n)$ を $f(d+n\mathbb{Z}) = (\overline{d}_1, \ldots, \overline{d}_r)$, $f(d'+n\mathbb{Z}) = (\overline{d}'_1, \ldots, \overline{d}'_r)$ となる整数とすると, $f(d+n\mathbb{Z})f(d'+n\mathbb{Z}) = (\overline{1}, \ldots, \overline{1})$ だから, $(d+n\mathbb{Z})(d'+n\mathbb{Z}) = 1+n\mathbb{Z}$ となる. すなわち, $\overline{d}$ は $\mathbb{Z}/n\mathbb{Z}$ で逆元 $\overline{d}'$ をもつ.

以上のことから, f の $(\mathbb{Z}/n\mathbb{Z})^*$ への制限写像

$$f : (\mathbb{Z}/n\mathbb{Z})^* \longrightarrow (\mathbb{Z}/n_1\mathbb{Z})^* \times \cdots \times (\mathbb{Z}/n_r\mathbb{Z})^*$$

は全単射になっている. よって, $(\mathbb{Z}/n\mathbb{Z})^*$ と直積集合 $(\mathbb{Z}/n_1\mathbb{Z})^* \times \cdots \times (\mathbb{Z}/n_r\mathbb{Z})^*$ の濃度を比較して

$$\varphi(n) = \varphi(n_1) \cdots \varphi(n_r)$$

となることがわかる. □

この補題から, 定義 0.1.2 で述べた式を導くことができる.

定理 1.5.3 正整数 n の素因数分解を $n = p_1^{\alpha_1} \cdots p_r^{\alpha_r}$ とすると, オイラーの φ 関数は

$$\varphi(n) = n\left(1 - \frac{1}{p_1}\right) \cdots \left(1 - \frac{1}{p_r}\right)$$

で与えられる.

証明 $n_i = p_i^{\alpha_i}$ $(1 \leq i \leq r)$ とおくと, $n_1, \ldots, n_r$ は互いに素な正整数である. 補題 1.5.2 により, $\varphi(n) = \varphi(p_1^{\alpha_1}) \cdots \varphi(p_r^{\alpha_r})$ となる. したがって, 素数 p に対して $\varphi(p^\alpha) = p^\alpha - p^{\alpha-1}$ となることを示せば定理の式が導かれる. 一方, $\varphi(p^\alpha)$ は集合

$$\{d \mid 0 < d < p^\alpha,\ p \nmid d\} = \{d \mid 0 < d \leq p^\alpha\} \setminus \{pm \mid 0 < m \leq p^{\alpha-1}\}$$

の濃度であるから, $\varphi(p^\alpha) = p^\alpha - p^{\alpha-1}$ である. □

次の結果を証明しよう.

---

[6] $n_i < d < n$ となる場合には, $d + n_i\mathbb{Z}$ は d を n_i で割った剰余で代表されていることに注意せよ. ここでは, その剰余が n_i と互いに素であるといっている.

定理 1.5.4 正整数 n に対して，次の等式が成立する．

$$\sum_{d|n} \varphi(d) = \sum_{d|n} \varphi\left(\frac{n}{d}\right) = n .$$

ここで，$\sum_{d|n} \varphi(d)$ は，d が n を割る正整数全部の集合を動くとき，$\varphi(d)$ の和をとることを意味する．

証明 集合 $S = \{m \mid 0 < m \leq n\}$ に同値関係

$$m \sim m' \iff \gcd(m,n) = \gcd(m',n)$$

を定義する．このとき，(i) $m \sim m$ ($\forall m \in S$), (ii) $m \sim m' \Rightarrow m' \sim m$, (iii) $m \sim m'$, $m' \sim m'' \Rightarrow m \sim m''$，という同値関係の 3 条件が成立している．その同値類は，d を n の約元として

$$S_d = \{m \in S \mid \gcd(m,n) = d\}$$

と表せて，$S = \coprod_{d|n} S_d$ という分解が生じている．他方，集合 S_d と集合

$$\left\{ \frac{m}{d} \mid 0 < \frac{m}{d} \leq \frac{n}{d},\ \gcd\left(\frac{n}{d}, \frac{m}{d}\right) = 1 \right\}$$

の間には，$m \mapsto \frac{m}{d}$，という全単射がある．よって，$|S_d| = \varphi\left(\frac{n}{d}\right)$ である．これから，$|S| = n = \sum_{d|n} \varphi\left(\frac{n}{d}\right)$ がわかる．他方，d が n の約元全体を動けば，$\frac{n}{d}$ も n の約元全体を動くことに注意すると，

$$\sum_{d|n} \varphi(d) = \sum_{\frac{n}{d}|n} \varphi\left(\frac{n}{d}\right) = \sum_{d|n} \varphi\left(\frac{n}{d}\right) = n$$

となる． □

1.6 連分数展開

これまでに述べてきたことからもわかるように，互いに素な正整数 a_0, a_1 に対して，整数 m, n を $a_0 m + a_1 n = 1$ となるようにとれるという事実は重要なことがら

1.6 連分数展開

である．a_0, a_1 が具体的な数として与えられたとき，m, n をどのように求めるかについて述べておこう．

1.3 節においてユークリッドの互除法の説明で用いた記号を使う．$a_0 = q_1 a_1 + a_2 \ (0 < a_2 < a_1)$ の両辺を a_1 で割ると

$$\frac{a_0}{a_1} = q_1 + \frac{a_2}{a_1}, \quad 0 < \frac{a_2}{a_1} < 1 \tag{1}$$

と表せる．ついで，$a_1 = q_2 a_2 + a_3 \ (0 < a_3 < a_2)$ の両辺を a_2 で割ると

$$\frac{a_1}{a_2} = q_2 + \frac{a_3}{a_2}, \quad 0 < \frac{a_3}{a_2} < 1$$

となる．この式を (1) に代入すると

$$\frac{a_0}{a_1} = q_1 + \frac{1}{\frac{a_1}{a_2}} = q_1 + \frac{1}{q_2 + \frac{a_3}{a_2}}.$$

以下，同様にして

$$\frac{a_0}{a_1} = q_1 + \cfrac{1}{q_2 + \cfrac{1}{\ddots \ q_{r-2} + \cfrac{1}{q_{r-1} + \cfrac{1}{q_r}}}} \tag{2}$$

という表示が得られる．このように，分数の分母に，整数と（連）分数の和が現れるようなものを**連分数**といい，(2) の表示を $\frac{a_0}{a_1}$ の**連分数展開**という．簡単に，$\frac{a_0}{a_1} = [q_1, q_2, \ldots, q_r]$ と表す．次のことがらに注意しておこう．1.3 節の記号で $a_r = \gcd(a_0, a_1)$ であったが，連分数展開 (2) の右辺を普通の分数に書き直すと，$\frac{a_0}{a_1} = \frac{a_0}{a_r} / \frac{a_1}{a_r}$ という既約分数が得られるということである．

例 1.6.1 (1)
$$\frac{27}{5} = 5 + \cfrac{1}{2 + \cfrac{1}{2}} = [5, 2, 2].$$

(2) 次の条件で定義される数列 $\{a_n\}_{n \geq 0}$ を，**フィボナッチ数列**という．

$$a_0 = 1,\ a_1 = 1,\ a_{n+1} = a_n + a_{n-1}\ (n > 0)\ .$$

このとき

$$\frac{a_2}{a_1} = 2,\ \frac{a_3}{a_2} = \frac{3}{2},\ \ldots,\ \frac{a_{n+1}}{a_n} = [\underbrace{1,\ldots,1}_{n-1},2]\ (n \geq 2)$$

と表される. □

1.3 節の記号 $a_0, a_1, \ldots, a_r, q_1, \ldots, q_r$ を使って，次の 2 つの数列 $\ell_0, \ell_1, \ldots, \ell_r$ と $k_0, k_1, \ldots, k_r$ を漸化式で定義する．

$$\begin{cases} \ell_0 = 1,\ \ell_1 = q_1, \\ \ell_n = \ell_{n-1} q_n + \ell_{n-2}\ (2 \leq n \leq r), \end{cases}$$

$$\begin{cases} k_0 = 0,\ k_1 = 1, \\ k_n = k_{n-1} q_n + k_{n-2}\ (2 \leq n \leq r). \end{cases}$$

このとき，2 つの数列の間には次の関係式がある．

補題 1.6.2

$$\begin{vmatrix} \ell_n & \ell_{n-1} \\ k_n & k_{n-1} \end{vmatrix} = (-1)^n,\quad 1 \leq n \leq r\ .$$

証明

$$\begin{vmatrix} \ell_n & \ell_{n-1} \\ k_n & k_{n-1} \end{vmatrix} = \begin{vmatrix} \ell_{n-1} q_n + \ell_{n-2} & \ell_{n-1} \\ k_{n-1} q_n + k_{n-2} & k_{n-1} \end{vmatrix} = -\begin{vmatrix} \ell_{n-1} & \ell_{n-2} \\ k_{n-1} & k_{n-2} \end{vmatrix}$$

$$= \cdots = (-1)^{n-1} \begin{vmatrix} \ell_1 & \ell_0 \\ k_1 & k_0 \end{vmatrix} = (-1)^{n-1} \begin{vmatrix} q_1 & 1 \\ 1 & 0 \end{vmatrix} = (-1)^n\ .$$

□

補題 1.6.3 次の等式が成立する．

(1)
$$\begin{cases} a_0 = \ell_n a_n + \ell_{n-1} a_{n+1}\ (1 \leq n \leq r), \\ a_1 = k_n a_n + k_{n-1} a_{n+1}. \end{cases}$$

ただし，$a_{r+1} = 0$ とする．

1.6 連分数展開

(2) $\quad (-1)^n a_n = k_{n-1} a_0 - \ell_{n-1} a_1, \quad 1 \leq n \leq r$.

証明 (1) $\ell_0 = 1$, $\ell_1 = q_1$ だから，$n = 1$ のとき $a_0 = \ell_1 a_1 + \ell_0 a_2$ となる．また，$k_0 = 0$, $k_1 = 1$ だから，$a_1 = k_1 a_1 + k_0 a_2$ となる．$n - 1$ のとき両式が成立するとして，n の場合を考えよう．

$$\begin{aligned} a_0 &= \ell_{n-1} a_{n-1} + \ell_{n-2} a_n \\ &= \ell_{n-1}(q_n a_n + a_{n+1}) + \ell_{n-2} a_n \\ &= (\ell_{n-1} q_n + \ell_{n-2}) a_n + \ell_{n-1} a_{n+1} \\ &= \ell_n a_n + \ell_{n-1} a_{n+1} \ . \end{aligned}$$

また，

$$\begin{aligned} a_1 &= k_{n-1} a_{n-1} + k_{n-2} a_n \\ &= k_{n-1}(q_n a_n + a_{n+1}) + k_{n-2} a_n \\ &= (k_{n-1} q_n + k_{n-2}) a_n + k_{n-1} a_{n+1} \\ &= k_n a_n + k_{n-1} a_{n+1} \ . \end{aligned}$$

よって，n の場合に成立することがわかった．

(2) (1) の式を行列表示すると

$$\begin{pmatrix} a_0 \\ a_1 \end{pmatrix} = \begin{pmatrix} \ell_n & \ell_{n-1} \\ k_n & k_{n-1} \end{pmatrix} \begin{pmatrix} a_n \\ a_{n+1} \end{pmatrix} \ .$$

また，補題 1.6.2 によって

$$\begin{pmatrix} \ell_n & \ell_{n-1} \\ k_n & k_{n-1} \end{pmatrix}^{-1} = (-1)^n \begin{pmatrix} k_{n-1} & -\ell_{n-1} \\ -k_n & \ell_n \end{pmatrix}$$

だから，

$$\begin{pmatrix} a_n \\ a_{n+1} \end{pmatrix} = (-1)^n \begin{pmatrix} k_{n-1} & -\ell_{n-1} \\ -k_n & \ell_n \end{pmatrix} \begin{pmatrix} a_0 \\ a_1 \end{pmatrix} \ .$$

求める式は最後の式から直ちに導かれる． □

さらに，次の結果がある．

補題 1.6.4 $1 \leq n \leq r$ のとき，次の 2 つの式が成立する．

(1) $\gcd(\ell_n, k_n) = 1$ ， (2) $\dfrac{\ell_n}{k_n} = [q_1, q_2, \ldots, q_n]$ ．

証明 (1) 補題 1.6.2 により $\ell_n k_{n-1} - k_n \ell_{n-1} = (-1)^n$ だから，$\gcd(\ell_n, k_n) = 1$ である．

(2) ℓ_n, k_n と同様に，$q_2, \ldots, q_r$ を使って，数列 ℓ'_n, k'_n $(1 \leq n \leq r-1)$ を次の式で定義する．

$$\begin{cases} \ell'_0 = 1, \quad \ell'_1 = q_2, \quad \ell'_n = \ell'_{n-1} q_{n+1} + \ell'_{n-2}, \\ k'_0 = 0, \quad k'_1 = 1, \quad k'_2 = q_3, \quad k'_n = k'_{n-1} q_{n+1} + k'_{n-2} . \end{cases}$$

このとき，

$$\ell_n = q_1 k_n + k'_{n-1}, \quad k_n = \ell'_{n-1} \quad (1 \leq n \leq r) \tag{$*$}$$

が成立する．

実際，$\ell_1 = q_1 = q_1 k_1 + k'_0$, $k_1 = 1 = \ell'_0$ である．これらの式 $(*)$ が $n-2$ と $n-1$ のとき成立したとすると，

$$\begin{aligned}
\ell_n &= q_n \ell_{n-1} + \ell_{n-2} = q_n(q_1 k_{n-1} + k'_{n-2}) + q_1 k_{n-2} + k'_{n-3} \\
&= q_1(q_n k_{n-1} + k_{n-2}) + k'_{n-2} q_n + k'_{n-3} \\
&= q_1 k_n + k'_{n-1} , \\
k_n &= k_{n-1} q_n + k_{n-2} = \ell'_{n-2} q_n + \ell'_{n-3} = \ell'_{n-1} .
\end{aligned}$$

このとき，

$$\frac{\ell_n}{k_n} = q_1 + \frac{k'_{n-1}}{k_n} = q_1 + \frac{1}{\dfrac{\ell'_{n-1}}{k'_{n-1}}} .$$

ここで，n に関する帰納法で

$$\frac{\ell'_{n-1}}{k'_{n-1}} = q_2 + \cfrac{1}{q_3 + \cfrac{1}{\ddots + \cfrac{1}{q_{n-1} + \cfrac{1}{q_n}}}}$$

1.7 整数のイデアル

と仮定できるから，$\dfrac{\ell_n}{k_n}$ の望ましい連分数展開が得られた． □

以上の補題を使うと，本節の最初に提示した設問に解答を与えることができる．

定理 1.6.5 $\gcd(a_0, a_1) = 1$ となる 2 つの正整数 a_0, a_1 について $\dfrac{a_0}{a_1} = [q_1, \ldots, q_r]$ と連分数展開し，$[q_1, \ldots, q_{r-1}] = \dfrac{\ell}{k}$ となるような，互いに素な ℓ と k を見つけると，$(-1)^r = ka_0 - \ell a_1$ となる．$a_r = \gcd(a_0, a_1) > 1$ となる場合は，$\dfrac{a_0}{a_r}, \dfrac{a_1}{a_r}$ に対して ℓ と k を見つけると，$(-1)^r a_r = ka_0 - \ell a_1$ となる．

証明 補題 1.6.3 の (2) によって，$(-1)^r a_r = k_{r-1} a_0 - \ell_{r-1} a_1$ と表される．ここで，$a_r = \gcd(a_0, a_1)$ だから，ℓ_{r-1} と k_{r-1} を見つければよい．また，補題 1.6.4 の (2) によって，$\dfrac{\ell_{r-1}}{k_{r-1}} = [q_1, \ldots, q_{r-1}]$ であり，$\gcd(\ell_{r-1}, k_{r-1}) = 1$ である． □

例 1.6.6 $a_0 = 1826, a_1 = 49$ ならば，ユークリッドの互除法により，

$$\gcd(1826, 49) = 1, \quad \dfrac{1826}{49} = [37, 3, 1, 3, 3], \quad r = 5$$

である．さらに，$[37, 3, 1, 3] = \dfrac{559}{15}$ だから，$\ell = 559, k = 15$ とすると，

$$(-1)^5 = 15 \times 1826 - 559 \times 49 .$$

このようにして，$ka_0 - \ell a_1 = \pm 1$ となる正整数 k, ℓ を見出すことができる． □

1.7 整数のイデアル

整数 n に対して，$n\mathbb{Z} = \{nx \mid x \in \mathbb{Z}\}$ という $\mathbb{Z}$ の部分集合には次の 2 つの性質がある．

(i) $a, b \in n\mathbb{Z}$ ならば，$a \pm b \in n\mathbb{Z}$，
(ii) $a \in n\mathbb{Z}$ ならば，任意の $m \in \mathbb{Z}$ に対して，$am \in n\mathbb{Z}$．

これら 2 つの性質を取り上げて，$\mathbb{Z}$ の部分集合 I が (i) と (ii) と同じ性質

(i) $a, b \in I$ ならば，$a \pm b \in I$,

(ii) $a \in I$ ならば，任意の $m \in \mathbb{Z}$ に対して，$am \in I$

を満たすとき，I を $\mathbb{Z}$ の**イデアル**という．とくに，$0 \in I$ である．$I = \{0\}$ または $I = \mathbb{Z}$ はともに $\mathbb{Z}$ のイデアルである．この節では $\mathbb{Z}$ のイデアルの性質を調べるが，より一般的な取り扱いについては第 5 章の環論において行う．

剰余の定理の応用として，次の結果が得られる．

定理 1.7.1 I を $\mathbb{Z}$ のイデアルとすると，整数 n が存在して $I = n\mathbb{Z}$ となる．$I \neq \{0\}$ ならば，n として正整数がとれる．

証明 $I = \{0\}$ の場合は $n = 0$，$I = \mathbb{Z}$ の場合は $n = 1$ ととればよい．そこで，$I \neq \{0\}, I \neq \mathbb{Z}$ と仮定する．すると，I は 0 でない整数 n を含む．$n < 0$ ならば，$-n = (-1) \cdot n \in I$ だから，$n > 0$ と仮定してもよい．I に含まれる正整数を考えると，その中で最小のものをとることができる．n がそのような最小の正整数であるとしてもよい．そのときは，イデアルの性質 (ii) により，$n\mathbb{Z} \subseteq I$ である．

逆の包含関係が成立することを示そう．$a \in I$ を任意にとると剰余の定理によって，$a = qn + r$ ($0 \leq r < n$) となる整数 q と r が存在する．$r = 0$ ならば，$a = qn$ となって $a \in n\mathbb{Z}$ である．$r \neq 0$ とすると，$r = a - qn \in I$ である．なぜならば，$a, qn \in I$ だから，イデアルの性質 (i) により，$r \in I$ となる．このとき，n が I に含まれる最初の正整数であったのに，r は n よりも小さい I の元となって，矛盾が生じる．よって，$r = 0$ でなければならず，このときは $a \in n\mathbb{Z}$ である．すなわち，逆の包含関係 $I \subseteq n\mathbb{Z}$ が示された． □

イデアル I を $I = n\mathbb{Z}$ と表すと，$I = (-n)\mathbb{Z}$ でもあることに注意しよう．イデアル $n\mathbb{Z}$ を (n) と書くこともある．また，$n\mathbb{Z}$ は n で生成された**単項イデアル**とも呼ばれる．

整数のイデアル I, J をとってくると，集合としての共通部分 $I \cap J$ および部分集合 $I + J = \{x + y \mid x \in I, y \in J\}$ を考えることができる．$I \cap J$ と $I + J$ がイデアルの定義の 2 条件を満たすことは容易に確かめられるから，これらは整数のイデアルになっている．

1.7 整数のイデアル

定理 1.7.2 $I = a\mathbb{Z}, J = b\mathbb{Z}$ を整数のイデアルとすると，次の結果が成立する．

(1) $I \subseteq J \iff b$ が a の約元．とくに，$I = J \iff b = a$ または $b = -a$.

(2) $I + J = d\mathbb{Z}$ $(d > 0)$ とすると，$d = \gcd(a, b)$.

(3) $I \cap J = \ell\mathbb{Z}$ $(\ell > 0)$ とすると，$\ell = \mathrm{lcm}\,(a, b)$.

証明 (1) $a\mathbb{Z} \subseteq b\mathbb{Z}$ ならば，$a \in b\mathbb{Z}$ すなわち，$a = bm$ となる $m \in \mathbb{Z}$ が存在するので，b は a の約元である．逆に b が a の約元ならば，$a = bm$ と書ける．よって，任意の整数 x に対して，$ax = bmx \in J$. すなわち，$I \subseteq J$ がわかる．以上のことから，$I = J$ となるための必要十分条件は，a が b の約元であり，b が a の約元となることである．すなわち，$b = au$, $a = bv$ となる整数 u, v が存在して，$b = buv$ である．$b \neq 0$ ならば，$uv = 1$ だから，$b = a$ または $b = -a$ となる．$b = 0$ ならば，$I = J = \{0\}$ であるから，$a = 0$ となる．

(2) $I \subseteq I + J$ である．実際，$x \in I$ ならば，$0 \in J$ だから，$x + 0 \in I + J$. 同様に，$J \subseteq I + J$ である．$I + J = d\mathbb{Z}$ と書けば，$a\mathbb{Z} \subseteq d\mathbb{Z}$ となるから，d は a の約元である．同様に，d は b の約元であるから，d は a と b の公約元である．d' が a と b の公約元であるとすれば，$a\mathbb{Z} \subseteq d'\mathbb{Z}$ かつ $b\mathbb{Z} \subseteq d'\mathbb{Z}$ が成立する．よって，$I + J = a\mathbb{Z} + b\mathbb{Z} \subseteq d'\mathbb{Z}$. したがって，$d\mathbb{Z} \subseteq d'\mathbb{Z}$ となる．これから $d' \mid d$ がわかる．よって，d は a と b の最大公約元である．

(3) $I \cap J = \ell\mathbb{Z}$ と書くと，$\ell\mathbb{Z} \subseteq a\mathbb{Z}$ より，ℓ は a の倍元である．同様に，ℓ は b の倍元になるから，ℓ は a と b の公倍元である．そこで，ℓ' を a と b の公倍元とすると，$\ell'\mathbb{Z} \subseteq a\mathbb{Z}$ かつ $\ell'\mathbb{Z} \subseteq b\mathbb{Z}$. したがって，$\ell'\mathbb{Z} \subseteq a\mathbb{Z} \cap b\mathbb{Z} = \ell\mathbb{Z}$. これは $\ell \mid \ell'$ を意味するから，ℓ は a と b の最小公倍元である． □

定理の結果を一般化して，次の系が得られる．

系 1.7.3 $I_1 = a_1\mathbb{Z}, I_2 = a_2\mathbb{Z}, \ldots, I_r = a_r\mathbb{Z}$ を整数のイデアルとするとき，次の結果が成立する．

(1) $I_1 + I_2 + \cdots + I_r = \{x_1 + \cdots + x_r \mid x_i \in I_i \ (1 \leq i \leq r)\} = d\mathbb{Z}$ とすると，$d > 0$ ならば，$d = \gcd(a_1, a_2, \ldots, a_r)$.

(2) $I_1 \cap I_2 \cap \cdots \cap I_r = \ell\mathbb{Z}$ とすると，$\ell > 0$ ならば，$\ell = \mathrm{lcm}\,(a_1, a_2, \ldots, a_r)$.

証明 $\gcd(a_1,\ldots,a_r) = \gcd(\gcd(a_1,\ldots,a_{r-1}),a_r)$ および $\mathrm{lcm}\,(a_1,\ldots,a_r) = \mathrm{lcm}\,(\mathrm{lcm}\,(a_1,\ldots,a_{r-1}),a_r)$ となることに注意すると，上の結果は定理 1.7.2 を繰り返し使って証明できる． □

問 題

1. 次のことがらを証明せよ．
   (1) α,β,γ を非負整数とすると
   $$\max(\alpha,\min(\beta,\gamma)) = \min(\max(\alpha,\beta),\max(\alpha,\gamma))\,.$$
   ただし，max および min はそれぞれ括弧内の数の最大および最小をとることを意味する．
   (2) a,b,c を正整数とするとき，
   $$\mathrm{lcm}\,(a,\gcd(b,c)) = \gcd(\mathrm{lcm}\,(a,b),\mathrm{lcm}\,(a,c))\,.$$
   (3) a,b,c を整数とするとき，
   $$a\mathbb{Z} \cap (b\mathbb{Z} + c\mathbb{Z}) = a\mathbb{Z} \cap b\mathbb{Z} + a\mathbb{Z} \cap c\mathbb{Z}\,.$$

2. 2つの整数 a,b について，次の3条件は同値であることを示せ．
   (1) a と b は互いに素である．
   (2) 整数 x,y が存在して $ax + by = 1$．
   (3) $a\mathbb{Z} + b\mathbb{Z} = \mathbb{Z}$．

3. a,b を正整数として，$a\mathbb{Z} : b\mathbb{Z} = \{x \in \mathbb{Z} \mid bx \in a\mathbb{Z}\}$ と定義するとき，次のことがらを証明せよ．
   (1) $a\mathbb{Z} : b\mathbb{Z}$ は整数のイデアルである．
   (2) a,b の素因数分解を $a = p_1^{\alpha_1}\cdots p_n^{\alpha_n}$, $b = p_1^{\beta_1}\cdots p_n^{\beta_n}$ ($\alpha_i \geq 0, \beta_i \geq 0$) とするとき，$\gamma_i = \max(0,\alpha_i - \beta_i)$ $(1 \leq i \leq n)$ とおいて，$c = p_1^{\gamma_1}\cdots p_n^{\gamma_n}$ とする．このとき $a\mathbb{Z} : b\mathbb{Z} = c\mathbb{Z}$ である．

問題

4. 正整数 n の素因数分解を $n = p_1^{\alpha_1} \cdots p_r^{\alpha_r}$ ($\alpha_i > 0$) とするとき，整数 e_i ($1 \le i \le r$) を次の連立合同 1 次方程式の解とする．

$$\begin{cases} x \equiv 0 \pmod{p_j^{\alpha_j}} \ (j \ne i), \\ x \equiv 1 \pmod{p_i^{\alpha_i}}. \end{cases}$$

このとき次のことがらを証明せよ．

(1) $e_i^2 \equiv e_i \pmod{n}$, $e_i e_j \equiv 0 \pmod{n}$ ($j \ne i$), $1 \equiv e_1 + \cdots + e_r \pmod{n}$.

(2) $e_i(\mathbb{Z}/n\mathbb{Z}) = \{e_i x \mid x \in \mathbb{Z}/n\mathbb{Z}\}$ は $\mathbb{Z}/p_i^{\alpha_i}\mathbb{Z}$ に環として同型である（すなわち，ある環同型写像 $\varphi : \mathbb{Z}/p_i^{\alpha_i}\mathbb{Z} \to e_i(\mathbb{Z}/n\mathbb{Z})$ が存在する.）

5. 問題 **4** の続きの問題として，次のことがらを示せ．

(1) $p_2^{\alpha_2} \cdots p_r^{\alpha_r}$ と $p_1^{\alpha_1}$ は互いに素であるから，整数 ℓ_1 と m_1 が存在して，$p_2^{\alpha_2} \cdots p_r^{\alpha_r} \ell_1 + p_1^{\alpha_1} m_1 = 1$ とできる．このとき，$e_1 \equiv p_2^{\alpha_2} \cdots p_r^{\alpha_r} \ell_1 \pmod{n}$ となる．（注：$e_2, \ldots, e_r$ についても同様な表示を見出すことができる．）

(2) 連立合同 1 次方程式 $x \equiv a_i \pmod{p_i^{\alpha_i}}$ ($1 \le i \le r$) の解は $x = \sum_{i=1}^{r} a_i e_i$ ととれることを示せ．

6. $n_1, \ldots, n_r$ を互いに素な正整数とし，$n = n_1 \cdots n_r$ とおくとき，連立合同 1 次方程式 $x \equiv a_i \pmod{n_i}$ の解の 1 つを，問題 **5** の方法を一般化して構成せよ．

7. n を素数でない正整数とすると，n は $\sqrt{n}$ 以下の約元をもつことを示せ．

8. n を 1 より大きい整数とするとき，次のことがらを証明せよ．

(1) 任意の正整数 a は，n の多項式としてただ一通りに表される．

$$a = c_r n^r + c_{r-1} n^{r-1} + \cdots + c_1 n + c_0, \quad 0 \le c_i < n, \quad c_r \ne 0.$$

このとき，$a = \{c_r c_{r-1} \cdots c_0\}_n$ と書いて，a の **n 進表示**という．

(2) $m = n - 1$ とすると，$a \equiv 0 \pmod{m} \iff \sum_{i=0}^{r} c_i \equiv 0 \pmod{m}$.

(3) $m = n + 1$ とすると，$a \equiv 0 \pmod{m} \iff \sum_{i=0}^{r} (-1)^r c_i \equiv 0 \pmod{m}$.

9. 次の合同 2 次方程式を解け．

$$x^2 + 5x + 6 \equiv 0 \pmod{35}.$$

エラトステネスの篩

素数が無限個存在することは，素因数分解と背理法を使って，簡単に証明される．実際，素数が有限個しか存在しなかったと仮定する．それらを全部数えあげて，小さいほうから順に，$p_1, p_2, \ldots, p_n$ とおく．このとき，$m = p_1 p_2 \cdots p_n + 1$ を考えて，素因数に分解したものを，

$$m = p_1^{\alpha_1} p_2^{\alpha_2} \cdots p_n^{\alpha_n}, \quad \alpha_i \geq 0, \quad \sum_{i=1}^{n} \alpha_i > 0$$

とする．等式 $m = p_1 p_2 \cdots p_n + 1$ で，m を素因数分解で置き換えたものを考えると，$\alpha_i > 0$ ならば，$p_i \mid 1$ という関係が得られる．これは矛盾である．

それでは，素数を小さいものから順にすべて見つけていくには，どのようにすればよいだろうか．直観的な方法は，2 で割れる自然数を除外し，次に，残ったものから，3 で割れるものを除外する．その次は，5 を考える．このように，2 の篩，3 の篩，5 の篩とかけていって，残った数が素数である．これを，**エラトステネスの篩**という．問題は，次々と篩をかけていくとき，割り算をいくつも実行しなければならず，大きい素数を見つけようとすると，膨大な計算量を伴うことである．計算をできるだけ少なくする工夫の一つが，次の方法である（章末の問題 **7** を参照せよ）．

自然数 N が与えられて，1 から N までの素数を見つけるには，2 から始めて $\sqrt{N}$ を超えない最大の素数 $p(N)$ までの篩をかければよい．

たとえば，$N = 100$ ならば，$p(100) = 7$ である．したがって，かける篩の数は，$2, 3, 5, 7$ の 4 つである．$N = 200$ ならば，$N = 100$ までに見つけた素数のうち，$\sqrt{200}$ より小さい素数で篩をかけることになる．このとき，$p(200) = 13$ である．このようにすれば，比較的少ない計算量で，N 以下の素数を見つけることができる．同様の方法によって，素因数の数が 2 つ以下の数を見つけるには，$\sqrt[3]{N}$ 以下の素数で篩をかければよい．

第2章　ベクトル空間

　この章では，行列と行列式に関する入門的知識は既知のものと仮定する．ベクトル空間は列ベクトル空間や行ベクトル空間だけでなく，一般ベクトル空間（とくに有限次元のもの）を対象とする．ベクトル空間で使われる議論は環上の加群の場合に一般化されるので，重要なものである．また，ベクトル空間の係数体も，実数体や複素数体に限定せず，できるだけ一般の可換体の上で議論する．

2.1　体の定義

　最初に体の定義を与えよう．p を素数としたときの有限体 $\mathbb{Z}/p\mathbb{Z}$ については1.4節で触れた．

　集合 K に2つの2項演算－加法と乗法－が定義されて，次の条件を満たすとき，K を**体**（**可換体**）という．

(1) 加法 $x+y$ は，次の結合法則，交換法則，零元の存在条件，負元の存在条件を満たす．
   - （ⅰ）（結合法則）　$(x+y)+z = x+(y+z)$．
   - （ⅱ）（交換法則）　$x+y = y+x$．
   - （ⅲ）（零元の存在）　零元 0 が存在して，任意の $x \in K$ に対して，$x+0 = 0+x = x$．
   - （ⅳ）（負元の存在）　任意の $x \in K$ に対して，負元 $-x \in K$ が存在して，$x+(-x) = (-x)+x = 0$．
(2) 乗法 xy は，次の結合法則，交換法則，単位元の存在条件を満たす[1]．

---
[1] 乗法 xy を $x \cdot y$ と書く場合もある．

 (ⅴ)（結合法則）　　$(xy)z = x(yz)$.
 (ⅵ)（交換法則）　　$xy = yx$.
 (ⅶ)（単位元の存在）　単位元 1 が存在して，任意の $x \in K$ に対して，$x \cdot 1 = 1 \cdot x = x$.
(3) 加法と乗法の間に分配法則が存在する．
 (ⅷ)（分配法則）　　$x(y+z) = xy + xz, \quad (x+y)z = xz + yz$.
(4) 零元を除く任意の元は乗法に関して逆元をもつ．
 (ⅸ)（逆元の存在）　$x \neq 0$ ならば，逆元 x^{-1} が存在して，$x \cdot x^{-1} = x^{-1} \cdot x = 1$.

このとき，減法（引算）$x - y$ は $x + (-y)$ と定義し，除法（割算）$x \div y$ は xy^{-1} と定義する．したがって，$ax + b = c \, (a \neq 0)$ という 1 次方程式は $x = (c-b)a^{-1}$ と解ける．

以上のことがらを簡単に，K には加減乗除が定義されているという．有理数全体の集合 $\mathbb{Q}$，実数全体の集合 $\mathbb{R}$，複素数全体の集合 $\mathbb{C}$ には加減乗除が定義されているので，それぞれ，**有理数体**，**実数体**，**複素数体**という．これらは無限集合だから，**無限体**であるが，$\mathbb{Z}/p\mathbb{Z}$ は有限集合だから**有限体**である．

2.2　有限生成ベクトル空間と基底

K を体とする．集合 V が**係数体** K 上の**ベクトル空間**というのは，V に加法と**スカラー積**が定義されていて，次の条件を満たすときにいう．

(1) V の加法による和を $v + w$ と表すと，結合法則，交換法則，零元の存在条件，負元の存在条件を満たす．それらは体の場合と同じ + の記号を用いる和であるが，V の元 $v, w, \ldots$ に対して定義される．
(2) K の各元 a と V の各元 v との間にスカラー積 av という V の元を対応させる乗法が定義されていて，結合法則と分配法則を満たす．
 (2-1)（結合法則）　　$a, b \in K, \, v \in V$ に対して，$(ab)v = a(bv)$.
 (2-2)（分配法則）　　$a(v+w) = av + aw, \, (a+b)v = av + bv$.
 (2-3)（単位元と零元）　$1 \cdot v = v, \, 0 \cdot v = 0$.

2.2 有限生成ベクトル空間と基底

V の元を**ベクトル**という．また，K の元を**スカラー**と呼ぶことがある．2つのベクトルの差は $v - w = v + (-w)$ と定義する．加法の零元 0 を**零ベクトル**という[2]．

例 2.2.1 体 K の n 個の直積 $K^n = \underbrace{K \times \cdots \times K}_{n}$ の元は $(a_1, \ldots, a_n)$ と表される．このような元を，長さ n の**行ベクトル**という．また，縦の列 $\begin{pmatrix} a_1 \\ \vdots \\ a_n \end{pmatrix}$ と表したときは，これを長さ n の**列ベクトル**という．この本では，列ベクトルを表すのに，${}^t(a_1, \ldots, a_n)$ という書き方も用いる．K^n を次のようにしてベクトル空間と見なすことができる．

和: $\quad (a_1, \ldots, a_n) + (b_1, \ldots, b_n) = (a_1 + b_1, \ldots, a_n + b_n)$,
スカラー積: $\quad c(a_1, \ldots, a_n) = (ca_1, \ldots, ca_n)$.

K^n のことを，K 上の**行ベクトル空間**という．

また，K 係数の n 行 m 列の行列（略して (n,m)-行列という．）全体のなす集合 $M(n, m; K)$ は，次の行列の和とスカラー積によって，ベクトル空間となっている．(n,m)-行列を (i,j)-成分で代表させて，$A = (a_{ij}), B = (b_{ij})$ のように表すとき，行列の和とスカラー積は次のように表される．

和: $\quad A + B = (a_{ij} + b_{ij})$,
スカラー積: $\quad cA = (ca_{ij})$. $\qquad \square$

定義 2.2.2 K 上のベクトル空間 V の部分集合 W が，V の加法とスカラー積で閉じているとき，W は V の**部分ベクトル空間**であるという．すなわち，

(i) $w_1, w_2 \in W$ ならば，$w_1 + w_2 \in W$. ただし，加法は V の加法である．
(ii) $w \in W, c \in K$ ならば，$cw \in W$. ただし，スカラー積は V のスカラー積である．

部分ベクトル空間は，V から誘導された加法とスカラー積でベクトル空間になっている．V の 0 ベクトルだけから成る部分集合 $\{0\}$ は，V の部分ベクトル空間である．

---
[2] スカラーの 0 と零ベクトルの 0 を，記号上で区別していないが，前後の状況から区別できる．

たとえば，$m < n$ のとき，K^m の元 $(a_1, \ldots, a_m)$ を K^n の元 $(a_1, \ldots, a_m, 0, \ldots, 0)$ と同一視すると，K^m は K^n の部分ベクトル空間になっている．

定義 2.2.3 ベクトル空間 V のベクトル $v, v_1, \ldots, v_r$ について
$$v = a_1 v_1 + \cdots + a_r v_r, \quad a_1, \ldots, a_r \in K$$
と表されるとき，v は $v_1, \ldots, v_r$ の **1 次結合**であるという．ベクトル $v_1, \ldots, v_r$ の 1 次結合全体が成す V の部分集合
$$W = \{a_1 v_1 + \cdots + a_r v_r \mid a_1, \ldots, a_r \in K\}$$
は V の部分ベクトル空間である．$W = K v_1 + \cdots + K v_r$ とか $W = \sum_{i=1}^{r} K v_i$ と書くこともある．$V = W$ となるとき，V は $v_1, \ldots, v_r$ で生成されるといい，$\{v_1, \ldots, v_r\}$ を V の**生成系**という．V が有限個のベクトルで生成されるとき，V は**有限生成**ベクトル空間であるという．

定義 2.2.4 $v_1, \ldots, v_r$ を V のベクトルとする．

(1) $v_1, \ldots, v_r$ の 1 次結合について，$a_1 v_1 + \cdots + a_r v_r = 0$ ならば $a_1 = \cdots = a_r = 0$ となるとき，$v_1, \ldots, v_r$ は**一次独立**であるという．

(2) $v_1, \ldots, v_r$ は一次独立でないとき，**一次従属**であるという．$v_1, \ldots, v_r$ が一次従属ならば，K^r の行ベクトル $(a_1, \ldots, a_r)$ で，$(a_1, \ldots, a_r) \neq (0, \ldots, 0)$ かつ $a_1 v_1 + \cdots + a_r v_r = 0$ となるものが存在する．

一次独立，一次従属という概念は見かけほど難しいものでない．

補題 2.2.5 $v_1, \ldots, v_r$ をベクトル空間 V のベクトルとする．

(1) 次の 2 条件は同値である．
 (i) $v_1, \ldots, v_r$ は一次独立である．
 (ii) $a_1 v_1 + \cdots + a_r v_r = b_1 v_1 + \cdots + b_r v_r$ ならば，$a_1 = b_1, \ldots, a_r = b_r$ である．

(2) 次の 2 条件は同値である．
 (i) $v_1, \ldots, v_r$ は一次従属である．

2.2 有限生成ベクトル空間と基底

(ii) ある i $(1 \leq i \leq r)$ が存在して，v_i は残りのベクトル $v_1, \ldots, v_{i-1}, v_{i+1}, \ldots, v_r$ の 1 次結合として表される．

証明 (1) (ii) $\Rightarrow$ (i) $a_1 v_1 + \cdots + a_r v_r = 0$ ならば，$a_1 v_1 + \cdots + a_r v_r = 0 \cdot v_1 + \cdots + 0 \cdot v_r$ と表されるから，$a_1 = 0, \ldots, a_r = 0$．よって，$v_1, \ldots, v_r$ は一次独立である．

(i) $\Rightarrow$ (ii) $a_1 v_1 + \cdots + a_r v_r = b_1 v_1 + \cdots + b_r v_r$ ならば，$(a_1 - b_1) v_1 + \cdots + (a_r - b_r) v_r = 0$ となる．したがって，$a_1 - b_1 = 0, \ldots, a_r - b_r = 0$ となり，$a_1 = b_1, \ldots, a_r = b_r$ が従う．

(2) (i) $\Rightarrow$ (ii) $c_1 v_1 + \cdots + c_r v_r = 0$ という関係式で，$(c_1, \ldots, c_r) \neq (0, \ldots, 0)$ となるものがある．$c_i \neq 0$ とすると，この関係式から

$$v_i = -\frac{c_1}{c_i} v_1 - \cdots - \frac{c_{i-1}}{c_i} v_{i-1} - \frac{c_{i+1}}{c_i} v_{i+1} - \cdots - \frac{c_r}{c_i} v_r$$

が得られる．すなわち，v_i は残りのベクトルの 1 次結合として表される．

(ii) $\Rightarrow$ (i) $v_i = -c_1 v_1 - \cdots - c_{i-1} v_{i-1} - c_{i+1} v_{i+1} - \cdots - c_r v_r$ と表されたと仮定すると，$c_i = 1$ として関係式 $c_1 v_1 + \cdots + c_r v_r = 0$ が得られる．よって，$v_1, \ldots, v_r$ は一次従属である． □

与えられたベクトルの系から，その一部として，一次独立なものをとることができる．

補題 2.2.6 K 上のベクトル空間 V に，0 でないベクトルの系 $\{v_1, \ldots, v_r\}$ が与えられると，そのなかから $\{v_{i_1}, \ldots, v_{i_n}\}$ を選んで，次の 2 条件を満たすようにできる．

(i) $v_{i_1}, \ldots, v_{i_n}$ は一次独立である．
(ii) 任意の v_j $(1 \leq j \leq r)$ は，$v_{i_1}, \ldots, v_{i_n}$ の 1 次結合として表される．

証明 r に関する帰納法で証明する．$r = 1$ ならば，$v_1 \neq 0$ だから，v_1 だけで一次独立になる．実際，$cv_1 = 0$ ならば $c = 0$ が従う．もし $c \neq 0$ ならば，$v_1 = c^{-1}(cv_1) = 0$ となって，$v_1 \neq 0$ という仮定に反するからである．与えられた $v_1, \ldots, v_r$ が一次独立ならば，これ以上証明することはない．

一次従属ならば，補題 2.2.5 によって，そのうちの 1 つのベクトルは残りのベクトルの 1 次結合として表される．必要ならば添字の順序を変えて，$v_r = c_1 v_1 + $

$\cdots + c_{r-1}v_{r-1}$ と書けるとしてよい．そこで $\{v_1,\ldots,v_{r-1}\}$ に帰納法の仮定を使って，$\{v_1,\ldots,v_n\}$ が一次独立で，v_j $(n<j<r)$ は $v_1,\ldots,v_n$ の1次結合として表されるとしてよい．すなわち，

$$v_j = c_{j1}v_1 + \cdots + c_{jn}v_n, \quad c_{ji} \in K,\ n < j < r\,.$$

このとき，

$$\begin{aligned}
v_r &= c_1 v_1 + \cdots + c_n v_n + \sum_{j=n+1}^{r-1} c_j v_j \\
&= c_1 v_1 + \cdots + c_n v_n + \sum_{j=n+1}^{r-1} c_j \left(\sum_{i=1}^{n} c_{ji} v_i\right) \\
&= \sum_{i=1}^{n} \left\{c_i + \sum_{j=n+1}^{r-1} c_j c_{ji}\right\} v_i
\end{aligned}$$

と書ける．よって，$\{v_1,\ldots,v_n\}$ に対して，条件 (i) と (ii) が成立する． □

定理 2.2.7 V を K 上の有限生成ベクトル空間とすると，一次独立なベクトルの系 $\{v_1,\ldots,v_n\}$ が存在して，V の任意のベクトルは

$$v = a_1 v_1 + \cdots + a_n v_n, \quad a_i \in K\ (1 \leq i \leq n)$$

という1次結合として一意的に表される．

証明 V は $\{v_1,\ldots,v_r\}$ というベクトルの系によって生成されていると仮定する．補題 2.2.6 によって，$\{v_1,\ldots,v_r\}$ のなかから一次独立なベクトルの系を選んで，V の元はそれらの1次結合として表される．添字を取り換えて，$\{v_1,\ldots,v_n\}$ がこのような一次独立なベクトルの系であったとしてよい．このとき，V の任意のベクトル v は，定理の式のように，$v_1,\ldots,v_n$ の1次結合として表される．別の表し方 $v = b_1 v_1 + \cdots + b_n v_n$ があったとすると，$\{v_1,\ldots,v_n\}$ は一次独立だから，補題 2.2.5 によって $a_1 = b_1$, $\ldots$, $a_n = b_n$ となる．すなわち，1次結合としての表し方はただ一通りである． □

定理 2.2.7 におけるように，ベクトルの系 $\{v_1,\ldots,v_n\}$ が一次独立で，ベクトル空間 V の任意のベクトルをその1次結合として表すことができるとき，$\{v_1,\ldots,v_n\}$ を

2.2 有限生成ベクトル空間と基底

V の**基底**という．補題 2.2.6 と定理 2.2.7 で示したように，ベクトルの系 $\{v_1,\ldots,v_r\}$ が V を生成していれば，V の基底を $\{v_1,\ldots,v_r\}$ の部分集合として選べる．よって，V の基底が存在するが，基底を成すベクトルの数は，基底の取り方によらずに一定である．すなわち，次の定理が成立する．

定理 2.2.8 V を K 上の有限生成ベクトル空間とすると，2 つの基底 $\{v_1,\ldots,v_n\}$ と $\{w_1,\ldots,w_m\}$ があれば，$n=m$ となる．

証明 V の 1 つの基底の取り方は，補題 2.2.6 と定理 2.2.7 で示したように，V を生成するベクトルの系のなかから一次独立なベクトルを選んで構成する方法である．基底のもう 1 つの構成法は，次のような手順で，一次独立なベクトルの極大系を選んで，V の基底を構成する方法である．そのために，V の基底の 1 つを $\{v_1,\ldots,v_n\}$ として選んでおく．

w_1 を 0 でないベクトルとすると，$W_1 = \{aw_1 \mid a \in K\}$ は V の部分ベクトル空間である．$W_1 \neq V$ ならば，$w_2 \in V \setminus W_1$ ととって，$\{w_1,w_2\}$ は一次独立である．実際，$a_1w_1 + a_2w_2 = 0$ となれば，$w_2 \notin W_1$ だから，$a_2 = 0$ となる．なぜならば，$a_2 \neq 0$ とすると，$w_2 = -a_2^{-1}a_1w_1 \in W_1$ となって，w_2 の取り方に反する．すると，$a_1w_1 = 0$ となるので，$a_1 = 0$ となる．$W_2 = \{a_1w_1 + a_2w_2 \mid a_1,a_2 \in K\}$ とおくと，W_2 は，W_1 を含む V の部分ベクトル空間である．このようにして，部分ベクトル空間の包含列

$$W_1 \subsetneq W_2 \subsetneq \cdots \subsetneq W_{s-1} \subsetneq W_s$$

と一次独立なベクトルの系 $\{w_1,\ldots,w_s\}$ が，$W_i = \{a_1w_1 + \cdots + a_iw_i \mid a_1,\ldots,a_i \in K\}$ $(1 \leq i \leq s)$ となるようにとれたと仮定しよう．$W_s \neq V$ ならば，$w_{s+1} \in V \setminus W_s$ と選ぶと，$\{w_1,\ldots,w_s,w_{s+1}\}$ は一次独立なベクトルの系である．実際，

$$a_1w_1 + \cdots + a_sw_s + a_{s+1}w_{s+1} = 0$$

であったと仮定しよう．$a_{s+1} \neq 0$ ならば，

$$w_{s+1} = -\frac{1}{a_{s+1}}(a_1w_1 + \cdots + a_sw_s) \in W_s$$

となるから，w_{s+1} の選び方に反する．よって，$a_{s+1} = 0$ である．このとき，$a_1w_1 + \cdots + a_sw_s = 0$ だから，$\{w_1,\ldots,w_s\}$ が一次独立であるという仮定を使って，$a_1 = \cdots = a_s = 0$ となる．

このような部分空間 W_i の構成を，無限に続けることはできないことを示そう．すなわち，$\{w_1,\ldots,w_s\}$ が一次独立ならば，$s \leq n$ が成立することを証明する．

$\{v_1,\ldots,v_n\}$ は V の基底であったから，

$$w_1 = c_1 v_1 + \cdots + c_n v_n \qquad (*)$$

と書ける．$w_1 \neq 0$ だから，$(c_1,\ldots,c_n) \neq (0,\ldots,0)$ である．必要ならば添字を取り換えて，$c_1 \neq 0$ と仮定してもよい．このとき，

$$v_1 = c_1^{-1} w_1 - c_1^{-1} c_2 v_2 - \cdots - c_1^{-1} c_n v_n \qquad (**)$$

と表せるので，V の任意のベクトルは $\{w_1, v_2,\ldots,v_n\}$ で生成される．なぜならば，V のベクトル v を

$$v = d_1 v_1 + \cdots + d_n v_n, \quad d_1,\ldots,d_n \in K$$

と表しておいて，$(**)$ 式を使って v_1 を置き換えれば，v は $w_1, v_2,\ldots,v_n$ の 1 次結合で表せることがわかる．また，$\{w_1, v_2,\ldots,v_n\}$ は一次独立なベクトルの系である．実際，

$$bw_1 + a_2 v_2 + \cdots + a_n v_n = 0$$

とする．w_1 を $(*)$ 式で置き換えると，

$$bc_1 v_1 + (a_2 + bc_2) v_2 + \cdots + (a_n + bc_n) v_n = 0 \ .$$

$\{v_1,\ldots,v_n\}$ は一次独立だから，$bc_1 = 0, a_2 + bc_2 = 0, \ldots, a_n + bc_n = 0$ となるが，$c_1 \neq 0$ と仮定しているから，$b = 0$．よって，$a_2 = \cdots = a_n = 0$ となって，$\{w_1, v_2,\ldots,v_n\}$ は一次独立であることが示された．

以上の考察によって，$\{w_1, v_2,\ldots,v_n\}$ は V の基底になることがわかる．次に，$w_2 = c'_1 w_1 + c'_2 v_2 + \cdots + c'_n v_n$ と表す．このとき，$(c'_2,\ldots,c'_n) \neq (0,\ldots,0)$ である．もし $c'_2 = \cdots = c'_n = 0$ ならば，$w_2 = c'_1 w_1$ となって，$\{w_1,\ldots,w_s\}$ が一次独立であることに反するからである．よって，$\{v_2,\ldots,v_n\}$ の添字を取り換えて，$c'_2 \neq 0$ としてもよい．すると，

$$v_2 = -c'^{-1}_2 c'_1 w_1 + c'^{-1}_2 w_2 - c'^{-1}_2 c'_3 v_3 - \cdots - c'^{-1}_2 c'_n v_n \ .$$

2.2 有限生成ベクトル空間と基底

このとき $\{w_1, w_2, v_3, \ldots, v_n\}$ は V の基底になる．その証明は，$\{v_1, \ldots, v_n\}$ が基底であることから，$\{w_1, v_2, \ldots, v_n\}$ が基底であることを示した証明をまねる．すなわち，$\{w_1, v_2, \ldots, v_n\}$ が基底であることから，$\{w_1, w_2, v_3, \ldots, v_n\}$ が基底になることを証明すればよい．この後は i $(1 \leq i \leq s)$ に関する帰納法で証明する．

$\{w_1, \ldots, w_{i-1}, v_i, \ldots, v_n\}$ が V の基底になったと仮定しよう．$i \leq s$ ならば，w_i は $w_1, \ldots, w_{i-1}, v_i, \ldots, v_n$ の 1 次結合として，

$$w_i = d_1 w_1 + \cdots + d_{i-1} w_{i-1} + d_i v_i + \cdots + d_n v_n, \quad d_1, \ldots, d_n \in K$$

と表されるが，$i \leq n$ では $(d_i, \ldots, d_n) \neq (0, \ldots, 0)$ となっていることに注意しよう．その理由は $\{w_1, \ldots, w_i\}$ が一次独立だからである．必要ならば添字を取り換えて $d_i \neq 0$ と仮定すると，上と同様の議論により，$\{w_1, \ldots, w_i, v_{i+1}, \ldots, v_n\}$ が V の基底になっていることがわかる．

したがって，$\{w_1, \ldots, w_s\}$ が一次独立ならば，$\{v_1, \ldots, v_n\}$ のベクトルの一部を $\{w_1, \ldots, w_s\}$ で置き換えて，$\{w_1, \ldots, w_s, v_{s+1}, \ldots, v_n\}$ が V の基底になると仮定してもよい．すなわち，$s \leq n$ となる．このことから，$t \leq n$ となる正整数 t に対して $W_t = V$ となり，$\{w_1, \ldots, w_t\}$ が V の基底になっていることがわかる．

V の 2 つの基底 $\{v_1, \ldots, v_n\}$ と $\{w_1, \ldots, w_m\}$ が与えられたとき，$\{v_1, \ldots, v_n\}$ を固定して上の議論を $\{w_1, \ldots, w_m\}$ に適用すると，$m \leq n$ となることがわかる．次に，$\{v_1, \ldots, v_n\}$ と $\{w_1, \ldots, w_m\}$ の役割を入れ換えて，$\{w_1, \ldots, w_m\}$ のベクトルを $\{v_1, \ldots, v_n\}$ で置き換えることにすれば，$n \leq m$ となることがわかる．よって，$n = m$ である． □

V を有限生成ベクトル空間とし，$\{v_1, \ldots, v_n\}$ をその基底とするとき，基底を成すベクトルの数 n は基底の取り方によらずに一定である．この n を V の**次元**といって，$\dim V$ と表す．$V = \{0\}$ の場合には，$\dim V = 0$ とする．基底の 1 つの選び方は，定理 2.2.8 の証明のなかで示したように，部分ベクトル空間の包含列 $W_1 \subsetneq W_2 \subsetneq \cdots \subsetneq W_s$ と一次独立なベクトルの系 $\{w_1, \ldots, w_s\}$ を $W_i = \sum_{j=1}^{i} K w_j$ ととっていき，$V = W_n$ となったときのベクトルの系 $\{w_1, \ldots, w_n\}$ をとることである．基底がこのようにとれることを使うと，$V \neq \{0\}$ ならば $\dim V > 0$ であることがわかる．$\{w_1, \ldots, w_n\}$ が一次独立であることを示すために，$W_i = \bigoplus_{j=1}^{i} K w_j$，$V = \bigoplus_{j=1}^{n} K w_j$ のように表すことがある．記号 $W_i = \bigoplus_{j=1}^{i} K w_j$ には，W_i が $\{w_1, \ldots, w_i\}$ によって K 上生

成されていることと，$\{w_1,\ldots,w_i\}$ が一次独立であるという両方の意味が託されている．$\bigoplus$ という記号の正確な意味はベクトル空間の直和を述べるときに明らかになるであろう．

K 上の行ベクトル空間 K^n を考えてみよう．

$$e_1 = (1,0,\ldots,0),\ \ldots,\ e_i = (0,\ldots,0,\overset{i}{\vee}1,0,\ldots,0),\ \ldots,\ e_n = (0,\ldots,0,1)$$

とおく．e_i における $\overset{i}{\vee}$ は i 番目の座標が 1 であることを示している．このとき，任意の行ベクトル $(a_1,\ldots,a_n)$ は，

$$(a_1,\ldots,a_n) = a_1 e_1 + \cdots + a_n e_n = \sum_{i=1}^n a_i e_i$$

のように，$\{e_1,\ldots,e_n\}$ に関する 1 次結合として表される．また，$\sum_{i=1}^n a_i e_i = 0$ ならば，$(a_1,\ldots,a_n) = (0,\ldots,0)$ より，$a_1 = \cdots = a_n = 0$ が成立する．したがって，$\{e_1,\ldots,e_n\}$ は一次独立である．すなわち，$\{e_1,\ldots,e_n\}$ は K^n の基底である．これを K^n の**標準基底**という．

2.3 線形写像

K 上のベクトル空間 V,W の間に与えられた集合の写像 $f:V \to W$ が次の 2 条件を満たすとき，f をベクトル空間の**線形写像**または**準同型写像**という．

(i) $v_1, v_2 \in V$ に対して，$f(v_1 + v_2) = f(v_1) + f(v_2)$．
(ii) $c \in K,\ v \in V$ に対して，$f(cv) = cf(v)$．

(i) と (ii) の 2 条件は次の条件 (iii) で言い換えられる．

(iii) $a_1, a_2 \in K,\ v_1, v_2 \in V$ に対して，$f(a_1 v_1 + a_2 v_2) = a_1 f(v_1) + a_2 f(v_2)$．

これらの条件を簡単に述べると，f はベクトルの和とスカラー積を保つ，ということができる．とくに，$f(-v) = -f(v)$，$f(0_V) = 0_W$ となっている．ここで，$0_V, 0_W$ はそれぞれ V, W の零元である．f が全単射になっているとき，f を**同型写像**と呼ぶ．また，同型写像 $f:V \to W$ が存在するとき，V と W は**線形同型**であるとい

2.3 線形写像

い，$V \cong W$ と表す．2 つの線形写像 $f : V \to W$ と $g : W \to Z$ の合成写像 $g \circ f : V \to Z$ も線形写像になっていることは容易に確かめられる．

補題 2.3.1 K 上のベクトル空間の線形写像 $f : V \to W$ について，f が同型写像である必要十分条件は，線形写像 $g : W \to V$ が存在して，$g \circ f = 1_V$, $f \circ g = 1_W$ となることである．ただし，$1_V, 1_W$ はそれぞれ V, W の恒等写像を表す．

証明 f が同型写像であると仮定する．f は全単射であるから，W の任意の元 w に対して，V の元 v がただ一つ存在して $f(v) = w$ となる．このとき，集合の写像 $g : W \to V$ を $g(w) = v$ で与えると，$g \circ f = 1_V$, $f \circ g = 1_W$ となっていることは明らかであろう．

次に，g は線形写像であることを示そう．$w_1, w_2 \in W$ に対して，$f(v_1) = w_1$, $f(v_2) = w_2$ となるように $v_1, v_2 \in V$ を選ぶと，f は線形写像だから，

$$f(a_1 v_1 + a_2 v_2) = a_1 f(v_1) + a_2 f(v_2) = a_1 w_1 + a_2 w_2 .$$

よって，$g(a_1 w_1 + a_2 w_2) = a_1 v_1 + a_2 v_2 = a_1 g(w_1) + a_2 g(w_2)$ となるので，g は線形写像である．

逆に，$g \circ f = 1_V$, $f \circ g = 1_W$ となる線形写像 $g : W \to V$ が存在すれば，f は集合の写像として全単射である．実際，$f(v_1) = f(v_2)$ ならば，$v_1 = g \circ f(v_1) = g \circ f(v_2) = v_2$ となるから，f は単射である．また，W の任意の元 w に対して，$v = g(w)$ とおけば $f(v) = f \circ g(w) = w$ だから，f は全射である．よって，f は全単射になっているから，同型写像である． □

上の補題の g を f の**逆写像**といい，$g = f^{-1}$ と表す．

補題 2.3.2 V, W を K 上の有限生成ベクトル空間とすると，V と W が線形同型である必要十分条件は，$\dim V = \dim W$ となることである．

証明 同型写像 $f : V \to W$ が存在すれば，$\dim V = \dim W$ となることを示す．そのためには，$\{v_1, \ldots, v_n\}$ が V の基底であるとき，$\{f(v_1), \ldots, f(v_n)\}$ が W の基底であることを示せばよい．g を f の逆写像とする．まず，W のベクトル w に対して，ベクトル $g(w) \in V$ は $g(w) = a_1 v_1 + \cdots + a_n v_n$ と 1 次結合で表される．よっ

て，$w = a_1 f(v_1) + \cdots + a_n f(v_n)$. したがって，$\{f(v_1), \ldots, f(v_n)\}$ は W の生成系である．もし $a_1 f(v_1) + \cdots + a_n f(v_n) = 0$ ならば，この式の両辺に g を作用させて，$a_1 v_1 + \cdots + a_n v_n = 0$. $v_1, \ldots, v_n$ は一次独立だから，$a_1 = \cdots = a_n = 0$. したがって，$\{f(v_1), \ldots, f(v_n)\}$ は W で一次独立となり，W の基底になる．よって，$\dim V = \dim W = n$.

逆に，$\dim V = \dim W = n$ と仮定しよう．$\{v_1, \ldots, v_n\}$ を V の基底とし，$\{w_1, \ldots, w_n\}$ を W の基底とする．V のベクトル v を $v = a_1 v_1 + \cdots + a_n v_n$ と表して，集合の写像 $f : V \to W$ を $f(v) = a_1 w_1 + \cdots + a_n w_n$ で定義する．とくに，$f(v_i) = w_i$ となっている．ここで，行ベクトル $(a_1, \ldots, a_n)$ は v からただ一通りに定まるから，f は集合の写像として定まっている．このとき，f は線形写像である．実際，$v' = a'_1 v_1 + \cdots + a'_n v_n$ とすると，

$$\begin{aligned}
f(v + v') &= f((a_1 + a'_1)v_1 + \cdots + (a_n + a'_n)v_n) \\
&= (a_1 + a'_1)w_1 + \cdots + (a_n + a'_n)w_n \\
&= (a_1 w_1 + \cdots + a_n w_n) + (a'_1 w_1 + \cdots + a'_n w_n) = f(v) + f(v'), \\
f(cv) &= f((ca_1)v_1 + \cdots + (ca_n)v_n) = (ca_1)w_1 + \cdots + (ca_n)w_n \\
&= c(a_1 w_1 + \cdots + a_n w_n) = cf(v)
\end{aligned}$$

と計算されるから，f は線形写像である．さらに f は全単射である．上の記号を使って，$f(v) = f(v')$ とすると，$a_1 w_1 + \cdots + a_n w_n = a'_1 w_1 + \cdots + a'_n w_n$ となるが，$\{w_1, \ldots, w_n\}$ は一次独立だから，$a_1 = a'_1, \ldots, a_n = a'_n$ となる．すなわち，$v = v'$ となるので，f は単射である．また，W の任意のベクトル w を $w = a_1 w_1 + \cdots + a_n w_n$ と表して，$v = a_1 v_1 + \cdots + a_n v_n$ とおけば，$f(v) = w$ となるので，f は全射である．よって，f はベクトル空間の同型写像になり，V と W は線形同型である． □

$f : V \to W$ をベクトル空間の線形写像とするとき，V の部分ベクトル空間 $\mathrm{Ker}\, f$ と W の部分ベクトル空間 $\mathrm{Im}\, f$ を次のように定義する．

$$\begin{aligned}
\mathrm{Ker}\, f &= \{v \in V \mid f(v) = 0_W\}, \\
\mathrm{Im}\, f &= \{f(v) \in W \mid v \in V\}.
\end{aligned}$$

2.3 線形写像

ここで，0_W は W の 0 ベクトルで，以降は添字 W を付けずに 0 と書く．$\operatorname{Ker} f$ と $\operatorname{Im} f$ がそれぞれ V と W の部分ベクトル空間になっていることは容易に示されるので，演習問題として読者に委ねる．$\operatorname{Ker} f$ を f の**核**または**カーネル**といい，$\operatorname{Im} f$ を f の**像**または**イメージ**という．

補題 2.3.3 線形写像 $f : V \to W$ について，次のことがらが成立する．

(1) f が単射である必要十分条件は，$\operatorname{Ker} f = \{0\}$ である．
(2) f が全射である必要十分条件は，$\operatorname{Im} f = W$ である．

証明 (1) f が単射ならば，明らかに $\operatorname{Ker} f = \{0\}$ である．$\operatorname{Ker} f = \{0\}$ と仮定しよう．$f(v_1) = f(v_2)$ ならば，$f(v_1 - v_2) = f(v_1) - f(v_2) = 0$ だから，$v_1 - v_2 \in \operatorname{Ker} f = \{0\}$．よって，$v_1 = v_2$ となるので，f は単射である．

(2) 集合として $\operatorname{Im} f = f(V)$ である．よって，$\operatorname{Im} f = W$ という条件は $f(V) = W$ という条件に同値である．f が全射になることと，$f(V) = W$ という条件は明らかに同値である． □

V を K 上の有限生成ベクトル空間とし，$\{v_1, \ldots, v_n\}$ をその基底とする．ここで，$n = \dim V$ とする．V の任意のベクトル v を $v = a_1 v_1 + \cdots + a_n v_n$ と表したとき，集合の写像 $\varphi : V \to K^n$ を $\varphi(v) = (a_1, \ldots, a_n)$ と定義する．K^n の標準基底を $\{e_1, \ldots, e_n\}$ とすると，$(a_1, \ldots, a_n) = a_1 e_1 + \cdots + a_n e_n$ となる．このことに注意すると，集合の写像 $\varphi : V \to K^n$ は，補題 2.3.2 の証明において W を K^n で，基底 $\{w_1, \ldots, w_n\}$ を $\{e_1, \ldots, e_n\}$ で置き換えて構成した写像 f と同じである．したがって，φ は集合の写像として定義されており，φ は線形同型写像である．このことを次の定理としてまとめておく．

定理 2.3.4 上で構成した $\varphi : V \to K^n$ は，ベクトル空間の同型写像である．

φ のことを簡単に，基底 $\{v_1, \ldots, v_n\}$ を使った V の**行ベクトル表示**という．

$f : V \to W$ を有限生成ベクトル空間の線形写像とする．$n = \dim V$, $m = \dim W$ とおいて，$\{v_1, \ldots, v_n\}$ を V の基底，$\{w_1, \ldots, w_m\}$ を W の基底とする．また，基底 $\{v_1, \ldots, v_n\}$ を使った V の行ベクトル表示を $\varphi_V : V \to K^n$ とし，基底 $\{w_1, \ldots, w_n\}$ を使った行ベクトル表示を $\varphi_W : W \to K^m$ とする．

$1 \leq i \leq n$ について, $f(v_i)$ は W のベクトルだから,

$$f(v_i) = c_{i1}w_1 + \cdots + c_{im}w_m \tag{†}$$

と表される. V の任意のベクトル v を $v = a_1v_1 + \cdots + a_nv_n$ と表して, $f(v_i)$ の表示 (†) を使うと,

$$f(v) = a_1 f(v_1) + \cdots + a_n f(v_n)$$
$$= \sum_{i=1}^{n} a_i f(v_i) = \sum_{i=1}^{n} a_i \left(\sum_{j=1}^{m} c_{ij} w_j \right) = \sum_{j=1}^{m} \left(\sum_{i=1}^{n} a_i c_{ij} \right) w_j$$

となるので,

$$(\varphi_W \circ f)(v) = \left(\sum_{i=1}^{n} a_i c_{i1}, \ldots, \sum_{i=1}^{n} a_i c_{im} \right).$$

$v = \varphi_V^{-1}((a_1, \ldots, a_n))$ だから, 結局, 次の等式

$$(\varphi_W \circ f \circ \varphi_V^{-1})((a_1, \ldots, a_n)) = \left(\sum_{i=1}^{n} a_i c_{i1}, \ldots, \sum_{i=1}^{n} a_i c_{im} \right) \tag{††}$$

が得られる. ここで, $\widetilde{f} = \varphi_W \circ f \circ \varphi_V^{-1}$ とおけば, $\widetilde{f}\colon K^n \to K^m$ は, 線形写像の合成写像として, 線形写像になる. (††) は行列表示を使うと

$$\widetilde{f}((a_1, \ldots, a_n)) = (a_1, \ldots, a_n)C, \qquad C = \begin{pmatrix} c_{11} & \cdots & \cdots & c_{1m} \\ c_{21} & \cdots & \cdots & c_{2m} \\ \cdots & \cdots & \cdots & \cdots \\ c_{n1} & \cdots & \cdots & c_{nm} \end{pmatrix}$$

と書ける. $\widetilde{f} = \varphi_W \circ f \circ \varphi_V^{-1}$ という等式は, ベクトル空間と線形写像から成る次の図式

$$\begin{array}{ccc} V & \xrightarrow{\varphi_V} & K^n \\ f \downarrow & & \downarrow \widetilde{f} \\ W & \xrightarrow[\varphi_W]{} & K^m \end{array}$$

において, $\widetilde{f} \circ \varphi_V = \varphi_W \circ f$ となることと同じである. このとき, この図式は**可換図式**であるという[3]. 要約していえば, V と W をそれぞれの基底を使って行ベクトル

---

[3] 矢印の写像を合成して, V から K^m に行く 2 つの道 (K^n を通る道 $\widetilde{f} \circ \varphi_V$ と W を通る道 $\varphi_W \circ f$) の結果が同じであるというのが, 図式が可換という意味である.

2.3 線形写像

表示をすると，線形写像 $f: V \to W$ は，K^n の行ベクトルに**右から** (n,m)-行列 C を掛けることで定義される線形写像 $\widetilde{f}: K^n \to K^m$ に等しいということである．行列 C を（V と W の基底を使った）f の**行列表現**という．

逆に，(n,m)-行列 C を与えて，線形写像 $\widetilde{f}: K^n \to K^m$ を

$$\widetilde{f}((a_1,\ldots,a_n)) = (a_1,\ldots,a_n)C$$

で定義する．ここで，$f = \varphi_W^{-1} \circ \widetilde{f} \circ \varphi_V$ とおけば，$f: V \to W$ は線形写像になり，$\widetilde{f}$ はその行列表現になる．

V と W を K 上のベクトル空間として，集合

$$\mathrm{Hom}_K(V,W) = \{f: V \to W \mid f \text{ は線形写像}\}$$

を考える[4]．$f_1, f_2 \in \mathrm{Hom}_K(V,W)$ と $c_1, c_2 \in K$ に対して，集合の写像 $c_1 f_1 + c_2 f_2 : V \to W$ を

$$(c_1 f_1 + c_2 f_2)(v) = c_1 f_1(v) + c_2 f_2(v)$$

と定義する．

補題 2.3.5 (1) $c_1 f_1 + c_2 f_2$ は線形写像である．

(2) $\mathrm{Hom}_K(V,W)$ は，K 上のベクトル空間である．

(3) V と W を有限生成ベクトル空間とし，$n = \dim V$, $m = \dim W$ とする．$\varphi_V : V \to K^n$ と $\varphi_W : W \to K^m$ を，V の基底 $\{v_1,\ldots,v_n\}$ と W の基底 $\{w_1,\ldots,w_m\}$ に関する行ベクトル表示とし，$f \in \mathrm{Hom}_K(V,W)$ の行列表現を $C(f)$ で表すとき，$f \mapsto C(f)$ で与えられる集合の写像 $\gamma : \mathrm{Hom}_K(V,W) \to M(n,m;K)$ はベクトル空間の同型写像である．ただし，$M(n,m;K)$ は K-係数の (n,m)-行列全体の成す集合で，行列の和とスカラー積によって，K 上のベクトル空間と見なしたものである．よって，$\dim \mathrm{Hom}_K(V,W) = nm$ である．

証明 (1) $v_1, v_2 \in V$, $a_1, a_2 \in K$ に対して，

$$(c_1 f_1 + c_2 f_2)(a_1 v_1 + a_2 v_2) = c_1 f_1(a_1 v_1 + a_2 v_2) + c_2 f_2(a_1 v_1 + a_2 v_2)$$

---
[4] 準同型写像は，英語で homomorphism という．Hom はその最初の 3 文字をとったものである．

$$= c_1\left(a_1 f_1(v_1) + a_2 f_1(v_2)\right) + c_2\left(a_1 f_2(v_1) + a_2 f_2(v_2)\right)$$
$$= a_1\left(c_1 f_1(v_1) + c_2 f_2(v_1)\right) + a_2\left(c_1 f_1(v_2) + c_2 f_2(v_2)\right)$$
$$= a_1(c_1 f_1 + c_2 f_2)(v_1) + a_2(c_1 f_1 + c_2 f_2)(v_2)$$

となるので, $c_1 f_1 + c_2 f_2$ は線形写像である.

(2) $\mathrm{Hom}_K(V,W)$ は和 $f_1 + f_2$ とスカラー積 cf でベクトル空間になることは明らかであろう. $\mathrm{Hom}_K(V,W)$ の零元 0 は, V のすべてのベクトルを W の 0 ベクトルに写すような写像である.

(3) 行列 $C(f)$ は,
$$f(v_i) = \sum_{j=1}^m c_{ij} w_j, \quad 1 \le i \le n$$
という表示をしたときの係数 c_{ij} の行列として, $C(f) = (c_{ij})$ で与えられる. $C(f_1) = (c_{ij}^{(1)})$, $C(f_2) = (c_{ij}^{(2)})$ とすれば,
$$(c_1 f_1 + c_2 f_2)(v_i) = c_1 \sum_{j=1}^m c_{ij}^{(1)} w_j + c_2 \sum_{j=1}^m c_{ij}^{(2)} w_j$$
$$= \sum_{j=1}^m \left(c_1 c_{ij}^{(1)} + c_2 c_{ij}^{(2)}\right) w_j$$

だから, $C(c_1 f_1 + c_2 f_2) = c_1 C(f_1) + c_2 C(f_2)$ となる. すなわち, $f \mapsto C(f)$ で与えられる写像 $\gamma : \mathrm{Hom}_K(V,W) \to M(n,m;K)$ は線形写像である. $C(f)$ が零行列ならば, $f(v_i) = 0$ $(1 \le i \le n)$ となるので, V の任意のベクトル v に対して $f(v) = 0$ となる. よって, 写像 γ は単射である. また, 定理 2.3.4 の後で説明したように, 任意の (n,m)-行列 C に対しても, $C(f) = C$ となるような線形写像 $f : V \to W$ を構成することができる. よって, γ は全射である.

また, $M(n,m;K)$ の行列 E_{ij} $(1 \le i \le n;\ 1 \le j \le m)$ を, (i,j)-成分は 1 で, 残りの成分は 0 になるような行列とすると, $\{E_{ij} \mid 1 \le i \le n;\ 1 \le j \le m\}$ はベクトル空間 $M(n,m;K)$ の基底になる. よって, $\dim \mathrm{Hom}_K(V,W) = nm$ となる. □

ベクトル空間 V から自分自身への線形写像を**線形自己準同型写像**または**線形変換**という. それが同型写像になるとき, **線形自己同型写像**という[5]. このとき, $\mathrm{Hom}_K(V,V)$

---

[5] 線形写像であることが明らかなときは, 線形自己準同型写像, 線形自己同型写像という代わりに, 自己準同型写像, 自己同型写像という.

は，写像の和だけでなく，積として写像の合成 $g \circ f$ をとることができる．ただし，$f, g \in \operatorname{Hom}_K(V, V)$ である．この写像の和と積によって，$\operatorname{Hom}_K(V, V)$ は環の構造をもつ．ただし，$\dim V \geq 2$ の場合には可換環にならない．このような構造は第 5 章で考察する．合成写像の行列表現に関しては，$C(g \circ f) = C(f)C(g)$ となる．実際，$\widetilde{g \circ f}((a_1, \ldots, a_n)) = \tilde{g} \circ \tilde{f}((a_1, \ldots, a_n)) = \tilde{g}((a_1, \ldots, a_n)C(f)) = (a_1, \ldots, a_n)C(f)C(g)$ と $\widetilde{g \circ f}((a_1, \ldots, a_n)) = (a_1, \ldots, a_n)C(g \circ f)$ から，$C(g \circ f) = C(f)C(g)$ が従う．

$\operatorname{Hom}_K(V, V)$ のことを $\operatorname{End}_K(V)$ とも書く．$\operatorname{End}_K(V)$ の部分集合として，

$$\operatorname{Aut}_K(V) = \{ f : V \to V \mid f \text{ は線形自己同型写像} \}$$

がある．$f : V \to V$ と $g : V \to V$ が同型写像ならば，$g \circ f$ も同型写像である．したがって，$\operatorname{Aut}_K(V)$ は $\operatorname{End}_K(V)$ の積（合成写像 $g \circ f$）によって閉じた集合である．さらに，$f \in \operatorname{Aut}_K(V)$ ならば，逆写像 f^{-1} も $\operatorname{Aut}_K(V)$ の元である．これは $\operatorname{Aut}_K(V)$ が群の構造をもつということである．群構造は第 4 章で取り扱う[6]．

2.4 部分ベクトル空間と商ベクトル空間

V を K 上のベクトル空間，W をその部分ベクトル空間とする．V に次のような同値関係を定義する．

$$v_1, v_2 \in V \text{ について，} \quad v_1 \sim v_2 \iff v_1 - v_2 \in W.$$

これが同値関係になっていることは次のようにしてわかる．

(i) $v \sim v$．これは，$v - v = 0 \in W$ だから，明らかである．

(ii) $v_1 \sim v_2$ とすると，$v_1 - v_2 \in W$．よって，$v_2 - v_1 = (-1)(v_1 - v_2) \in W$ となり，$v_2 \sim v_1$．

(iii) $v_1 \sim v_2, v_2 \sim v_3$ ならば，$v_1 - v_2, v_2 - v_3 \in W$．よって，$v_1 - v_3 = (v_1 - v_2) + (v_2 - v_3) \in W$．これから $v_1 \sim v_3$ となる．

---

[6] 自己準同型写像のことを英語で endomorphism, 自己同型写像のことを automorphism という．End と Aut はそれぞれの英語名から最初の 3 文字をとったものである．

V のベクトル v の同値類を，$v+W$ または $\bar{v}$ と表す.

$$\bar{v} = v + W = \{v' \in V \mid v' \sim v\}.$$

この同値関係による V の商集合を V/W と書く.

補題 2.4.1 (1) V/W は K 上のベクトル空間である.

(2) 商写像 $\pi : V \to V/W$ を $\pi(v) = v + W$ と定義すると，π は全射な線形写像である.

(3) $\mathrm{Ker}\,\pi = W$.

証明 (1) $v_1, v_2 \in V$, $c_1, c_2 \in K$ に対して，

$$c_1 \bar{v}_1 + c_2 \bar{v}_2 = (c_1 v_1 + c_2 v_2) + W$$

と定義する. これが正しい定義になっていることは，

$$v_1 \sim v_1',\ v_2 \sim v_2'\ \text{のとき},\quad c_1 v_1 + c_2 v_2 \sim c_1 v_1' + c_2 v_2'$$

となることを示せばよい. 実際，$(c_1 v_1 + c_2 v_2) - (c_1 v_1' + c_2 v_2') = c_1(v_1 - v_1') + c_2(v_2 - v_2') \in W$ だから，これは明らかである. したがって，V/W には和とスカラー積が定義されている. 2.2 節の最初で述べた結合法則や分配法則が成立していることは，同値類の代表元に対してこれらの法則が成立することから従う. とくに，V/W の零元は $\bar{0} = 0 + W = W$ であり，負元は $-\bar{v} = \overline{(-v)}$ となっている. よって，V/W は K 上のベクトル空間になっている.

(2) $\pi(c_1 v_1 + c_2 v_2) = (c_1 v_1 + c_2 v_2) + W = (c_1 v_1 + W) + (c_2 v_2 + W) = c_1(v_1 + W) + c_2(v_2 + W) = c_1 \pi(v_1) + c_2 \pi(v_2)$ と計算されるから，π は線形写像である. π が全射となることは明らかである.

(3) $v \in \mathrm{Ker}\,\pi \Leftrightarrow v + W = 0 + W \Leftrightarrow v \in W$ より，$\mathrm{Ker}\,\pi = W$ となる. □

補題における線形写像 $\pi : V \to V/W$ を，W による**線形商写像**または**自然な商写像**という.

定理 2.4.2 $f : V \to V'$ をベクトル空間の線形写像とすると，線形写像 $\bar{f} : V/\mathrm{Ker}\,\pi \to \mathrm{Im}\,f$ を $\bar{f}(v + \mathrm{Ker}\,\pi) = f(v)$ と定義することができて，$\bar{f}$ は同型写像である.

2.4 部分ベクトル空間と商ベクトル空間

証明 定義により,

$$v \sim v' \iff v + \operatorname{Ker} \pi = v' + \operatorname{Ker} \pi \iff v - v' \in \operatorname{Ker} \pi$$

である.このとき,$v - v' \in \operatorname{Ker} \pi$ ならば,$f(v) = f(v')$. したがって,$\overline{f}(\overline{v})$ は同値類 $v + \operatorname{Ker} \pi$ の代表元 v の取り方によらずに定まる.

$\overline{v}_1 = v_1 + \operatorname{Ker} \pi$, $\overline{v}_2 = v_2 + \operatorname{Ker} \pi$, $c_1, c_2 \in K$ として,

$$\begin{aligned}\overline{f}(c_1 \overline{v}_1 + c_2 \overline{v}_2) &= \overline{f}((c_1 v_1 + c_2 v_2) + \operatorname{Ker} \pi) \\ &= f(c_1 v_1 + c_2 v_2) = c_1 f(v_1) + c_2 f(v_2) \\ &= c_1 \overline{f}(\overline{v}_1) + c_2 \overline{f}(\overline{v}_2)\end{aligned}$$

が成立するので,$\overline{f}$ はベクトル空間の線形写像である.

$\overline{f}$ が同型写像であることを示そう.$\overline{f}(\overline{v}) = \overline{f}(v + \operatorname{Ker} \pi) = f(v) = 0$ ならば,$v \in \operatorname{Ker} \pi$ となり,$v + \operatorname{Ker} \pi = 0 + \operatorname{Ker} \pi = \overline{0}$ となる.よって,補題 2.3.3 により,$\overline{f}$ は単射である.また,$\operatorname{Im} f$ の任意の元は $f(v)$ の形の元である.このとき,$\overline{f}(v + \operatorname{Ker} \pi) = f(v)$ だから,$\overline{f}$ は全射である.よって,$\overline{f}$ は同型写像となる. □

この定理は**準同型定理**と呼ばれる結果で,今後,様々な形で登場する.結果を $V/\operatorname{Ker} \pi \cong \operatorname{Im} f$ と記憶すれば簡単である.

定理 2.4.3 V を有限生成ベクトル空間,W を部分ベクトル空間とすると,次のことがらが成立する.

(1) $n = \dim V$ とすると,V の基底 $\{v_1, \ldots, v_n\}$ において,$\{v_1, \ldots, v_m\}$ $(m \leq n)$ が W の基底であり,$\{\overline{v}_{m+1}, \ldots, \overline{v}_n\}$ が V/W の基底となるものが存在する.とくに,W と V/W は有限生成ベクトル空間である.

(2) $\dim V = \dim W + \dim V/W$.

証明 定理 2.2.8 の証明のなかで述べたような V の基底の構成法に基づいて考えよう.$W = \{0\}$ ならば,$V/W = V$, $\dim W = 0$ となって,定理に関して証明するべきことがらはない.$W \neq \{0\}$ と仮定する.$v_1 \in W$ を 0 でないベクトルとし,$W_1 = Kv_1$ とおく.$W \neq W_1$ ならば,$v_2 \in W \setminus W_1$ をとり,$W_2 = Kv_1 + Kv_2$ と

おく．このように，W のベクトル $v_1, v_2, \ldots, v_r, \ldots$ と W の部分ベクトル空間の包含列

$$\{0\} \neq W_1 \subsetneq W_2 \subsetneq \cdots \subsetneq W_r \cdots \subseteq W$$

をとっていくと，$W_r = \sum_{i=1}^r K v_i$ で与えられ，$\{v_1, v_2, \ldots, v_r\}$ は W_r の基底である．一方，ベクトル空間 V における一次独立なベクトルの系は，n 個以下のベクトルから成り立っている．(定理 2.2.8 の証明を参照せよ．) よって，$W = W_m$ となる正整数 m が存在する．とくに，$W = \sum_{i=1}^m K v_i$ だから，W は K 上有限生成ベクトル空間である．

ベクトルの系 $\{v_1, \ldots, v_m\}$ を拡張して，V の基底 $\{v_1, \ldots, v_n\}$ をとることができる．このとき，$\{\overline{v}_{m+1}, \ldots, \overline{v}_n\}$ が V/W の基底になっていることを示す．実際，$v = a_1 v_1 + \cdots + a_n v_n$ と表すと，$\overline{v} = (a_{m+1} v_{m+1} + \cdots + a_n v_n) + W = a_{m+1} \overline{v}_{m+1} + \cdots + a_n \overline{v}_n$ だから，$\overline{v}$ は $\overline{v}_{m+1}, \ldots, \overline{v}_n$ の 1 次結合として表される．もし $a_{m+1} \overline{v}_{m+1} + \cdots + a_n \overline{v}_n = \overline{0}$ であれば，$(a_{m+1} v_{m+1} + \cdots + a_n v_n) + W = 0 + W = W$ となるので，$a_{m+1} v_{m+1} + \cdots + a_n v_n \in W$ となる．したがって，

$$a_{m+1} v_{m+1} + \cdots + a_n v_n = -b_1 v_1 - \cdots - b_m v_m$$

と表されるが，この関係式を

$$b_1 v_1 + \cdots + b_m v_m + a_{m+1} v_{m+1} + \cdots + a_n v_n = 0$$

と表すと，$\{v_1, \ldots, v_n\}$ が V の基底であったから，

$$b_1 = \cdots = b_m = a_{m+1} = \cdots = a_n = 0$$

となる．とくに，$a_{m+1} = \cdots = a_n = 0$ だから，$\{\overline{v}_{m+1}, \ldots, \overline{v}_n\}$ が一次独立であることがわかる．よって，$\{\overline{v}_{m+1}, \ldots, \overline{v}_n\}$ は V/W の基底である．これから，V/W が有限生成ベクトル空間であり，$\dim V/W = n - m$ となることが従う． □

W_1, W_2 をベクトル空間 V の部分ベクトル空間とすると，集合としての共通集合 $W_1 \cap W_2$ とベクトル空間としての和

$$W_1 + W_2 = \{w_1 + w_2 \mid w_1 \in W_1,\ w_2 \in W_2\}$$

が考えられる．

2.4 部分ベクトル空間と商ベクトル空間

補題 2.4.4 (1) $W_1 \cap W_2$ と $W_1 + W_2$ は V の部分ベクトル空間である．また，$W_1 \cap W_2$ は W_1 および W_2 の部分ベクトル空間であり，W_1, W_2 は $W_1 + W_2$ の部分ベクトル空間である．

(2) $(W_1 + W_2)/W_1 \cong W_2/(W_1 \cap W_2)$ かつ $(W_1 + W_2)/W_2 \cong W_1/(W_1 \cap W_2)$．

(3) V が有限生成ベクトル空間ならば，次の等式が成立する．

$$\dim(W_1 + W_2) + \dim(W_1 \cap W_2) = \dim W_1 + \dim W_2 .$$

証明 (1) の証明は簡単であるから，読者に委ねる．

(2) $\pi_1 : V \to V/W_1$ を W_1 による線形商写像として，π_1 の $W_1 + W_2$ への制限写像を p とする．$p : W_1 + W_2 \to V/W_1$ は線形写像である．すると，$\operatorname{Im} p = \{w + W_1 \mid w \in W_1 + W_2\}$ であるから，$\operatorname{Im} p = (W_1 + W_2)/W_1$ となる．よって，$(W_1 + W_2)/W_1$ は V/W_1 の部分ベクトル空間である．ここで，π_1 の W_2 への制限写像を p_2 とすると，$p_2 : W_2 \to V/W_1$ である．$\operatorname{Im} p_2 = \{w_2 + W_1 \mid w_2 \in W_2\}$ であるから，$\operatorname{Im} p_2 = (W_1 + W_2)/W_1$ となる．なぜならば，$(W_1 + W_2)/W_1$ の元は $(w_1 + w_2) + W_1 = w_2 + W_1$ となるからである．さらに，$\operatorname{Ker} p_2 = \{w_2 \in W_2 \mid w_2 + W_1 = W_1\} = W_1 \cap W_2$ となる．定理 2.4.2 を $p_2 : W_2 \to V/W_1$ に適用して，$W_2/(W_1 \cap W_2) = W_2/\operatorname{Ker} p_2 \cong \operatorname{Im} p_2 = (W_1 + W_2)/W_1$ となることがわかる．この議論において W_1 と W_2 の役割を入れ換えると，$W_1/(W_1 \cap W_2) \cong (W_1 + W_2)/W_2$ となることもわかる．

(3) 定理 2.4.3 により，等式

$$\dim W_2/(W_1 \cap W_2) = \dim W_2 - \dim(W_1 \cap W_2) ,$$
$$\dim(W_1 + W_2)/W_1 = \dim(W_1 + W_2) - \dim W_1$$

が成立するが，$\dim W_2/(W_1 \cap W_2) = \dim(W_1 + W_2)/W_1$ であるから，これらの等式より求める式が得られる． □

補題 2.4.5 上の補題と同じ記号を使うとき，次の 2 条件は同値である．

(1) $W_1 + W_2$ の任意のベクトル v は，$v = w_1 + w_2$ ($w_1 \in W_1, w_2 \in W_2$) によってただ一通りの方法で表される．

(2) $W_1 \cap W_2 = \{0\}$.

さらに，V が有限生成ベクトル空間ならば，これらの2条件は次の条件に同値である．

(3) $\dim(W_1 + W_2) = \dim W_1 + \dim W_2$.

証明 (1) $\Rightarrow$ (2)．$W_1 \cap W_2 \neq \{0\}$ とする．$W_1 \cap W_2$ の非零元 v について，$v + (-v) = 0 = 0 + 0$ かつ $v \in W_1$, $-v \in W_2$ である．これは (1) の条件に矛盾している．したがって，(1) の条件のもとでは，$W_1 \cap W_2 = \{0\}$ が成立する．

(2) $\Rightarrow$ (1)．$w_1, w_1' \in W_1$ と $w_2, w_2' \in W_2$ に対して，$w_1 + w_2 = w_1' + w_2'$ となったとすれば，$w_1 - w_1' = w_2' - w_2 \in W_1 \cap W_2 = \{0\}$．よって，$w_1 = w_1'$, $w_2 = w_2'$ となる．

V は有限生成ベクトル空間であるとしよう．このとき，(2) の条件から $\dim(W_1 \cap W_2) = 0$ となる．よって，補題 2.4.4 より，(3) の条件が従う．逆に，(3) の条件を仮定すると，補題 2.4.4 より，$\dim(W_1 \cap W_2) = 0$ となる．これは $W_1 \cap W_2 = \{0\}$ を意味する．すなわち，(2) の条件が成立する． □

補題 2.4.5 の同値な条件が成立しているとき，$W_1 \cap W_2 = \{0\}$ となっていることを強調して，$W_1 + W_2$ を $W_1 \oplus W_2$ と書き，W_1 と W_2 の**直和**と呼ぶ．

補題 2.4.6 V を有限生成ベクトル空間，W をその部分ベクトル空間とすると，V の部分ベクトル空間 W' が存在して，$V = W \oplus W'$ かつ $W' \cong V/W$ となる．

証明 定理 2.4.3 におけるように，V の基底 $\{v_1, \ldots, v_n\}$ を，$\{v_1, \ldots, v_m\}$ が W の基底となるように選ぶ．そこで，$W' = \sum_{i=m+1}^{n} K v_i$ とおく．明らかに，$V = W + W'$ である．実際，V の任意のベクトルを $v_1, \ldots, v_n$ の 1 次結合として表せば，それは W のベクトルと W' のベクトルの和になっている．$W \cap W' = \{0\}$ となっていることは，$\{v_1, \ldots, v_n\}$ が一次独立な系であることから従う．よって，$V = W \oplus W'$ である．

$\pi : V \to V/W$ を自然な商写像として，π の W' への制限写像を $p' : W' \to V/W$ とする．V/W の基底が $\{\overline{v}_{m+1}, \ldots, \overline{v}_n\}$ であるから，p' は全射である．実際，V/W の任意のベクトル $\overline{v}$ を $\overline{v} = a_{m+1}\overline{v}_{m+1} + \cdots + a_n \overline{v}_n$ と表すと，$a_{m+1}v_{m+1} + \cdots + a_n v_n \in W'$

2.4 部分ベクトル空間と商ベクトル空間 71

で，$p'(a_{m+1}v_{m+1} + \cdots + a_n v_n) = a_{m+1}\overline{v}_{m+1} + \cdots + a_n \overline{v}_n = \overline{v}$ となる．また，$\operatorname{Ker} p' = W \cap W' = \{0\}$ だから，定理 2.4.2 により，$W' \cong V/W$． □

補題 2.4.6 の結論を導くためには，V が有限生成ベクトル空間であるという仮定は必要ではない．すなわち，次の結果が成立する．

定理 2.4.7 V をベクトル空間，W をその部分ベクトル空間とすると，部分ベクトル空間 W' が存在して，$V = W \oplus W'$，$W' \cong V/W$ となる．

証明 ツォルンの補題（定理 0.5.2）を使って W' の存在を示す．そのために，次の集合を導入する．

$$S = \{Z \mid Z \text{ は } V \text{ の部分ベクトル空間で，} Z \cap W = \{0\}\}.$$

$\{0\}$ は S の元になるから，S は空集合ではない．そこで，S に順序 $\leq$ を包含関係

$$Z_1 \leq Z_2 \iff Z_1 \subseteq Z_2$$

によって定義する．S がこれで順序集合になることは容易に確かめられる．

S が帰納的順序集合になっていることを示そう．そのために，$\{Z_\lambda\}_{\lambda \in \Lambda}$ を全順序部分集合とする．すなわち，Λ が全順序集合で，$\lambda \leq \lambda'$ ならば $Z_\lambda \leq Z_{\lambda'}$ であると仮定する．$\widetilde{Z} = \bigcup_{\lambda \in \Lambda} Z_\lambda$ とおくと，$\widetilde{Z}$ は V の部分ベクトル空間である．なぜならば，$z, z' \in \widetilde{Z}$ とすると，$z, z' \in Z_\lambda$ となるような $\lambda \in \Lambda$ が存在する．Z_λ は部分ベクトル空間であるから，$a, a' \in K$ に対して，$az + a'z' \in Z_\lambda \subseteq \widetilde{Z}$ となる．$\widetilde{Z} \cap W = \{0\}$ を示そう．$v \in \widetilde{Z} \cap W$ ならば，$v \in Z_\lambda$ となる $\lambda \in \Lambda$ が存在するから，$v \in Z_\lambda \cap W = \{0\}$ となる．したがって，$\widetilde{Z} \cap W = \{0\}$ である．また，任意の $\lambda \in \Lambda$ に対して，$Z_\lambda \leq \widetilde{Z}$ となっていることも明らかである．したがって，全順序部分集合 $\{Z_\lambda\}_{\lambda \in \Lambda}$ は上に有界であるから，S は帰納的順序集合になっている．ここで，ツォルンの補題を使うと，集合 S には極大元 W' が存在する．

この W' が定理の条件を満たしていることを示そう．$\pi : V \to V/W$ を自然な商写像とすると，π の W' への制限写像 $\pi|_{W'}$ によって，W' は V/W の部分ベクトル空間と見なせる．実際，$W \cap W' = \{0\}$ だから，

$$\pi|_{W'} : W' = W'/(W' \cap W) \xrightarrow{\cong} (W' + W)/W \subseteq V/W$$

となっている. 正確にいえば, $\mathrm{Im}\,(\pi|_{W'})$ を $\pi(W')$ と表すことにして, $W' \cong \pi(W')$ で, $\pi(W')$ が V/W の部分ベクトル空間になっている. $\pi(W') \subsetneq V/W$ と仮定して矛盾を導く. 仮定より, V/W の元 $\bar{v}$ で $\pi(W')$ に属さないものがある. そこで, $W'' = W' + Kv$ とおく. ただし, $\bar{v} = v + W$ である. $v'' \in W'' \cap W$ とすると, $v'' = v' + av$ ($v' \in W', a \in K$) と表される. $a = 0$ ならば, $v'' = v' \in W' \cap W = \{0\}$ だから, $v'' = 0$ となる. $a \neq 0$ ならば, $v'' \in W'' \cap W \subseteq W$ と $v = a^{-1}(v'' - v')$ より, $\bar{v} = -a^{-1}\bar{v'} \in \pi(W')$ となって, $\bar{v}$ の取り方に反する. よって, $W'' \cap W = \{0\}$ であり, $W'' \in S$ となる. 一方, 元 v の選び方から $v \notin W'$ であるから, $W' \subsetneq W''$ である. これは W' が S の極大元であることに矛盾する. よって, $\pi(W') = V/W$ となる. $\square$

2 つの部分ベクトル空間の直和の考え方を, 3 つ以上の部分ベクトル空間の場合に拡張する. V をベクトル空間とし, $W_1, \ldots, W_r$ を V の部分ベクトル空間とする. $W_1 + \cdots + W_r$ で部分ベクトル空間

$$\{w_1 + \cdots + w_r \mid w_i \in W_i\ (1 \leq i \leq r)\}$$

を表すことにする. このとき, 次の結果を示そう.

補題 2.4.8 次の 2 条件は同値である.

(1) $W_1 + \cdots + W_r$ の任意の元 w は

$$w = w_1 + \cdots + w_r,\ w_i \in W_i\ (1 \leq i \leq r)$$

によってただ一通りに表せる.

(2) 任意の i $(1 \leq i \leq r)$ について,

$$W_i \cap (W_1 + \cdots + \overset{\vee}{W_i} + \cdots + W_r) = \{0\}.$$

ここで, $W_1 + \cdots + \overset{\vee}{W_i} + \cdots + W_r$ は W_i を省いた和 $W_1 + \cdots + W_{i-1} + W_{i+1} + \cdots + W_r$ を意味する.

証明 (1) $\Rightarrow$ (2). $W_i \cap (W_1 + \cdots + \overset{\vee}{W_i} + \cdots + W_r) \neq \{0\}$ ならば, W_i の 0 でないベクトル w_i があって,

2.4 部分ベクトル空間と商ベクトル空間

$$w_i = w_1 + \cdots + w_{i-1} + w_{i+1} + \cdots + w_r, \quad w_j \in W_j \ (1 \leq j \leq r)$$

と表せる．すると，

$$w_1 + \cdots + w_{i-1} + (-w_i) + \cdots + w_r = 0 + \cdots + 0$$

と書き直せば，(1) の条件から，$w_j = 0 \ (1 \leq j \leq r)$．とくに，$w_i = 0$ となって矛盾が生じる．ゆえに，

$$W_i \cap (W_1 + \cdots + \overset{\vee}{W_i} + \cdots + W_r) = \{0\}.$$

(2) $\Rightarrow$ (1)．$W_1 + \cdots + W_r$ のベクトル w が

$$w = w_1 + \cdots + w_r = w'_1 + \cdots + w'_r$$

のように2通りに表せたとする．ここで，$w_i, w'_i \in W_i \ (1 \leq i \leq r)$ である．すると，

$$w_i - w'_i = (w'_1 - w_1) + \cdots + (w'_{i-1} - w_{i-1}) + (w'_{i+1} - w_{i+1}) + \cdots + (w'_r - w_r)$$

と書けて，この元は $W_i \cap (W_1 + \cdots + \overset{\vee}{W_i} + \cdots + W_r)$ に属するベクトルである．(2) の条件から $w_i = w'_i$．これは任意の i について成立するから，$w_1 = w'_1, \ldots, w_r = w'_r$ となる． □

補題の同値な条件が満たされている場合に，$W_1 + \cdots + W_r$ は $W_1, \ldots, W_r$ の**直和**になっているといい，$W_1 \oplus \cdots \oplus W_r$ という記号で表す．

例 2.4.9 $\{v_1, \ldots, v_r\}$ が一次独立なベクトルの系であったとき，$W_i = Kv_i \ (1 \leq i \leq r)$ とおくと，$W = W_1 + \cdots + W_r$ について，補題 2.4.8 の条件 (1) が成立する．よって，$W = W_1 \oplus \cdots \oplus W_r = \bigoplus_{i=1}^{r} Kv_i$ と表せる． □

補題 2.4.10 ベクトル空間 V とその部分ベクトル空間 W_1, W_2 について，次の2条件は同値である．

(1) $V = W_1 \oplus W_2$．
(2) 線形写像 $p_i : V \to W_i \ (i = 1, 2)$ が存在して，$i = 1, 2$ について

$$\begin{cases} p_i \circ \ell_i = 1_{W_i}, \ \ p_{3-i} \circ \ell_i = 0, \\ \ell_1 \circ p_1 + \ell_2 \circ p_2 = 1_V \end{cases}$$

が成立する．ただし，$\ell_i : W_i \to V$ は，W_i のベクトルを V のベクトルと見なす写像であり，0 は零写像を表す．

証明 (1) $\Rightarrow$ (2)．V のベクトルはただ一通りの方法で，

$$v = w_1 + w_2, \quad w_1 \in W_1, \ w_2 \in W_2$$

と表せるから，$p_1 : V \to W_1$ と $p_2 : V \to W_2$ を，$p_1(v) = w_1$, $p_2(v) = w_2$ で定義する．v と同様に $v' = w_1' + w_2'$ と表すと，

$$av + a'v' = (aw_1 + a'w_1') + (aw_2 + a'w_2')$$

と書ける．ここで，$aw_1 + a'w_1' \in W_1$, $aw_2 + a'w_2' \in W_2$ だから，$p_1(av + a'v') = aw_1 + a'w_1' = ap_1(v) + a'p_1(v')$ となって，p_1 は線形写像である．同様にして，p_2 も線形写像である．

また，$\ell_1 : W_1 \to V$ と $\ell_2 : W_2 \to V$ は，$\ell_1(w_1) = w_1$, $\ell_2(w_2) = w_2$ で定義する．$w_1 = w_1 + 0$ だから，$p_1 \circ \ell_1(w_1) = w_1$, $p_2 \circ \ell_1(w_1) = 0$ となって，$p_1 \circ \ell_1 = 1_{W_1}$, $p_2 \circ \ell_1 = 0$ がわかる．同様に，$p_2 \circ \ell_2 = 1_{W_2}$, $p_1 \circ \ell_2 = 0$ も従う．ここで，$v = w_1 + w_2$ として，

$$(\ell_1 \circ p_1 + \ell_2 \circ p_2)(v) = \ell_1 \circ p_1(v) + \ell_2 \circ p_2(v)$$
$$= \ell_1(w_1) + \ell_2(w_2) = w_1 + w_2 = v\,.$$

よって，$\ell_1 \circ p_1 + \ell_2 \circ p_2 = 1_V$ となる．

(2) $\Rightarrow$ (1)．V の任意のベクトル v について，$v = \ell_1 \circ p_1(v) + \ell_2 \circ p_2(v)$ が成り立つが，$p_1(v) \in W_1$, $p_2(v) \in W_2$ であって，ℓ_1 と ℓ_2 は $p_1(v), p_2(v)$ を V のベクトルと見なす写像であるから，$v = p_1(v) + p_2(v)$ と書いてもよい．よって，$V = W_1 + W_2$ である．$v \in W_1 \cap W_2$ ならば，$v = \ell_1(w_1)$ と表される．このとき，$p_2(v) = p_2 \circ \ell_1(w_1) = 0$ である．一方，$v = \ell_2(w_2)$ と表した場合，$p_2(v) = p_2 \circ \ell_2(w_2) = w_2$．よって，$w_2 = 0$ となり，$v = 0$ となる．これから，$W_1 \cap W_2 = \{0\}$ が従うので，$V = W_1 \oplus W_2$. □

p_1, p_2 をそれぞれ，V から W_1, W_2 への**自然な射影**という．

2.5　双対ベクトル空間

体 K を，単位元 1 で生成された K 上の 1 次元ベクトル空間と見なすことができる．K 上のベクトル空間 V に対して，$\mathrm{Hom}_K(V, K)$ を V^* と書いて，V の**双対ベクトル空間**という．

$f : V_1 \to V_2$ をベクトル空間の線形写像とする．W を新たなベクトル空間として，集合の写像

$$f_* : \mathrm{Hom}_K(W, V_1) \to \mathrm{Hom}_K(W, V_2),$$
$$f^* : \mathrm{Hom}_K(V_2, W) \to \mathrm{Hom}_K(V_1, W)$$

を，$f_*(h) = f \circ h$，$f^*(g) = g \circ f$ によって定義する．ここで，$h \in \mathrm{Hom}_K(W, V_1)$，$g \in \mathrm{Hom}_K(V_2, W)$ である．

補題 2.5.1　(1)　上の記号における f_* と f^* は，ベクトル空間の線形写像である．

(2)　ベクトル空間の線形写像 $f_1 : V_1 \to V_2$，$f_2 : V_2 \to V_3$ について，$(f_2 \circ f_1)_* = f_{2*} \circ f_{1*}$，$(f_2 \circ f_1)^* = f_1^* \circ f_2^*$ が成立する．

証明　(1)　最初に f_* が線形写像であることを示す．$h_1, h_2 \in \mathrm{Hom}_K(W, V_1)$，$a_1, a_2 \in K$，$w \in W$ について，

$$\begin{aligned} f_*(a_1 h_1 + a_2 h_2)(w) &= f((a_1 h_1 + a_2 h_2)(w)) = f(a_1 h_1(w) + a_2 h_2(w)) \\ &= a_1 f(h_1(w)) + a_2 f(h_2(w)) \\ &= (a_1 f_*(h_1) + a_2 f_*(h_2))(w) \end{aligned}$$

となる．w は W の任意のベクトルであるから，$f_*(a_1 h_1 + a_2 h_2) = a_1 f_*(h_1) + a_2 f_*(h_2)$ が成立する．すなわち，f_* は線形写像である．

次に，f^* が線形写像であることを示す．$g_1, g_2 \in \mathrm{Hom}_K(V_2, W)$，$a_1, a_2 \in K$，$v_1 \in V_1$ について，

$$\begin{aligned} f^*(a_1 g_1 + a_2 g_2)(v_1) &= (a_1 g_1 + a_2 g_2)(f(v_1)) \\ &= a_1 g_1(f(v_1)) + a_2 g_2(f(v_1)) \\ &= a_1 f^*(g_1)(v_1) + a_2 f^*(g_2)(v_1) \end{aligned}$$

$$= (a_1 f^*(g_1) + a_2 f^*(g_2))(v_1)$$

が成立し，v_1 は V_1 の任意のベクトルであるから，$f^*(a_1 g_1 + a_2 g_2) = a_1 f^*(g_1) + a_2 f^*(g_2)$ となる．よって，f^* は線形写像である．

(2) $f_{1*} : \mathrm{Hom}_K(W, V_1) \to \mathrm{Hom}_K(W, V_2)$, $f_{2*} : \mathrm{Hom}_K(W, V_2) \to \mathrm{Hom}_K(W, V_3)$ であるから，$h \in \mathrm{Hom}_K(W, V_1)$ として，$(f_{2*} \circ f_{1*})(h) = f_{2*}(f_{1*}(h)) = f_{2*}(f_1 \circ h) = f_2 \circ (f_1 \circ h) = (f_2 \circ f_1) \circ h = (f_2 \circ f_1)_*(h)$ となる．よって，$f_{2*} \circ f_{1*} = (f_2 \circ f_1)_*$ が成り立つ．

また，$f_2^* : \mathrm{Hom}_K(V_3, W) \to \mathrm{Hom}_K(V_2, W)$, $f_1^* : \mathrm{Hom}_K(V_2, W) \to \mathrm{Hom}_K(V_1, W)$ であるから，$g \in \mathrm{Hom}_K(V_3, W)$ として，$f_1^* \circ f_2^*(g) = f_1^*(f_2^*(g)) = f_1^*(g \circ f_2) = (g \circ f_2) \circ f_1 = g \circ (f_2 \circ f_1) = (f_2 \circ f_1)^*(g)$ となる．よって，$f_1^* \circ f_2^* = (f_2 \circ f_1)^*$ が成り立つ． □

補題 2.5.2 ベクトル空間 V が部分ベクトル空間の直和 $V = W_1 \oplus W_2$ となっていれば，V^* の部分ベクトル空間で，W_1^*, W_2^* それぞれに同型となる L_1, L_2 が存在して，$V^* = L_1 \oplus L_2$ となる．

証明 補題 2.4.10 により，$i = 1, 2$ に対して，線形写像 $p_i : V \to W_i$, $\ell_i : W_i \to V$ が存在して，

$$p_i \circ \ell_i = 1_{W_i}, \quad p_{3-i} \circ \ell_i = 0,$$
$$\ell_1 \circ p_1 + \ell_2 \circ p_2 = 1_V$$

を満たす．ここで，$p_i^* : W_i^* \to V^*$ と $\ell_i^* : V^* \to W_i^*$ に対して，次の等式が成立することを示そう．

$$\ell_i^* \circ p_i^* = 1_{W_i^*}, \quad \ell_i^* \circ p_{3-i}^* = 0, \tag{1}$$

$$p_1^* \circ \ell_1^* + p_2^* \circ \ell_2^* = 1_{V^*}. \tag{2}$$

$i = 1$ の場合に等式 (1) を示す．$i = 2$ の場合も同様である．$g \in W_1^* = \mathrm{Hom}_K(W_1, K)$, $h \in W_2^* = \mathrm{Hom}_K(W_2, K)$, $w_1 \in W_1$ に対して，

$$(\ell_1^* \circ p_1^*)(g)(w_1) = g((p_1 \circ \ell_1)(w_1)) = g(w_1),$$
$$(\ell_1^* \circ p_2^*)(h)(w_1) = h((p_2 \circ \ell_1)(w_1)) = h(0) = 0.$$

2.5 双対ベクトル空間

よって，$\ell_1^* \circ p_1^* = 1_{W_1^*}$, $\ell_1^* \circ p_2^* = 0$．

次に，等式 (2) を示す．$f \in V^* = \mathrm{Hom}_K(V, K)$ と $v \in V$ について，

$$(p_1^* \circ \ell_1^* + p_2^* \circ \ell_2^*)(f)(v) = (p_1^* \circ \ell_1^*)(f)(v) + (p_2^* \circ \ell_2^*)(f)(v)$$
$$= f((\ell_1 \circ p_1)(v)) + f((\ell_2 \circ p_2)(v))$$
$$= f((\ell_1 \circ p_1 + \ell_2 \circ p_2)(v)) = f(v) .$$

よって，$(p_1^* \circ \ell_1^* + p_2^* \circ \ell_2^*)(f) = f$ だから，$p_1^* \circ \ell_1^* + p_2^* \circ \ell_2^* = 1_{V^*}$ となる．

$L_1 = p_1^*(W_1^*)$, $L_2 = p_2^*(W_2^*)$ とおくと，L_1, L_2 は V^* の部分ベクトル空間である．任意の $f \in V^*$ に対して，

$$f = p_1^*(\ell_1^*(f)) + p_2^*(\ell_2^*(f))$$

と書けて，$\ell_1^*(f) \in W_1^*$, $\ell_2^*(f) \in W_2^*$ だから，$V^* = L_1 + L_2$ である．$L_1 \cap L_2 = \{0\}$ となることを示すために，$\ell_i^* : V^* \to W_i^*$ は全射になることに注意する．これは $\ell_i^* \circ p_i^* = 1_{W_i^*}$ という式から従う．ついでに，同じ式から p_i^* は単射であることもわかる．$f \in L_1 \cap L_2$ ならば，$f \in L_1$ だから，$f = p_1^*(g)$ $(g \in W_1^*)$ と書ける．同様に，$f \in L_2$ だから，$f = p_2^*(h)$ $(h \in W_2^*)$ と書ける．このとき，

$$f = (p_1^* \circ \ell_1^* + p_2^* \circ \ell_2^*)(f) = (p_1^* \circ \ell_1^*)(f) + (p_2^* \circ \ell_2^*)(f)$$
$$= (p_1^* \circ \ell_1^*)(p_2^*(h)) + (p_2^* \circ \ell_2^*)(p_1^*(g))$$
$$= h \circ (p_2 \circ \ell_1) \circ p_1 + g \circ (p_1 \circ \ell_2) \circ p_2 = 0 .$$

よって，$L_1 \cap L_2 = \{0\}$ となるから，$V^* = L_1 \oplus L_2$ である．すでに注意したように，$p_1^* : W_1^* \to V^*$, $p_2^* : W_2^* \to V^*$ は単射であるから，$L_1 \cong W_1^*$ かつ $L_2 \cong W_2^*$ である． □

この補題で述べたように，V^* の部分ベクトル空間 L_1, L_2 が存在して，$V^* = L_1 \oplus L_2$ $(L_1 \cong W_1^*, L_2 \cong W_2^*)$ となっているとき，$V^* \cong W_1^* \oplus W_2^*$ と表す．

定理 2.5.3 V を有限生成ベクトル空間とし，$n = \dim V$ とする．V の基底 $\{v_1, \ldots, v_n\}$ に対する双対ベクトル空間 V^* の基底 $\{\alpha_1, \ldots, \alpha_n\}$ として，次の 2 性質を満たすものがとれる．

(i) $\alpha_j(v_i) = \delta_{ij}$. ただし,$\delta_{ij} = 1\ (i=j)$, $\delta_{ij} = 0\ (i \neq j)$ と定める[7].

(ii) V の任意のベクトル v について,
$$v = \alpha_1(v)v_1 + \cdots + \alpha_n(v)v_n\ .$$

とくに,$\dim V^* = n$ である.また,$(V^*)^* \cong V$ である.

証明 任意のベクトル v について,
$$v = a_1 v_1 + \cdots + a_n v_n,\quad a_1, \ldots, a_n \in K$$

のようにただ一通りに書けるので,v_i の係数 a_i もただ一通りに定まる.このとき,写像 $\alpha_i : V \to K$ を $\alpha_i(v) = a_i$ と定めると,α_i は線形写像である.実際,$v' \in V$ について
$$v' = a'_1 v_1 + \cdots + a'_n v_n$$

とすると,$c, c' \in K$ に対して
$$cv + c'v' = (ca_1 + c'a'_1)v_1 + \cdots + (ca_n + c'a'_n)v_n$$

となり,$\alpha_i(cv + c'v') = ca_i + c'a'_i = c\alpha_i(v) + c'\alpha_i(v')$ となるからである.v_i については,$v_i = 0 \cdot v_1 + \cdots + 1 \cdot v_i + \cdots + 0 \cdot v_n$ だから,$\alpha_j(v_i) = \delta_{ij}$ となることは明らかである.また,α_i の定義から,(ii) の性質も成立する.

証明するべきことがらは,$\{\alpha_1, \ldots, \alpha_n\}$ が V^* の基底になることである.$\alpha \in V^*$ とすると,α は v_i の像 $\alpha(v_i)\ (1 \leq i \leq n)$ を定めると一意的に定まる.なぜならば,$v \in V$ を $v = a_1 v_1 + \cdots + a_n v_n$ と表すと,
$$\alpha(v) = \alpha(a_1 v_1 + \cdots + a_n v_n)$$
$$= a_1 \alpha(v_1) + \cdots + a_n \alpha(v_n) \qquad (*)$$

となるから,$\alpha(v_1), \ldots, \alpha(v_n)$ が決まれば,線形写像 α は一意的に定まる.逆に,$c_1, \ldots, c_n \in K$ を任意に与えて,
$$\alpha(v) = a_1 c_1 + \cdots + a_n c_n$$

---

[7] δ_{ij} は**クロネッカー (Kronecker) のデルタ**と呼ばれる.

2.5 双対ベクトル空間

によって写像 α を定めると, α は線形写像である.

そこで, $\alpha \in V^*$ について, $\beta = \alpha - \sum_{i=1}^n \alpha(v_i)\alpha_i$ とおく. 任意の $v \in V$ について, $v = a_1 v_1 + \cdots + a_n v_n$ という表示を使うと,

$$\beta(v) = \alpha(v) - \sum_{i=1}^n \alpha(v_i)\alpha_i(v)$$
$$= \sum_{i=1}^n a_i \alpha(v_i) - \sum_{i=1}^n \alpha(v_i) a_i = 0 .$$

したがって, $\beta = 0$ となり, $\alpha = \sum_{i=1}^n \alpha(v_i)\alpha_i$ と書けることがわかる. もし $c_1\alpha_1 + \cdots + c_n\alpha_n = 0$ $(c_1, \ldots, c_n \in K)$ という関係があれば,

$$(c_1\alpha_1 + \cdots + c_n\alpha_n)(v_i) = c_i = 0, \ 1 \leq i \leq n .$$

よって, $\{\alpha_1, \ldots, \alpha_n\}$ は一次独立であることがわかる. すなわち, $\{\alpha_1, \ldots, \alpha_n\}$ は V^* の基底である. これから $\dim V^* = n$ も従う.

また, $(V^*)^* = \mathrm{Hom}_K(V^*, K)$ であるが, 自然な写像 $\sigma: V \to (V^*)^*$ を, $\sigma(v)(g) = g(v)$ $(v \in V, g \in V^*)$ で定めると, σ は線形写像である. $v = a_1 v_1 + \cdots + a_n v_n$ と表すと, 上の α_i に対して $\sigma(v)(\alpha_i) = \alpha_i(v) = a_i$ となる. $\sigma(v) = 0$ ならば, $\sigma(v)(\alpha_i) = a_i = 0$ となり, $v = 0$ がわかる. よって, σ は単射である. $\dim(V^*)^* = \dim V^* = n$ だから, σ は全射でもある (章末の問題 1 を参照). よって, σ は同型写像である. □

$\{\alpha_1, \ldots, \alpha_n\}$ のことを, V の基底 $\{v_1, \ldots, v_n\}$ の**双対基底**という. また, $\{v_1, \ldots, v_n\}$ の双対基底であることを明示するために, $\{\alpha_1, \ldots, \alpha_n\}$ の代わりに $\{v_1^*, \ldots, v_n^*\}$ とも書く. 定理 2.3.4 で構成した V の行ベクトル表示 $\varphi: V \to K^n$ は $\varphi(v) = (v_1^*(v), \ldots, v_n^*(v))$ に他ならない

補題 2.5.4 V, W を有限生成ベクトル空間とし, $n = \dim V$, $m = \dim W$ とする. $\{v_1, \ldots, v_n\}$ を V の基底, $\{w_1, \ldots, w_m\}$ を W の基底として, これらの基底に関する線形写像 $f: V \to W$ の行列表現を $C = C(f)$ とする (定理 2.3.4 の後の説明参照). さらに, $\{v_1^*, \ldots, v_n^*\}$ を $\{v_1, \ldots, v_n\}$ の双対基底, $\{w_1^*, \ldots, w_m^*\}$ を $\{w_1, \ldots, w_m\}$ の双対基底とする. このとき, 次のことがらが成立する.

(1) f から, 線形写像 $f^*: W^* \to V^*$ が $f^*(g)(v) = g(f(v))$ $(g \in W^*, v \in V)$ によって定まる.

(2) f^* の基底 $\{w_1^*, \ldots, w_m^*\}, \{v_1^*, \ldots, v_n^*\}$ に関する行列表現は，C の転置行列 ${}^tC$ である．すなわち，$C(f^*) = {}^tC(f)$ が成立する．

証明 (1) $g_1, g_2 \in W^*$, $c_1, c_2 \in K$, $v \in V$ として，

$$f^*(c_1 g_1 + c_2 g_2)(v) = (c_1 g_1 + c_2 g_2)(f(v)) = c_1 g_1(f(v)) + c_2 g_2(f(v))$$
$$= c_1 f^*(g_1)(v) + c_2 f^*(g_2)(v) = (c_1 f^*(g_1) + c_2 f^*(g_2))(v)$$

だから，f^* は線形写像である．

(2) 定義によって，$f(v_i) = \sum_{j=1}^m c_{ij} w_j$ と表せる．そこで，$f^*(w_j^*) = \sum_{k=1}^n a_{jk} v_k^*$ とおくと，

$$f^*(w_j^*)(v_i) = \sum_{k=1}^n a_{jk} \delta_{ki} = a_{ji}, \quad f^*(w_j^*)(v_i) = w_j^*(f(v_i)) = c_{ij}$$

と計算されるから，$a_{ji} = c_{ij}$. よって，$C(f^*) = (a_{ji}) = {}^tC$ となる． □

ベクトル空間の完全列とその双対列について説明する．ベクトル空間と線形写像の列

$$U \xrightarrow{f} V \xrightarrow{g} W$$

が V で**完全**であるとは，$\mathrm{Im}\, f = \mathrm{Ker}\, g$ が成立することである．別の言い方をすれば，$g \circ f = 0$ で，$\mathrm{Ker}\, g \subseteq \mathrm{Im}\, f$ となっていることである．もっと多くのベクトル空間と線形写像を含む列

$$V_1 \xrightarrow{f_1} V_2 \xrightarrow{f_2} V_3 \xrightarrow{f_3} \cdots \xrightarrow{f_{n-1}} V_n$$

が**完全列**であるとは，任意の i ($1 < i < n$) について

$$V_{i-1} \xrightarrow{f_{i-1}} V_i \xrightarrow{f_i} V_{i+1}$$

が V_i で完全になることである．よく使われるのは，次の**短完全列**である．

$$0 \longrightarrow V_1 \xrightarrow{f_1} V_2 \xrightarrow{f_2} V_3 \longrightarrow 0 \,. \tag{♯}$$

これが完全列であることと，f_1 が単射，$\mathrm{Ker}\, f_2 = \mathrm{Im}\, f_1$，$f_2$ が全射であることとが同値である．

2.5 双対ベクトル空間

補題 2.5.5 (♯) の双対列
$$0 \longrightarrow V_3^* \xrightarrow{f_2^*} V_2^* \xrightarrow{f_1^*} V_1^* \longrightarrow 0$$
も完全列である.

証明 まず,f_2^* が単射であることを示す.$k \in V_3^*$ について $f_2^*(k) = 0$ と仮定すると,任意の $v \in V_2$ に対して,$f_2^*(k)(v) = k(f_2(v)) = 0$ である.一方,f_2 は全射であるから,v が V_2 の元を動けば $f_2(v)$ は V_3 のベクトルすべてを動く.よって,$k = 0$ となる.

次に,$\mathrm{Ker}\, f_1^* = \mathrm{Im}\, f_2^*$ となることを示す.$k \in V_3^*$ と $z \in V_1$ について,$f_2 \circ f_1 = 0$ だから $(f_1^* \circ f_2^*)(k)(z) = k((f_2 \circ f_1)(z)) = 0$ である.よって,$f_1^* \circ f_2^* = 0$ となり,$\mathrm{Im}\, f_2^* \subseteq \mathrm{Ker}\, f_1^*$ である.$h \in V_2^*$ について $f_1^*(h) = 0$ とすると,任意の $z \in V_1$ について $h(f_1(z)) = 0$ となる.したがって,商ベクトル空間 $V_2/\mathrm{Im}\, f_1$ から K への線形写像 $\widetilde{h}$ が,$\widetilde{h}(v + \mathrm{Im}\, f_1) = h(v)$ として定義される.ここで,$\mathrm{Ker}\, f_2 = \mathrm{Im}\, f_1$ だから,$V_2/\mathrm{Im}\, f_1 = V_2/\mathrm{Ker}\, f_2 \cong \mathrm{Im}\, f_2 = V_3$ となり,$\widetilde{h}$ を V_3^* の元と見なしてもよい.すると,$h = f_2^*(\widetilde{h})$ である.よって,$\mathrm{Ker}\, f_1^* \subseteq \mathrm{Im}\, f_2^*$ となる.

f_1^* が全射であることを示そう.$g \in V_1^*$ を任意にとる.定理 2.4.7 によって V_2 には,部分ベクトル空間 W で,$V_2 = \mathrm{Im}\, f_1 \oplus W$ かつ,$f_2|_W : W \to V_3$ が同型写像となるものがある.ここで,$\widetilde{g} : V_2 \to K$ を $\widetilde{g}(v) = g(f_1^{-1}(p(v)))$ によって定義すると,$\widetilde{g}$ は線形写像である.ただし,$p : V_2 \to \mathrm{Im}\, f_1$ は自然な射影であり,$f_1^{-1}(p(v))$ は同型写像 $f_1 : V_1 \to \mathrm{Im}\, f_1$ によって $p(v)$ に写される V_1 の元を表す.すると,$z \in V_1$ に対して
$$f_1^*(\widetilde{g})(z) = \widetilde{g}(f_1(z)) = g(f_1^{-1}(f_1(z))) = g(z)$$
となる.よって,$f_1^*(\widetilde{g}) = g$ となる. $\square$

完全列の例として,斉次な n 元連立 1 次方程式
$$\sum_{i=1}^n x_i c_{ij} = 0, \quad 1 \leq j \leq m \tag{$*$}$$
の解空間について考察してみよう.$V = K^n$, $W = K^m$ とし,$\{v_1, \ldots, v_n\}$ を K^n の標準基底,$\{w_1, \ldots, w_m\}$ を K^m の標準基底にとっておく.線形写像 $f : V \to W$ を

$$f(v_i) = \sum_{j=1}^{m} c_{ij} w_j, \quad 1 \leq i \leq n$$

によって定義する．（定理 2.3.4 の後の説明の記号では，$f = \tilde{f}$ となっている．）

定理 2.5.6 斉次な n 元連立 1 次方程式 $(*)$ について，その解空間を

$$M = \left\{ (a_1, \ldots, a_n) \in K^n \left| \sum_{i=1}^{n} a_i c_{ij} = 0 \ (1 \leq j \leq m) \right. \right\}$$

とおく．このとき，次のことがらが成立する．

(1) M は V の部分ベクトル空間で，$\operatorname{Ker} f$ に同型である．

(2) $(d_1, \ldots, d_m) \in K^m$ として，一般の n 元連立 1 次方程式[8]

$$\sum_{i=1}^{n} x_i c_{ij} = d_j , \quad 1 \leq j \leq m \tag{$**$}$$

の解全体の集合を $M(d_1, \ldots, d_m)$ とおく．$M(d_1, \ldots, d_m) \neq \emptyset$ ならば，

$$M(d_1, \ldots, d_m) = (b_1, \ldots, b_n) + M$$
$$= \{ (b_1, \ldots, b_n) + (a_1, \ldots, a_n) \mid (a_1, \ldots, a_n) \in M \}$$

と表される．ただし，$(b_1, \ldots, b_n)$ は連立 1 次方程式 $(**)$ の 1 つの解である．

(3) $M(d_1, \ldots, d_m) \neq \emptyset \iff (d_1, \ldots, d_m) \in \operatorname{Im} f \subseteq W$.

証明 (1) $v = \sum_{i=1}^{n} a_i v_i$ に対して，

$$f(v) = \sum_{i=1}^{n} a_i f(v_i) = \sum_{i=1}^{n} a_i \left(\sum_{j=1}^{m} c_{ij} w_j \right) = \sum_{j=1}^{m} \left(\sum_{i=1}^{n} a_i c_{ij} \right) w_j$$

だから，$f(v) = 0 \iff \sum_{i=1}^{n} a_i c_{ij} = 0 \ (1 \leq j \leq m)$．よって，$M = \operatorname{Ker} f$ である．これによって M が V の部分ベクトル空間であることがわかる．

(2) $M(d_1, \ldots, d_m) \neq \emptyset$ とすると，$(b_1, \ldots, b_n) \in V$ が存在して，

$$f\left(\sum_{i=1}^{n} b_i v_i \right) = \sum_{i=1}^{n} b_i f(v_i) = \sum_{i=1}^{n} b_i \left(\sum_{j=1}^{m} c_{ij} w_j \right)$$

---

[8] この連立 1 次方程式の右辺を定数項という．定数項が 0 になる場合，$(**)$ は連立 1 次方程式 $(*)$ に帰着し，斉次な（または，同次な）連立 1 次方程式と呼ばれる．

2.5 双対ベクトル空間

$$= \sum_{j=1}^{m}\left(\sum_{i=1}^{n} b_i c_{ij}\right) w_j = \sum_{j=1}^{m} d_j w_j$$

となる．よって，任意の $(b'_1, \ldots, b'_n) \in M(d_1, \ldots, d_m)$ に対して，

$$f\left(\sum_{i=1}^{n}(b'_i - b_i)v_i\right) = f\left(\sum_{i=1}^{n} b'_i v_i\right) - f\left(\sum_{i=1}^{n} b_i v_i\right) = \sum_{j=1}^{m} d_j w_j - \sum_{j=1}^{m} d_j w_j = 0$$

となるので，$\sum_{i=1}^{n} b'_i v_i \in \sum_{i=1}^{n} b_i v_i + \mathrm{Ker}\, f$．すなわち，

$$M(d_1, \ldots, d_m) \subseteq \sum_{i=1}^{n} b_i v_i + \mathrm{Ker}\, f\, .$$

逆の包含関係も明らかである．よって，V と K^n の対応により，

$$M(d_1, \ldots, d_m) = (b_1, \ldots, b_n) + M$$

が成立する．

(3) 2つの条件が同値なことは明らかである． □

連立1次方程式 (∗) について，$M \neq \{0\}$ となるときに，0でない M の元を自明でない解という．

系 2.5.7 定理 2.5.6 の記号で，連立1次方程式 (∗) が自明な解しかもたないための必要十分条件は，線形写像 $f: V \to V$ が単射となることである．とくに $n = m$ のとき，この条件は，連立1次方程式の係数行列 $C = (c_{ij})$ について，$\det C \neq 0$ となることと同値である．

証明 定理 2.5.6 の (1) より明らかである．主張の後半を証明する．

f が単射ならば，章末の問題 1 によって，f は同型写像である．すなわち，補題 2.3.1 により，線形写像 $g: V \to V$ が存在して，$g \circ f = 1_V$, $f \circ g = 1_V$ となる．f, g の行列表現をそれぞれ $C(f), C(g)$ とすると，$C(f)C(g) = E_n$, $C(g)C(f) = E_n$ が従う．ここで，E_n は n 次の単位行列である．よって，$C = C(f)$ について $\det C \neq 0$．逆に，$\det C \neq 0$ ならば，C が逆行列 C^{-1} をもつ．このとき，$C(g) = C^{-1}$ となるような線形写像 $g: V \to V$ が存在する（補題 2.3.5 の前の説明を参照）．よって，

$f \circ g = 1_V$, $g \circ f = 1_V$ となり, f は同型写像である. とくに, $\operatorname{Ker} f = \{0\}$ となる. □

変数ベクトルを列ベクトルとして定義する, 斉次な m 元連立 1 次方程式

$$\sum_{j=1}^{m} c_{ij} x_j = 0, \quad 1 \leq i \leq n \tag{$*$}'$$

の解空間について, 双対列を使って考察してみよう. $V = K^n, W = K^m$ および線形写像 $f : V \to W$ を定理 2.5.6 のように定義する.

定理 2.5.8 斉次な m 元連立 1 次方程式 $(*)'$ について, その解空間を

$$N = \left\{ (a_1, \ldots, a_m) \in K^m \,\middle|\, \sum_{j=1}^{m} c_{ij} a_j = 0 \ (1 \leq i \leq n) \right\}$$

とおく. このとき, 次のことがらが成立する.

(1) N は, K^m の部分ベクトル空間で, $\operatorname{Ker} f^*$ に同型である.

(2) 一般の m 元連立 1 次方程式

$$\sum_{j=1}^{m} c_{ij} x_j = d_i, \quad 1 \leq i \leq n \tag{$**$}'$$

の解集合を $N(d_1, \ldots, d_n)$ とすると, $N(d_1, \ldots, d_n) \neq \emptyset$ ならば,

$$N(d_1, \ldots, d_n) = (b_1, \ldots, b_m) + N$$
$$= \{(b_1, \ldots, b_m) + (a_1, \ldots, a_m) \mid (a_1, \ldots, a_m) \in N\}$$

と表される. ただし, $(b_1, \ldots, b_m)$ は $(**)'$ 式の 1 つの解である.

(3) $N(d_1, \ldots, d_n) \neq \emptyset \iff (d_1, \ldots, d_n) \in \operatorname{Im} f^* \subseteq V^*$.

証明 (1) N が K 上のベクトル空間になることは容易にわかる. 線形写像 $f^* : W^* \to V^*$ を双対基底を用いて表すと, 補題 2.5.4 によって,

$$f^*(w_j^*) = \sum_{i=1}^{n} c_{ij} v_i^*, \quad 1 \leq j \leq m$$

となる. ここで, N を W^* の部分ベクトル空間

2.5 双対ベクトル空間

$$\left\{\sum_{j=1}^m a_j w_j^* \,\middle|\, (a_1,\ldots,a_m) \in N\right\}$$

と同一視する[9]．すると，$N = \operatorname{Ker} f^*$ である．なぜならば，$(a_1,\ldots,a_m) \in N$ に対して

$$f^*\left(\sum_{j=1}^m a_j w_j^*\right) = \sum_{j=1}^m a_j f^*(w_j^*) = \sum_{j=1}^m a_j \left(\sum_{i=1}^n c_{ij} v_i^*\right) = \sum_{i=1}^n \left(\sum_{j=1}^m c_{ij} a_j\right) v_i^* = 0$$

だから，$N \subseteq \operatorname{Ker} f^*$ である．逆の包含関係も明らかである．

(2) $N(d_1,\ldots,d_n) \neq \emptyset$ とすると，$(b_1,\ldots,b_m) \in K^m$ が存在して，

$$f^*\left(\sum_{j=1}^m b_j w_j^*\right) = \sum_{j=1}^m b_j f^*(w_j^*) = \sum_{j=1}^m b_j \left(\sum_{i=1}^n c_{ij} v_i^*\right)$$
$$= \sum_{i=1}^n \left(\sum_{j=1}^m c_{ij} b_j\right) v_i^* = \sum_{i=1}^n d_i v_i^*$$

となる．よって，任意の $(b_1',\ldots,b_m') \in N(d_1,\ldots,d_n)$ に対して

$$f^*\left(\sum_{j=1}^m (b_j' - b_j) w_j^*\right) = f^*\left(\sum_{j=1}^m b_j' w_j^*\right) - f^*\left(\sum_{j=1}^m b_j w_j^*\right) = 0$$

となるので，$\sum_{j=1}^m b_j' w_j^* \in \sum_{j=1}^m b_j w_j^* + \operatorname{Ker} f^*$．すなわち，

$$N(d_1,\ldots,d_n) \subseteq \sum_{j=1}^m b_j w_j^* + \operatorname{Ker} f^* .$$

逆の包含関係も明らかである．よって，W^* と K^m の対応により，

$$N(d_1,\ldots,d_n) = (b_1,\ldots,b_m) + N$$

が成立する．

(3) 2つの条件が同値なことは明らかである． $\square$

---

[9] W が行ベクトル空間 K^m である場合，W^* は m 次元の列ベクトル空間と考えられる．列ベクトル ${}^t(a_1,\ldots,a_m)$ は，$(b_1,\ldots,b_m) \mapsto (b_1,\ldots,b_m) \cdot {}^t(a_1,\ldots,a_m) = b_1 a_1 + \cdots + b_m a_m$ によって，$\operatorname{Hom}(W,K)$ の元と考えられる．すると，K^m の標準基底 $\{w_1,\ldots,w_m\}$ の双対基底 $\{w_1^*,\ldots,w_m^*\}$ においては $w_i^* = {}^t(0,\ldots,\overset{i}{1},\ldots,0)$ となり，$\sum_{j=1}^m a_j w_j^*$ は列ベクトル ${}^t(a_1,\ldots,a_m)$ と同じになる．

系 2.5.9 定理 2.5.8 と同じ記号を用いると，$N \cong (W/\operatorname{Im} f)^*$ となる．したがって，連立方程式 $(*)'$ が自明でない解をもつための必要十分条件は，f が全射でないことである．

証明 $f^* : W^* \to V^*$ と $N \cong \operatorname{Ker} f^*$ から，次の 2 つの短完全列が得られる．

$$0 \longrightarrow N \longrightarrow W^* \longrightarrow \operatorname{Im} f^* \longrightarrow 0,$$
$$0 \longrightarrow \operatorname{Im} f^* \longrightarrow V^* \longrightarrow V^*/\operatorname{Im} f^* \longrightarrow 0.$$

これらの双対完全列をとって，

$$0 \longrightarrow (\operatorname{Im} f^*)^* \longrightarrow W \longrightarrow N^* \longrightarrow 0$$
$$0 \longrightarrow (V^*/\operatorname{Im} f^*)^* \longrightarrow V \longrightarrow (\operatorname{Im} f^*)^* \longrightarrow 0$$

が得られるが，合成写像 $V \to (\operatorname{Im} f^*)^* \to W$ は f に一致する．よって，$(\operatorname{Im} f^*)^* = \operatorname{Im} f$ で，$N^* \cong (W/\operatorname{Im} f)$ となる．したがって，$N \cong (W/\operatorname{Im} f)^*$ である．後半の主張はこのことから明らかである． □

2.6 線形変換と三角化

この節では，V は n 次元ベクトル空間とする．ベクトル空間 V から自分自身への線形写像を V の**線形変換**と呼んだ．V の線形変換 f は，V の基底 $\{v_1, \ldots, v_n\}$ を用いて，

$$f(v_i) = \sum_{j=1}^{n} a_{ij} v_j, \quad 1 \leq i \leq n$$

のように，n 次正方行列 $A = (a_{ij})$ によって表される．$\{w_1, \ldots, w_n\}$ を V の別の基底として，

$$f(w_i) = \sum_{j=1}^{n} b_{ij} w_j, \quad 1 \leq i \leq n$$

とおくと，n 次正方行列 $B = (b_{ij})$ と A の間には，関係式

$$B = PAP^{-1}$$

が成立する．ただし，n 次正方行列 $P = (p_{ij})$ は，$w_i = \sum_{j=1}^{n} p_{ij} v_j$ によって定まる行列である．

2.6 線形変換と三角化

実際,

$$\begin{pmatrix} f(v_1) \\ \vdots \\ f(v_n) \end{pmatrix} = A \begin{pmatrix} v_1 \\ \vdots \\ v_n \end{pmatrix}, \quad \begin{pmatrix} f(w_1) \\ \vdots \\ f(w_n) \end{pmatrix} = B \begin{pmatrix} w_1 \\ \vdots \\ w_n \end{pmatrix}, \quad \begin{pmatrix} w_1 \\ \vdots \\ w_n \end{pmatrix} = P \begin{pmatrix} v_1 \\ \vdots \\ v_n \end{pmatrix}$$

と行列表示すると,f が線形写像であるから,最後の等式に f を作用させて,

$$\begin{pmatrix} f(w_1) \\ \vdots \\ f(w_n) \end{pmatrix} = P \begin{pmatrix} f(v_1) \\ \vdots \\ f(v_n) \end{pmatrix}$$

が成立する.この両辺を上の関係式を使って書き直すと,

$$BP \begin{pmatrix} v_1 \\ \vdots \\ v_n \end{pmatrix} = B \begin{pmatrix} w_1 \\ \vdots \\ w_n \end{pmatrix} = \begin{pmatrix} f(w_1) \\ \vdots \\ f(w_n) \end{pmatrix} = P \begin{pmatrix} f(v_1) \\ \vdots \\ f(v_n) \end{pmatrix} = PA \begin{pmatrix} v_1 \\ \vdots \\ v_n \end{pmatrix}$$

が得られる.よって,$B = PAP^{-1}$ となる.

一方,基底 $\{v_1, \ldots, v_n\}$ によって V を行ベクトル空間 K^n と同一視すると,f は

$$(x_1, \ldots, x_n) \mapsto \left(\sum_{i=1}^n x_i a_{i1}, \ldots, \sum_{i=1}^n x_i a_{in} \right)$$

という写像と同一視される.

この節では,体 K が代数的閉体[10]であると仮定すると,V には部分ベクトル空間の列

$$V_0 = \{0\} \subsetneq V_1 \subsetneq \cdots \subsetneq V_{n-1} \subsetneq V_n = V$$

が存在して,$f(V_i) \subseteq V_i$ $(0 \leq i \leq n)$ を満たすことを証明しよう.このような列が存在すると,V の基底 $\{v_1, \ldots, v_n\}$ を,

$$0 \neq v_1 \in V_1, \, v_2 \in V_2 \setminus V_1, \, \ldots, \, v_i \in V_i \setminus V_{i-1}, \, \ldots, \, v_n \in V \setminus V_{n-1}$$

となるようにとれる.すると,この基底に関して線形変換 f は,次の形の下三角行列 A に対応することがわかる.

---

[10] 詳細は第2巻第6章で述べる体論に委ねるが,どんな K 係数の1変数方程式 $a_n x^n + a_{n-1} x^{n-1} + \cdots + a_0 = 0$,$a_i \in K$ $(0 \leq i \leq n)$,$a_n \neq 0$ をとっても,K のなかに解 α を見つけられる,という性質を K がもつとき,K を代数的閉体と呼ぶ.

$$\begin{pmatrix} f(v_1) \\ f(v_2) \\ \vdots \\ f(v_n) \end{pmatrix} = A \begin{pmatrix} v_1 \\ v_2 \\ \vdots \\ v_n \end{pmatrix}, \quad A = \begin{pmatrix} a_1 & 0 & \cdots & 0 \\ * & a_2 & \ddots & \vdots \\ \vdots & \ddots & \ddots & 0 \\ * & \cdots & * & a_n \end{pmatrix}.$$

補題 2.6.1 V の線形変換 f に対して, V の r 次元部分ベクトル空間 V_1 が存在して, $f(V_1) \subseteq V_1$ となったと仮定する.

(1) $\overline{V} = V/V_1$ とおけば, f は $\overline{V}$ の線形変換 $\overline{f}$ を誘導して, V の任意の元 v に対して, $\overline{f}(v + V_1) = f(v) + V_1$ となる.

(2) V の基底 $\{v_1, \ldots, v_n\}$ を, $\{v_1, \ldots, v_r\}$ が V_1 の基底に, $\{v_{r+1}+V_1, \ldots, v_n+V_1\}$ が $\overline{V}$ の基底になるようにとれば, 基底 $\{v_1, \ldots, v_n\}$ に関して, f は次のような行列表現をもつ.
$$A = \begin{pmatrix} A_1 & 0 \\ B & A_2 \end{pmatrix}.$$
ただし, A_1 は線形変換 $f_1 = f|_{V_1}$ の基底 $\{v_1, \ldots, v_r\}$ に関する行列表現であり, A_2 は線形変換 $\overline{f}$ の基底 $\{v_{r+1} + V_1, \ldots, v_n + V_1\}$ に関する行列表現である.

証明 (1) $v + V_1 = v' + V_1$ ならば, $v - v' \in V_1$ である. よって, $f(v) - f(v') \in f(V_1) \subseteq V_1$ となり, $f(v) + V_1 = f(v') + V_1$ が従う. これから, 集合の写像 $\overline{f} : \overline{V} \to \overline{V}$ が $\overline{f}(v + V_1) = f(v) + V_1$ で定義されることがわかる. $\overline{f}$ が線形変換になることは容易にわかる.

(2) $f(V_1) \subseteq V_1$ だから, $1 \leq i \leq r$ ならば, $f(v_i) = \sum_{j=1}^{r} a_{ij}^{(1)} v_j$ と表される. また, $r+1 \leq i \leq n$ ならば,
$$f(v_i) = \sum_{j=1}^{r} b_{ij} v_j + \sum_{j=r+1}^{n} a_{ij}^{(2)} v_j$$
と表されるので, $\{v_1, \ldots, v_n\}$ に関する f の行列表現 A は補題の主張のなかのような形になる. ただし, $B = (b_{ij})$ は $(n-r, r)$-行列である. □

2.6 線形変換と三角化

補題 2.6.2 V の線形変換 f について, V の 1 次元部分ベクトル空間 V_1 で, $f(V_1) \subseteq V_1$ となるものが存在する.

証明 V のベクトル $v\,(\neq 0)$ で, $f(v) = \lambda v\,(\lambda \in K)$ となるものが存在することを示せば, $V_1 = Kv$ が求める 1 次元部分ベクトル空間になる. V の基底 $\{v_1, \ldots, v_n\}$ に関して, $v = x_1 v_1 + \cdots + x_n v_n$ とおけば, $f(v) = \lambda v$ という条件は,

$$(x_1, \ldots, x_n) A = (x_1, \ldots, x_n) \lambda E_n \tag{$*$}$$

に同値である. ただし, A は f の $\{v_1, \ldots, v_n\}$ に関する行列表示で, E_n は n 次の単位行列である. $A' = A - \lambda E = (a'_{ij})$ とおくと, 条件 $(*)$ は

$$\sum_{i=1}^n x_i a'_{ij} = 0, \quad 1 \leq j \leq n \tag{$**$}$$

に同値である. 系 2.5.7 により, n 元連立 1 次方程式 $(**)$ に自明でない解が存在することは, A' の行列式 $\det A' = 0$ となることと同値である. ここで, λ を変数と見なすと,

$$\begin{aligned}(-1)^n \det A' &= |\lambda E_n - A| \\ &= \lambda^n + a_1 \lambda^{n-1} + \cdots + a_n, \quad a_i \in K\end{aligned}$$

と展開できる. ただし, $a_1 = -\operatorname{tr} A$, $a_n = (-1)^n \det A$ である.

仮定により, K は代数的閉体であるから, 方程式 $|\lambda E_n - A| = 0$ は K のなかに解をもつ. その解の 1 つを c とすると, $(**)$ で $\lambda = c$ とおいて得られる連立方程式

$$\sum_{i=1}^n x_i(a_{ij} - c\delta_{ij}) = 0, \quad 1 \leq j \leq n$$

は, 系 2.5.7 によって解 $(\alpha_1, \ldots, \alpha_n)$ をもつ. そこで, $v = \alpha_1 v_1 + \cdots + \alpha_n v_n$ とおくと, $f(v) = cv$ となる. □

補題 2.6.2 に現れる λ に関する多項式 $(-1)^n \det A'$ を, $\Phi_A(\lambda)$ と書いて, A の**固有多項式**という. V の別の基底 $\{w_1, \ldots, w_n\}$ に関する行列表現 B は $B = PAP^{-1}$ と表される. このとき,

$$\Phi_B(\lambda) = |\lambda E_n - B| = |P||\lambda E_n - A||P^{-1}| = |\lambda E_n - A| = \Phi_A(\lambda)$$

だから，$\Phi_A(\lambda)$ は V の基底の取り方によらずに，f で定まる多項式である．$\Phi_A(\lambda)$ を $\Phi_f(\lambda)$ と記すこともある．方程式 $\Phi_f(\lambda)=0$ を f の**固有方程式**という．V のベクトル v について，$v\neq 0$, $f(v)=cv$ $(c\in K)$ となるとき，c を f（または A）の**固有値**といい，v を固有値 c の**固有ベクトル**という．補題 2.6.2 の証明によって，c は固有方程式 $\Phi_f(\lambda)=0$ の解であり，固有方程式の解は固有値である．

定理 2.6.3 f を V の線形変換とすると，V の部分ベクトル空間の列

$$\{0\}\neq V_1\subsetneq V_2\subsetneq \cdots \subsetneq V_{n-1}\subsetneq V_n=V$$

で，$f(V_i)\subseteq V_i$ $(1\le i\le n)$ となるものがある．

証明 $n=\dim V$ に関する帰納法で証明する．まず，補題 2.6.2 により，$V_1\neq \{0\}$ において $\dim V_1=1$, $f(V_1)\subseteq V_1$ となるものが存在する．そこで，$\overline{V}=V/V_1$ とおくと，補題 2.6.2 により，$\overline{V}$ の線形変換 $\overline{f}$ が f より誘導される．$\dim \overline{V}=n-1$ だから，帰納法の仮定により，$\overline{V}$ の部分ベクトル空間の列

$$\{\overline{0}\}\neq \overline{V}_2\subsetneq \overline{V}_3\subsetneq \cdots \subsetneq \overline{V}_n=\overline{V}$$

が存在して，$\overline{f}(\overline{V}_i)\subseteq \overline{V}_i$ $(2\le i\le n)$ となる．ここで，$p:V\to \overline{V}$ を自然な商写像として，$V_i=p^{-1}(\overline{V}_i)$ とおくと，

$$\{0\}\neq V_1\subsetneq V_2\subsetneq \cdots \subsetneq V_n=V$$

である．一方，$v\in V_i$ に対して $\overline{f}(v+V_1)=f(v)+V_1$ で，$p(f(v))=f(v)+V_1\in \overline{V}_i$ であるから，$f(v)\in V_i$ となる．よって，$f(V_i)\subseteq V_i$ $(2\le i\le n)$ が成立する． □

2.7 ジョルダン標準形

V と f は 2.6 節と同じとする．K 係数の多項式 $G(x)=c_mx^m+c_{m-1}x^{m-1}+\cdots+c_0$ に対して，V の線形変換 $G(f)$ を

$$G(f)=c_mf^m+c_{m-1}f^{m-1}+\cdots+c_0\cdot 1_V$$

で定義する．ただし，c_if^i は線形変換 $v\mapsto c_if^i(v)$ を表す．

次の定理は**ハミルトン・ケーリーの定理**と呼ばれる．

2.7 ジョルダン標準形

定理 2.7.1 V の線形変換 f の固有多項式を $\Phi_f(\lambda)$ とすると, $\Phi_f(f) = 0$ となる. ここで, 0 は零写像を表す.

証明 $n = \dim V$ に関する帰納法で証明する. $n = 1$ ならば, $V = Kv_1, f(v_1) = c_1 v_1$ と表される. ここで, $\Phi_f(\lambda) = \lambda - c_1$ である. よって, $\Phi_f(f) = f - c_1 \cdot 1_V$ となり,

$$\Phi_f(f)(v_1) = (f - c_1 \cdot 1_V)(v_1) = f(v_1) - c_1 v_1 = 0$$

だから, $\Phi_f(f) = 0$ である.

補題 2.6.2 により, V の 1 次元部分ベクトル空間 V_1 で, $f(V_1) \subseteq V_1$ となるものが存在する. $\overline{V} = V/V_1$ とおき, f から誘導される $\overline{V}$ の線形変換を $\overline{f}$ とおく. 定理 2.6.3 により, $V_1 = Kv_1$ で, $\{v_2 + V_1, \ldots, v_n + V_1\}$ が $\overline{V}$ の基底になるように, V の基底 $\{v_1, \ldots, v_n\}$ をとれる. この基底に関する f の行列表現は下三角行列

$$A = \begin{pmatrix} c_1 & 0 & \cdots & 0 \\ * & c_2 & \ddots & \vdots \\ \vdots & \ddots & \ddots & 0 \\ * & \cdots & * & c_n \end{pmatrix}$$

と書けて, A の第 1 行と第 1 列を取り去った $(n-1)$ 次正方行列は, $\overline{f}$ の基底 $\{v_2 + V_1, \ldots, v_n + V_1\}$ に関する行列表現である. よって, f と $\overline{f}$ の固有多項式について,

$$\Phi_f(\lambda) = (\lambda - c_1)\Phi_{\overline{f}}(\lambda), \quad \Phi_{\overline{f}}(\lambda) = \prod_{i=2}^{n}(\lambda - c_i)$$

が成立する.

$\dim \overline{V} = n - 1$ だから, 帰納法の仮定により, $\Phi_{\overline{f}}(\overline{f}) = 0$ である. すなわち, $v + V_1 \in \overline{V}$ に対して,

$$\Phi_{\overline{f}}(\overline{f})(v + V_1) = \Phi_{\overline{f}}(f)(v) + V_1 = V_1$$

となる. よって, $\Phi_{\overline{f}}(f)(v) = dv_1$ $(d \in K, v_1 \in V_1)$ と表される. このとき,

$$\Phi_f(f)(v) = ((f - c_1)\Phi_{\overline{f}}(f))(v) = (f - c_1)(dv_1) = d(f(v_1) - c_1 v_1) = 0$$

となる. v は V の任意のベクトルだから, $\Phi_f(f) = 0$ となる. □

固有方程式 $\Phi_f(\lambda) = 0$ の解のすべてを $\{c_1, \ldots, c_r\}$ とする．ここで，$i \neq j$ ならば $c_i \neq c_j$ のように，解が重複しないようにとっておく．V の部分集合

$$V(c_i) = \{v \in V \mid f(v) = c_i v\}$$

は，明らかに V の部分ベクトル空間になっている．$V(c_i)$ を固有値 c_i の (f の) **固有ベクトル空間**という．このとき，次の結果が成り立っている．

補題 2.7.2 $V(c_1) + \cdots + V(c_r) = V(c_1) \oplus \cdots \oplus V(c_r)$.

証明 補題 2.4.8 により，任意の $i\ (1 \leq i \leq r)$ について，

$$V(c_i) \cap (V(c_1) + \cdots + \overset{\vee}{V(c_i)} + \cdots + V(c_r)) = \{0\}$$

となることを示せばよい．$v \in V(c_i) \cap (V(c_1) + \cdots + \overset{\vee}{V(c_i)} + \cdots + V(c_r))$ として，

$$v = v_1 + \cdots + v_{i-1} + v_{i+1} + \cdots + v_r$$

と表す．ただし，$v_j \in V(c_j)$ である．この両辺に f を作用させると，

$$f(v) = c_i v = c_i(v_1 + \cdots + v_{i-1} + v_{i+1} + \cdots + v_r),$$
$$f(v) = f(v_1) + \cdots + f(v_{i-1}) + f(v_{i+1}) + \cdots + f(v_r)$$
$$= c_1 v_1 + \cdots + c_{i-1} v_{i-1} + c_{i+1} v_{i+1} + \cdots + c_r v_r$$

となる．したがって，$f(v)$ の 2 つの表現を比較して，

$$(c_i - c_1)v_1 + \cdots + (c_i - c_{i-1})v_{i-1} + (c_i - c_{i+1})v_{i+1} + \cdots + (c_i - c_r)v_r = 0$$

となる．ここで，$j \neq i$ に対して，$c_j - c_i \neq 0$ である．よって，

$$v_r = d_1 v_1 + \cdots + d_{i-1} v_{i-1} + d_{i+1} v_{i+1} + \cdots + d_{r-1} v_{r-1}$$

と表せる．ただし，$d_j = -\dfrac{c_i - c_j}{c_i - c_r} \neq 0$ である．上と同様にして，この式の両辺に f を作用して計算すると，

$$v_{r-1} = e_1 v_1 + \cdots + e_{i-1} v_{i-1} + e_{i+1} v_{i+1} + \cdots + e_{r-2} v_{r-2}$$

2.7 ジョルダン標準形

と表せる. ただし, $e_j = -\dfrac{d_j(c_r - c_j)}{d_{r-1}(c_r - c_{r-1})} \neq 0$ である. この操作を繰り返すと, $v_2 = av_1$ ($i \geq 3$ のとき) または $v_3 = av_1$ ($i = 2$ のとき) という関係式が得られる. ここで, $a \neq 0$ と計算される. $v_2 = av_1$ になったと仮定しよう. もう 1 つの場合も同様に取り扱える. $v_2 = av_1$ の両辺に f を作用させると,

$$c_2 v_2 = ac_1 v_1$$

となるが, $c_2 v_2 = c_2 a v_1$ だから, $a(c_2 - c_1)v_1 = 0$ となる. よって, $v_1 = 0$. これから, $v_2 = 0$ となる. これまでの計算で得た関係式を逆にたどると, $v_j = 0$ ($j \neq i$) となることがわかる. よって, $v = 0$ である. □

$W = V(c_1) \oplus \cdots \oplus V(c_r)$ は, f の作用で閉じた部分ベクトル空間である. すなわち, $f(W) \subseteq W$ となっている. $d_i = \dim V(c_i)$ ($1 \leq i \leq r$), $m = \dim W$ として, $V(c_i)$ の基底を $\{v_{i1}, \ldots, v_{id_i}\}$ と表すとき, すべての基底の和 $\{v_{11}, \ldots, v_{rd_r}\}$ は W の基底である. このとき, 次の結果が成立する.

定理 2.7.3 V の線形変換 f に対して, V の基底 $\{w_1, \ldots, w_n\}$ が存在して, f のこの基底による行列表現が対角行列になる必要十分条件は, 上の記号で, $W = V$ となることである.

証明 まず, $W = V$ となったと仮定しよう. このとき, 基底 $\{w_1, \ldots, w_n\}$ として, W の基底 $\{v_{11}, \ldots, v_{rd_r}\}$ を取る. ただし, $m = d_1 + \cdots + d_r = n$ である. すると, $d_1 + \cdots + d_{i-1} < j \leq d_1 + \cdots + d_i$ となる j に対して, $f(w_j) = c_i w_j$ となる. よって, f の基底 $\{w_1, \ldots, w_n\}$ は対角行列である.

逆に, V の基底 $\{w_1, \ldots, w_n\}$ が存在して, この基底に関する f の行列表現が対角行列になったと仮定しよう. このとき, $f(w_j) = c_j w_j$ ($1 < j < n$) となっている. したがって, c_j は f の固有値であり, w_j は固有ベクトルである. ここで, 基底に属するベクトルを並べ替えて, この対角行列の成分が

$$\underbrace{c_1, \ldots, c_1}_{d_1}, \ldots, \underbrace{c_i, \ldots, c_i}_{d_i}, \ldots, \underbrace{c_r, \ldots, c_r}_{d_r}$$

であったと仮定してもよい. ただし, $i \neq j$ ならば $c_i \neq c_j$ とする. 同じ固有値 c_i をもつ基底ベクトルの全体 $\{w_j \mid 1 \leq j \leq n,\ f(w_j) = c_i w_j\}$ で生成された部分ベクト

ル空間を W_i とおく．このとき，$W_i \subseteq V(c_i)$ となっている．よって，
$$V = W_1 + \cdots + W_r \subseteq V(c_1) + \cdots + V(c_r) = V(c_1) \oplus \cdots \oplus V(c_r) \subseteq V$$
という包含関係が得られる．したがって，$V(c_1) \oplus \cdots \oplus V(c_r) = V$ および $W_i = V(c_i)$ $(1 \leq i \leq r)$ となる． □

V の線形変換 f の行列が，V のある基底に関して対角行列になるとき，f は**対角化可能**であるという．一般の線形変換は必ずしも対角化可能ではない．

一般の場合を取り扱うために，線形変換 f をもつベクトル空間 V を次のようにして 1 変数の多項式環 $K[x]$ 上の加群と考える[11]．$g(x) \in K[x]$ は V のベクトル v に，$v \mapsto g(f)(v)$ として作用する．すなわち，$g(x) = a_m x^m + a_{m-1} x^{m-1} + \cdots + a_1 x + a_0$ と v の積を，
$$g(x) \cdot v = a_m f^m(v) + a_{m-1} f^{m-1}(v) + \cdots + a_1 f(v) + a_0 v, \quad f^i = \underbrace{f \circ \cdots \circ f}_{i}$$
と定義する．$g(x) \cdot v$ は V のベクトルとして定まる．ハミルトン・ケーリーの定理により，f の固有多項式 $\Phi_f(x)$ [12]については $\Phi_f(f) = 0$ であったから，上の積の定義でいえば，$\Phi_f(x) \cdot v = 0$ である．V は，K 上の有限生成ベクトル空間として有限生成 $K[x]$ 加群であるが，V のすべての元 v に $\Phi_f(x)$ を掛けると 0 になるという意味で，$K[x]$ 加群として捩れ加群である．ここで，有限生成 $K[x]$ 加群の構造定理（定理 3.5.10 参照）の特別な場合（捩れ加群の場合）を引用する．

補題 2.7.4 f と V についてはこれまでと同じとする．また，f の固有値のすべてを $\{c_1, \ldots, c_r\}$ として，$\Phi_f(x) = \prod_{i=1}^{r} (x - c_i)^{\alpha_i}$ と因数分解する．ただし，$c_i \neq c_j$ $(i \neq j)$，$\alpha_i > 0$ とする．このとき，次のことがらが成立する．

(1) 各 i $(1 \leq i \leq r)$ について，
$$\widetilde{V}(c_i) = \{v \in V \mid (x - c_i)^{\alpha_i} \cdot v = (f - c_i \cdot 1_V)^{\alpha_i}(v) = 0\}$$
とおくと，$\widetilde{V}(c_i)$ は，固有ベクトル空間 $V(c_i)$ を含み，かつ，f の作用で閉じた V の部分ベクトル空間である[13]．さらに，

---
[11] 可換環上の加群の話は次章以降，とくに，第 3 章と第 5 章において取り扱うことがらである．必要な結果を第 3 章で修得してから，ここに戻ってきてもよい．
[12] 記号を一致させるために，$\Phi_f(\lambda)$ の代わりに，$\Phi_f(x)$ と書いている．
[13] $\widetilde{V}(c_i)$ のことを**拡大固有ベクトル空間**と呼ぶことがある．

2.7 ジョルダン標準形

$$V = \widetilde{V}(c_1) \oplus \cdots \oplus \widetilde{V}(c_r) .$$

(2) 各 i $(1 \leq i \leq r)$ に対して, $\widetilde{V}(c_i)$ の f で閉じた部分ベクトル空間 $B_1^{(i)}, \ldots, B_{s_i}^{(i)}$ が存在して,

(i) $\widetilde{V}(c_i) = B_1^{(i)} \oplus \cdots \oplus B_{s_i}^{(i)}$,

(ii) 各 j $(1 \leq j \leq s_i)$ について, $B_j^{(i)}$ は $K[x]$ 加群として $K[x]/((x-c_i)^{\beta_{ij}})$ に同型である. ただし, $\beta_{i1} \leq \cdots \leq \beta_{is_i}$ とできる.

(iii) 上のベクトル空間 $B_j^{(i)}$ に対して, $B_j^{(i)}$ の基底 $\{v_{j1}^{(i)}, \ldots, v_{jd_{ij}}^{(i)}\}$ が存在して, f の作用は

$$f(v_{j1}^{(i)}) = c_i v_{j1}^{(i)} , \quad f(v_{j2}^{(i)}) = c_i v_{j2}^{(i)} + v_{j1}^{(i)} , \quad \ldots ,$$
$$f(v_{jk}^{(i)}) = c_i v_{jk}^{(i)} + v_{jk-1}^{(i)} , \quad \ldots , \quad f(v_{jd_{ij}}^{(i)}) = c_i v_{jd_{ij}}^{(i)} + v_{jd_{ij}-1}^{(i)}$$

で与えられる.

証明 補題の内容を付加的に説明することで,証明に代える.

(1) $\widetilde{V}(c_i)$ が $V(c_i)$ を含む部分ベクトル空間になることは明らかであろう. また, $V(c_i)$ が f の作用で閉じているというのと, $V(c_i)$ が $K[x]$ 加群であるというのは同値である.

(2) 記号を簡略化する. (ii) の主張において, V の $K[x]$ 部分加群 B が $K[x]/((x-c)^{\beta})$ に同型ならば, (iii) のような性質をもつ基底がとれることを示す. $K[x]/((x-c)^{\beta})$ は多項式環 $K[x]$ の単項イデアル $I = ((x-c)^{\beta})$ による剰余環である. したがって, K 上のベクトル空間 $K[x]/((x-c)^{\beta})$ の基底として,

$$v_1 = (x-c)^{\beta-1} + I, \; v_2 = (x-c)^{\beta-2} + I , \; \ldots ,$$
$$v_k = (x-c)^{\beta-k} + I , \; \ldots , \; v_\beta = 1 + I$$

をとることができる. このとき, $1 \leq k \leq \beta$ に対して,

$$(f - c \cdot 1_V)v_k = (x-c) \cdot ((x-c)^{\beta-k} + I) = (x-c)^{\beta-k+1} + I = v_{k-1}$$

となる. ただし, $k = 1$ のときは, $(x-c)^{\beta} + I = I$ だから, $(f - c \cdot 1_V)v_1 = 0$ となる. したがって, 基底 $\{v_1, \ldots, v_\beta\}$ は次の性質を満たす.

$$f(v_1) = cv_1, \ldots, f(v_k) = cv_k + v_{k-1}, \ldots, f(v_\beta) = cv_\beta + v_{\beta-1} . \qquad (\dagger)$$

逆に，$K[x]$ 加群 B が，性質 (†) を満たす基底 $\{v_1, \ldots, v_\beta\}$ をもてば，

$$v_k = (x-c)^{\beta-k} \cdot v_\beta \ \ (1 \leq k \leq \beta), \quad (x-c) \cdot v_1 = 0$$

となるから，B は $K[x]$ 加群 $K[x]/((x-c)^\beta))$ に同型である． □

補題 2.7.4 の記号を用いる．線形変換 f の部分ベクトル空間 $B_j^{(i)}$ への制限を，基底 $\{v_{j1}^{(i)}, \ldots, v_{jd_{ij}}^{(i)}\}$ に関して行列表現すると，

$$M_j^{(i)} = \begin{pmatrix} c_i & 0 & 0 & \cdots & 0 \\ 1 & c_i & 0 & \cdots & 0 \\ 0 & 1 & c_i & \ddots & \vdots \\ \vdots & \ddots & \ddots & \ddots & 0 \\ 0 & \cdots & 0 & 1 & c_i \end{pmatrix}$$

で与えられる．さらに，f の部分ベクトル空間 $\widetilde{V}(c_i)$ への制限を，基底 $\bigcup_{j=1}^{s_i} \{v_{j1}^{(i)}, \ldots, v_{jd_{ij}}^{(i)}\}$ に関して行列表現すると，

$$M^{(i)} = \begin{pmatrix} M_1^{(i)} & 0 & \cdots & 0 \\ 0 & M_2^{(i)} & \ddots & \vdots \\ \vdots & \ddots & \ddots & 0 \\ 0 & \cdots & 0 & M_{s_i}^{(i)} \end{pmatrix}$$

となる．f 自身の行列表現は

$$M = \begin{pmatrix} M^{(1)} & 0 & \cdots & 0 \\ 0 & M^{(2)} & \ddots & \vdots \\ \vdots & \ddots & \ddots & 0 \\ 0 & \cdots & 0 & M^{(r)} \end{pmatrix}$$

となる．この行列 M のことを f (または，その行列表現 $C(f)$) の**ジョルダン標準形**という．

2.8 双一次形式

部分ベクトル空間 $B_j^{(i)}$ の基底として，順序を逆にした基底 $\{v_{jd_{ij}}^{(i)},\ldots,v_{j1}^{(i)}\}$ をとって，線形変換 f の行列表現をすると，次が得られる．

$$\begin{pmatrix} c_i & 1 & 0 & \cdots & 0 \\ 0 & c_i & 1 & \ddots & \vdots \\ 0 & 0 & c_i & \ddots & 0 \\ \vdots & \ddots & \ddots & \ddots & 1 \\ 0 & \cdots & 0 & 0 & c_i \end{pmatrix}.$$

2.8 双一次形式

本節では体 K の標数[14]は 2 でないと仮定する．すなわち，K の元として，$2 \neq 0$ である．V を K 上のベクトル空間として，集合の写像 $\varphi : V \times V \to K$ が次の条件を満たすとき，φ は**双一次形式**であるという．

(1) $v_1, v_2 \in V,\ w \in V,\ a_1, a_2 \in K$ について，
$$\varphi(a_1 v_1 + a_2 v_2, w) = a_1 \varphi(v_1, w) + a_2 \varphi(v_2, w).$$

(2) $v \in V,\ w_1, w_2 \in V,\ b_1, b_2 \in K$ について，
$$\varphi(v, b_1 w_1 + b_2 w_2) = b_1 \varphi(v, w_1) + b_2 \varphi(v, w_2).$$

今後，双一次形式 φ を 1 つ定めて考えるときは，$\varphi(v,w) = \langle v, w \rangle$ のように，φ を省略して表す．φ は次の条件を満たすとき，**対称**であるという．

(3) 任意の $v, w \in V$ について，$\varphi(v, w) = \varphi(w, v)$．

V 上に，双一次形式 $\varphi : V \times V \to K$ を与えることと，線形写像 $\phi : V \to V^*$ を与えることは，$\phi(v)(w) = \varphi(v, w)$ という関係によって 1:1 に対応している．

---

[14] 体の標数とは，体の任意の元 x に対して $nx = 0$ となるような最小の正整数 n のことである．このような正整数が存在しないときは，標数は 0 であるとする．n が存在すれば，n は素数である．

V を n 次元ベクトル空間と仮定し，$\{v_1,\ldots,v_n\}$ をその基底とする．このとき，n 次の正方行列 $A=(a_{ij})$ を $a_{ij}=\langle v_i,v_j\rangle$ と定めて，双一次形式 φ の基底 $\{v_1,\ldots,v_n\}$ に関する**係数行列**という．V のベクトル v,w を

$$v=x_1v_1+\cdots+x_nv_n,\quad w=y_1v_1+\cdots+y_nv_n$$

と表すと，

$$\langle v,w\rangle=\sum_{i,j}x_iy_j\langle v_i,v_j\rangle=\sum_{i,j}a_{ij}x_iy_j=(x_1,\ldots,x_n)A\begin{pmatrix}y_1\\ \vdots\\ y_n\end{pmatrix}$$

と計算される．このとき次の結果が成立する．

補題 2.8.1 双一次形式 φ が対称である必要十分条件は，係数行列 A が対称行列となることである．

証明 φ が対称双一次形式ならば，$\langle v_i,v_j\rangle=\langle v_j,v_i\rangle$ だから，$a_{ij}=a_{ji}$ となる．したがって，$A={}^tA$ だから，A は対称行列である．逆に，$A={}^tA$ ならば，

$$\langle v,w\rangle=(x_1,\ldots,x_n)A\begin{pmatrix}y_1\\ \vdots\\ y_n\end{pmatrix}=(y_1,\ldots,y_n){}^tA\begin{pmatrix}x_1\\ \vdots\\ x_n\end{pmatrix}$$

$$=(y_1,\ldots,y_n)A\begin{pmatrix}x_1\\ \vdots\\ x_n\end{pmatrix}=\langle w,v\rangle$$

と計算されるから，φ は対称双一次形式である． □

また，$\{w_1,\ldots,w_n\}$ が V の別の基底ならば，可逆行列 P が存在して[15]，

$$\begin{pmatrix}w_1\\ \vdots\\ w_n\end{pmatrix}=P\begin{pmatrix}v_1\\ \vdots\\ v_n\end{pmatrix}$$

---

[15] 正方行列 P が逆行列 P^{-1} をもつとき，P は可逆行列であるという．P が可逆行列である必要十分条件は $\det P\neq 0$ である．

2.8 双一次形式

となる.すなわち,$w_i = \sum_{j=1}^{n} p_{ij} v_j$ $(1 \leq i \leq n)$ である.$B = (\langle w_i, w_j \rangle)$ とおくと,$B = PA\,{}^tP$ という関係がある.実際,

$$\langle w_i, w_j \rangle = \left\langle \sum_k p_{ik} v_k, \sum_\ell p_{j\ell} v_\ell \right\rangle = \sum_{k,\ell} p_{ik} p_{j\ell} \langle v_k, v_\ell \rangle$$
$$= \sum_{k,\ell} p_{ik} a_{k\ell} p_{j\ell} = PA\,{}^tP \text{ の } (i,j)\text{-成分}$$

と計算されるからである.

以下,断らない限り,V は n 次元ベクトル空間とし,双一次形式 φ は対称であると仮定する.双一次形式の**零空間**を集合

$$N = \mathrm{Ker}\,\phi = \{v \in V \mid \langle v, w \rangle = 0,\ \forall\,w \in V\}$$

で定義する.N は V の部分ベクトル空間である.$N = \{0\}$ となるとき,双一次形式 φ は**非退化**であるという.

補題 2.8.2 $\overline{V} = V/N$ とおくと,双一次形式 φ は $\overline{V}$ の上に非退化な双一次形式 $\overline{\varphi}$ を誘導する.

証明 集合の写像 $\overline{\varphi}: \overline{V} \times \overline{V} \to K$ を

$$\overline{\varphi}(v + N, w + N) = \varphi(v, w)$$

で定義すると,φ は対称だから,$\overline{\varphi}$ が,$\overline{V}$ 上に対称な双一次形式を定めることは明らかである.もし $\overline{\varphi}(v + N, w + N) = 0$ $(\forall w + N \in \overline{V})$ ならば,$\varphi(v, w) = 0$ $(\forall w \in V)$ であるから,$v \in N$ となる.すなわち,$v + N = N$ となるので,$\overline{\varphi}$ は非退化な双一次形式である. □

V の 2 つのベクトル v, w が $\langle v, w \rangle = 0$ となるとき,ベクトルは互いに**直交**するという.W を V の部分ベクトル空間とするとき,W の**直交補空間** $W^\perp$ は次のように定義される.

$$W^\perp = \{v \in V \mid \langle v, w \rangle = 0,\ \forall w \in W\}.$$

$W^\perp$ も V の部分ベクトル空間である.V の双一次形式 φ を,部分ベクトル空間 W に制限したものを φ_W と書く.W の基底 $\{w_1, \ldots, w_r\}$ が,$i \neq j$ $(1 \leq i, j \leq r)$ な

らば $\langle w_i, w_j \rangle = 0$ であるという条件を満たすとき，W の**直交基底**であるという．

補題 2.8.3 W を V の部分ベクトル空間として，W は直交基底 $\{w_1, \ldots, w_r\}$ をもつと仮定する．このとき，次のことがらが成立する．

(1) φ_W が非退化ならば，$V = W \oplus W^\perp$ である．
(2) φ, φ_W が非退化ならば，$\varphi_{W^\perp}$ も非退化である．

証明 (1) 任意の i ($1 \leq i \leq r$) について，$\langle w_i, w_i \rangle \neq 0$ である．実際，$\langle w_i, w_i \rangle = 0$ と仮定すると，Kw_i は φ_W の零空間に含まれるので，φ_W が非退化であるという仮定に矛盾する．$V = W \oplus W^\perp$ を示すためには，補題 2.4.5 により，$V = W + W^\perp$ と $W \cap W^\perp = \{0\}$ を示せばよい．

$v \in V$ を任意のベクトルとして
$$v' = v - \frac{\langle v, w_1 \rangle}{\langle w_1, w_1 \rangle} w_1 - \cdots - \frac{\langle v, w_r \rangle}{\langle w_r, w_r \rangle} w_r$$

とおくと，$\langle v', w_i \rangle = 0$ ($1 \leq i \leq r$) である．W の任意の元は $w_1, \ldots, w_r$ の 1 次結合として表せるから，$v' \in W^\perp$ となる．よって，$v \in W + W^\perp$ となるので，$V = W + W^\perp$．

次に，$v \in W \cap W^\perp$ とする．$v = c_1 w_1 + \cdots + c_r w_r$ と書くと，
$$\langle v, w_i \rangle = c_i \langle w_i, w_i \rangle = 0, \quad 1 \leq i \leq r.$$

ここで，$\langle w_i, w_i \rangle \neq 0$ だから，$c_i = 0$．よって，$v = 0$ となり，$W \cap W^\perp = \{0\}$ がわかる．

(2) N' を $W^\perp$ の零空間とすると，(1) によって $V = W \oplus W^\perp$ だから，$N' \subseteq N$ となる．φ は非退化であるから，$N' = \{0\}$．よって，$\varphi_{W^\perp}$ は非退化である． □

直交基底の存在に関しては次の結果がある．

定理 2.8.4 対称双一次形式をもつ有限生成ベクトル空間は，直交基底をもつ．

証明 これまでの記号を使って証明する．双一次形式が自明な場合，すなわち，$N = V$ ならば，V の任意の基底が直交基底である．以下，φ は自明でないとする．したがって，$v, w \in V$ が存在して，$\langle v, w \rangle \neq 0$ となる．このとき，V のベクトル w_1 で $\langle w_1, w_1 \rangle \neq 0$

2.8 双一次形式

となるものが存在する．実際，$\langle v,v \rangle \neq 0$ または $\langle w,w \rangle \neq 0$ ならば，$w_1 = v$ または $w_1 = w$ ととればよい．$\langle v,v \rangle = \langle w,w \rangle = 0$ と仮定すると，$w_1 = v+w$ に対して，

$$\langle w_1, w_1 \rangle = \langle v+w, v+w \rangle = 2\langle v,w \rangle \neq 0$$

となる[16]．そこで，$W_1 = Kw_1$ とおく．

直交基底の存在を $n = \dim V$ に関する帰納法で証明する．φ の W_1 への制限 φ_{W_1} は非退化であるから，補題 2.8.3 により，$V = W_1 \oplus W_1^\perp$．ここで，$\dim W_1^\perp = n-1$ であるから，帰納法の仮定により，$W_1^\perp$ は直交基底 $\{w_2, \ldots, w_n\}$ をもつ．このとき，$\{w_1, w_2, \ldots, w_n\}$ は V の直交基底である． □

$\{w_1, \ldots, w_n\}$ が V の直交基底ならば，φ の係数行列 $(\langle w_i, w_j \rangle)$ は明らかに対角行列である．

系 2.8.5 対称双一次形式 φ の直交基底 $\{w_1, \ldots, w_n\}$ を $\langle w_i, w_i \rangle \neq 0$ $(1 \leq i \leq r)$，$\langle w_i, w_i \rangle = 0$ $(r+1 \leq i \leq n)$ ととると，φ の零空間 N は $w_{r+1}, \ldots, w_n$ で生成された部分ベクトル空間である．とくに，φ が非退化である必要十分条件は，φ の係数行列が可逆行列となることである．

証明 $\sum_{i=r+1}^{n} Kw_i \subseteq N$ となることは明らかである．逆に，$v \in N$ として，$v = c_1 w_1 + \cdots + c_n w_n$ と表す．このとき，$\langle v, w_i \rangle = 0$ $(1 \leq i \leq n)$ であるが，$\langle v, w_i \rangle = c_i \langle w_i, w_i \rangle = 0$ だから，$\langle w_i, w_i \rangle \neq 0$ ならば，$c_i = 0$ となる．よって，$v = c_{r+1} w_{r+1} + \cdots + c_n w_n \in \sum_{i=r+1}^{n} Kw_i$．よって，$N = \sum_{i=r+1}^{n} Kw_i$ である．

V の任意の基底 $\{v_1, \ldots, v_n\}$ による φ の係数行列を A として，与えられた直交基底 $\{w_1, \ldots, w_n\}$ による係数行列を B とすると，

$$B = PA\,{}^tP, \quad B = \begin{pmatrix} d_1 & 0 & \cdots & 0 \\ 0 & d_2 & \ddots & \vdots \\ \vdots & \ddots & \ddots & 0 \\ 0 & \cdots & 0 & d_n \end{pmatrix}, \quad d_i = \langle w_i, w_i \rangle.$$

---

[16] ここで，体 K の標数は 2 でないという仮定を使っていることに注意せよ．

ただし，P は $\begin{pmatrix} w_1 \\ \vdots \\ w_n \end{pmatrix} = P \begin{pmatrix} v_1 \\ \vdots \\ v_n \end{pmatrix}$ という関係式を満たす可逆行列である．したがって，$\det P \neq 0$ だから，$\det A \neq 0 \iff \det B \neq 0$ である．よって，

$$\varphi \text{ が非退化} \iff N = \{0\} \iff r = n \iff \det B = d_1 \cdots d_n \neq 0$$

となる． □

これまでの議論では，体 K は標数が 2 でない任意の体でよかった．この先の議論では，K は実数体 $\mathbb{R}$ であると仮定する．実数体上のベクトル空間のことを，簡単に，**実ベクトル空間**という．n 次元実ベクトル空間上の対称双一次形式 φ は，

$$\langle v, v \rangle \geq 0 \quad \text{であり，} \quad \langle v, v \rangle = 0 \iff v = 0,$$

という条件を満たすとき，**正定値**な双一次形式であるという．φ が正定値双一次形式であるとき，φ の直交基底 $\{w_1, \ldots, w_n\}$ をとれば，各 i について $\langle w_i, w_i \rangle > 0$ となる．さらに $\langle w_i, w_i \rangle = 1$ となるとき，$\{w_1, \ldots, w_n\}$ は**正規直交基底**であるという．

系 2.8.6 n 次元実ベクトル空間 V 上の正定値双一次形式に対して，正規直交基底が存在する．

証明 定理 2.8.4 によって，直交基底 $\{w_1, \ldots, w_n\}$ が存在する．このとき，

$$\left\{ \frac{w_1}{\sqrt{\langle w_1, w_1 \rangle}}, \ldots, \frac{w_n}{\sqrt{\langle w_n, w_n \rangle}} \right\}$$

は正規直交基底である． □

このような正規直交基底を，与えられた任意の基底 $\{v_1, \ldots, v_n\}$ から構成する，**グラム・シュミットの正規直交化法**と呼ばれる操作がある．これを説明しよう．操作は，直交化と正規化の 2 つの操作を交互に繰り返すことから成っている．

$w_1 = \dfrac{v_1}{\sqrt{\langle v_1, v_1 \rangle}}$ とおくと，$\langle w_1, w_1 \rangle = 1$（正規化）．

$v_2' = v_2 - \langle v_2, w_1 \rangle w_1$ とおくと，$\langle v_2', w_1 \rangle = 0$（直交化）かつ $v_2' \neq 0$ だから，$w_2 = \dfrac{v_2'}{\sqrt{\langle v_2', v_2' \rangle}}$ とおくと，$\langle w_2, w_2 \rangle = 1$（正規化）．

$w_1, \ldots, w_i$ が構成されたとき，

2.8 双一次形式

$$v'_{i+1} = v_{i+1} - \sum_{j=1}^{i} \langle v_{i+1}, w_j \rangle w_j$$

とおくと，$\langle v'_{i+1}, w_j \rangle = 0 \ (1 \leq j \leq i)$ （直交化）．さらに，$v'_{i+1} \neq 0$ である．実際，$v_{i+1} \notin \sum_{j=1}^{i} K w_j$ である．そこで，$w_{i+1} = \dfrac{v'_{i+1}}{\sqrt{\langle v'_{i+1}, v'_{i+1} \rangle}}$ とおくと，$\langle w_{i+1}, w_{i+1} \rangle = 1$（正規化）．

この繰り返しを $v_1, \ldots, v_n$ に適用して $\{w_1, \ldots, w_n\}$ を構成すると，これは正規直交基底である．

最後に，必ずしも正定値でない対称双一次形式をもつ実ベクトル空間に関して，**シルベスターの慣性法則**を述べておく．

定理 2.8.7 φ を n 次元実ベクトル空間 V 上の対称双一次形式とする．ある直交基底に関する φ の係数行列として，次の形の対角成分をもつ対角行列がとれる．

$$(\underbrace{1, \ldots, 1}_{p}, \underbrace{-1, \ldots, -1}_{m}, \underbrace{0, \ldots, 0}_{q}).$$

このとき，整数 p, m, q は直交基底の取り方によらずに，φ だけで決まる．

証明 定理 2.8.4 により直交基底 $\{w_1, \ldots, w_n\}$ が存在する．基底に属するベクトルを並べ替えて，$\langle w_i, w_i \rangle \neq 0 \ (1 \leq i \leq r)$．$\langle w_i, w_i \rangle = 0 \ (r+1 \leq i \leq n)$ と仮定できる．ここで，直交基底

$$\left\{ \frac{w_1}{\sqrt{|\langle w_1, w_1 \rangle|}}, \ \ldots, \ \frac{w_r}{\sqrt{|\langle w_r, w_r \rangle|}}, \ w_{r+1}, \ \ldots, \ w_n \right\}$$

をとると，その係数行列は，$1, -1, 0$ のいずれかを対角成分にもつ対角行列である．したがって，$\{w_1, \ldots, w_n\}$ が既にこの性質をもつと仮定できるから，

$$\langle w_i, w_i \rangle = \begin{cases} 1 & (1 \leq i \leq p), \\ -1 & (p+1 \leq i \leq p+m), \\ 0 & (p+m+1 \leq i \leq n) \end{cases}$$

となるように並べ替えれば，定理の直交基底が得られる．

また，系 2.8.5 により，N を φ の零空間として $q = \dim N$ である．ただし，$q = n - (p+m)$ である．N は φ で定まるから，q は φ によって一意的に定まる数である．別の直交基底 $\{w'_1, \ldots, w'_n\}$ を $\{w_1, \ldots, w_n\}$ と同様にとり，$\langle w'_i, w'_i \rangle = 1 \ (1 \leq$

$i \leq p'$), $\langle w'_i, w'_i \rangle = -1$ ($p'+1 \leq i \leq p'+m'$), $\langle w'_i, w'_i \rangle = 0$ ($p'+m'+1 \leq i \leq n$) となったとしよう．ただし，$p+m = p'+m'$ である．このとき，

$$w_1, \ldots, w_p, w'_{p'+1}, \ldots, w'_n \qquad (*)$$

が一次独立であれば，$p + (n-p') \leq n$ となり，$p \leq p'$ が従う．基底 $\{w_1, \ldots, w_n\}$ と $\{w'_1, \ldots, w'_n\}$ の役割を入れ換えて同様の議論をすれば，$p' \leq p$ が得られるから，$p = p'$ となることがわかる．$(*)$ が一次独立でなかったとすると，

$$v = b_1 w_1 + \cdots + b_p w_p = c_{p'+1} w'_{p'+1} + \cdots + c_n w'_n$$

と表される，零でないベクトル v が存在する．このとき，

$$\langle v, v \rangle = \langle b_1 w_1 + \cdots + b_p w_p, b_1 w_1 + \cdots + b_p w_p \rangle$$
$$= b_1^2 + \cdots + b_p^2 \geq 0,$$
$$\langle v, v \rangle = \langle c_{p'+1} w'_{p'+1} + \cdots + c_n w'_n, c_{p'+1} w'_{p'+1} + \cdots + c_n w'_n \rangle$$
$$= -(c_{p'+1}^2 + \cdots + c_{m'}^2) \leq 0.$$

したがって，$\langle v, v \rangle = 0$ となる．これから，$b_1 = \cdots = b_p = 0$ かつ $c_{p'+1} = \cdots = c_{m'} = 0$ がわかる．とくに，$v = 0$ だから，矛盾が生じる．$p = p'$ がわかれば，$m = m'$ は明らかである． □

整数の組 (p, m) を φ の **符号数** という．

問 題

1. V を n 次元ベクトル空間，f を V の線形変換とするとき，次の 4 条件は互いに同値であることを証明せよ．
    (1) f は単射である．すなわち，$\mathrm{Ker}\, f = \{0\}$．
    (2) f は全射である．すなわち，$V = \mathrm{Im}\, f$．
    (3) f は同型写像である．
    (4) V の基底 $\{v_1, \ldots, v_n\}$ に関する f の行列表現を A とするとき，A は逆行列 A^{-1} をもつ．すなわち，$\det A \neq 0$．

2. $V = K^n$, $W = K^m$ として，線形写像 $f: V \to W$ を (n,m)-行列 $A = (a_{ij})$ によって，次のように与える．
$$f(v_i) = \sum_{j=1}^{m} a_{ij} w_j, \quad 1 \leq i \leq n.$$
ただし，$\{v_1, \ldots, v_n\}$, $\{w_1, \ldots, w_m\}$ はそれぞれ V, W の標準基底である．このとき，$\dim(\operatorname{Im} f) = \operatorname{rank} A$ となることを示せ．ただし，$\operatorname{rank} A$ は A の階数で，A の n 個の行ベクトルのうち，一次独立なものの最大個数として定義する．

3. n 元連立 1 次方程式 $\sum_{i=1}^{n} x_i a_{ij} = 0$ $(1 \leq j \leq m)$ の解空間 N について，$\dim N = n - \operatorname{rank} A$ となることを示せ．

4. V を n 次元ベクトル空間とし，f を V の線形変換とする．V の部分ベクトル空間の列
$$\{0\} \subsetneq V_1 \subsetneq V_2 \subsetneq \cdots \subsetneq V_{n-1} \subsetneq V_n = V$$
が，$f(V_i) \subseteq V_i$ $(1 \leq i \leq n)$ を満たすように与えられているとする．$V^* = \operatorname{Hom}_K(V, K)$ を V の双対ベクトル空間とするとき，次のことがらを示せ．

(1) V の基底 $\{v_1, \ldots, v_n\}$ を，$V_i = \sum_{j=1}^{i} K v_j$ $(1 \leq i \leq n)$ となるように選ぶ．V の基底 $\{v_1, \ldots, v_n\}$ に関する f の表現行列を $A = (a_{ij})$ とすれば，A は下三角行列である．

(2) 基底 $\{v_1, \ldots, v_n\}$ の双対基底を $\{v_1^*, \ldots, v_n^*\}$ とする．$f(v_i) = \sum_{j=1}^{n} a_{ij} v_j$ $(1 \leq i \leq n)$ ならば，$f^*: V^* \to V^*$ は $f^*(v_i^*) = \sum_{j=1}^{n} a_{ji} v_j^*$ $(1 \leq i \leq n)$ で与えられる．このとき，f^* の $\{v_1^*, \ldots, v_n^*\}$ に関する行列表現は ${}^t A$ である．よって，${}^t A$ は上三角行列である．

(3) $1 \leq i \leq n$ に対して，$(V/V_i)^*$ は自然に V^* の部分ベクトル空間と考えられる．このとき，
$$\{0\} \subsetneq (V/V_{n-1})^* \subsetneq (V/V_{n-2})^* \subsetneq \cdots \subsetneq (V/V_{n-i})^* \subsetneq \cdots \subsetneq (V/V_1)^* \subsetneq V^*$$
という部分ベクトル空間の列を成し，$f^*((V/V_i)^*) \subseteq (V/V_i)^*$ となる．

(4) $\{v_n^*, v_{n-1}^*, \ldots, v_1^*\}$ は V^* の基底であり，$\{v_n^*, \ldots, v_{i+1}^*\}$ は部分ベクトル空間 $(V/V_i)^*$ の基底である．

5. V をベクトル空間, W_i $(i=1,2,3)$ をその部分ベクトル空間とするとき, 次のことがらを示せ.

   (1) $(W_1+W_2)\cap W_3 \supseteq W_1\cap W_3 + W_2\cap W_3$. ただし, 等号は一般には成立しないことを例をあげて示せ.

   (2) $(W_1+W_3)\cap (W_2+W_3) \supseteq (W_1\cap W_2)+W_3$. ただし, 等号は一般には成立しないことを例をあげて示せ.

   (3) (1) で等号が成立すれば (2) で等号が成立する. また, その逆も正しい.

6. V をベクトル空間, $f:V\to V$ を線形変換とする. ある自然数 M が存在して, $f^M=0$ となるとき, f は**べき零写像**という. また, V の任意のベクトル v に対して, (v に依存した) 自然数 m が存在して $f^m(v)=0$ となるとき, f は**局所べき零写像**という.

   (1) V が有限生成ならば, 局所べき零写像 f はべき零写像であることを示せ.

   (2) V が有限生成のとき, $n=\dim V$ に関する帰納法で, べき零写像の固有値は 0 しかないことを示せ.

7. V を複素数体 $\mathbb{C}$ 上の n 次元ベクトル空間とし, $\{v_1,\ldots,v_n\}$ をその基底とする. V の線形変換 f が

$$f(v_1)=v_2,\ f(v_2)=v_3,\ \ldots,\ f(v_{n-1})=v_n,\ f(v_n)=v_1$$

   で与えられているとき, 次の問に答えよ.

   (1) f の基底 $\{v_1,\ldots,v_n\}$ に関する表現行列 A を求めよ.

   (2) f の固有値をすべて求めよ.

   (3) f の各固有値に対応する固有ベクトルを求めよ.

   (4) V の基底 $\{w_1,\ldots,w_n\}$ として, f の固有ベクトルから成るものがとれることを示せ. したがって, f の $\{v_1,\ldots,v_n\}$ による行列表現 A は対角化できる.

8. V をベクトル空間, f を V の線形変換で $f^2=f$ を満たすものとする. $V_1=\mathrm{Im}\,f$, $V_2=\mathrm{Ker}\,f$ とおくとき, V は $V=V_1\oplus V_2$ と直和分解されることを示せ.

9. K を有限体とすると, K の元の個数 $|K|$ は, 標数 p のべき乗 p^n という形で与えられることを示せ.

第3章　1変数多項式環

　この章では，体 K 上の 1 変数多項式のもつ基本的性質と，1 変数多項式環 $K[x]$ の環としての性質を調べる．$K[x]$ は，整数環 $\mathbb{Z}$ と共通した性質を多くもっている．これらの性質を調べることで，第 5 章における環論の導入にもなっている．

3.1　1変数多項式と次数

　K を体，x を変数とする．x の K-係数の多項式とは

$$f(x) = a_n x^n + a_{n-1} x^{n-1} + \cdots + a_1 x + a_0$$

という形の式で，$a_i \in K$ $(0 \leq i \leq n)$ となるものである．$a_i x^i$ を $f(x)$ の i 次の**単項式**といい，a_i をその係数という．$f(x)$ を上のように書いたとき，$a_n \neq 0$ ならば，a_n を $f(x)$ の最高次の係数といい，$f(x)$ は n 次多項式であるという．$f(x)$ の最高次が n であることを $n = \deg f(x)$ と書く．また，$f(x)$ を **n 次式**ともいう．$a_n = 1$ であるような n 次多項式を**モニック**な多項式という．多項式 $f(x)$ の係数 a_0 を**定数項**という．2 つの多項式 $f(x)$ と $g(x)$ の和と積は，高校で学ぶ n 次式の和と積である．$n = \deg f(x)$, $m = \deg g(x)$ として，次数の大きい方（たとえば，$n \geq m$ の場合は n）に合わせて，

$$f(x) = a_n x^n + \cdots + a_0, \quad g(x) = b_n x^n + \cdots + b_0$$

と書く．ただし，$n > m$ ならば，$b_n = \cdots = b_{m+1} = 0$ である．このとき，和と積は

$$f(x) \pm g(x) = \sum_{i=0}^{n} (a_i \pm b_i) x^i,$$

$$f(x)g(x) = \sum_{0 \le i,j \le n} a_i b_j x^{i+j} = \sum_{r=0}^{2n} \left(\sum_{i+j=r} a_i b_j \right) x^r$$

と定義される．K の元 a と，定数項が a でその他の係数が 0 の多項式とを同一視する．変数 x に関する K-係数多項式全体の集合を $K[x]$ とすると，$K[x]$ は上記の和と積で可換環（第 1 章を参照）になる．$K[x]$ を K-係数の **1 変数多項式環** という．その零元と単位元は，体 K の 0 と 1 である．$\deg 0 = -\infty$, $\deg 1 = 0$ と定義する．また，K の元を**定数**と呼ぶことがある．

補題 3.1.1 $f(x), g(x) \in K[x]$ について，次の関係がある．

(1) $\deg(f(x) \pm g(x)) \le \max(\deg f(x), \deg g(x))$.
(2) $\deg(f(x)g(x)) = \deg f(x) + \deg g(x)$.

証明 $f(x) = a_n x^n + \cdots + a_0$, $g(x) = b_m x^m + \cdots + b_0$ とおく．ただし，$a_n \ne 0$, $b_m \ne 0$ とする．(1) の関係式は明らかである．不等式が成立するのは，$n = m$ で，$a_n \pm b_m = 0$ が成立するときである．(2) についても，$f(x)g(x)$ の最高次の単項式は $a_n b_m x^{n+m}$ だから，関係式は明らかに成立する．上の (1), (2) の関係式は $f(x)$ または $g(x)$ が 0 でも成立する． □

系 3.1.2 $K[x]$ は零因子をもたない環，すなわち**整域**[1]である．

証明 $f(x) \ne 0$, $g(x) \ne 0$ として，$f(x)g(x) = 0$ と仮定すると，

$$\deg f(x) + \deg g(x) \ge 0, \quad \deg f(x)g(x) = -\infty$$

となって，補題 3.1.1 の (2) に矛盾する． □

系 3.1.3 $K[x]$ の可逆元は定数である．

証明 $f(x)$ を $K[x]$ の可逆元とすると，$g(x) \in K[x]$ が存在して，$f(x)g(x) = 1$. 補題 3.1.1 の (2) により，$\deg f(x) = \deg g(x) = 0$. よって，$f(x)$ は定数である． □

---

[1] 定義は補題 5.2.1 の前にもある．

3.2 既約分解と分解の一意性

$f(x), g(x) \in K[x]$ について，元 $h(x) \in K[x]$ が存在して $f(x) = g(x)h(x)$ と書けるとき，$g(x)$ は $f(x)$ の**約元**, $f(x)$ は $g(x)$ の**倍元**という．このとき，$g(x) \mid f(x)$ と記す．第 1 章の整数の場合と同様にして，複数の多項式 $f_1(x), \ldots, f_r(x)$ の**公約元**と**公倍元**も定義される．公約元のうち次数最大のものを**最大公約元**，公倍元のうち次数最小のものを**最小公倍元**といい，それぞれ $\gcd(f_1, \ldots, f_r)$, $\operatorname{lcm}(f_1, \ldots, f_r)$ と書く．最大公約元および最小公倍元はモニックな多項式としてもとれるが，そのようにとればただ一通りに定まる．$\gcd(f, g) = 1$ のとき，$f(x)$ と $g(x)$ は**互いに素**であるという．

この節では，$K[x]$ における**剰余の定理**（定理 3.2.1）とユークリッドの互除法および，それらの応用について述べよう．

定理 3.2.1 $f_0(x), f_1(x) \in K[x]$ について，$d_0 = \deg f_0(x)$, $d_1 = \deg f_1(x)$ とおいて，$d_1 > 0$ と仮定する．このとき，$q_1(x), f_2(x) \in K[x]$ が次の条件を満たすようにただ一通りにとれる．

$$\begin{aligned} f_0(x) &= q_1(x) f_1(x) + f_2(x)\ , \\ f_2(x) &= 0 \quad \text{または} \quad 0 \leq d_2 = \deg f_2(x) < d_1\ . \end{aligned} \tag{1}$$

証明 まず，$q_1(x)$ と $f_2(x)$ が条件 (1) を満たすようにとれることを示す．$d_0 < d_1$ ならば，$q_1(x) = 0$, $f_2(x) = f_0(x)$ ととればよい．$d_0 \geq d_1$ ならば，$f_0(x) = a_0 x^{d_0} +$ （低次の項），$f_1(x) = a_1 x^{d_1} +$ （低次の項）と書いて，$q(x) = a_0 a_1^{-1} x^{d_0 - d_1}$, $f(x) = f_0(x) - q(x) f_1(x)$ とおくと，$\deg f(x) < d_0$. したがって，d_0 に関する帰納法によって，$f(x) = \widetilde{q}(x) f_1(x) + g(x)$ となる多項式 $\widetilde{q}(x), g(x)$ が存在して，$\deg g(x) = 0$ または $0 < \deg g(x) < d_1$ となる．ここで，$q_1(x) = q(x) + \widetilde{q}(x)$, $f_2(x) = g(x)$ とおけば，関係式 (1) が満たされている．

次に，$q_1(x), f_2(x)$ がただ一通りにとれることを示す．$\widetilde{q}_1(x), \widetilde{f}_2(x)$ が関係式 $f_0(x) = \widetilde{q}_1(x) f_1(x) + \widetilde{f}_2(x)$ を満たし，$\widetilde{f}_2(x) = 0$ または $0 \leq \deg \widetilde{f}_2(x) < d_1$ となったと仮定する．このとき，

$$(q_1(x) - \widetilde{q}_1(x)) f_1(x) = \widetilde{f}_2(x) - f_2(x)\ .$$

補題 3.1.1 により，$q_1(x) \neq \widetilde{q}_1(x)$ ならば，

$$\deg(q_1(x) - \widetilde{q_1}(x))f_1(x) = \deg(q_1(x) - \widetilde{q_1}(x)) + \deg f_1(x)$$
$$\geq \deg f_1(x) = d_1$$

かつ
$$\deg(\widetilde{f_2}(x) - f_2(x)) \leq \max(\deg \widetilde{f_2}(x), \deg f_2(x)) < d_1$$

となって矛盾が生じる．よって，$q_1(x) = \widetilde{q_1}(x)$ である．このとき，$f_2(x) = \widetilde{f_2}(x)$ となることは明らかである． □

多項式 $q_1(x)$ を**商**といい，$f_2(x)$ を**余り**または**剰余**という．

2つの多項式 $f_0(x), f_1(x)$ で，$\deg f_1(x) > 0$ となるものが与えられると，剰余の定理を繰り返し使って，余りが0になるまで続ける．

$$f_0(x) = q_1(x)f_1(x) + f_2(x)\ , \qquad 0 \leq \deg f_2(x) < \deg f_1(x)$$
$$f_1(x) = q_2(x)f_2(x) + f_3(x)\ , \qquad 0 \leq \deg f_3(x) < \deg f_2(x)$$
$$\cdots\cdots$$
$$f_{i-1}(x) = q_i(x)f_i(x) + f_{i+1}(x)\ , \qquad 0 \leq \deg f_{i+1}(x) < \deg f_i(x)$$
$$\cdots\cdots$$
$$f_{r-2}(x) = q_{r-1}(x)f_{r-1}(x) + f_r(x)\ , \qquad 0 \leq \deg f_r(x) < \deg f_{r-1}(x)$$
$$f_{r-1}(x) = q_r(x)f_r(x)\ .$$

$f_0(x), f_1(x)$ から出発して，余り $f_2(x), f_3(x), \ldots, f_r(x)$ を求めていくと，$f_r(x)$ が $f_{r-1}(x)$ を割り切るような自然数 r が存在する．この繰り返し除法を**ユークリッドの互除法**という．

これから次の結果が得られる．

定理 3.2.2 $f_0(x), f_1(x) \in K[x]$ について，$\deg f_1(x) > 0$ とすると，上のユークリッド互除法の記号を使って，次の結果が得られる．

(1) $f_r(x) = \gcd(f_0(x), f_1(x))$．

(2) $g(x), h(x) \in K[x]$ が存在して，
$$f_r(x) = g(x)f_0(x) + h(x)f_1(x)\ .$$

3.2 既約分解と分解の一意性

証明 (1) $f_r(x) \mid f_{r-1}(x)$ だから，$f_r(x) \mid f_{r-2}(x)$．ユークリッドの互除法を逆にたどると，$f_r(x) \mid f_1(x)$, $f_r(x) \mid f_0(x)$ となることがわかるから，$f_r(x)$ は $f_0(x)$ と $f_1(x)$ の公約元である．逆に，$d(x)$ を $f_0(x)$ と $f_1(x)$ の公約元とすると，$d(x) \mid f_2(x)$．ユークリッドの互除法における除法を順にたどると，$d(x) \mid f_2(x), \ldots, d(x) \mid f_r(x)$ となることがわかる．よって，$f_r(x)$ は $f_0(x)$ と $f_1(x)$ の最大公約元である．

(2) 除法の繰り返し回数 r に関する帰納法で証明する．$r = 2$ ならば，$f_2(x) = \gcd(f_0(x), f_1(x))$ で，$f_2(x) = f_0(x) - q_1(x)f_1(x)$ と書けるから，$g(x) = 1$, $h(x) = -q_1(x)$ ととればよい．$r > 2$ ならば，$f_r(x) = \gcd(f_1(x), f_2(x))$ であり，$f_r(x)$ を $f_1(x), f_2(x)$ から求めるのに必要な除法の繰り返し回数は $r - 1$ である．帰納法の仮定により，$g_1(x), h_1(x) \in K[x]$ が存在して，

$$f_r(x) = g_1(x)f_1(x) + h_1(x)f_2(x)$$

と書ける．この式に，$f_2(x) = f_0(x) - q_1(x)f_1(x)$ を代入して，

$$f_r(x) = h_1(x)f_0(x) + (g_1(x) - h_1(x)q_1(x))f_1(x)$$

と書ける．そこで，$g(x) = h_1(x)$, $h(x) = g_1(x) - h_1(x)q_1(x)$ とおけばよい． □

また，$f_r = \gcd(f_i(x), f_{i+1}(x))$ $(0 \leq i < r)$ となっている．

$K[x]$ の非零元 $p(x)$ について，$p(x)$ が定数と自分自身以外に約元をもたないとき，$p(x)$ を**既約多項式**（または**既約元**）という．

補題 3.2.3 (1) 既約多項式 $p(x)$ について $p(x) \mid f(x)g(x)$ ならば，$p(x) \mid f(x)$ または $p(x) \mid g(x)$ である．

(2) 定数でない任意の多項式 $f(x)$ は，既約多項式の積

$$f(x) = p_1(x) \cdots p_s(x)$$

として表される．

証明 (1) $p(x) \nmid f(x)$ ならば，$p(x) \mid g(x)$ となることを示す．$d(x) = \gcd(p(x), f(x))$ とすると，$d(x) \mid p(x)$ かつ $p(x)$ は既約だから，$d(x)$ は定数となるか $d(x) = cp(x)$ となる．ただし，c は K の非零元である．$d(x) = cp(x)$ ならば，$d(x) \mid f(x)$ より

$p(x) \mid f(x)$ となって仮定に反する．よって，$d(x)$ は定数である．$d(x) = 1$ と仮定してもよいから，定理 3.2.2 により，$h(x), k(x) \in K[x]$ が存在して，$1 = h(x)p(x) + k(x)f(x)$ と書ける．また，$f(x)g(x) = p(x)q(x)$ と書けるから，

$$g(x) = g(x)h(x)p(x) + g(x)f(x)k(x)$$
$$= p(x)\left(g(x)h(x) + q(x)k(x)\right)$$

となって，$p(x) \mid g(x)$ となることがわかる．

(2) $\deg f(x)$ に関する帰納法で証明する．$f(x)$ が既約多項式ならば，それでよい．$f(x)$ が既約多項式でなければ，$f(x) = f_1(x)f_2(x)$ のように 2 つの定数でない多項式の積に表される．ここで，$\deg f_1(x) < \deg f(x)$, $\deg f_2(x) < \deg f(x)$ だから，帰納法の仮定によって，

$$f_1(x) = p_1(x)\cdots p_r(x), \quad f_2(x) = p_{r+1}(x)\cdots p_s(x)$$

のように既約多項式の積に分解される．よって，

$$f(x) = p_1(x)\cdots p_r(x)p_{r+1}(x)\cdots p_s(x)$$

という既約多項式の積に書ける． □

既約多項式 $p(x)$ は上の補題の (1) に述べた性質をもつので，$K[x]$ の**素元**と呼ぶことがある．これは，整数環 $\mathbb{Z}$ における素数の概念に対応するものである．同じ補題の (2) で述べた，既約多項式の積への分解を，$f(x)$ の**既約分解**という．

既約分解が本質的にただ一通りであることを示すのに，$K[x]$ に同値関係を考える．$f(x), g(x) \in K[x]$ について，K の非零元 a が存在して $g(x) = af(x)$ となるとき，$f(x)$ と $g(x)$ は**同伴**であるといい，$f(x) \sim g(x)$ と書く．多項式 $f(x)$ に同伴な多項式の集合は $f(x)$ の同伴類を成すが，それはモニックな多項式 $a^{-1}f(x)$ で代表される．ただし，a は $f(x)$ の最高次の係数である．

定理 3.2.4 $f(x) \in K[x]$ の既約分解として

$$f(x) = ap_1(x)\cdots p_r(x), \quad f(x) = bq_1(x)\cdots q_s(x)$$

の 2 つが与えられたとする．ただし，$a, b \in K^* = K \setminus \{0\}$ で，$p_1(x), \ldots, p_r(x)$, $q_1(x), \ldots, q_s(x)$ はモニックな既約多項式とする．このとき，$r = s$, $a = b$ であって，

$q_1(x), \ldots, q_s(x)$ の並べ方を適当に変えると，$p_1(x) = q_1(x)$, $\ldots$, $p_r(x) = q_s(x)$ とできる．

証明 $\max(r, s)$ に関する帰納法で証明する．$p_1(x) \mid q_1(x) \cdots q_s(x)$ だから，補題 3.2.3 によって，$p_1(x) \mid q_1(x)$ または $p_1(x) \mid q_2(x) \cdots q_s(x)$ である．$p_1(x) \mid q_2(x) \cdots q_s(x)$ ならば，この議論を繰り返して，$p_1(x) \mid q_i(x)$ となる i $(1 \leq i \leq s)$ が存在する．そこで，$q_1(x), \ldots, q_s(x)$ を並べ替えて，$p_1(x) \mid q_1(x)$ であるとしてもよい．このとき，$q_1(x)$ はモニックな既約多項式であることに注意すると，$p_1(x) = q_1(x)$ となる．すると，$\dfrac{f(x)}{p_1(x)}$ は

$$\frac{f(x)}{p_1(x)} = ap_2(x) \cdots p_r(x) = bq_2(x) \cdots q_s(x)$$

という 2 つの既約分解をもつ．帰納法の仮定によって，$r-1 = s-1$, $a = b$ となることがわかり，$q_2(x), \ldots, q_s(x)$ を適当に並び替えると $p_2(x) = q_2(x)$, $\ldots$, $p_r(x) = q_s(x)$ となる．したがって，定理の主張が証明された．明らかに，$a(= b)$ は $f(x)$ の最高次の係数である． □

定理 3.2.4 で述べたような既約分解を**モニックな既約分解**という．このような既約分解を

$$f(x) = ap_1(x)^{\alpha_1} \cdots p_m(x)^{\alpha_m}, \quad \alpha_1 > 0, \ldots, \alpha_m > 0$$

と書く．ただし，$i \neq j$ ならば，$p_i(x) \neq p_j(x)$ と仮定する．自然数に対する最大公約元と最小公倍元の求め方は，$K[x]$ の元についてもそのまま適用できる（章末の問題 **3** を参照）．

3.3　イデアル

1.7 節で導入した整数のイデアルという考え方を，多項式環 $K[x]$ のイデアルに拡張して，さまざまな結果を導くことを試みよう．

$K[x]$ の部分集合 I は，次の 2 条件を満たすとき，**イデアル**であるという．

(ⅰ) $f(x), g(x) \in I$ ならば，$f(x) + g(x) \in I$.
(ⅱ) $f(x) \in I$ と $K[x]$ の任意の元 $h(x)$ に対して，$f(x)h(x) \in I$.

(i) と (ii) の条件を合わせると，$0 \in I$, $f(x) \in I \Rightarrow -f(x) \in I$ となることもわかる．よって，$f(x), g(x) \in I$ ならば，$f(x) - g(x) \in I$ である．たとえば，$f(x) \in K[x]$ に対して，$\{f(x)g(x) \mid g(x) \in K[x]\}$ という集合を $(f(x))$ で表すと，$(f(x))$ はイデアルになっている．このイデアルを $f(x)$ で生成された**単項イデアル**であるという．$I = \{0\}$ は零元 0 で生成された単項イデアルである．1.7 節と同様にして，I, J が $K[x]$ のイデアルであれば，集合 $I + J = \{f(x) + g(x) \mid f(x) \in I, g(x) \in J\}$ および $I \cap J = \{f(x) \mid f(x) \in I, f(x) \in J\}$ はともに $K[x]$ のイデアルになっている．また，イデアル I が次の条件を満たすとき，I は**素イデアル**であるという．

(iii) $f(x)g(x) \in I$ ならば，$f(x) \in I$ または $g(x) \in I$.

定理 3.3.1 $K[x]$ の任意のイデアル I は単項イデアルである．また，単項イデアル $(p(x))$ が素イデアルになることと，$p(x)$ が既約多項式であることは同値である．

証明 $I \neq \{0\}$ と仮定してもよい．$f(x)$ を I に含まれる 0 でない多項式で，次数が最小のものとする．このとき，$a^{-1}f(x)$ ($a \in K^* = K \setminus \{0\}$) も I の元だから，$f(x)$ はモニックな多項式としてもよい．$\deg f(x) = 0$ ならば，$f(x)$ は単位元 1 に等しく，$I = K[x] = (1)$ となる．$\deg f(x) > 0$ と仮定しよう．$g(x)$ を I の任意の元とすると，剰余の定理によって，$q(x), r(x)$ が存在して

$$g(x) = q(x)f(x) + r(x),$$
$$r(x) = 0 \quad \text{または} \quad 0 \leq \deg r(x) < \deg f(x).$$

このとき，$g(x), f(x) \in I$ だから，$r(x) = g(x) - q(x)f(x) \in I$. $r(x) \neq 0$ ならば，$\deg r(x) < \deg f(x)$ なので，これは $f(x)$ の取り方に矛盾する．よって，$r(x) = 0$ である．すなわち，$g(x) = q(x)f(x)$ と書けるので，$g(x) \in (f(x))$ である．$(f(x)) \subseteq I$ はイデアルの定義より明らかだから，$I = (f(x))$ となる．

単項イデアル $(p(x))$ が素イデアルとなるのは，(iii) の条件を読み替えた

(iii)′ $p(x) \mid f(x)g(x)$ ならば，$p(x) \mid f(x)$ または $p(x) \mid g(x)$

という条件が満たされるときである．これは $p(x)$ が既約多項式になることと同値である．実際，$p(x)$ が既約多項式ならば，補題 3.2.3 により条件 (iii)′ が成立している．条件 (iii)′ を満たす $p(x)$ が既約多項式でなければ，$p(x) = p_1(x)p_2(x)$ ($\deg p_1(x) <$

3.3 イデアル

$\deg p(x)$, $\deg p_2(x) < \deg p(x))$ と表されるが, $p(x) \nmid p_1(x)$, $p(x) \nmid p_2(x)$ である. これは条件 (iii)′ に反する. よって, $p(x)$ は既約多項式である. □

補題 3.2.3 の後で, 既約多項式を $K[x]$ の素元と呼ぶことがあると述べたが, その理由は, 既約多項式 $p(x)$ で生成された単項イデアル $(p(x))$ が素イデアルになるからである.

補題 3.3.2 $K[x]$ のイデアル I, J について, $I = (f(x))$, $J = (g(x))$ とおくと, 次のことがらが成立する.

(1) $I \subseteq J \iff g(x) \mid f(x)$.
(2) $I + J = (d(x))$, $d(x) = \gcd(f(x), g(x))$.
(3) $I \cap J = (\ell(x))$, $\ell(x) = \mathrm{lcm}\,(f(x), g(x))$.

証明 補題 1.7.2 と同様にして証明される. □

$I_1 = (f_1(x)), \ldots, I_n = (f_n(x))$ という n 個のイデアルについても, 次の関係が成立する.

(2)′ $I_1 + I_2 + \cdots + I_n = (d(x))$, $d(x) = \gcd(f_1(x), \ldots, f_n(x))$.
(3)′ $I_1 \cap I_2 \cap \cdots \cap I_n = (\ell(x))$, $\ell(x) = \mathrm{lcm}\,(f_1(x), \ldots, f_n(x))$.

$K[x]$ のイデアル I に対して,

$$\sqrt{I} = \{g(x) \in K[x] \mid g(x)^m \in I, \ \exists m > 0\}$$

とおいて, $\sqrt{I}$ を I の**根基**と呼ぶ. $\sqrt{I}$ は $K[x]$ のイデアルである. 実際, $g_1(x), g_2(x) \in \sqrt{I}$ ならば, 整数 $m > 0$, $n > 0$ が存在して, $g_1(x)^m \in I$, $g_2(x)^n \in I$ となる. このとき, $(g_1(x) + g_2(x))^{m+n}$ を $g_1(x)$ と $g_2(x)$ に関して 2 項展開した場合の単項式 $cg_1(x)^i g_2(x)^j$ $(c \in K, i+j = m+n)$ について, $i \geq m$ または $j \geq n$ となるから, $(g_1(x) + g_2(x))^{m+n} \in I$ である. よって, $g_1(x) + g_2(x) \in \sqrt{I}$ となる. また, $g(x) \in \sqrt{I}$, $h(x) \in K[x]$ のとき, $g(x)^m \in I$ だから $(g(x)h(x))^m = g(x)^m h(x)^m \in I$ となる. よって, $g(x)h(x) \in \sqrt{I}$ となる.

補題 3.3.3 I, J を $K[x]$ のイデアルとすると, 次のことがらが成立する.

(1) $\sqrt{I \cap J} = \sqrt{I} \cap \sqrt{J}$.

(2) $I = (f(x))$ として, $f(x) = ap_1(x)^{\alpha_1} \cdots p_n(x)^{\alpha_n}$ をモニックな既約分解とする. $\overline{f}(x) = p_1(x) \cdots p_n(x)$ とおくと, $\sqrt{I} = (\overline{f}(x))$ である.

(3) $\sqrt{I + J} = \sqrt{I} + \sqrt{J}$.

証明 (1) $f(x) \in \sqrt{I} \cap \sqrt{J}$ ならば, 整数 $m > 0$, $n > 0$ が存在して, $f(x)^m \in I$, $f(x)^n \in J$ となる. よって, $f(x)^{m+n} \in I \cap J$ となるから, $f(x) \in \sqrt{I \cap J}$ である. すなわち, $\sqrt{I} \cap \sqrt{J} \subseteq \sqrt{I \cap J}$. 逆に, $f(x) \in \sqrt{I \cap J}$ ならば, 整数 $n > 0$ が存在して $f(x)^n \in I \cap J$. とくに, $f(x)^n \in I$, $f(x)^n \in J$ だから, $f(x) \in \sqrt{I} \cap \sqrt{J}$. すなわち, $\sqrt{I \cap J} \subseteq \sqrt{I} \cap \sqrt{J}$. 以上より, $\sqrt{I \cap J} = \sqrt{I} \cap \sqrt{J}$.

(2) $f(x) = ap_1(x)^{\alpha_1} \cdots p_n(x)^{\alpha_n}$ をモニックな既約分解として, $I_i = (p_i(x)^{\alpha_i})$ ($1 \le i \le n$) とおくと, 補題 3.3.2 により $I = I_1 \cap \cdots \cap I_n$. (1) により, $\sqrt{I} = \sqrt{I_1} \cap \sqrt{I_2} \cap \cdots \cap \sqrt{I_n}$ である. したがって, $\sqrt{I_i} = (p_i(x))$ を示せばよい. $(p_i(x)) \subseteq \sqrt{I_i}$ は定義より従う. $g(x) \in \sqrt{I_i}$ ならば, 整数 $m > 0$ が存在して, $g(x)^m \in I_i = (p_i(x)^{\alpha_i})$ である. よって, $p_i(x)^{\alpha_i} \mid g(x)^m$. さらに, $p_i(x)$ は素元だから, $p_i(x) \mid g(x)$ (補題 3.2.3 の (1)) となるので, $g(x) \in (p_i(x))$. これから, $\sqrt{I_i} = (p_i(x))$. したがって, $\sqrt{I} = (\overline{f}(x))$ となる.

(3) $I = (f(x))$, $J = (g(x))$ として, $f(x), g(x)$ のモニックな既約分解を

$$f(x) = ap_1(x)^{\alpha_1} \cdots p_n(x)^{\alpha_n}, \quad g(x) = bp_1(x)^{\beta_1} \cdots p_n(x)^{\beta_n},$$
$$\alpha_1 \ge 0, \ldots, \alpha_n \ge 0, \beta_1 \ge 0, \ldots, \beta_n \ge 0, \quad \alpha_i + \beta_i > 0 \ (1 \le i \le n)$$

とする. このとき, $I + J = (d(x))$ で, $d(x) = \prod_{\gamma_i > 0} p_i(x)^{\gamma_i}$ となる. ただし, $\gamma_i = \min(\alpha_i, \beta_i)$ である. 一方, $\sqrt{I} = (\overline{f}(x))$, $\sqrt{J} = (\overline{g}(x))$ で, $\overline{f}(x) = \prod_{\alpha_i > 0} p_i(x)$, $\overline{g}(x) = \prod_{\beta_i > 0} p_i(x)$ である. すると, $\gcd(\overline{f}(x), \overline{g}(x)) = \prod_{\gamma_i > 0} p_i(x) = \overline{d}(x)$ となる. 以上をまとめると,

$$\sqrt{I + J} = \sqrt{(d(x))} = (\overline{d}(x)) = \sqrt{I} + \sqrt{J}$$

となる. □

I が $K[x]$ のイデアルであるとき, I を使って, $K[x]$ における同値関係を次のように定義する.

3.3 イデアル

$$g(x) \sim h(x) \iff g(x) - h(x) \in I .$$

このとき，$g(x)$ の同値類 $\{h(x) \in K[x] \mid h(x) \sim g(x)\}$ は，部分集合 $g(x) + I = \{g(x) + k(x) \mid k(x) \in I\}$ と一致する．I による同値類全体の集合を $K[x]/I$ と表し，$K[x]$ の I による商集合または剰余集合という．

I は単項イデアルであるから，$I = (f(x))$ と書く．$g(x) \in K[x]$ を任意にとり，剰余の定理によって，

$$g(x) = q(x)f(x) + r(x) ,$$
$$r(x) = 0 \text{ または } 0 \le \deg r(x) < \deg f(x)$$

と表すと，$q(x)f(x) \in I$ だから，$g(x) + I = r(x) + I$ となる．また，$\deg r_1(x) < \deg f(x)$, $\deg r_2(x) < \deg f(x)$ となる $r_1(x), r_2(x) \in K[x]$ について，

$$r_1(x) + I = r_2(x) + I \iff f(x) \mid (r_1(x) - r_2(x))$$
$$\iff r_1(x) = r_2(x) .$$

よって，集合 $\{r(x) \in K[x] \mid r(x) = 0 \text{ または } 0 \le \deg r(x) < \deg f(x)\}$ と $K[x]/I$ の間には，$r(x) \mapsto r(x) + I$ という 1 対 1 対応が存在する．

$K[x]/I$ に和と積を次のように定義する．

$$(g(x) + I) + (h(x) + I) = (g(x) + h(x)) + I ,$$
$$(g(x) + I) \cdot (h(x) + I) = g(x)h(x) + I .$$

ここで，$g(x) + I = g_1(x) + I$, $h(x) + I = h_1(x) + I$ ならば，$(g(x) + h(x)) + I = (g_1(x) + h_1(x)) + I$, $g(x)h(x) + I = g_1(x)h_1(x) + I$ となる．実際，$g_1(x) = g(x) + \alpha(x)$, $h_1(x) = h(x) + \beta(x)$ $(\alpha(x), \beta(x) \in I)$ ならば，$(g_1(x) + h_1(x)) - (g(x) + h(x)) = \alpha(x) + \beta(x) \in I$, $g_1(x)h_1(x) - g(x)h(x) = \alpha(x)h(x) + \beta(x)g(x) + \alpha(x)\beta(x) \in I$ となるからである．よって，上の演算では同値類の代表元の取り方によらないことがわかる．これらの演算によって，$K[x]/I$ は可換環となり，その零元と単位元はそれぞれ $0 + I = I$ と $1 + I$ に等しい．$g(x) + I$ の負元は $(-g(x)) + I$ である．$K[x]/I$ を I による**剰余環**という．また，K の元 a と $K[x]/I$ の剰余類 $a + I$ を同一視すれば，K は，和と積を保って $K[x]/I$ に含まれていると見なすことができる．

補題 3.3.4 $I = (f(x))$ かつ $n = \deg f(x)$ とすると，$K[x]/I$ は，K 上 n 次元のベクトル空間となる．

証明 $K[x]/I$ の和と次のスカラー積

$$c(g(x) + I) = cg(x) + I, \quad c \in K$$

によって，$K[x]/I$ は K 上のベクトル空間になる．$r(x) \in K[x]$ を $m = \deg r(x) < n$ とすれば，

$$r(x) = a_0 \cdot 1 + a_1 x + \cdots + a_m x^m, \quad a_i \in K$$

と書けて，

$$r(x) + I = a_0(1 + I) + a_1(x + I) + \cdots + a_m(x + I)^m$$

となる．$\overline{x} = x + I$ と表すと，$K[x]/I$ は，$\overline{1}, \overline{x}, \ldots, \overline{x}^{n-1}$ によって K 上生成されたベクトル空間になる．これら n 個の元は一次独立である．なぜならば，

$$c_0 \cdot \overline{1} + c_1 \cdot \overline{x} + \cdots + c_{n-1} \cdot \overline{x}^{n-1} = \overline{0}$$

ならば，$h(x) = c_0 + c_1 x + \cdots + c_{n-1} x^{n-1} \in (f(x))$ となり，$f(x) \mid h(x)$. よって，$h(x) = 0$ となるから，$c_0 = c_1 = \cdots = c_{n-1} = 0$ となる．すなわち，$\{\overline{1}, \overline{x}, \ldots, \overline{x}^{n-1}\}$ は $K[x]/I$ の基底になっている． □

定理 3.3.5 $f(x)$ を $K[x]$ の定数でない多項式として，$I = (f(x))$ とおくと，次の 3 条件は同値である．

(1) $f(x)$ は既約多項式である．
(2) $K[x]/I$ は整域である．すなわち，2 つの非零元の積は非零元である．
(3) $K[x]/I$ は体である．

証明 (1) $\Rightarrow$ (2). $g(x) + I, h(x) + I \in K[x]/I$ について $(g(x) + I) \cdot (h(x) + I) = I$ と仮定すると，$g(x)h(x) \in I$. 定理 3.3.1 によって，I は素イデアルであるから，$f(x) \mid g(x)$ または $f(x) \mid h(x)$ である．すなわち，$g(x) + I = I$ または $h(x) + I = I$ となるから，$K[x]/I$ は整域である．

3.3 イデアル

(2) ⇒ (3). $K[x]/I$ の任意の非零元が逆元をもつことを示せばよい．$r(x)+I$ を非零元とすると，$\deg r(x) < \deg f(x)$ ととれる．$d(x) = \gcd(r(x), f(x))$, $r(x) = d(x)s(x)$, $f(x) = d(x)e(x)$ とすると，$r(x)e(x) = d(x)s(x)e(x) = s(x)f(x)$ だから，

$$(r(x)+I)\cdot(e(x)+I) = I$$

である．$r(x)+I \neq I$ だから，$K[x]/I$ が整域であるという仮定を使って，$e(x)+I = I$ となる．すなわち，$f(x) \mid e(x)$. すると，$\deg f(x) \leq \deg e(x)$ かつ $\deg f(x) = \deg d(x) + \deg e(x) \geq \deg e(x)$ だから，$\deg d(x) = 0$, $\deg f(x) = \deg e(x)$ となる．すなわち，$d(x)$ は定数だから，$d(x) = 1$ と仮定してもよい．このとき，多項式 $t(x), u(x)$ が存在して，$r(x)t(x) + f(x)u(x) = 1$ となる（定理 3.2.2）．よって，

$$(r(x)+I)\cdot(t(x)+I) = 1+I$$

となり，$r(x)+I$ は逆元 $t(x)+I$ をもつことがわかる．

(3) ⇒ (1). $I = (f(x))$ が素イデアルであることを示す．$f(x) \mid g(x)h(x)$ ならば，$(g(x)+I)\cdot(h(x)+I) = I$ となる．$K[x]/I$ は体だから，$g(x)+I = I$ または $h(x)+I = I$ となる．すなわち，$f(x) \mid g(x)$ または $f(x) \mid h(x)$. よって，定理 3.3.1 から，$f(x)$ は既約多項式である． □

K を，対応 $a \mapsto a+I$ で定まる $K[x]/I$ の部分集合と見なしたとき，K は $K[x]/I$ の和と積に関して閉じた部分集合である．このとき，K は体 $K[x]/I$ の**部分体**であるという．

定理 3.3.5 の同値な条件が満たされるとき，$K[x]/I$ は K を含む体であり，$\theta = x + (f(x))$ と書くと，補題 3.3.4 により，$1, \theta, \theta^2, \ldots, \theta^{n-1}$ が K 上のベクトル空間としての基底になっている．ただし，$n = \deg f(x)$ である．この体を $K(\theta)$ と書いて，K 上 θ で生成された**拡大体**という．さらに，$f(x+I) = f(x) + I = I$ だから，$K(\theta)$ の中で $f(\theta) = 0$ となる[2]．すなわち，方程式 $f(x) = 0$ を体 $K(\theta)$ のなかで考えると，θ はその解である．$K(\theta)$ のように，K の拡大体 L で，K 上のベクトル空間として有限次元のものを**有限次代数拡大体**という．このような拡大体については，第 2 巻の第 6 章で詳しく述べる．

---

[2] $K[x]/I$ の零元と単位元を $\overline{0}, \overline{1}$ とせずに，$0, 1$ と表していることに注意せよ．

例 3.3.6 $K = \mathbb{R}$（実数体）とすると，$f(x) = x^2 + 1$ は $\mathbb{R}[x]$ の既約多項式である．$\mathbb{R}[x]/(f(x))$ は $\theta = x + (f(x))$ で生成された拡大体になり，θ は $x^2 + 1 = 0$ という方程式の解である．$\mathbb{R}$ は複素数体 $\mathbb{C}$ の部分体であり，$\mathbb{C}$ のなかで $x^2 + 1 = 0$ は解 $i = \sqrt{-1}$ をもつ．$L = K(\theta)$ とおいて，L から $\mathbb{C}$ への 1 対 1 写像

$$\sigma : L \longrightarrow \mathbb{C}, \quad a + b\theta \mapsto a + bi$$

を考える．明らかに，σ は $\mathbb{R}$ 上のベクトル空間の線形写像として同型写像である．また，σ は積を保っている．実際に，

$$(a + b\theta) \cdot (c + d\theta) = ac + bd\theta^2 + (ad + bc)\theta$$
$$= (ac - bd) + (ad + bc)\theta$$

だから，

$$\sigma((a + b\theta)(c + d\theta)) = \sigma((ac - bd) + (ad + bc)\theta)$$
$$= (ac - bd) + (ad + bc)i$$
$$= (a + bi)(c + di)$$
$$= \sigma(a + b\theta) \cdot \sigma(c + d\theta)$$

と計算されるからである．以上によって，$\mathbb{R}[x]/(x^2 + 1)$ は，複素数体に同型な $\mathbb{R}$ の拡大体である． □

剰余の定理の帰結である，次の結果を述べておこう．

補題 3.3.7 $f(x)$ を定数でない $K[x]$ の多項式とする．K の拡大体 L の元 λ に対して，$f(x)$ が $(x - \lambda)$ の倍元になる必要十分条件は，$f(\lambda) = 0$ となることである．

証明 剰余の定理により，$f(x) = q(x)(x - \lambda) + h(x)$ $(q(x), h(x) \in L[x])$ と書ける．ここで，$h(x) = 0$ または $0 \leq \deg h(x) < \deg(x - \lambda) = 1$ だから，$h(x)$ は定数である．すなわち，$h(x) = c \in L$. このとき，$f(\lambda) = c$ と定まる．よって，$c = 0 \iff f(\lambda) = 0$. □

3.4　終結式と判別式

$f(x), g(x)$ を $K[x]$ に属する多項式として，

$$f(x) = a_n x^n + a_{n-1} x^{n-1} + \cdots + a_0 ,$$
$$g(x) = b_m x^m + b_{m-1} x^{m-1} + \cdots + b_0$$

と表す．ただし，$a_n \neq 0$, $b_m \neq 0$ とする．体 K の拡大体 L と L の元 λ が存在して，$f(\lambda) = 0$, $g(\lambda) = 0$ となるとき，方程式 $f(x) = 0$ と $g(x) = 0$ は，L で**共通解**をもつという．

補題 3.4.1　$f(x), g(x)$ が上のような $K[x]$ に属する多項式のとき，$\gcd(f(x), g(x))$ が定数でないための必要十分条件は，K の拡大体 L が存在して，$f(x) = 0$ と $g(x) = 0$ が共通解をもつことである．

証明　$d(x) = \gcd(f(x), g(x))$ とおいて，$d(x) \notin K$ と仮定する．$d(x)$ を割る $K[x]$ の既約多項式の 1 つを $p(x)$ として，$L = K[x]/(p(x))$ とおく．L は K の有限次代数拡大体である．$\theta = x + (p(x))$ とおけば，$p(\theta) = 0$ である．$f(x) = p(x) f_1(x)$ $(f_1(x) \in K[x])$ と書けるので，$f(\theta) = p(\theta) f_1(\theta) = 0$. 同様にして，$g(\theta) = 0$ である．したがって，$f(x) = 0$ と $g(x) = 0$ は L で共通解 θ をもつ．

逆に，K の拡大体 L と L の元 λ に対して，$f(\lambda) = g(\lambda) = 0$ となったとしよう．このとき，$L[x]$ において，$(x - \lambda) \mid f(x)$, $(x - \lambda) \mid g(x)$ だから，L 上で計算したとき，$\gcd(f(x), g(x)) \notin L$ である．一方，$\gcd(f(x), g(x))$ はユークリッドの互除法を使って計算される．$f(x), g(x)$ は $K[x]$ の元だから，ユークリッドの互除法を使って計算した $\gcd(f(x), g(x))$ は，$K[x]$ で行ったものでも，$L[x]$ で行ったものでも同じである．よって，$\gcd(f(x), g(x)) \in K[x] \setminus K$ となる．　□

上の多項式 $f(x)$ と $g(x)$ の係数を並べて作った $(m+n)$ 次の行列式[3]

---

[3] この表示ではわかりづらいが，行 $(a_n, a_{n-1}, \ldots, a_0)$ を右に 1 つずつずらして m 行並べ，次いで行 $(b_m, b_{m-1}, \ldots, b_0)$ を右に 1 つずつずらして n 行並べたものである．

$$\mathrm{Res}_x(f,g) = \begin{vmatrix} a_n & a_{n-1} & \cdots & a_0 & 0 & \cdots & 0 \\ 0 & a_n & a_{n-1} & \cdots & a_0 & \ddots & \vdots \\ \vdots & \ddots & \ddots & \ddots & \ddots & \ddots & 0 \\ 0 & \cdots & 0 & a_n & a_{n-1} & \cdots & a_0 \\ b_m & b_{m-1} & \cdots & b_0 & 0 & \cdots & 0 \\ 0 & b_m & b_{m-1} & \cdots & b_0 & \ddots & \vdots \\ \vdots & \ddots & \ddots & \ddots & \ddots & \ddots & 0 \\ 0 & \cdots & 0 & b_m & b_{m-1} & \cdots & b_0 \end{vmatrix}$$

を，$f(x)$ と $g(x)$ の**終結式**という．このとき，次の定理が成り立つ．

定理 3.4.2 $f(x), g(x) \in K[x]$ を上のようにとると，K の拡大体 L が存在して，方程式 $f(x) = 0$ と $g(x) = 0$ が L の中で共通解をもつための必要十分条件は $\mathrm{Res}_x(f,g) = 0$ である．

定理の証明にはいくつかの補題が必要である．まず，定理 3.4.2 で $\mathrm{Res}_x(f,g) = 0$ が必要条件であることを証明する．

補題 3.4.3 方程式 $f(x) = 0$ と $g(x) = 0$ が，K の拡大体 L のなかで共通解をもてば，$\mathrm{Res}_x(f,g) = 0$ である．

証明 $f(x), g(x) \in L[x]$ と考えて $\mathrm{Res}_x(f,g)$ をとっても結果は変わらない．したがって，K の代わりに L を考えることにより，共通解 λ が K で存在すると仮定してもよい．このとき，行列で表した $(m+n)$ 元の斉次な連立 1 次方程式

$$\begin{pmatrix} a_n & a_{n-1} & \cdots & a_0 & 0 & \cdots & 0 \\ 0 & a_n & a_{n-1} & \cdots & a_0 & \ddots & \vdots \\ \vdots & \ddots & \ddots & \ddots & \ddots & \ddots & 0 \\ 0 & \cdots & 0 & a_n & a_{n-1} & \cdots & a_0 \\ b_m & b_{m-1} & \cdots & b_0 & 0 & \cdots & 0 \\ 0 & b_m & b_{m-1} & \cdots & b_0 & \ddots & \vdots \\ \vdots & \ddots & \ddots & \ddots & \ddots & \ddots & 0 \\ 0 & \cdots & 0 & b_m & b_{m-1} & \cdots & b_0 \end{pmatrix} \begin{pmatrix} X_{m+n} \\ X_{m+n-1} \\ X_{m+n-2} \\ \vdots \\ \vdots \\ X_3 \\ X_2 \\ X_1 \end{pmatrix} = \begin{pmatrix} 0 \\ 0 \\ 0 \\ \vdots \\ \vdots \\ 0 \\ 0 \\ 0 \end{pmatrix}$$

3.4 終結式と判別式

を考えると, $(\lambda^{n+m-1}, \lambda^{n+m-2}, \ldots, \lambda, 1)$ は自明でない解である. したがって, 系 2.5.9 と系 2.5.7 により, その係数行列式は 0 となる. すなわち, $\mathrm{Res}_x(f,g) = 0$ となる. □

$\mathrm{Res}_x(f,g) = 0$ が十分条件であることを示すのに, 次の結果が必要になる.

補題 3.4.4 $f(x), g(x) \in K[x]$, $n = \deg f(x) > 0$, $m = \deg g(x) > 0$ とする. このとき, $\gcd(f(x), g(x)) \notin K$ となるための必要十分条件は, 零でない多項式 $\varphi(x), \psi(x) \in K[x]$ が存在して, 次の条件を満たすことである.

(i) $\deg \varphi(x) < m$, $\deg \psi(x) < n$.
(ii) $\varphi(x) f(x) = \psi(x) g(x)$.

証明 $d(x) = \gcd(f(x), g(x))$ とおく. もし $d(x) \notin K$ と仮定するならば, $\deg d(x) > 0$ である. ここで, $f(x) = d(x)\psi(x)$, $g(x) = d(x)\varphi(x)$ と分解すると, $\deg \psi(x) < n$, $\deg \varphi(x) < m$ である. また,

$$\varphi(x) f(x) = \varphi(x) d(x) \psi(x) = g(x) \psi(x)$$

となる.

逆に, 条件 (i), (ii) を満たす $\varphi(x), \psi(x) \in K[x]$ が存在したと仮定する. もし $f(x)$ と $g(x)$ が互いに素ならば, 条件 (ii) より $f(x) \mid \psi(x)$ となるが, これは条件 (i) に矛盾する. よって, $\deg d(x) > 0$ である. □

定理 3.4.2 の後半を次の形で証明する.

補題 3.4.5 $\mathrm{Res}_x(f,g) = 0$ ならば, 補題 3.4.4 の条件を満たす多項式 $\varphi(x), \psi(x)$ が存在する.

証明
$$\varphi(x) = \alpha_{m-1} x^{m-1} + \alpha_{m-2} x^{m-2} + \cdots + \alpha_0,$$
$$\psi(x) = \beta_{n-1} x^{n-1} + \beta_{n-2} x^{n-2} + \cdots + \beta_0$$

とおいて, $\varphi(x) f(x) = \psi(x) g(x)$ という等式が成立したとすると, 係数を比較することにより次の等式が得られる.

$$x^{n+m-1} \quad \cdots \quad a_n \alpha_{m-1} = b_m \beta_{n-1},$$
$$x^{n+m-2} \quad \cdots \quad a_{n-1} \alpha_{m-1} + a_n \alpha_{m-2} = b_{m-1} \beta_{n-1} + b_m \beta_{n-2},$$

$$
\begin{array}{lll}
\cdots & \cdots\cdots\cdots \\
x^{n+m-i} & \cdots & a_{n-i+1}\alpha_{m-1} + a_{n-i+2}\alpha_{m-2} + \cdots + a_n\alpha_{m-i} \\
& & = b_{m-i+1}\beta_{n-1} + b_{m-i+2}\beta_{n-2} + \cdots + b_m\beta_{n-i}, \\
\cdots & \cdots\cdots\cdots \\
x & \cdots & a_0\alpha_1 + a_1\alpha_0 = b_0\beta_1 + b_1\beta_0, \\
1 & \cdots & a_0\alpha_0 = b_0\beta_0.
\end{array}
$$

これを, $(m+n)$ 変数 $\alpha_{m-1}, \ldots, \alpha_0, \beta_{n-1}, \ldots, \beta_0$ に関する斉次の連立 1 次方程式と考えて, 行列の形で表すと次のようになる.

$$
(\alpha_{m-1}, \ldots, \alpha_0, -\beta_{n-1}, \ldots, -\beta_0)
\begin{pmatrix}
a_n & a_{n-1} & \cdots & a_0 & 0 & \cdots & 0 \\
0 & a_n & a_{n-1} & \cdots & a_0 & \ddots & \vdots \\
\vdots & \ddots & \ddots & \ddots & \ddots & \ddots & 0 \\
0 & \cdots & 0 & a_n & a_{n-1} & \cdots & a_0 \\
b_m & b_{m-1} & \cdots & b_0 & 0 & \cdots & 0 \\
0 & b_m & b_{m-1} & \cdots & b_0 & \ddots & \vdots \\
\vdots & \ddots & \ddots & \ddots & \ddots & \ddots & 0 \\
0 & \cdots & 0 & b_m & b_{m-1} & \cdots & b_0
\end{pmatrix}
$$
$= (0, \ldots, 0, 0, \ldots, 0)$.

一方, 係数の行列式は $\mathrm{Res}_x(f,g)$ に等しいから, 仮定 $\mathrm{Res}_x(f,g) = 0$ より, この連立 1 次方程式は自明でない解をもつ. それらを係数として $\varphi(x), \psi(x)$ を作れば, 補題 3.3.4 の条件 (i), (ii) を満たす. □

終結式の考えを使って, n 次方程式の判別式について考えてみよう.

$$f(x) = x^n + c_{n-1}x^{n-1} + \cdots + c_1 x + c_0 \in K[x]$$

をモニックな n 次の多項式として, K を含む体の中で

$$f(x) = (x - \alpha_1)(x - \alpha_2) \cdots (x - \alpha_n)$$

のような 1 次式の積に分解できたと仮定する. ここで, $\alpha_1, \ldots, \alpha_n$ は方程式 $f(x) = 0$ の解のすべてである. すると, 解と係数の関係により, 次の等式が得られる.

3.4 終結式と判別式

$$(*)\begin{cases} \alpha_1 + \cdots + \alpha_n = -c_{n-1}, \\ \displaystyle\sum_{i<j} \alpha_i \alpha_j = \alpha_1\alpha_2 + \alpha_1\alpha_3 + \cdots + \alpha_{n-1}\alpha_n = (-1)^2 c_{n-2}, \\ \cdots\cdots\cdots \\ \displaystyle\sum_{i_1<\cdots<i_r} \alpha_{i_1}\alpha_{i_2}\cdots\alpha_{i_r} = (-1)^r c_{n-r}, \\ \cdots\cdots\cdots \\ \alpha_1\cdots\alpha_n = (-1)^n c_0. \end{cases}$$

ここで,$D = \prod_{i<j}(\alpha_i - \alpha_j)^2$ を方程式 $f(x) = 0$ の**判別式**という.$\Delta = \prod_{i<j}(\alpha_i - \alpha_j)$ とおくと,$D = \Delta^2$ である.$\prod_{i<j}(\alpha_i - \alpha_j)$ という記号は,$\{1, 2, \ldots, n\}$ の中から $i < j$ となる組 (i, j) をすべて選び出して,対応する $\alpha_i - \alpha_j$ を掛け合わせることを意味する.たとえば,$n = 3$ ならば,$\Delta = (\alpha_1 - \alpha_2)(\alpha_1 - \alpha_3)(\alpha_2 - \alpha_3)$ となる.ここで,i, j 以外の $\{1, \ldots, n\}$ に属する添字はそのままにして,i と j を入れ換える操作をする.行列と行列式の言葉では,互換 $(i\ j)$ を行うのである[4].

ここで,
$$\begin{aligned}\Delta = (\alpha_1 - \alpha_2)\,(\alpha_1 - \alpha_3) &\cdots (\alpha_1 - \alpha_n) \\ \times\,(\alpha_2 - \alpha_3) &\cdots (\alpha_2 - \alpha_n) \\ &\ddots \quad \cdots \\ &\times (\alpha_{n-1} - \alpha_n)\end{aligned}$$

と表すとき,その第 k 行は次のような項から成る.

$$\alpha_k - \alpha_{k+1},\ \alpha_k - \alpha_{k+2},\ \ldots,\ \alpha_k - \alpha_n.$$

互換 $\tau = (i\ j)$ を作用すると,この第 k 行がどのように変わるかを考えてみよう.$i < j$ としておく.

$k < i$ ならば,τ を施すと

---

[4] $\{1, 2, \ldots, n\}$ から自分自身への全単射を置換という.$\sigma : \{1, 2, \ldots, n\} \to \{1, 2, \ldots, n\}$ という置換は,各 i にその像を対応させたもので,$\sigma = \begin{pmatrix} 1 & 2 & \cdots & n \\ \sigma(1) & \sigma(2) & \cdots & \sigma(n) \end{pmatrix}$ と表す.σ と ρ が $\{1, 2, \ldots, n\}$ の置換ならば,合成 $\rho \circ \sigma$ は,$i \mapsto \sigma(i) \mapsto \rho(\sigma(i))$ と写像されるので,$\rho \circ \sigma = \begin{pmatrix} 1 & 2 & \cdots & n \\ \rho(\sigma(1)) & \rho(\sigma(2)) & \cdots & \rho(\sigma(n)) \end{pmatrix}$ と表される.また,任意の置換は互換の積(合成)として表される.

$$\alpha_k - \alpha_{k+1}, \ldots, \alpha_k - \alpha_j, \ldots, \alpha_k - \alpha_i, \ldots, \alpha_k - \alpha_n$$

に変わるが，これは $\alpha_k - \alpha_i$ と $\alpha_k - \alpha_j$ を入れ換えることになる．$k = i$ ならば，

$$\alpha_j - \alpha_{i+1}, \ldots, \alpha_j - \alpha_{j-1}, \alpha_j - \alpha_i, \alpha_j - \alpha_{j+1}, \ldots, \alpha_j - \alpha_n$$

となり，$i+1$ 行から j 行までの成分の一部と入れ替わる．しかし，$\alpha_j - \alpha_{i+1}, \ldots, \alpha_j - \alpha_i$ を $-(\alpha_{i+1} - \alpha_j), \ldots, -(\alpha_i - \alpha_j)$ と書き直すと，τ を施す前と $(-1)^{j-i}$ だけ符号が異なる．

$i < k \leq j$ ならば，

$$\alpha_k - \alpha_{k+1}, \ldots, \alpha_k - \alpha_i, \ldots, \alpha_k - \alpha_n$$

となり，もとの成分と異なるのは $\alpha_k - \alpha_i = -(\alpha_i - \alpha_k)$ だけである．したがって，$k = i+1, \ldots, j-1$ までの $(j-i-1)$ 行に 1 つずつ符号の変化があるので，合わせて $(-1)^{j-i-1}$ だけ符号が変わる．

$k > j$ ならば，

$$\alpha_k - \alpha_{k+1}, \ldots, \alpha_k - \alpha_n$$

となり，符合の変化はない．

以上から，Δ に τ を作用させると，もとの Δ は符号が $(-1)^{j-i} \times (-1)^{j-i-1} = -1$ だけ変化する．これを

$$\tau(\Delta) = -\Delta$$

と書き表す．よって，D $(= \Delta^2)$ は互換の作用で変化を受けない．任意の置換 σ は互換の積 $\sigma = \tau_r \circ \tau_{r-1} \circ \cdots \circ \tau_1$ として表されるから，

$$\sigma(D) = \tau_r(\tau_{r-1}(\cdots(\tau_1(D)))) = D$$

となる．他にも，$f(x)$ の係数 $c_{n-1}, \ldots, c_0$ は，関係 $(*)$ からわかるように，$\{1, 2, \ldots, n\}$ の任意の置換 σ を作用させても不変である．このとき，次の結果が成り立つ．その証明は第 2 巻の第 9 章で与える．

定理 3.4.6 K-係数の n 変数多項式 $F(X_1, \ldots, X_n)$ が存在して，$D = F(c_{n-1}, \ldots, c_0)$ となる．すなわち，判別式 D は，前頁に挙げた解と係数の関係 $(*)$ を使って，多項式 $f(x)$ の係数 $c_{n-1}, \ldots, c_0$ に関する多項式として書き表される．

3.4 終結式と判別式

例 3.4.7 (1) $n=2$ のとき, $D=(\alpha_1-\alpha_2)^2=c_1^2-4c_2$.

(2) $n=3$ のとき,
$$D=(\alpha_1-\alpha_2)^2(\alpha_1-\alpha_3)^2(\alpha_2-\alpha_3)^2$$
$$=c_2^2c_1^2-4c_2^3c_0-4c_1^3+18c_2c_1c_0-27c_0^2.\qquad\square$$

多項式
$$f(x)=x^n+c_{n-1}x^{n-1}+\cdots+c_1x+c_0$$
の 1 階微分は
$$f'(x)=nx^{n-1}+(n-1)c_{n-1}x^{n-2}+\cdots+c_1$$
である．このとき，次の結果を示そう．

補題 3.4.8 方程式 $f(x)=0$ が K の拡大体 L において重解 λ をもつ必要十分条件は，$f(\lambda)=f'(\lambda)=0$ である．したがって，$f(x)=0$ が K のある拡大体において重解をもつための必要十分条件は，$\mathrm{Res}_x(f,f')=0$ である．

証明 $f(x)=(x-\lambda)^mq(x)\ (m>1,\ q(x)\in L[x],\ q(\lambda)\neq 0)$ と仮定しよう．すると，$f'(x)=(x-\lambda)^{m-1}\{mq(x)+(x-\lambda)q'(x)\}$．よって，$f(x)=0$ と $f'(x)=0$ は共通解 $x=\lambda$ をもつ．

次に，$f(\lambda)=0$ とする．もし $m=1$ であったとすると，$f'(x)=q(x)+(x-\lambda)q'(x)$ より $f'(\lambda)=q(\lambda)\neq 0$ となる．よって，$f(\lambda)=f'(\lambda)=0$ ならば $m>1$ である．後半の主張は定理 3.4.2 より従う． $\square$

以下，この節では次の結果を証明する．

定理 3.4.9 K の標数は 2 でないと仮定すると，K の非零元 c が存在して，$\mathrm{Res}_x(f,f')=cD$ となる．

この定理を証明するのに，K 上の多変数の多項式環に関する考察を必要とする．$x_1,\ldots,x_r$ を独立な変数として，$ax_1^{n_1}\cdots x_r^{n_r}\ (a\in K,\ n_1\geq 0,\ \ldots,\ n_r\geq 0)$ の形の式を**単項式**と呼び，その**総次数**を $n_1+\cdots+n_r$ で定義する．このとき，2 つの単項式の積は

$$(ax_1^{n_1}\cdots x_r^{n_r})\cdot(bx_1^{m_1}\cdots x_r^{m_r}) = abx_1^{n_1+m_1}\cdots x_r^{n_r+m_r}$$

で定義される．とくに，$x_i^{n_i} = \underbrace{x_i\cdots x_i}_{n_i}$ である．また，$x_i^0 = 1$ と約束する．

有限個の単項式の和

$$P = \sum_{\lambda\in\Lambda} a_\lambda x_1^{\lambda_1}\cdots x_r^{\lambda_r}$$

を**多項式**という．ここで，λ は $(\lambda_1,\ldots,\lambda_r)$ という非負整数の組を表し，Λ は λ の属する集合である．Λ が無限集合ならば，有限個の λ を除いて $a_\lambda = 0$ であると約束する．2 つの多項式の和は

$$P + Q = \sum_{\lambda\in\Lambda}(a_\lambda + b_\lambda)x_1^{\lambda_1}\cdots x_r^{\lambda_r}$$

と定義する．ただし，$Q = \sum_{\lambda\in\Lambda} b_\lambda x_1^{\lambda_1}\cdots x_r^{\lambda_r}$ とおいている．2 つの多項式の積は次のように定義される．

$$P\cdot Q = \left(\sum_{\lambda\in\Lambda} a_\lambda x_1^{\lambda_1}\cdots x_r^{\lambda_r}\right)\left(\sum_{\mu\in\Lambda} b_\mu x_1^{\mu_1}\cdots x_r^{\mu_r}\right)$$
$$= \sum_{\lambda,\mu} a_\lambda b_\mu x_1^{\lambda_1+\mu_1}\cdots x_r^{\lambda_r+\mu_r}.$$

このようにして，$x_1,\ldots,x_r$ に関する K-係数の多項式全体の集合 $K[x_1,\ldots,x_r]$ は和と積によって閉じている．すなわち，$K[x_1,\ldots,x_r]$ は可換環になっているので，これを K 上の **r 変数多項式環**という．

多項式 $P = \sum_{\lambda\in\Lambda} a_\lambda x_1^{\lambda_1}\cdots x_r^{\lambda_r}$ における各単項式の総次数が等しいとき，P は**斉次多項式**であるという．2 つの斉次多項式の和と積もやはり斉次多項式である．

R を可換環として，R 係数の 1 変数多項式環 $R[x]$ を $K[x]$ の場合と同様にして定義する．$K[x_1,\ldots,x_{r-1}]$ は可換環であり，$K[x_1,\ldots,x_r]$ は $K[x_1,\ldots,x_{r-1}]$-係数の 1 変数多項式環 $K[x_1,\ldots,x_{r-1}][x_r]$ と見なすことができる．

$R[x]$ の多項式 $f(x)$ について，その最高次の係数が 1 であるとき，$f(x)$ は**モニック**な多項式であるという．モニックな多項式による割り算に関して，定理 3.2.1 と同様の結果が成立する．

補題 3.4.10 $f_0(x), f_1(x)\in R[x]$ について，$d_0 = \deg f_0(x)$, $d_1 = \deg f_1(x)$ とおいて，$d_1 > 0$ と仮定する．さらに，$f_1(x)$ がモニックな多項式であると仮定すると，

3.4 終結式と判別式

$q_1(x), f_2(x) \in R[x]$ は次の条件を満たすようにとれる．

$$f_0(x) = q_1(x)f_1(x) + f_2(x) ,$$
$$f_2(x) = 0 \quad \text{または} \quad 0 \leq \deg f_2(x) < d_1 .$$

ここで，R が整域ならば，$q_1(x), f_2(x)$ はただ一通りにとれる．さらに，$f_1(x) = x - \alpha$ ならば，$f_2(x)$ は R の元で，$f_0(\alpha)$ に等しい．したがって，$f_0(x)$ が $x - \alpha$ で割り切れるための必要十分条件は $f_0(\alpha) = 0$ である．

証明は次のことがらに注意すれば，定理 3.2.1 の証明と同じであるから省略する．注意することは，R が整域ならば，$f(x), g(x) \in R[x]$ について，

$$\deg f(x)g(x) = \deg f(x) + \deg g(x)$$

が成立するということである．

$K[x]$ は整域であり，整域 R 上の 1 変数多項式環 $R[x]$ も整域である（章末の問題 **2** を参照）．したがって，r 変数多項式環 $K[x_1, \ldots, x_n]$ も整域である．

これらの準備の下で定理 3.4.9 を証明しよう．$\alpha_1, \ldots, \alpha_n$ を独立な変数として，

$$f(x) = (x - \alpha_1) \cdots (x - \alpha_n)$$

を考える．したがって，$f(x)$ は多項式環 $K[\alpha_1, \ldots, \alpha_n]$ の元を係数とする多項式であると考える．

$$f(x) = x^n + c_{n-1}x^{n-1} + \cdots + c_0$$

と書いたとき，係数 $c_{n-1}, \ldots, c_0$ は (*) の関係式で与えられる．終結式 $\mathrm{Res}_x(f, f')$ は $K[\alpha_1, \ldots, \alpha_n]$ に属する多項式と見られる．この多項式 $\mathrm{Res}_x(f, f')$ を A と略記する．係数 $c_{n-1}, \ldots, c_0$ は，添字 $\{1, 2, \ldots, n\}$ のどのような置換 τ に対しても不変であるから，$\{1, 2, \ldots, n\}$ の任意の置換 σ に対して $\sigma(A) = A$ が成立している．

(i, j) を $i < j$ となる組として，$\alpha_i - \alpha_j$ を考える．もし $\alpha_i = \alpha_j$ ならば，$f(x)$ は重解 α_i をもつ．よって，補題 3.4.8 により，A で $\alpha_i = \alpha_j$ とおけば，$A = 0$ となる．したがって，A を $K[\alpha_1, \ldots, \check{\alpha}_i, \ldots, \alpha_n]$ に係数をもつ α_i の多項式と見ると，補題 3.4.10 によって $(\alpha_i - \alpha_j) \mid A$ となる．これは $i < j$ となる任意の組 (i, j) に対して成立するから，$\Delta \mid A$ となる．

$A = \Delta \cdot Q$ と分解する．$\{1, 2, \ldots, n\}$ の任意の互換 $\tau = (i\ j)$ に対して，$\tau(A) = A$, $\tau(\Delta) = -\Delta$, $\tau(A) = \tau(\Delta)\tau(Q)$ だから，$\tau(Q) = -Q$ となる．この Q を $Q(\alpha_1, \ldots, \alpha_n)$ と書くと，$\tau(Q) = -Q$ は

$$Q(\alpha_1, \ldots, \overset{i}{\overset{\vee}{\alpha_j}}, \ldots, \overset{j}{\overset{\vee}{\alpha_i}}, \ldots, \alpha_n) = -Q(\alpha_1, \ldots, \overset{i}{\overset{\vee}{\alpha_i}}, \ldots, \overset{j}{\overset{\vee}{\alpha_j}}, \ldots, \alpha_n)$$

となる．ここで $\alpha_i = \alpha_j$ とおくと，

$$2Q(\alpha_1, \ldots, \overset{i}{\overset{\vee}{\alpha_i}}, \ldots, \overset{j}{\overset{\vee}{\alpha_i}}, \ldots, \alpha_n) = 0$$

となるが，K の標数は 2 でないから，

$$Q(\alpha_1, \ldots, \overset{i}{\overset{\vee}{\alpha_i}}, \ldots, \overset{j}{\overset{\vee}{\alpha_i}}, \ldots, \alpha_n) = 0$$

となる．よって，$(\alpha_i - \alpha_j) \mid Q$ となる．A の場合と同様にして，$\Delta \mid Q$ である．すなわち，$D \mid A$ がわかる．

ここで，$A, D \in K[\alpha_1, \ldots, \alpha_n]$ と考えると，A, D はともに斉次多項式で，その総次数は $n(n-1)$ に等しい．したがって，$A = D \cdot C$ と表せば，C は斉次多項式で，その総次数は 0 に等しい．よって，C は K の 0 でない元 c になる．

注意 3.4.11 上の定数 c は $(-1)^{n(n-1)/2}$ に等しいことが知られている（章末の問題 **7** を参照）．

3.5 $K[x]$ 上の有限生成加群

I をイデアルとして剰余環 $K[x]/I$ を考える．剰余類 $g(x) + I$ と $f(x) \in K[x]$ に対して，積を

$$f(x) \cdot (g(x) + I) = f(x)g(x) + I$$

で定義することができる．なぜならば，$g(x) + I = h(x) + I$ とすると，$g(x) - h(x) \in I$ だから，$f(x) \cdot (g(x) - h(x)) \in I$．よって，$f(x)g(x) + I = f(x)h(x) + I$ となるからである．

この状況を一般化して，可換環 R 上の**加群** M を次のように定義する．

3.5　$K[x]$ 上の有限生成加群

定義 3.5.1　集合 M に，加法 $m_1 + m_2$ と R の元との積 am $(a \in R)$ が定義されていて，次の条件を満たすとき，M を R 加群という．

(1) 加法について，
  (ⅰ)（結合法則）　$(m_1 + m_2) + m_3 = m_1 + (m_2 + m_3)$，
  (ⅱ)（零元の存在）　$m + 0 = 0 + m = m$，
  (ⅲ)（負元の存在）　$m + (-m) = (-m) + m = 0$，
  (ⅳ)（可換法則）　$m_1 + m_2 = m_2 + m_1$．
(2) R の元との積について，
  (ⅴ)　　$(a+b)m = am + bm$，
  (ⅵ)　　$(ab)m = a(bm)$，
  (ⅶ)　　$a(m_1 + m_2) = am_1 + am_2$，
  (ⅷ)　　$1 \cdot m = m$．

R の元との積について $0 \cdot m = 0$, $(-a)m = -(am)$ が成立することは上の条件から導くことができる．実際，$0 \cdot m = (0+0)m = 0 \cdot m + 0 \cdot m$ より，両辺に $-(0 \cdot m)$ を加えて，$0 \cdot m = 0$ が得られる．また，$(a+(-a))m = 0 \cdot m = 0$ より，$(-a)m = -(am)$ がわかる．

定義 3.5.2　M の部分集合 N について，N が次の条件を満たすとき，N は M の**部分 R 加群**であるという．

(ⅰ) $n_1, n_2 \in N$ について，M における和 $n_1 + n_2$ は N に属する元である．
(ⅱ) $a \in R$, $n \in N$ について，M における積 an は N に属する元である．

　この 2 条件が満たされると，M における和と R の元との積によって，N は R 加群になっていることが示される．
　M が R 加群，N がその部分加群であるとき，M に同値関係を

$$m_1 \sim m_2 \iff m_1 - m_2 \in N \iff m_1 + N = m_2 + N$$

によって定義することができる．この同値関係による商集合を $\overline{M} = M/N$ とすると，$\overline{M}$ は次のようにして R 加群になる．

$$\overline{m}_1 + \overline{m}_2 = \overline{m_1 + m_2}, \quad a\overline{m} = \overline{am}.$$

ただし，$\overline{m} = m + N$ である．この定義が同値類 $\overline{m}$ の代表元 m の取り方によらないことは容易に確かめられる．また，この和と R の元との積によって，$\overline{M}$ が R 加群になることを確かめるのは容易である（読者は各自試みよ）．

定義 3.5.3 2 つの R 加群 M, M' が与えられたとき，集合の写像 $f : M \to M'$ が次の 2 条件を満たすとき，f を **R 準同型写像**と呼ぶ．

(i) $f(m_1 + m_2) = f(m_1) + f(m_2)$,
(ii) $f(am) = af(m)$.

また，f が全単射であるとき，f を **R 同型写像**と呼ぶ．R 加群 M, M' の間に R 同型写像があるとき，M と M' は**同型**な R 加群であるといい，$M \cong M'$ と表す．

$f : M \to M'$ と $g : M' \to M''$ が R 準同型写像ならば，集合の写像としての合成 $g \circ f$ も R 準同型写像である．また，f_1, f_2 が M から M' への R 準同型写像，$a_1, a_2 \in R$ とするとき，集合の写像 $a_1 f_1 + a_2 f_2 : M \to M'$ を $(a_1 f_1 + a_2 f_2)(m) = a_1 f_1(m) + a_2 f_2(m)$ として定義すると，$a_1 f_1 + a_2 f_2$ は R 準同型写像である．したがって，$\mathrm{Hom}_R(M, M') = \{f : M \to M' \mid f \text{ は } R \text{ 準同型写像}\}$ は，この和と R の元の積によって R 加群となる．

$f : M \to M'$ が R 準同型写像であるとき，f の**核**（または**カーネル**）$\mathrm{Ker}\, f$ と**像**（または**イメージ**）$\mathrm{Im}\, f$ を，

$$\mathrm{Ker}\, f = \{m \in M \mid f(m) = 0\}, \quad \mathrm{Im}\, f = \{f(m) \mid m \in M\}$$

と定義すると，$\mathrm{Ker}\, f$ は M の，$\mathrm{Im}\, f$ は M' の部分加群になる．f が単射である必要十分条件は $\mathrm{Ker}\, f = \{0\}$ となることである（補題 2.3.3 を参照）．また，$M/\mathrm{Ker}\, f \cong \mathrm{Im}\, f$ という準同型定理も成立している（定理 2.4.2 を参照）．

体 K 上の加群は K 上のベクトル空間である．加群の概念は，ベクトル空間を，環を係数とする場合に自然に拡張して得られているが，体の場合と違う点は，$a \in R$, $a \neq 0$ に対して逆元 a^{-1} を掛ける操作が必ずしもできないところにある．しかし，ベクトル空間のいくつかの定義が加群の場合に拡張できる．

3.5　$K[x]$ 上の有限生成加群

定義 3.5.4　M を R 加群とする．

(1) M に有限個の元 $z_1,\ldots,z_n$ が存在して，M の任意の元 z が $z_1,\ldots,z_n$ の 1 次結合（または線形結合）として

$$z = a_1 z_1 + \cdots + a_n z_n\,, \quad a_i \in R$$

と表されるとき，$\{z_1,\ldots,z_n\}$ を M の**有限生成系**と呼び，$M = \sum_{i=1}^n Rz_i$ と書く．有限生成系をもつ加群を**有限生成加群**という．

(2) M の元の系 $\{z_1,\ldots,z_n\}$ について，

$$a_1 z_1 + \cdots + a_n z_n = 0 \text{ ならば},\quad a_1 = \cdots = a_n = 0$$

という条件が成立するとき，$\{z_1,\ldots,z_n\}$ は R 上**自由**であるという．

(3) M が R 上自由な有限生成系 $\{z_1,\ldots,z_n\}$ をもつとき，M は **R 自由加群**[5]であるといい，$\{z_1,\ldots,z_n\}$ を M の**自由基底**と呼ぶ．

M が $\{z_1,\ldots,z_n\}$ を自由基底にもつ自由加群とすると，M の任意の元 z はただ一通りの方法で $z = a_1 z_1 + \cdots + a_n z_n$ と表される．実際，$z = b_1 z_1 + \cdots + b_n z_n$ が別の表し方ならば，$(a_1 - b_1) z_1 + \cdots + (a_n - b_n) z_n = 0$ となるので，$a_1 = b_1,\ldots, a_n = b_n$ が従うからである．自由基底に属する元の数 n を M の**次元**または**階数**といい，$\dim_R M$ または $\mathrm{rank}\, M$ と表す．

補題 3.5.5　M を R 加群とし，N_1, N_2 を M の部分加群とする．

(1) $N_1 + N_2 = \{z_1 + z_2 \mid z_1 \in N_1, z_2 \in N_2\}$ と $N_1 \cap N_2 = \{z \in M \mid z \in N_1, z \in N_2\}$ は，M の部分加群である．

(2) $N_1 + N_2$ の任意の元 z が，$z = z_1 + z_2$ ($z_1 \in N_1, z_2 \in N_2$) としてただ一通りの方法で表されるための必要十分条件は，$N_1 \cap N_2 = \{0\}$ である．

この証明も，ベクトル空間の場合にならってやればよいので，読者に委ねる．$M = N_1 + N_2$，$N_1 \cap N_2 = \{0\}$ となるとき，M は N_1 と N_2 の**直和**であるといい，$M = N_1 \oplus N_2$ と書く．

---

[5] M が有限生成でない場合にも，R 自由加群の概念がある．

加群 M の部分加群 $N_1,\ldots,N_r$ について，$M = N_1 + \cdots + N_r$ であって，M の任意の元 z が $z = z_1 + \cdots + z_r$, $z_i \in M_i$ $(1 \leq i \leq r)$ のようにただ一通りに書き表されるとき，M は $N_1,\ldots,N_r$ の直和といい，$M = N_1 \oplus \cdots \oplus N_r$ と表す．そのための必要十分条件は，

(i) $M = N_1 + \cdots + N_r$,

(ii) 各 i $(1 \leq i \leq r)$ について，

$$N_i \cap (N_1 + \cdots + \overset{\vee}{N_i} + \cdots + N_r) = \{0\}$$

である．

その証明は補題 2.4.8 と同様にしてできる．

R を整域とする．R 加群 M が与えられると，その**捩れ部分加群** $T(M)$ を

$$T(M) = \{z \in M \mid \exists a \in R,\ a \neq 0,\ az = 0\}$$

で定義する．$T(M)$ は M の部分加群である．実際，$z_1, z_2 \in T(M)$ とすると，R の非零元 a_1, a_2 が存在して $a_1 z_1 = 0$, $a_2 z_2 = 0$ となる．このとき，$a_1 a_2 \neq 0$ で，$a_1 a_2 (z_1 + z_2) = 0$ となる．よって，$z_1 + z_2 \in T(M)$ である．また，$z \in T(M)$ ならば，R の任意の元 b に対して $bz \in T(M)$ である．なぜならば，$az = 0$ $(a \neq 0)$ とすると，$a(bz) = b(az) = 0$ となるからである．

以下，$R = K[x]$ として，有限生成 R 加群の構造を考察する．$K[x]$ は整域であることに注意する．とくに，F が R 自由加群ならば，$T(F) = \{0\}$ である．

補題 3.5.6 M を有限生成 $K[x]$ 加群，$T(M)$ をその捩れ部分加群とすると，次の結果が成立する．

(1) $\overline{M} = M/T(M)$ は有限生成 $K[x]$ 加群で，$T(\overline{M}) = \{0\}$.
(2) $\overline{M} \neq \{\overline{0}\}$ ならば，$\overline{M}$ は R 自由加群である．
(3) M の部分加群として，有限生成自由 R 加群 F が存在して，$F \cong \overline{M}$ かつ $M = F \oplus T(M)$ となる．

証明 (1) $M = \sum_{i=1}^{n} R z_i$ とすると，$\overline{M} = \sum_{i=1}^{n} R \overline{z}_i$ だから，$\overline{M}$ は有限生成 R 加群で

3.5 $K[x]$ 上の有限生成加群

ある．また，$\bar{z} \in \overline{M}$, $a \in R = K[x]$ $(a \neq 0)$ について $a\bar{z} = \bar{0}$ とすると，$az \in T(M)$. したがって，R の非零元 b が存在して，$baz = 0$ となる．ここで，$ba \neq 0$ だから，$z \in T(M)$. すなわち，$\bar{z} = \bar{0}$ となる．

(2) (1) を考慮すると，次の補題 3.5.7 によって，$\overline{M}$ は R 自由加群となる．すなわち，$\overline{M}$ は自由基底 $\{\overline{w}_1, \ldots, \overline{w}_r\}$ をもつ．ここで，$r = \dim_R \overline{M}$ である．

(3) $\pi : M \to \overline{M}$ を自然な商写像とする．すなわち，$\pi(z) = \bar{z} = z + T(M)$ である．π は R 準同型写像になっている．とくに，π は全射であるから，各 i $(1 \leq i \leq m)$ に対して，M の元 w_i が存在して，$\pi(w_i) = \overline{w}_i$ となる．そこで，$F = \sum_{i=1}^{r} Rw_i$ とおく．

F が R 自由加群であることを示す．実際，$a_1 w_1 + \cdots + a_r w_r = 0$ となれば，$a_1 \overline{w}_1 + \cdots + a_r \overline{w}_r = \bar{0}$ となり，$\{\overline{w}_1, \ldots, \overline{w}_r\}$ が自由基底であるから，$a_1 = \cdots = a_r = 0$ となる．

さらに，$M = F + T(M)$, $F \cap T(M) = \{0\}$ となる．実際，M の任意の元 z に対して，$\pi(z) = b_1 \overline{w}_1 + \cdots + b_r \overline{w}_r$ と書けるが，$\pi\left(z - \sum_{i=1}^{r} b_i w_i\right) = \bar{0}$ である．ゆえに，$z - \sum_{i=1}^{r} b_i w_i \in T(M)$ となる．これから，$M = F + T(M)$ がわかる．ついで，$z \in F \cap T(M)$ ととると，$z = c_1 w_1 + \cdots + c_r w_r$ と表せるが，$\pi(z) = \bar{0} = c_1 \overline{w}_1 + \cdots + c_r \overline{w}_r$ から，$c_1 = \cdots = c_r = 0$. よって，$z = 0$ である．以上から，$M = F \oplus T(M)$. □

上の補題の (2) の証明は，次の補題に先送りされた．

補題 3.5.7 (1) $K[x]$ 上の有限生成自由加群 F の部分加群 M は，有限生成自由加群である．さらに，$\dim_R M \leq \dim_R F$.

(2) M が有限生成 $K[x]$ 加群で，捩れのない加群ならば，M は有限生成自由加群である．

証明 (1) $F = \sum_{i=1}^{n} Rw_i$ を有限生成自由加群とし，M をその部分加群とする．まず，$T(M) \subseteq T(F) = \{0\}$ だから，M は捩れのない加群である．$n = \dim_R F$ に関する帰納法によって (1) の主張を証明する．$n = 1$ のときは，M の元は aw_1 $(a \in R)$ と書ける．そこで，$I = \{a \in R \mid aw_1 \in M\}$ とおくと，I は R のイデアルである（証明は容易である）．$R = K[x]$ だから，I は単項イデアル (a_1) となる．そこで，

$u_1 = a_1 w_1$ とおくと，$Ru_1 \subseteq M$ となる．$z \in M$ とすると，$z = bw_1 \ (b \in I)$ となる．$b = b'a_1$ と書けるから，$z = b'u_1$ となる．すなわち，$M \subseteq Ru_1$ となり，$M = Ru_1$．$T(M) = \{0\}$ だから，M は自由加群である．さらに，$\dim_R M \leq \dim_R F = 1$．ここで，$\dim_R M = 0$ となるのは，$a_1 = 0$ のときだけである．

$n \geq 2$ のときは，$F_1 = \sum_{i=2}^{n} Rw_i$, $M_1 = F_1 \cap M$ とおく．F_1 は次元が $n-1$ の自由加群で，M_1 はその部分加群である．よって，帰納法の仮定により，M_1 は有限生成自由加群で，$M_1 = \sum_{j=2}^{s} Ru_j$ と書ける．ただし，$s - 1 = \dim_R M_1 \leq \dim_R F_1 = n-1$ である．R のイデアル I を

$$I = \{a \in R \mid \exists\, a_2, \ldots, a_n \in R,\ aw_1 + a_2 w_2 + \cdots + a_n w_n \in M\}$$

によって定義する．すなわち，I は，M の元を $w_1, \ldots, w_n$ の 1 次結合として表したとき，w_1 の係数を集めた集合である．すると，I は R のイデアルである（証明は容易だから読者に委ねる）．I は単項イデアルだから，$I = (a_1)$ と書くと，M には $u_1 = a_1 w_1 + \cdots + a_n w_n$ と表される元 u_1 が存在する．ここで，$a_1 \neq 0$ と仮定してもよい．もし $a_1 = 0$ ならば $M = M_1$ となるからである．z を M の任意の元として

$$z = b_1 w_1 + \cdots + b_n w_n$$

と表すと，$b_1 \in I$ だから，$b_1 = c_1 a_1$ と書ける．すると，

$$z - c_1 u_1 = (b_2 - c_1 a_2) w_2 + \cdots + (b_n - c_1 a_n) w_n \in F_1 \cap M = M_1$$

となる．よって，$z \in Ru_1 + Ru_2 + \cdots + Ru_s$．逆に，$\sum_{j=1}^{s} Ru_j \subseteq M$ となるのは明らかである．よって，$M = \sum_{j=1}^{s} Ru_j$．ここで，$\{u_1, \ldots, u_s\}$ が M の自由基底であることを示す．実際，$c_1 u_1 + \cdots + c_s u_s = 0$ とすると，$u_2, \ldots, u_s \in F_1$ に注意して，

$$0 = c_1(a_1 w_1 + a_2 w_2 + \cdots + a_n w_n) + \sum_{j=2}^{s} c_j \left(\sum_{k=2}^{n} d_{jk} w_k \right)$$

$$= c_1 a_1 w_1 + \sum_{k=2}^{n} \left(c_1 a_k + \sum_{j=2}^{s} c_j d_{jk} \right) w_k.$$

3.5 $K[x]$ 上の有限生成加群

ここで, $u_j = \sum_{k=2}^{n} d_{jk}w_k \ (2 \leq j \leq s)$ とおいている. よって, $c_1 a_1 = 0$ となる. $a_1 \neq 0$ だから, $c_1 = 0$ である. すると, $c_2 u_2 + \cdots + c_s u_s = 0$ となり, $\{u_2, \ldots, u_s\}$ が M_1 の自由基底だから, $c_2 = \cdots = c_s = 0$ となる.

また, $s - 1 \leq n - 1$ だから, $s = \dim_R M = 1 + (s - 1) \leq n$ となる.

(2) M は有限生成加群だから, $M = \sum_{i=1}^{n} Rw_i$ と表す. ここで, $\{w_1, \ldots, w_n\}$ の部分集合 $\{w_{i_1}, \ldots, w_{i_s}\}$ で R 上自由なものを考える. そのような部分集合は必ず存在する. たとえば, $\{w_1\}$ は R 上自由である. これらの部分集合のうち, 包含関係で極大なものをとる. 記号を簡単化するために, 順番を入れ換えて, $\{w_1, \ldots, w_m\}$ が極大で R 上自由な部分集合だと仮定してもよい. すると, 任意の $j \ (m+1 \leq j \leq n)$ に対して,
$$d_j w_j \in \sum_{i=1}^{m} Rw_i, \quad d_j \neq 0$$
となる関係がある. そこで, $d = \prod_{j=m+1}^{n} d_j$ とおくと,
$$dw_j \in \sum_{i=1}^{m} Rw_i, \ 1 \leq \forall j \leq n$$
となる. すなわち, $dM = \{dz \mid z \in M\}$ は $\sum_{i=1}^{m} Rw_i$ の部分加群になる. ここで, $\{w_1, \ldots, w_m\}$ の選び方から, $\sum_{i=1}^{m} Rw_i$ は自由加群である. よって, (1) により, dM も有限生成自由加群になる. そこで, $\{v_1, \ldots, v_r\}$ を dM の自由基底とすると, $r \leq m$ である. 各 $i \ (1 \leq i \leq r)$ に対して, M の元 u_i で $du_i = v_i$ となるものがある. このとき, $\{u_1, \ldots, u_r\}$ は M の自由基底になることを示す.

任意の $z \in M$ について, $dz = c_1 v_1 + \cdots + c_r v_r$ と書けるので, $v_i = du_i$ と置き換えて整理すると,
$$d(z - c_1 u_1 - \cdots - c_r u_r) = 0 \ .$$
ここで, $d \neq 0$ で, $T(M) = \{0\}$ だから, $z = c_1 u_1 + \cdots + c_r u_r$ となる. すなわち, $M = \sum_{i=1}^{r} Ru_i$ である. また, $c_1 u_1 + \cdots + c_r u_r = 0$ とすれば, 全体を d 倍して, $c_1 v_1 + \cdots + c_r v_r = 0$. $\{v_1, \ldots, v_r\}$ は自由基底だから, $c_1 = \cdots = c_r = 0$ となる.

以上によって，M は有限生成自由加群になることがわかる．また，後の第 5 章の R の商体に関する結果を使えば，$r = m$ であることがわかる． □

以下，有限生成捩れ加群 M の構造を調べることにする．そのために，いくつかの準備が必要である．

$A_1, \ldots, A_s$ を可換環として，集合の直積 $A_1 \times \cdots \times A_s$ に和と積を

$$(a_1, \ldots, a_s) + (b_1, \ldots, b_s) = (a_1 + b_1, \ldots, a_s + b_s),$$
$$(a_1, \ldots, a_s)(b_1, \ldots, b_s) = (a_1 b_1, \ldots, a_s b_s)$$

と定義すると，$A_1 \times \cdots \times A_s$ は $(1, \ldots, 1)$ を単位元，$(0, \ldots, 0)$ を零元とする可換環になる．環 $A_1 \times \cdots \times A_s$ を $A_1, \ldots, A_s$ の**直積**という．ここで，

$$e_i = (0, \ldots, 0, \overset{i}{\vee}{1}, 0, \ldots, 0)$$

とおく．すなわち，i 番目の座標が 1 で，残りの座標は 0 である元である．すると，

$$1 = e_1 + \cdots + e_s, \quad e_i^2 = e_i, \quad e_i e_j = 0 \ (i \neq j)$$

となっている．単位元 1 のこのような分解を**べき等元分解**と呼ぶ．

A と B を可換環として，集合の写像 $\varphi : A \to B$ が和と積に関して，

(i) $\varphi(a + b) = \varphi(a) + \varphi(b), \quad \varphi(ab) = \varphi(a)\varphi(b),$
(ii) $\varphi(1) = 1, \quad \varphi(0) = 0$

という条件を満たすとき，φ を**環準同型写像**という．φ が集合の写像として全単射であるとき，φ は**同型写像**であるという．このとき，$A \cong B$ と表す．

可換環 A において，単位元 1 のべき等元分解

$$1 = e_1 + \cdots + e_s, \quad e_i^2 = e_i, \quad e_i e_j = 0 \ (i \neq j)$$

があれば，$A_i = e_i A$ とおいて，A_i は単位元 e_i の可換環になる．そこで，直積 $A_1 \times \cdots \times A_s$ をとると，A と $A_1 \times \cdots \times A_s$ の間には同型写像が存在する．実際，$\varphi : A \to A_1 \times \cdots \times A_s$ を

$$\varphi(a) = (ae_1, \ldots, ae_s)$$

3.5 $K[x]$ 上の有限生成加群

と定義すると，φ は環準同型写像になる．もし $\varphi(a) = \varphi(b)$ ならば，$ae_i = be_i$ ($1 \leq i \leq s$) だから，

$$a = a \cdot 1 = ae_1 + \cdots + ae_s = be_1 + \cdots + be_s = b \cdot 1 = b$$

となるので，φ は単射である．また，$A_1 \times \cdots \times A_s$ の任意の元は $(a_1 e_1, \ldots, a_s e_s)$ と表される．ただし，$a_1, \ldots, a_s \in A$ である．そこで，$a = a_1 e_1 + \cdots + a_s e_s$ とおくと，

$$ae_i = (a_1 e_1 + \cdots + a_s e_s) e_i = (a_i e_i) e_i = a_i e_i$$

と計算されるから，$\varphi(a) = (a_1 e_1, \ldots, a_s e_s)$ となるので，φ は全射である．よって，φ は環の同型写像である．

簡単にいえば，環の直積分解は単位元 1 のべき等元分解と同じである．

環 A が 1 のべき等元分解 $1 = e_1 + \cdots + e_s$ をもつとき，A 加群 M に対して，$M_i = e_i M$ とおくと，M_i は A 加群である．実際，$a \in A$ と $e_i z$ の積は $a(e_i z) = (ae_i) z = e_i (az)$ である．$ae_i \in A_i$, $a(e_i z) = (ae_i)(e_i z)$ となることに注意すると，M_i は自然に A_i 上の加群と見られる．すなわち，M は集合として，$M = M_1 \times \cdots \times M_s$ という直積分解をもつ．その対応は写像

$$z \mapsto (e_1 z, e_2 z, \ldots, e_s z)$$

で与えられる．この写像が全単射であることは，環 A の場合と同じである．A と $A_1 \times \cdots \times A_s$ を同一視すれば，M の A 加群としての構造は，M_i の A_i 加群としての構造において直積をとったものである．すなわち，a と $(e_1 a, \ldots, e_s a)$ を同一視し，z と $(e_1 z, \ldots, e_s z)$ を同一視すると，az は $((e_1 a)(e_1 z), \ldots, (e_s a)(e_s z))$ と同一視される．

別の見方をすることもできる．M_i ($1 \leq i \leq s$) は M の部分 A 加群であり，次の 2 条件

(i) $M = M_1 + \cdots + M_s$,
(ii) 各 i ($1 \leq i \leq s$) について，$M_i \cap (M_1 + \cdots + \overset{\vee}{M_i} + \cdots + M_s) = \{0\}$

を満たしている．実際，M の任意の元 z に対して，$z = (e_1 z) + \cdots + (e_s z)$ だから，条件 (i) が満たされている．$z \in M_i \cap (M_1 + \cdots + \overset{\vee}{M_i} + \cdots + M_s)$ ならば，

$$z = e_i z_i, \quad z = e_1 z_1 + \cdots + e_{i-1} z_{i-1} + e_{i+1} z_{i+1} + \cdots + e_s z_s$$

と表される．ここで，$e_i z = e_i^2 z_i = e_i z_i = z$ となるので，

$$z = e_i z = e_i(e_1 z_1 + \cdots + e_{i-1} z_{i-1} + e_{i+1} z_{i+1} + \cdots + e_s z_s) = 0$$

となる．すなわち，条件 (ii) が満たされている．よって，$M = M_1 \oplus \cdots \oplus M_s$ となっている．

$f(x) \in K[x]$ を定数でない多項式とし，$f(x) = a p_1(x)^{\alpha_1} \cdots p_s(x)^{\alpha_s}$ をモニックな既約分解とする．ただし，$i \neq j$ ならば，$p_i(x)$ と $p_j(x)$ は同伴ではない．

$K[x]$ の剰余環 $K[x]/(f(x))$ の直積分解に関して，次の結果がある．これは整数の場合の中国式剰余定理に相当するものである．

補題 3.5.8 環準同型写像

$$\varphi : K[x]/(f(x)) \to K[x]/(p_1(x)^{\alpha_1}) \times \cdots \times K[x]/(p_s(x)^{\alpha_s}),$$
$$a(x) + (f(x)) \mapsto (a(x) + (p_1(x)^{\alpha_1}), \ldots, a(x) + (p_s(x)^{\alpha_s}))$$

は環の同型写像である．

証明 $f(x), g(x) \in K[x]$ が互いに素な多項式として，同型写像

$$K[x]/(f(x)g(x)) \xrightarrow{\cong} K[x]/(f(x)) \times K[x]/(g(x))$$

が存在することを示す．補題の主張はこの結果より従う．$I = (f(x)g(x))$，$J_1 = (f(x))$，$J_2 = (g(x))$，$\overline{R} = K[x]/I$，$\overline{R}_1 = K[x]/J_1$，$\overline{R}_2 = K[x]/J_2$ とおく．$\gcd(f, g) = 1$ だから，$I = J_1 \cap J_2$ である．環準同型写像 $\varphi : \overline{R} \to \overline{R}_1 \times \overline{R}_2$ を $\varphi(a(x) + I) = (a(x) + J_1, a(x) + J_2)$ で定義する．これが全単射になることを示そう．まず，$\varphi(a(x) + I) = \varphi(b(x) + I)$ ならば，$a(x) + J_1 = b(x) + J_1$，$a(x) + J_2 = b(x) + J_2$ である．よって，$a(x) - b(x) \in J_1 \cap J_2 = I$ となって，$a(x) + I = b(x) + I$ となる．すなわち，φ は単射である．次に，$(a(x) + J_1, b(x) + J_2)$ を $\overline{R}_1 \times \overline{R}_2$ の任意の元とする．$\gcd(f, g) = 1$ だから，多項式 $p(x), q(x) \in K[x]$ が存在して，$fp + gq = 1$ となる．そこで，$c(x) = agq + bfp$ とおくと，$c(x) + J_1 = a(x) + J_1$，$c(x) + J_2 = b(x) + J_2$ となる．なぜならば，

3.5 $K[x]$ 上の有限生成加群

$$c(x) = a(1-fp) + bfp = a + fp(b-a) \in a + J_1$$

だから，$c(x) + J_1 = a(x) + J_1$ となる．$c(x) + J_2 = b(x) + J_2$ についても同様である．よって，φ は全射になる． □

補題 3.5.9 M を $R = K[x]$ 上の有限生成捩れ加群とすると，次のことがらが成立する．

(1) R の非零元 $f(x)$ が存在して，$f(x)M = \{0\}$ となる．したがって，M を剰余環 $R/(f)$ 上の有限生成加群と見なすことができる．

(2) $f(x) = ap_1(x)^{\alpha_1} \cdots p_s(x)^{\alpha_s}$ を $f(x)$ のモニックな既約分解とする．ただし，$i \neq j$ ならば，$p_i(x)$ と $p_j(x)$ は同伴でないとする．このとき，有限生成 $R/(p_i^{\alpha_i})$ 加群 M_i $(1 \leq i \leq s)$ が存在し，M と直積 $M_1 \times \cdots \times M_s$ の間に R 加群の同型写像

$$\psi : M \xrightarrow{\cong} M_1 \times \cdots \times M_s$$

が存在する．ただし，M_i を，$a(x)m_i = (a(x) + p_i(x)^{\alpha_i})m_i$ $(a(x) \in R, m_i \in M_i)$ によって，R 加群と見なしている．したがって，M の $K[x]$ 加群の構造は，M_i に $K[x]/(p_i(x)^{\alpha_i})$ 加群としての構造を考えて直積をとったものと同一視できる．

証明 (1) $M = \sum_{i=1}^{n} Rz_i$ とする．$M = T(M)$ だから，各 i について R の非零元 f_i が存在して，$f_i z_i = 0$ となる．そこで，$f = \prod_{i=1}^{n} f_i$ とおくと，$fM = \{0\}$ である．このとき，$a \in R$, $z \in M$ に対して $fz = 0$ だから，$(a + (f)) \cdot z = az$ と考えれば，M は $R/(f)$ 加群になる．

(2) $f(x)$ のモニックな既約分解を簡単に $f = p_1^{\alpha_1} \cdots p_s^{\alpha_s}$ と表す．補題 3.5.8 により，環の同型写像

$$\varphi : R/(f) \xrightarrow{\cong} R/(p_1^{\alpha_1}) \times \cdots \times R/(p_s^{\alpha_s})$$

がある．そこで，$e_i \in R/(f)$ を $\varphi(e_i) = (0 + (p_1^{\alpha_1}), \ldots, 1 + (p_i^{\alpha_i}), \ldots, 0 + (p_s^{\alpha_s}))$ となるようにとると，$1 = e_1 + \cdots + e_s$ は $R/(f)$ における 1 のべき等元分解である．そこで，$M_i = e_i M$ とおくと，M と $M_1 \times \cdots \times M_s$ の間に同型写像

$$\psi : M \xrightarrow{\cong} M_1 \times \cdots \times M_s \,,$$
$$\psi(z) = (e_1 z, \ldots, e_s z)$$

があり，$\psi(az) = (ae_1 z, \ldots, ae_s z) = \varphi(a)\psi(z)$ となる．すなわち，az は直積 $M_1 \times \cdots \times M_s$ の元 $(e_1 a, \ldots, e_s a)(e_1 z, \ldots, e_s z) = (e_1(az), \ldots, e_s(az))$ と同一視できる．
□

補題 3.5.9 により，$K[x]$ 上の有限生成捩れ加群の構造は，$K[x]/(p(x)^\alpha)$ 上の有限生成加群の構造を調べることに帰着される．ただし，$p(x)$ はモニックな既約多項式で，α は正整数である．

M を有限生成 $K[x]/(p(x)^\alpha)$ 加群とすると，M を自然に $K[x]$ 上の加群と見なすことができる．z を M の非零元とすると，$p(x)^\alpha z = 0$ である．さらに，$p(x)$ と素な $K[x]$ の元 $q(x)$ に対しては $q(x)z \neq 0$ となる．なぜならば，$q(x)z = 0$ とすると，$a(x), b(x) \in K[x]$ が存在して $a(x)p(x)^\alpha + b(x)q(x) = 1$ とできるから，

$$z = 1 \cdot z = (a(x)p(x)^\alpha + b(x)q(x))z = a(x)(p(x)^\alpha z) + b(x)(q(x)z) = 0$$

となって，$z \neq 0$ に矛盾するからである．したがって，$h(x) \in K[x]$ について，$h(x)z = 0 \iff q(x)(h(x)z) = 0$ となる．そこで，

$$\beta = \min\{\gamma \in \mathbb{Z} \mid \gamma > 0, \ p(x)^\gamma z = 0\}$$

とおいて，β を元 z の $p(x)$-**位数**と呼ぶ．前の注意によって，$\gcd(p(x), q(x)) = 1$ ならば，z の $p(x)$-位数と $q(x)z$ の $p(x)$-位数は一致する．

また，$M = \sum_{i=1}^{n} K[x]z_i$ と書くと，M の任意の元 z は

$$z = a_1(x)z_1 + \cdots + a_n(x)z_n \,, \quad a_i(x) \in K[x]$$

と表せるが，$p(x)^\alpha z_i = 0$ $(1 \leq i \leq n)$ だから，$a_i(x)$ は $K[x]/(p(x)^\alpha)$ の元と見なせる．さらに，$a_i(x)$ は $p(x)^\alpha$ より低い次数の多項式で代表されるから，z は K 上で

$$\{x^j z_i \mid 1 \leq i \leq n, \ 0 \leq j < \deg(p(x)^\alpha)\}$$

の 1 次結合として表される．とくに，M は，K 上のベクトル空間として，有限生成である．この次元を $\dim_K M$ と書く．

M の構造は次の定理によって与えられる．

3.5 $K[x]$ 上の有限生成加群

定理 3.5.10 $p(x) \in K[x]$ をモニックな既約多項式，α を正整数とし，M を有限生成 $K[x]/(p(x)^\alpha)$ 加群とする．このとき，M は直積

$$K[x]/(p(x)^{\alpha_1}) \times K[x]/(p(x)^{\alpha_2}) \times \cdots \times K[x]/(p(x)^{\alpha_s})$$

に同型である．ここで，$(\alpha_1, \ldots, \alpha_s)$ は

$$\alpha \geq \alpha_1 \geq \cdots \geq \alpha_s > 0$$

となる整数の組で，M によりただ一通りに定まる．

証明 $R = K[x]$，$p = p(x)$ と略記する．とくに，$p(x)$-位数は p-位数と呼ぶ．定理の証明は $\dim_K M$ に関する帰納法で行う．

(1) z_1 を M における p-位数が最大の元として，その p-位数を α_1 とする．z_1 で生成された M の部分加群 $M_1 = Rz_1$ は $K[x]/(p^{\alpha_1})$ に同型である．実際，$\pi : R \to M_1$ を $\pi(f) = fz_1$ と定義すると，π は R 準同型写像で，$\mathrm{Ker}\,\pi = \{a \in R \mid az_1 = 0\} = (p^{\alpha_1})$ である．よって，準同型定理により，$M_1 \cong R/(p^{\alpha_1})$ となる．

(2) $\overline{M} = M/M_1$ とおく．$\overline{z}$ が $\overline{M}$ における p-位数 β の元ならば，M の元 z で，その p-位数が β で，$\overline{z} = z + M_1$ となるものが存在することを示す．

そのために，$z \in M$ を $\overline{z} = z + M_1$ となるようにとると，$p^\beta z \in M_1$ である．よって，$p^\beta z = fz_1$ ($f \in R$) と表される．$f = p^\gamma g$ ($\gcd(p, q) = 1$) と分解すると，$M_1 = R(gz_1)$ である．なぜならば，z_1 の p-位数と gz_1 の p-位数が一致するからである．必要ならば z_1 を gz_1 で置き換えて，$p^\beta z = p^\gamma z_1$ と仮定してもよい．もし $\gamma \geq \alpha_1$ とすると，$p^\gamma z_1 = 0$ だから，$p^\beta z = 0$ となる．$p^{\beta-1} z + M_1 = p^{\beta-1}(z + M_1) = p^{\beta-1} \overline{z} \neq \overline{0}$ だから，$p^{\beta-1} z \neq 0$．実際，$p^{\beta-1} z = 0$ とすると，$p^{\beta-1} z + M_1 = M_1 = \overline{0}$ となって，矛盾が生じる．よって，β は z の p-位数となるので，z が求める元となる．$\gamma < \alpha_1$ ならば，$p^\gamma z_1$ の p-位数は $\alpha_1 - \gamma$ となる（その証明は容易だから読者に委ねる）．したがって，

$$p^{\beta + \alpha_1 - \gamma} z = p^{\alpha_1 - \gamma}(p^\beta z) = p^{\alpha_1 - \gamma}(p^\gamma z_1) = 0$$

である．元 z_1 の選び方により，$\beta + \alpha_1 - \gamma \leq \alpha_1$ だから，$\beta \leq \gamma$ となる．このとき，$p^\beta(z - p^{\gamma - \beta} z_1) = 0$．ここで，$z' = z - p^{\gamma - \beta} z_1$ とおくと $\overline{z} = z' + M_1$ となるから，z' の p-位数は β である．

(3) $\dim_K \overline{M} = \dim_K M - \dim_K M_1 < \dim_K M$ だから，帰納法の仮定により，

$$\overline{M} = \overline{M}_2 \oplus \cdots \oplus \overline{M}_s, \quad \overline{M}_i \cong K[x]/(p^{\alpha_i}),$$
$$\alpha_2 \geq \alpha_3 \geq \cdots \geq \alpha_s$$

と表すことができる[6]. $\overline{z}_i$ ($2 \leq i \leq s$) を $\overline{M}_i$ の生成元として，M の元 z_i を，$\overline{z}_i = z_i + M_1$ かつ α_i が z_i の p-位数となるようにとる．そこで，$M_i = Rz_i$ とおくとき，

$$M = M_1 \oplus \cdots \oplus M_s$$

となることを証明する．

z を M の任意の元とすると，$\overline{z} = z + M_1$ は $\overline{z} = a_2\overline{z}_2 + \cdots + a_s\overline{z}_s$ ($a_i \in R$) と表される．すると，$z - (a_2 z_2 + \cdots + a_s z_s) \in M_1$ だから，$z = a_1 z_1 + \cdots + a_s z_s$ と書ける．ここで，$a_1, \ldots, a_s$ は $K[x]$ の元として，$\deg a_i < \deg p^{\alpha_i}$ と仮定してもよい．$\deg a_i < \deg p^{\alpha_i}$, $\deg a_i' < \deg p^{\alpha_i}$ となる a_i, a_i' について，$a_i z_i = a_i' z_i$ ならば，$p^{\alpha_i} \mid (a_i - a_i')$ となるので，$a_i = a_i'$ となることに注意する．

元 z が別の表示

$$z = b_1 z_1 + \cdots + b_s z_s, \quad \deg b_i < \deg p^{\alpha_i}$$

をもったとすると，$\overline{z} = a_2\overline{z}_2 + \cdots + a_s\overline{z}_s = b_2\overline{z}_2 + \cdots + b_s\overline{z}_s$ となる．$\overline{M} = \overline{M}_2 \oplus \cdots \oplus \overline{M}_s$ であるから，$a_2 = b_2, \ldots, a_s = b_s$ となる．よって，$a_1 = b_1$ となる．以上で，$M = M_1 \oplus \cdots \oplus M_s$ となることがわかる．これから $M \cong M_1 \times M_2 \times \cdots \times M_s$ がわかる．

(4) M の 2 通りの直積分解

$$M \cong R/(p^{\alpha_1}) \times \cdots \times R/(p^{\alpha_s}), \quad \alpha_1 \geq \cdots \geq \alpha_s > 0$$
$$\cong R/(p^{\beta_1}) \times \cdots \times R/(p^{\beta_t}), \quad \beta_1 \geq \cdots \geq \beta_t > 0$$

が得られたとして，$s = t$, $\alpha_1 = \beta_1, \ldots, \alpha_s = \beta_s$ となることを示す．M の部分加群 pM を考えると，

$$pM \cong R/(p^{\alpha_1 - 1}) \times \cdots \times R/(p^{\alpha_s - 1})$$

---

[6] 補題 3.5.8 の前の注意により，直積と書いても直和と書いても変わりはない．

$$\cong R/(p^{\beta_1-1}) \times \cdots \times R/(p^{\beta_t-1})$$

となる．なぜならば，$pR/(p^\alpha) \cong R/(p^{\alpha-1})$ だからである．また，$R/(p^\alpha)/pR/(p^\alpha) \cong R/pR$ より，$\dim_K R/(p^\alpha) - \dim_K R/(p^{\alpha-1}) = \dim_K R/pR > 0$ となる．これから，$\dim_K pM < \dim_K M$ が従う．よって，

$$\alpha_1 \geq \cdots \geq \alpha_k > 1 = \alpha_{k+1} = \cdots = \alpha_s,$$
$$\beta_1 \geq \cdots \geq \beta_\ell > 1 = \beta_{\ell+1} = \cdots = \beta_t$$

とすると，帰納法の仮定により，$k = \ell$ で，$\alpha_1 = \beta_1, \ldots, \alpha_k = \beta_k$ である．したがって，$\mu = s-k$，$\nu = t-\ell$ とおくとき，$\mu = \nu$ となることを示せばよい．ここで，$\dim_K R/(p^\alpha) = \alpha \deg p$ となることに注意すると，

$$\dim_K M = (\alpha_1 + \cdots + \alpha_k + \mu) \deg p = (\beta_1 + \cdots + \beta_k + \nu) \deg p$$

である．よって，$\mu = \nu$ となる． □

問題

1. $K[x]_{\leq n} = \{f(x) \in K[x] \mid \deg f(x) \leq n\}$ とおくと，$K[x]_{\leq n}$ は $n+1$ 次元の K 上のベクトル空間であることを示せ．

2. R が整域ならば，1変数多項式環 $R[x]$ も整域であることを証明せよ．

3. $f(x), g(x) \in K[x]$ のモニックな既約分解を

$$f(x) = ap_1(x)^{\alpha_1} \cdots p_n(x)^{\alpha_n}, \quad g(x) = bp_1(x)^{\beta_1} \cdots p_n(x)^{\beta_n}$$

とする．ただし，$p_i(x) \neq p_j(x)$ $(i \neq j)$，$\alpha_i \geq 0$，$\beta_i \geq 0$ とする．このとき，

$$\gcd(f(x), g(x)) = p_1(x)^{\gamma_1} \cdots p_n(x)^{\gamma_n}, \quad \mathrm{lcm}\,(f(x), g(x)) = p_1(x)^{\delta_1} \cdots p_n(x)^{\delta_n}$$

で与えられることを示せ．ただし，$\gamma_i = \min(\alpha_i, \beta_i)$，$\delta_i = \max(\alpha_i, \beta_i)$ である．

4. $f(x) \in K[x]$ を n 次のモニックな多項式とし，$I = (f(x))$，$V = K[x]/I$ とおく．$f(0) \neq 0$ と仮定して，次のことがらを証明せよ．

(1) V は n 次元のベクトル空間であるが，その線形変換 φ_x を $\varphi_x(g+I) = xg+I$ と定義すると，φ_x は自己同型写像である．

(2) φ_x の固有多項式は $f(x)$ である．

(3) $f(x) = (x-\alpha_1)\cdots(x-\alpha_n)$ $(\alpha_i \neq \alpha_j\ (i \neq j))$ のように K 上で分解したと仮定する．固有値 α_i に対応する固有ベクトル空間 $U(\alpha_i)$ は $f_i(x) = \dfrac{f(x)}{x-\alpha_i}$ を基底とする 1 次元のベクトル空間である．

(4) (3) の仮定のもとで $V = U(\alpha_1) \oplus \cdots \oplus U(\alpha_n)$ となるから，$\{f_1(x), \ldots, f_n(x)\}$ は V の基底になる．

5. $f(x), g(x) \in K[x]$ を零でない多項式とし，$I = (f(x)), J = (g(x))$ をそれぞれ $f(x), g(x)$ で生成された $K[x]$ のイデアルとするとき，次のことがらを示せ．

   (1) $I : J = \{h(x) \in K[x] \mid h(x)g(x) \in I\}$ とおくと，$I : J$ は I を含む $K[x]$ のイデアルである．

   (2) $f(x) = a p_1(x)^{\alpha_1} \cdots p_n(x)^{\alpha_n}$, $g(x) = b p_1(x)^{\beta_1} \cdots p_n(x)^{\beta_n}$ をモニックな既約分解とする．ただし，$p_i(x) \neq p_j(x)$ $(i \neq j)$, $\alpha_i \geq 0$, $\beta_i \geq 0$ とする．このとき，$I : J = (p_1(x)^{\gamma_1} \cdots p_n(x)^{\gamma_n})$ と表される．ただし，$1 \leq i \leq n$ について，$\gamma_i = 0\ (\beta_i \geq \alpha_i)$, $\gamma_i = \alpha_i - \beta_i\ (\alpha_i > \beta_i)$ とおく．

   (3) $V = K[x]/(f(x))$ を K 上のベクトル空間とし，線形変換 $\varphi_g : V \to V$ を $\varphi_g(h(x) + I) = g(x)h(x) + I$ で定義すると，$\operatorname{Ker} \varphi_g = (I:J)/I$ となる．したがって，φ_g が自己同型写像になる必要十分条件は $I : J = I$ である．この条件は $\gcd(f(x), g(x)) = 1$ となることに同値である．

6. $K[x]$ に属する 2 つの多項式
$$f(x) = a_n x^n + a_{n-1} x^{n-1} + \cdots + a_0$$
$$= a_n (x - \alpha_1) \cdots (x - \alpha_n),$$
$$g(x) = b_m x^m + b_{m-1} x^{m-1} + \cdots + b_0$$
$$= b_m (x - \beta_1) \cdots (x - \beta_m)$$

について，終結式 $\operatorname{Res}_x(f, g)$ は次の式で表されることを示せ．

$$\operatorname{Res}_x(f, g) = (-1)^{mn} a_n^m b_m^n \prod_{j=1}^{m} \prod_{i=1}^{n} (\beta_j - \alpha_i)$$

$$= (-1)^{mn} b_m^n f(\beta_1) \cdots f(\beta_m) = a_n^m g(\alpha_1) \cdots g(\alpha_n) .$$

7. n 次のモニックな多項式

$$f(x) = x^n + c_{n-1} x^{n-1} + \cdots + c_0 = (x - \alpha_1) \cdots (x - \alpha_n)$$

について，$\mathrm{Res}_x(f, f') = (-1)^{n(n-1)/2} \Delta^2$ となることを，次の順序で証明せよ．

(1) $f'(x) = \sum_{i=1}^{n} \dfrac{f(x)}{x - \alpha_i}$ となることを，$f(x)$ の対数微分を使って示せ．すなわち，$\log f(x) = \sum_{i=1}^{n} \log(x - \alpha_i)$ の両辺を x で微分せよ．

(2) $\mathrm{Res}_x(f, f') = f'(\alpha_1) \cdots f'(\alpha_n) = (-1)^{n(n-1)/2} \Delta^2$ となることを示せ．

8. M, N を $K[x]$ 加群とするとき，次のことがらを証明せよ．

(1) M を捩れ加群，N を捩れのない加群とすると，$\mathrm{Hom}_{K[x]}(M, N) = \{0\}$．

(2) $f(x), g(x)$ を互いに素な多項式とし，$M = K[x]/(f(x))$, $N = K[x]/(g(x))$ とすると，$\mathrm{Hom}_{K[x]}(M, N) = \{0\}$．

(3) $p(x)$ を既約多項式，α, β を正整数，$M = K[x]/(p(x)^\alpha)$, $N = K[x]/(p(x)^\beta)$ とすると，

$$\mathrm{Hom}_{K[x]}(M, N) \cong K[x]/(p(x)^\gamma) , \quad \gamma = \min(\alpha, \beta) .$$

9. M, N を次元 r, s の捩れのない $K[x]$ 加群とするとき，次のことがらを証明せよ．

(1) $\mathrm{Hom}_{K[x]}(M, N) \cong \mathrm{M}(r, s; K[x])$．ただし，$\mathrm{M}(r, s; K[x])$ は $K[x]$ に成分をもつ r 行 s 列の行列の成す集合で，行列の和と左からのスカラー積 $c(a_{ij}) = (c a_{ij})$ によって，$K[x]$ 加群と見なしている．

(2) $r = s$ と仮定する．$\varphi \in \mathrm{Hom}_{K[x]}(M, N)$ は単射であっても同型写像にならないことを，例を挙げて示せ．

(3) $r = s$ と仮定する．$\varphi \in \mathrm{Hom}_{K[x]}(M, N)$ は全射ならば同型写像である．

10. R を整域，$R[x]$ を R 上の 1 変数多項式環とする．このとき，次のことがらを証明せよ．

(1) $R[x]$ のイデアル J について，

$$I = \{a \in R \mid a \text{ は } J \text{ の元 } f(x) \text{ の最高次の係数}\} \cup \{0\}$$

とおくと，I は R のイデアルである．

(2) $I = R$ と仮定する．J に属する $f(x)$ でモニックな多項式が存在するが，そのような $f(x)$ を J に属する 0 でない多項式の最小次数のものとして選ぶことができれば，$I = (f(x))$ となる．

(3) $I = R$ であっても，J が単項イデアルでない例を作れ．

終結式の計算

3.4 節で述べた終結式を使う応用は判別式のほかにもたくさんあるが，手計算では行列式の計算を伴うので，多項式の次数が高いとそれだけ計算が複雑になる．しかし，数式処理ソフトを使うと，計算を簡単に実行できる．たとえば，Maple® というソフトを使うと，たとえば，未定係数の t に関する 3 次と 4 次の多項式の場合でも，次のように

$$f(t) := a_3 t^3 + a_2 t^2 + a_1 t + a_0 ;$$
$$g(t) := b_4 t^4 + b_3 t^3 + b_2 t^2 + b_1 t + b_0 ;$$
$$\text{Res}(f, g) := \text{resultant}(f(t), g(t); t) ;$$

と命令を書いて実行すれば，終結式 $\text{Res}(f, g)$ が求まって，a_i, b_j に関する多項式として表示される．

応用の 1 つとして，変数 t でパラメータ表示された平面曲線

$$x = f(t) = t^2 - 1, \quad y = g(t) = t^3 - t^2$$

から t を消去して，曲線の方程式 $F(x, y) = y^2 - x^2 - x^3 = 0$ が簡単に求められる．この場合には，

$$f(t) := t^2 - 1; \quad g(t) := t^3 - t;$$
$$F(x, y) := \text{resultant}(f(t) - x, g(t) - y; t);$$

と書いて実行すればよい．

第4章　群

　群の概念は図形や物質の対称性にも見られる自然なもので，それらの理解に不可欠なものである．群の構造や性質は，環や体などの概念と絡み合って，より高度の代数学の展開につながる．本章では，群の基本的性質の説明と，低位数における有限群の構造の解明を中心に，群論への入門を図る．

4.1　群の定義

　空集合でない集合 S 上に 2 項演算

$$\mu : S \times S \longrightarrow S, \quad \mu(x,y) = xy$$

が与えられて，次の 2 条件を満たすとき，組 (S,μ)（以降は単に S）を**モノイド**という[1]．

(1)（結合法則）S の任意の元 x,y,z について，$(xy)z = x(yz)$．

(2)（単位元）S の任意の元 x に対して $xe = ex = x$ となる，S の元 e が存在する．

この定義では，2 項演算として，積と積の記号 xy を用いたが，次の条件

(3)（可換法則）S の任意の元 x,y について，$xy = yx$．

が満たされるならば，積 xy の代わりに，和と和の記号 $x+y$ をもって 2 項演算を表すこともある．そのときは，単位元 e の代わりに，0 と書いて零元と呼ぶ．

---

[1] モノイドの定義で単位元の存在に関する (2) の条件を仮定しないときは，**半群**という．半群の立場から見て，モノイドのことを単位的半群と呼ぶこともある．

例 4.1.1 A を集合 ($\neq \emptyset$) とし, $S = \{\alpha : A \to A \mid \text{集合の写像}\}$ とする. S の写像の合成 $\beta \circ \alpha$ で積を入れると, S はモノイドである. その単位元は恒等写像 1_A である. しかし, $|A| \geq 2$ ならば, 可換法則は成立しない. 実際, $A = \{1, 2\}$ とすると, $S = \{\alpha_1, \alpha_2, \alpha_3, \alpha_4\}$ で,

$$\alpha_1 : \begin{pmatrix} 1 \\ 2 \end{pmatrix} \to \begin{pmatrix} 1 \\ 2 \end{pmatrix}, \quad \alpha_2 : \begin{pmatrix} 1 \\ 2 \end{pmatrix} \to \begin{pmatrix} 2 \\ 1 \end{pmatrix},$$

$$\alpha_3 : \begin{pmatrix} 1 \\ 2 \end{pmatrix} \to \begin{pmatrix} 1 \\ 1 \end{pmatrix}, \quad \alpha_4 : \begin{pmatrix} 1 \\ 2 \end{pmatrix} \to \begin{pmatrix} 2 \\ 2 \end{pmatrix}$$

となるが,

$$\alpha_4 \circ \alpha_3 : \begin{pmatrix} 1 \\ 2 \end{pmatrix} \to \begin{pmatrix} 2 \\ 2 \end{pmatrix}, \quad \alpha_3 \circ \alpha_4 : \begin{pmatrix} 1 \\ 2 \end{pmatrix} \to \begin{pmatrix} 1 \\ 1 \end{pmatrix}$$

だから, $\alpha_4 \circ \alpha_3 \neq \alpha_3 \circ \alpha_4$ である. □

S がモノイドならば, $x_1, \ldots, x_n \in S$ について,

$$x_1 \cdots ((x_{i-1} x_i) x_{i+1}) \cdots x_n$$

のように, 隣り合う 2 元にどのように括弧を入れて積をとっても, 結果として同じ元が得られる (第 0 章章末の問題 **8**). この元を $x_1 \cdots x_n$ と書く. 明らかに,

$$(x_1 \cdots x_m)(x_{m+1} \cdots x_n) = x_1 \cdots x_n$$

である.

また, S が可換モノイドであれば, $\{1, \ldots, n\}$ の任意の置換 σ に対して, 等式

$$x_{\sigma(1)} \cdots x_{\sigma(n)} = x_1 \cdots x_n$$

が成立する. この等式は, $x_1, \ldots, x_n$ のどの 2 つについても $x_i x_j = x_j x_i$ が成立すれば, 成り立つ式である.

とくに, $x \in S$ と整数 $n \geq 0$ に対して,

$$x^0 = e, \ x^1 = x, \ x^2 = xx, \ \ldots, \ x^n = (x^{n-1})x, \ \ldots$$

4.1 群の定義

と定義される. x^n を x の **n べき**（または **n 乗**）という. S の部分集合 $\{e, x^1, x^2, \ldots, x^n, \ldots\} = \{x^i\}_{i \geq 0}$ は，それ自身でモノイドになっている．

S, T をモノイドとして，集合の写像 $f: S \to T$ が 2 項演算を保ち，$f(e_S) = e_T$ となるとき，f をモノイドの**準同型写像**という．ただし，e_S, e_T はそれぞれ S, T の単位元である．

例 4.1.2 実数体 $\mathbb{R}$ は和でモノイドになっている．また，正の実数の集合 $\mathbb{R}_{>0}$ は，積と単位元 1 でモノイドになっている．このとき，$\exp: \mathbb{R} \to \mathbb{R}_{>0}$, $x \mapsto e^x$ と $\log: \mathbb{R}_{>0} \to \mathbb{R}$, $x \mapsto \log x$ は，それぞれモノイドの準同型写像である． □

モノイドの概念に逆元の存在を入れて，群を定義する．

定義 4.1.3 モノイド G が次の条件を満たすとき，G は**群** (group) であるという．

(4)（逆元の存在） G の任意の元 x に対し，元 x^{-1} が存在して，$xx^{-1} = x^{-1}x = e$.

この元 x^{-1} を x の**逆元**という．また，G の 2 項演算を和で与えるときは，x^{-1} の代わりに $-x$ と書いて，x の**負元**（または**マイナス元**）という．

例 4.1.4 (1) K が体であるとき，$K^* = K \setminus \{0\}$ は積で群になっている．この群を K の**乗法群**という．また，K に和を考えたものは可換群になっている．この群を K_+ と書いて，K の**加法群**という．

(2) $S(\neq \emptyset)$ を集合として，$G = \{\alpha: S \to S \mid \text{全単射}\}$ とおけば，写像の合成を積，恒等写像 1_S を単位元，α の逆写像 α^{-1} を逆元として，G は群になる．とくに，S が n 個の元から成る有限集合であるとき，G を S_n と書いて，n 次の**置換群**という． □

置換群の構造は後に詳しく調べる．群 G に可換法則が成立するとき，G は可換群であるという代わりに，G は**アーベル群**であるということが多い．

補題 4.1.5 G を群とすると，次のことがらが成立する．

(1) G の単位元はただ一つである．
(2) G の任意の元 x について，その逆元もただ一つである．

証明 (1) e と e' がともに単位元であったとすると，G の任意の元 x に対して
$$xe = ex = x, \quad xe' = e'x = x$$
となる．e に対する等式で $x = e'$ とし，次いで e' に対する等式で $x = e$ とすると，
$$e' = e'e = ee' = e$$
となるので，単位元はただ一つしか存在しない．

(2) $xy = yx = e$, $xz = zx = e$ となれば，
$$z = ze = z(xy) = (zx)y = ey = y$$
となるので，x の逆元はただ一つである．□

補題 4.1.6 集合 G 上に 2 項演算 $(x, y) \mapsto xy$ が定義されているとき，(1) 結合法則，(2) 単位元の存在，(4) 逆元の存在，の 3 条件が満たされて，G は群になる．このとき，条件 (2), (4) は次のように弱めることができる．

(*2) （左単位元の存在）G の元 e が存在し，任意の G の元 x について，$ex = x$.

(*4) （左逆元の存在）G の任意の元 x に対し，元 y が存在して $yx = e$ となる．ただし，e は左単位元である．

証明 条件 (1), (2), (4) と条件 (1), (*2), (*4) が同値であることを示せばよい．(1),(2),(4) ⇒ (1),(*2),(*4) は明らかである．逆の (1),(*2),(*4) ⇒ (1),(2),(4) については，まず，e を左単位元として，x の左逆元が逆元（右逆元）になることを示す．$y, z \in G$ を $yx = zy = e$ と選ぶと，
$$xy = e(xy) = (zy)(xy) = z(yx)y$$
$$= z(ey) = zy = e.$$
よって，条件 (4) が示された．また，
$$x = ex = (xy)x = x(yx) = xe$$
となるので，e は右単位元になること，すなわち，条件 (2) も示された．□

4.1 群の定義

左単位元および左逆元の存在と対称的に，

(2*) （右単位元の存在） G の元 e が存在し，任意の G の元 x に対して $xe = x$.

(4*) （右逆元の存在） G の任意の元 x に対し，元 y が存在して $xy = e$ となる．ただし，e は右単位元である．

という条件を考えると，同値 $(1), (2), (4) \iff (1), (2^*), (4^*)$ が示される．

逆元の計算においては

$$(x_1 x_2 \cdots x_n)^{-1} = x_n^{-1} x_{n-1}^{-1} \cdots x_1^{-1}$$

のように順序が逆転することに注意しよう．

群 G は，$|G| < \infty$ のとき**有限群**といい，$|G| = \infty$ のとき**無限群**であるという．G が有限群ならば，$|G|$ を G の**位数**という．

補題 4.1.7 G を群，$H(\neq \emptyset)$ をその部分集合とする．H に関して，次の2条件

(ⅰ) $x, y \in H$ ならば $xy \in H$,

(ⅱ) $x \in H$ のとき $x^{-1} \in H$

が満たされるならば，H は，G の積の H への制限によって，群となる．

証明 $\mu : G \times G \to G$ が G の積を与えるならば，条件 (ⅰ) により，その制限 $\mu_H : H \times H \to H$ を考えることができる．このとき，群の定義として述べた条件 $(1), (2), (4)$ が μ_H に対して成立することを見ればよい．(1) の結合法則は明らかに成立する．実際，$x, y, z \in H$ について，等式 $(xy)z = x(yz)$ が G で成立すればよいからである．

(ⅱ) によって，$x \in H$ の逆元 x^{-1} は H の元である．(ⅰ) によって，$e = x \cdot x^{-1} \in H$ となる．すなわち，G の単位元 e は H の元である．すると，$x \in H$ について，$ex = xe = x$ が成立する． □

上の補題の条件 (ⅰ), (ⅱ) を満たす H を G の**部分群**という．H が G の部分群であることを示すのに，(ⅰ) と (ⅱ) の代わりに，次の条件

(ⅲ) $x, y \in H$ ならば，$x^{-1}y \in H$

が成立することを示してもよい.なぜならば, (i), (ii) ⇒ (iii) は, $x, y \in H \Rightarrow x^{-1}, y \in H$ より明らかである.逆に, (iii) が成立すれば, $x^{-1}x = e \in H$ となるので, (iii) で $y = e$ とおけば, $x \in H \Rightarrow x^{-1} \in H$ がわかる.さらに, $xy = (x^{-1})^{-1}y \in H$ であるから,条件 (i) も従う.

補題 4.1.8 G を群, $x \in G$ とすると, $H = \{x^n \mid n \in \mathbb{Z}\}$ は G の部分群である.ただし, x^{-1} は x の逆元, $x^{-n} = (x^{-1})^n$ $(n > 0)$, $x^0 = e$ と定義する.

証明 (1) H について条件 (i) が成立することを見るためには, $n, m \in \mathbb{Z}$ に対して, $x^n \cdot x^m = x^{n+m}$ となることを示せばよい. $n \geq 0$, $m \geq 0$ ならば, $x^n \cdot x^m$ は x の $(n+m)$ 個の積であるから, x^{n+m} に等しい. $n \geq 0$, $m < 0$ ならば, $m = -m'$ とおいて

$$x^n \cdot x^m = (\underbrace{x \cdots x}_{n}) \cdot (\underbrace{x^{-1} \cdots x^{-1}}_{m'})$$

となる. $n \geq m'$ ならば, $xx^{-1} = e$ を使って消去していけば, $x^n \cdot x^m = x^{n-m'} = x^{n+m}$ となる. $n < m'$ ならば, $x^n \cdot x^m = (x^{-1})^{m'-n} = x^{n-m'} = x^{n+m}$ となる. $n < 0$, $m \geq 0$ の場合と, $n < 0$, $m < 0$ の場合にも同様にして示される.

(2) 任意の $n \in \mathbb{Z}$ について, $x^n \cdot (x^{-n}) = e$ である.よって, $(x^n)^{-1} = x^{-n} \in H$ となり,条件 (ii) が H に対して成立する. □

上の補題の H を,元 x で生成された部分群と呼び, $\langle x \rangle$ と表す. $|\langle x \rangle| < \infty$ のとき, $\langle x \rangle$ の位数を元 x の**位数**といい, $|x|$ と表す. $x = e$ ならば, $\langle e \rangle = \{e\}$ であるから, $|e| = 1$ となる.また, $|\langle x \rangle| = \infty$ のとき, x は**無限位数**の元であるという.

G, G' を群として,集合の写像 $f : G \to G'$ が群の積を保つとき, f は**群準同型写像**であるという.すなわち,

$$x, y \in G について, \quad f(xy) = f(x)f(y)$$

が成立するとき, f は群の積を保つという.群準同型写像 $f : G \to G'$ は

$$f(e) = e', \quad f(x^{-1}) = f(x)^{-1}$$

という性質をもっている.ここで, e' は G' の単位元である.

4.1 群の定義

実際, $e^2 = e$ だから, $f(e)^2 = f(e)$. 両辺の左から $f(e)^{-1}$ を掛けて,

$$f(e) = f(e)^{-1}f(e)^2 = f(e)^{-1}f(e) = e'$$

となる. また, $e' = f(e) = f(xx^{-1}) = f(x)f(x^{-1})$ となるので, $f(x)$ の逆元がただ一つしかないことから, $f(x^{-1}) = f(x)^{-1}$ となる.

群準同型写像 $f: G \to G'$ について

$$\mathrm{Ker}\, f = \{x \in G \mid f(x) = e'\},$$
$$\mathrm{Im}\, f = \{f(x) \in G' \mid x \in G\}$$

はそれぞれ G, G' の部分群である.

実際, $x_1, x_2 \in \mathrm{Ker}\, f$ ならば, $f(x_1 x_2) = f(x_1)f(x_2) = e'e' = e'$ である. よって, $x_1 x_2 \in \mathrm{Ker}\, f$. また, $f(x) = e'$ ならば, $f(x^{-1}) = f(x)^{-1} = e'^{-1} = e'$. したがって, $x \in \mathrm{Ker}\, f$ ならば, $x^{-1} \in \mathrm{Ker}\, f$. 以上から, $\mathrm{Ker}\, f$ は G の部分群になる. $\mathrm{Im}\, f$ が G' の部分群になることは, $f(x_1)f(x_2) = f(x_1 x_2)$, $f(x)^{-1} = f(x^{-1})$ の 2 つの等式から従う.

補題 4.1.9 $f: G \to G'$ が群準同型写像とすると, 次のことがらが成立する.

(1) f が単射である $\iff$ $\mathrm{Ker}\, f = \{e\}$.
(2) f は全射である $\iff$ $\mathrm{Im}\, f = G'$.

証明 (2) は明らかだから, (1) を示す. f が単射ならば, $f(e) = e'$ に注意すると, $f(x) = e' \Rightarrow x = e$. よって, $\mathrm{Ker}\, f = \{e\}$. 逆に, $\mathrm{Ker}\, f = \{e\}$, $f(x) = f(y) = e'$ とすれば, $f(xy^{-1}) = f(x)f(y)^{-1} = e'e' = e'$ である. よって, $xy^{-1} = e$ となる. すなわち, $x = y$ となって, f は単射である. □

群準同型写像 $f: G \to G'$ が全単射であるとき, f は**群同型写像**であるといい, G は G' に**同型**であるという. G と G' の間に群同型写像があるとき, $G \cong G'$ と記す. G と G' が同型であれば, 異なる集合 G, G' の上に群の構造が与えられていても, それらは同じであると見なすのである. また, 群 G が一見して複雑に見える構造であっても, より簡単で構造の知られた群に同型であれば, G の群構造は解明されたと考える.

また，群準同型写像 $f: G \to G'$ が同型写像である必要十分条件は，群準同型写像 $g: G' \to G$ が存在して，$g \circ f = 1_G$, $f \circ g = 1_{G'}$ となることである．証明はベクトル空間の場合と同様で，$y = f(x) \iff x = g(y)$ によって集合の写像 $g: G' \to G$ を定義し，g が群準同型写像になることを見ればよい．

4.2 巡回群・2面体群・置換群

群 G に元 x が存在して $G = \langle x \rangle$ となるとき，G は**巡回群**であるといい，元 x を G の**生成元**という．

補題 4.2.1 G を巡回群とすると，次のことがらが成立する．

(1) G はアーベル群である．
(2) G が無限群ならば，G は，整数全体 $\mathbb{Z}$ に和で演算を入れた群に同型である．
(3) G が有限群ならば，G は，ある自然数 n の合同類全体 $\mathbb{Z}/n\mathbb{Z}$ に和で演算を入れた群に同型である．

証明 $G = \langle x \rangle = \{x^n \mid n \in \mathbb{Z}\}$ であるから，$x^n \cdot x^m = x^{n+m} = x^m \cdot x^n$ となって，その積は可換である．

そこで，集合の写像 $f: \mathbb{Z} \to G$ を $f(n) = x^n$ と定義すると，

$$f(n+m) = x^{n+m} = x^n \cdot x^m = f(n)f(m)$$

となるので，f は群準同型写像で，かつ，全射である．もし $\mathrm{Ker}\, f = \{0\}$ ならば，f は群同型写像になるので，$G \cong \mathbb{Z}$ となる．$\mathrm{Ker}\, f \neq \{0\}$ と仮定する．$I = \mathrm{Ker}\, f$ とおくと，I は $\mathbb{Z}$ のイデアルである．実際，$n, m \in I$ ならば，$f(n) = f(m) = e$ だから，$f(n \pm m) = f(n) f(m)^{\pm 1} = e$．したがって，$n \pm m \in I$．また，$n \in I$, $r \in \mathbb{Z}$ とすると，$f(rn) = x^{rn} = (x^n)^r = e^r = e$ となり，$rn \in I$．よって，I は単項イデアル $n\mathbb{Z}$ ($n > 0$) と書ける（定理 1.7.1）．このとき，n の合同類全体 $\{0 + n\mathbb{Z}, 1 + n\mathbb{Z}, \ldots, (n-1) + n\mathbb{Z}\}$ と G が $1:1$ に対応することを見よう．まず，$i + n\mathbb{Z}$ に属するどんな整数 $i + nr$ に対しても，$x^{i+nr} = x^i \cdot (x^n)^r = x^i$ となる．$i + n\mathbb{Z} \neq j + n\mathbb{Z}$ ならば，$x^i \neq x^j$ である．実際，もし $x^i = x^j$ ならば，両辺に x^{-j} を掛けて $x^{i-j} = e$ となる．したがって，

4.2 巡回群・2面体群・置換群

$i - j \in \operatorname{Ker} f = n\mathbb{Z}$. よって, $i + n\mathbb{Z} = j + n\mathbb{Z}$ となって矛盾が生じる. したがって, $\overline{f} : \mathbb{Z}/n\mathbb{Z} \to G$ を $\overline{f}(i + n\mathbb{Z}) = f(i)$ と定義することができるが, $\overline{f}$ は群準同型写像で全単射である（1.4節を参照）. よって, $G \cong \mathbb{Z}/n\mathbb{Z}$. □

$G \cong \mathbb{Z}/n\mathbb{Z}$ のとき, G の位数は n である. 位数 n の巡回群を **n 次巡回群**と呼んで, C_n または Z_n で表すことがある.

定理 4.2.2 G を巡回群とすると, 次のことがらが成立する.

(1) $G \cong \mathbb{Z}$ のとき, x^r が G の生成元である必要十分条件は, $r = \pm 1$ である.
(2) $G \cong \mathbb{Z}/n\mathbb{Z}$ のとき, $H = \langle x^r \rangle$ $(0 \le r < n)$ とおけば, $|H| = \dfrac{n}{d}$ $(d = \gcd(n, r))$ である. したがって, x^r $(0 \le r < n)$ が G の生成元であるための必要十分条件は, $\gcd(r, n) = 1$ である. とくに, G にはオイラーの関数 $\varphi(n)$ 個だけの生成元がある.
(3) $G \cong \mathbb{Z}/n\mathbb{Z}$ のとき, G の任意の部分群 H も巡回群である.

証明 (1) 次の2条件は同値である.

(i) x^r は G の生成元である.
(ii) $x \in \langle x^r \rangle$.

条件 (ii) は, 整数 s が存在して $x^{rs} = x$ となることと同値である. よって, $G \cong \mathbb{Z}$ ならば, $rs = 1$. よって, $r = \pm 1$ である.

(2) $f' : \mathbb{Z} \to H \subset G$ を $f'(m) = x^{rm}$ で定義すると,

$$\operatorname{Ker} f' = \{m \in \mathbb{Z} \mid rm \in n\mathbb{Z}\} = n\mathbb{Z} : r\mathbb{Z}$$

となる. $n = p_1^{\alpha_1} \cdots p_s^{\alpha_s}$, $r = p_1^{\beta_1} \cdots p_s^{\beta_s}$ $(p_i \ne p_j \ (i \ne j), \alpha_i \ge 0, \beta_i \ge 0, \alpha_i + \beta_i > 0)$ を n と r の素因数分解とする. $\delta_i = \max(0, \alpha_i - \beta_i)$, $n' = p_1^{\delta_1} \cdots p_s^{\delta_s}$ とおくとき, $n\mathbb{Z} : r\mathbb{Z} = n'\mathbb{Z}$ である（第1章章末の問題 **3** を参照）. よって, $H \cong \mathbb{Z}/n'\mathbb{Z}$ となる. $d = \gcd(n, r)$ は $d = p_1^{\gamma_1} \cdots p_s^{\gamma_s}$, $\gamma_i = \min(\alpha_i, \beta_i)$ と表されるから, 等式 $n'd = n$ が成り立つ. このとき, $|H| = n' = \dfrac{n}{d}$. さらに, $G = H \Leftrightarrow d = 1$ である.

(3) $x^a, x^b \in H$ $(0 < a < n, 0 < b < n)$ のとき, $d = \gcd(a, b)$ として, $x^d \in H$ となることを示す. 実際, $d = \alpha a + \beta b$ と表せるから, $x^d = (x^a)^\alpha \cdot (x^b)^\beta \in H$ と

なる．$H \neq \{e\}$ として，x^a $(0 < a < n)$ を，a が最小になるような H の元とする．H の任意の元 x^b $(0 < b < n)$ をとって，上の主張を使うと，$d = \gcd(a, b)$ に対して $x^d \in H$ である．$d \mid a$ となることと a の取り方から，$d = a$ となる．よって，x^b は x^a のべき乗として表される． □

次に，2面体群について考えよう．平面上に正 n 角形を描く．複素平面上の原点を中心とする単位円（半径 1 の円）上に，点の集合 $\{e^{\frac{2\pi j}{n}\sqrt{-1}} \mid 0 \leq j < n\}$ をとって，それらを頂点とする多角形を取れば，正 n 角形 Γ_n が得られる．

また，平面 $\mathbb{R}^2$ から平面 $\mathbb{R}^2$ への全単射な写像で，(i) 2 点間の距離，(ii) 2 直線のなす角，を不変にするものは，平行移動，回転，折り返し，またはそれらの合成となっていることが知られている[2]．このような写像を**合同変換**と呼ぶ．そこで，

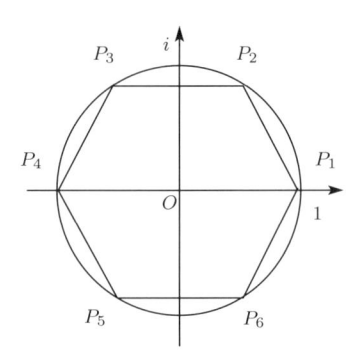

$$D_n = \{\alpha \mid \alpha \text{ は合同変換で，} \alpha(\Gamma_n) = \Gamma_n\}$$

とおいて，D_n に写像の合成で積を定義すると，D_n は群になる．D_n を **n 次 2 面体群**という．

定理 4.2.3 2面体群 D_n に関して，次のことがらが成立する．

(1) D_n に属する合同変換は，原点を中心とする Γ_n の回転と，原点を通る対称軸に関する折り返しから成る．

(2) 原点を中心とする $\frac{2\pi}{n}$ だけの反時計回りの回転を ρ とすると，$\{e, \rho, \rho^2, \ldots, \rho^{n-1}\}$ は，Γ_n を自分自身に移す回転になっている．ここで，$\rho^n = e$ である．

---

[2] 1直線上にない3点 P_0, P_1, P_2 を動かさない合同変換 σ は恒等写像である．実際，$\mathbf{v}_1 = \overrightarrow{P_0P_1}$, $\mathbf{v}_2 = \overrightarrow{P_0P_2}$ とおけば，$\mathbf{v}_1, \mathbf{v}_2$ は一次独立なベクトルであり，任意の点 Q に対して，$\overrightarrow{P_0Q} = \alpha_1 \mathbf{v}_1 + \alpha_2 \mathbf{v}_2$ と表される．合同変換 σ は，直線 $\overline{P_0P_1}$ と $\overline{P_0P_2}$ 上の点を不動にし，平行四辺形を平行四辺形に写像するので，点 Q も σ で不動である．よって，σ は恒等写像である．τ を任意の合同変換とし，$P'_i = \tau(P_i)$ $(i = 0, 1, 2)$ とおく．すると，平行移動 π が存在して，$P_0 = \pi(P'_0)$ とできる．このとき，P_0 を中心とする回転 ρ が存在して，$P_1 = \rho\pi(P'_1)$ とできる．もし $P_2 \neq \rho\pi(P'_2)$ ならば，$\angle P_1 P_0 P_2 = \angle P_1 P_0 P''_2$ $(P''_2 = \rho\pi(P'_2))$ だから，直線 $\overline{P_0P_1}$ を中心軸とする折り返しを σ として，$\tau' = \sigma\rho\pi\tau$ を考えると，τ' は 3 点 P_0, P_1, P_2 を不動にしている．よって，τ' は恒等写像である．このとき，$\tau = \pi^{-1}\rho^{-1}\sigma^{-1}$ と表されて，$\pi^{-1}, \rho^{-1}, \sigma^{-1}$ は，それぞれ，平行移動，回転，折り返しである．

4.2 巡回群・2面体群・置換群

(3) 頂点 P_i を通る Γ_n の対称軸を ℓ_i とする. n が偶数 $(n = 2m)$ ならば, $\ell_1 = \overline{P_1 P_{m+1}}$ であり, n が奇数 $(n = 2m+1)$ ならば, ℓ_1 は $\overline{P_{m+1} P_{m+2}}$ の中点を通る. ℓ_i に関する折り返し σ_i は $\sigma \rho^{n-2i+2}$ に等しい. ただし, $\sigma = \sigma_1$ とおく.

(4) n が偶数 $(n = 2m)$ のとき, 辺 $P_i P_{i+1}$ の中点と辺 $P_{m+i} P_{m+i+1}$ の中点を結ぶ対称軸 ℓ_i' に関する折り返しを τ_i とすると, $\tau_i = \rho^{2i-1}\sigma$ である. ここで, 添字 $m+i$, $m+i+1$ は $n = 2m$ を法として考えるものとする. また, $\tau_i = \sigma \rho^{-2i+1}$ とも書ける.

(5) $D_n = \{e, \rho, \ldots, \rho^{n-1}, \sigma, \sigma\rho, \ldots, \sigma\rho^{n-1}\}$. とくに, $|D_n| = 2n$ である. また, $\rho^n = e$, $\sigma^2 = e$, $\sigma\rho\sigma = \rho^{-1}$ という関係式がある.

証明 (1) τ を, 合同変換で $\tau(\Gamma_n) = \Gamma_n$ となるものとする. 最初に, τ が一直線上にない 3 点を不動にすれば, τ は恒等写像 e であることに注意しておく (脚注 **2** 参照). τ が頂点の 1 つ P_i を動かさなければ, τ は, 恒等写像 e か P_i を通る対称軸 ℓ_i に関する折り返し σ_i である. τ はどの頂点も動かすが, 辺上の 1 点 M を不動にすれば, M は辺 $\overline{P_i P_{i+1}}$ の中点で, τ は対称軸 ℓ_i' に関する折り返しである. 最後に, τ が Γ_n のどの点も動かすと仮定する. $P_i = \tau(P_1)$ として, $\tau' = \rho^{-i+1}\tau$ とおくと, $\tau'(P_1) = P_1$ である. すると, $\tau' = e$ または $\tau' = \sigma_1$ である. $\tau' = e$ ならば $\tau = \rho^{i-1}$ は回転である. $\tau' = \sigma_1$ とすると, $\tau = \rho^{i-1}\sigma_1$ であるが, この場合は起こらないことを見よう. $n + i + 1 \equiv 0 \pmod{2}$ ならば, $k = \dfrac{n+i+1}{2}$ とおくと, $\tau(P_k) = P_k$ であり, $n + i + 1 \equiv 1 \pmod{2}$ ならば, τ は辺 $\overline{P_{\frac{n+i}{2}} P_{\frac{n+i+2}{2}}}$ の中点を不動にする[3]. したがって, τ は Γ_n 上に不動点をもたないという仮定に反する. 以上から, $n \equiv 1 \pmod{2}$ ならば, $D = \{e, \rho, \ldots, \rho^{n-1}, \sigma_1, \sigma_2, \ldots, \sigma_n\}$ であり, $n \equiv 0 \pmod{2}$ ならば, $D = \{e, \rho, \ldots, \rho^{n-1}, \sigma_1, \ldots, \sigma_m, \tau_1, \ldots, \tau_m\}$ と書ける. ただし, $n = 2m$ とおく,

---

[3] 置換の記号を用いると, $\sigma_1 = \begin{pmatrix} 1 & 2 & \cdots & i & \cdots & n \\ 1 & n & \cdots & n+2-i & \cdots & 2 \end{pmatrix}$ であり, $\rho = \begin{pmatrix} 1 & 2 & \cdots & n \\ 2 & 3 & \cdots & 1 \end{pmatrix}$ である. よって, $\tau(P_k) = P_\ell$ とすると, $\ell \equiv n + 2 - k + i - 1 \pmod{n}$ となる. したがって, $n + i + 1 \equiv 0 \pmod{2}$ ならば, $k = \dfrac{n+i+1}{2}$ として, $\tau(P_k) = P_k$ である. $n + i + 1 \equiv 1 \pmod{2}$ ならば, $k = \dfrac{n+i}{2}$ として, $\tau(P_k) = P_{k+1}$, $\tau(P_{k+1}) = P_k$ となるから, τ は辺 $\overline{P_k P_{k+1}}$ の中点 M を不動にする.

(2) τ が $\tau(P_1) = P_i$ となる回転ならば，$\rho^{-i+1}\tau$ は P_1 を P_1 に移す回転である．したがって，$\rho^{-i+1}\tau$ は恒等写像になり，$\tau = \rho^{i-1}$ となる．これから (2) の主張は明らかである．

(3) $\sigma_i(P_k) = P_{n+2i-k}$ $(1 \le k \le n)$ である．ただし，添字 $n+2i-k$ は，mod n で考えて $\{1, 2, \ldots, n\}$ に属するものをとる．とくに，$\sigma = \sigma_1$ として，$\sigma(P_k) = P_{n+2-k}$ である．よって，$\sigma\rho^{n-2i+2}(P_k) = \sigma(P_{n-2i+2+k}) = P_{n+2-(n-2i+2+k)} = P_{n+2i-k}$ となるので，$\sigma_i = \sigma\rho^{n-2i+2}$ である．

(4) $\tau_i(P_k) = P_{n+2i+1-k}$ $(1 \le k \le n)$ であり，$\rho^{2i-1}\sigma(P_k) = \rho^{2i-1}(P_{n+2-k}) = P_{n+2-k+2i-1}$ となるから，$\tau_i = \rho^{2i-1}\sigma$ である．$\tau_i = \sigma\rho^{-2i+1}$ となることは，(5) で示す $\rho\sigma = \sigma\rho^{-1}$ という関係式を使えば明らかである．

(5) $\sigma\rho\sigma(P_k) = \sigma\rho(P_{n+2-k}) = \sigma(P_{n+3-k}) = P_{n+2-(n+3-k)} = P_{k-1} = \rho^{-1}(P_k)$ と計算されるから，$\sigma\rho\sigma = \rho^{-1}$ である．また，$\rho^n = e$, $\sigma^2 = e$ となることは明らかである．$1 \le i, j \le n$ について，$\sigma\rho^i \ne \rho^j$ である．なぜならば，$\sigma\rho^i = \rho^j$ とすると，$\sigma = \rho^{j-i}$ となり，σ は P_1 を固定する写像であるが，ρ^{j-i} はすべての点を固定する ($j = i$ のとき) か，どの点も固定しない ($j \ne i$ のとき) ので，矛盾である．$i \ne j$ ならば，$\rho^i \ne \rho^j$, $\sigma\rho^i \ne \sigma\rho^j$ である．一方，(1) より $|G| = 2n$ だから，

$$G = \{e, \rho, \ldots, \rho^{n-1}, \sigma, \sigma\rho, \ldots, \sigma\rho^{n-1}\}$$

となる． □

2 面体群 D_n の場合，$n \ge 3$ であるから，$\rho \ne \rho^{-1}$ である．よって，$\sigma\rho\sigma = \rho^{-1}$ からわかるように，D_n は非可換群である．$n = 2$ のとき，線分 $[-1, 1]$ を正 2 角形と考えると，$D_2 \cong \mathbb{Z}/2\mathbb{Z}$ となる．実際，原点の回りの π だけの回転 ρ と，原点を中心とする折り返し σ は同じ変換である．しかし，定理 4.2.3 の (5) のように，2 つの元 ρ, σ が存在して，$\rho^2 = \sigma^2 = e$, $\sigma\rho\sigma = \rho^{-1} = \rho$ を満たしている群 V を考えると，$V = \{e, \rho, \sigma, \sigma\rho\}$ となる．このアーベル群 V を**クラインの 4 元群**と呼ぶ．

n 次の置換群 S_n について考える．この群は，n 個の元から成る集合 $S = \{1, 2, \ldots, n\}$ のすべての全単射（**置換**という）を集めた集合に対して，写像の合成で積を定義したものである．S_n を **n 次置換群**または **n 次対称群**と呼ぶ．$\sigma \in S_n$ を

4.2 巡回群・2面体群・置換群

$$\sigma = \begin{pmatrix} 1 & 2 & \cdots & n \\ \sigma(1) & \sigma(2) & \cdots & \sigma(n) \end{pmatrix}$$

のように，S の元を第 1 行に並べ，元 i の σ による像 $\sigma(i)$ を第 2 行に並べて表示する．$\tau = \begin{pmatrix} 1 & 2 & \cdots & n \\ \tau(1) & \tau(2) & \cdots & \tau(n) \end{pmatrix}$ ならば，積は

$$\tau \cdot \sigma = \begin{pmatrix} 1 & 2 & \cdots & n \\ \tau(\sigma(1)) & \tau(\sigma(2)) & \cdots & \tau(\sigma(n)) \end{pmatrix}$$

である．単位元は恒等置換

$$e = \begin{pmatrix} 1 & 2 & \cdots & n \\ 1 & 2 & \cdots & n \end{pmatrix}$$

であり，σ の逆元は

$$\sigma^{-1} = \begin{pmatrix} \sigma(1) & \sigma(2) & \cdots & \sigma(n) \\ 1 & 2 & \cdots & n \end{pmatrix}$$

である．

S は有限集合であるから，次のような操作で，S を，相交わらない部分集合の和に分割することができる．

(1) $1, \sigma(1), \sigma^2(1), \ldots$ ととっていくと，整数 s が存在して，$1 \leq j < s$ ならば $\sigma^j(1) \notin \{1, \sigma(1), \ldots, \sigma^{j-1}(1)\}$ であるが，$\sigma^s(1) \in \{1, \sigma(1), \ldots, \sigma^{s-1}(1)\}$ となる．このとき，$\sigma^s(1) = 1$ である．実際，$\sigma^s(1) = \sigma^i(1)$ $(0 < i < s)$ ならば，$\sigma^{s-i}(1) = 1$ となって，整数 s の取り方に反するからである．置換 σ を部分集合 $\{1, \sigma(1), \ldots, \sigma^{s-1}(1)\}$ に制限すると

$$\begin{pmatrix} 1 & \sigma(1) & \cdots & \sigma^{s-1}(1) \\ \sigma(1) & \sigma^2(1) & \cdots & 1 \end{pmatrix}$$

となる．一般に，S の部分集合 $\{j_1, \ldots, j_t\}$ に対して，置換 τ が，$\tau(j_1) = j_2$, $\tau(j_2) = j_3, \ldots, \tau(j_{t-1}) = j_t$, $\tau(j_t) = j_1$ かつ $\tau(k) = k$ $(k \notin \{j_1, \ldots, j_t\})$ となっているとき，τ を長さ t の**巡回置換**といい，$(j_1 \, j_2 \, \cdots \, j_t)$ と表す．よって，部

分集合 $\{1, \sigma(1), \ldots, \sigma^{s-1}(1)\}$ に制限すると，σ は巡回置換 $(1\ \sigma(1)\ \cdots\ \sigma^{s-1}(1))$ に等しい．

(2) $\{1, \sigma(1), \ldots, \sigma^{s-1}(1)\} \subsetneq S$ ならば，$i_1 = 1, s_1 = s$ として，$i_2 \in S \setminus \{i_1, \sigma(i_1), \ldots, \sigma^{s_1-1}(i_1)\}$ ととる．(1) と同様にして，部分集合 $\{i_2, \sigma(i_2), \ldots, \sigma^{s_2-1}(i_2)\}$ と巡回置換 $(i_2\ \sigma(i_2)\ \cdots\ \sigma^{s_2-1}(i_2))$ がとれる．σ は，$\{i_1, \sigma(i_1), \ldots, \sigma^{s_1-1}(i_1)\} \cup \{i_2, \sigma(i_2), \ldots, \sigma^{s_2-1}(i_2)\}$ に制限すると，次の巡回置換の積に等しい．

$$(i_1\ \sigma(i_1)\ \cdots\ \sigma^{s_1-1}(i_1))(i_2\ \sigma(i_2)\ \cdots\ \sigma^{s_2-1}(i_2)).$$

(3) この操作を繰り返すと，S は

$$S = \{i_1, \sigma(i_1), \ldots, \sigma^{s_1-1}(i_1)\} \cup \{i_2, \sigma(i_2), \ldots, \sigma^{s_2-1}(i_2)\}$$
$$\cup \cdots \cup \{i_r, \sigma(i_r), \ldots, \sigma^{s_r-1}(i_r)\}$$

と分解できて，置換 σ は

$$\sigma = (i_1\ \sigma(i_1)\ \cdots\ \sigma^{s_1-1}(i_1)) \cdots (i_r\ \sigma(i_r)\ \cdots\ \sigma^{s_r-1}(i_r))$$

と分解できる．ただし，長さが 1 の巡回置換も認めることにして，$s_j = 1$ ならば $\sigma(i_j) = i_j$ とする．

置換 σ の上のような分解においては，2 つの相異なる巡回置換は可換である．その理由は，対応する S の部分集合が相交わらないからである．

S の 2 つの元 i, j について，置換 $(i\ j)$, すなわち $i \mapsto j, j \mapsto i$ は長さ 2 の巡回置換である．長さ 2 の巡回置換を**互換**という．

補題 4.2.4 置換群 S_n について，次のことがらが成立する．

(1) $|S_n| = n!$.
(2) S_n の任意の元 σ は，互換の積に分解できる．
(3) σ を互換の積に分解したとき，σ が偶数個の互換の積であるか奇数個の互換の積であるか(偶奇性)は，分解の仕方によらない．
(4) $$A_n = \{\sigma \in S_n \mid \sigma \text{ は偶数個の互換の積}\},$$
$$B_n = \{\sigma \in S_n \mid \sigma \text{ は奇数個の互換の積}\}$$

4.2 巡回群・2面体群・置換群

とおくと，A_n は部分群であり，

$$B_n = (1\ 2)A_n = \{(1\ 2)\sigma \mid \sigma \in A_n\}$$

となる．したがって，$|A_n| = \dfrac{n!}{2}$．

証明 (1) 明らかである．

(2) S_n の置換 σ は，S を相交わらない部分集合に分割して，部分集合の上の巡回置換の積に分解できるから，S の部分集合 $\{1, 2, \ldots, m\}$ 上の巡回置換 $(1\ 2\ \cdots\ m)$ を互換の積に分解すればよい．たとえば，$(1\ 2\ \cdots\ m)$ は次のような分解をもつ．

$$(1\ 2\ \cdots\ m) = (1\ 2)(2\ 3\ \cdots\ m) = (1\ 2)(2\ 3)\cdots(m-1\ m).$$

他にも，

$$(1\ 2\ \cdots\ m) = (2\ 3\ \cdots\ m)(1\ m) = (m-1\ m)\cdots(2\ m)(1\ m)$$

など，多くの分解の仕方がある．

(3) $x_1, \ldots, x_n$ を独立変数として，差積

$$\Delta = \prod_{i<j}(x_i - x_j)$$

を考える．$\sigma \in S_n$ を $\sigma(\Delta) = \prod_{i<j}(x_{\sigma(i)} - x_{\sigma(j)})$ として Δ に作用させる．3.4 節で説明したように，τ が互換ならば $\tau(\Delta) = -\Delta$ である．したがって，置換 σ を互換の積 $\sigma = \tau_1 \cdots \tau_r$ と表すと，

$$\sigma(\Delta) = (-1)^r \Delta$$

となる．よって，r が偶数ならば $\sigma(\Delta) = \Delta$ であり，r が奇数ならば $\sigma(\Delta) = -\Delta$ である．この符号は σ によって定まるから，σ の偶奇性は互換の積への分解の仕方によらない．

(4) 明らかである． □

A_n を **n 次交代群** という．偶置換の最も簡単なものは，長さ 3 の巡回置換 $(i\ j\ k)$ $(1 \le i < j < k \le n)$ である．

補題 4.2.5 $n \geq 3$ ならば，A_n の任意の元は，長さ 3 の巡回置換の積として表される．

証明 σ を偶置換として，

$$\sigma = (i_1\ j_1)(i_2\ j_2)\cdots(i_{2r}\ j_{2r})$$

のように偶数個の互換の積として書き表す．このとき，2 つの互換の積について，

(i) i,j,k,ℓ が相異なる 4 文字ならば

$$(i\ j)(k\ \ell) = (i\ j\ k)(j\ k\ \ell)$$

(ii) i,j,k が相異なる 3 文字ならば

$$(i\ j)(i\ k) = (i\ k\ j)$$

が成立しているから，σ を長さ 3 の巡回置換の積として表すことができる． □

$S_2 \cong \mathbb{Z}/2\mathbb{Z}$ であるが，$S_3 = \{e, (1\ 2), (1\ 3), (2\ 3), (1\ 2\ 3), (1\ 3\ 2)\}$ はアーベル群ではない．実際，$\sigma = (1\ 2)$，$\rho = (1\ 2\ 3)$ とおくと，$\sigma^2 = e$，$\rho^3 = e$，$\sigma\rho\sigma = \rho^{-1}$ となるので，S_3 はアーベル群ではない．ここで，σ と ρ を，それぞれ 2 面体群 D_3 における折り返しと回転と見なせば，$S_3 \cong D_3$ である．この 2 つの群 S_3 と D_3 が同型であることを具体的に知るためには，次の**乗積表**を比較すればよい．

S_3	e	$(1\ 2)$	$(1\ 3)$	$(2\ 3)$	$(1\ 2\ 3)$	$(1\ 3\ 2)$
e	e	$(1\ 2)$	$(1\ 3)$	$(2\ 3)$	$(1\ 2\ 3)$	$(1\ 3\ 2)$
$(1\ 2)$	$(1\ 2)$	e	$(1\ 3\ 2)$	$(1\ 2\ 3)$	$(2\ 3)$	$(1\ 3)$
$(1\ 3)$	$(1\ 3)$	$(1\ 2\ 3)$	e	$(1\ 3\ 2)$	$(1\ 2)$	$(2\ 3)$
$(2\ 3)$	$(2\ 3)$	$(1\ 3\ 2)$	$(1\ 2\ 3)$	e	$(1\ 3)$	$(1\ 2)$
$(1\ 2\ 3)$	$(1\ 2\ 3)$	$(1\ 3)$	$(2\ 3)$	$(1\ 2)$	$(1\ 3\ 2)$	e
$(1\ 3\ 2)$	$(1\ 3\ 2)$	$(2\ 3)$	$(1\ 2)$	$(1\ 3)$	e	$(1\ 2\ 3)$

4.3 正規部分群と剰余群

D_3	e	$\sigma\rho^2$	$\sigma\rho$	σ	ρ	ρ^2
e	e	$\sigma\rho^2$	$\sigma\rho$	σ	ρ	ρ^2
$\sigma\rho^2$	$\sigma\rho^2$	e	ρ^2	ρ	σ	$\sigma\rho$
$\sigma\rho$	$\sigma\rho$	ρ	e	ρ^2	$\sigma\rho^2$	σ
σ	σ	ρ^2	ρ	e	$\sigma\rho$	$\sigma\rho^2$
ρ	ρ	$\sigma\rho$	σ	$\sigma\rho^2$	ρ^2	e
ρ^2	ρ^2	σ	$\sigma\rho^2$	$\sigma\rho$	e	ρ

ここで, S_3 と D_3 の間で次の元の対応がある.

S_3	e	(1 2)	(1 3)	(2 3)	(1 2 3)	(1 3 2)
D_3	e	$\sigma\rho^2$	$\sigma\rho$	σ	ρ	ρ^2

4.3 正規部分群と剰余群

G を群, H をその部分群とする. このとき, $x \in G$ に対して

$$Hx = \{hx \mid h \in H\},$$
$$xH = \{xh \mid h \in H\}$$

とおき, Hx を**左剰余類**, xH を**右剰余類**という[4].

補題 4.3.1 (1) G 上に, $x \sim y \iff yx^{-1} \in H$ によって同値関係を定義することができる. 元 x の同値類は左剰余類 Hx である.

(2) G 上に, $x \sim y \iff x^{-1}y \in H$ によって同値関係を定義することができる. x の同値類は右剰余類 xH である.

(3) Hx および xH は, 集合として H と同じ濃度をもつ.

証明 (1) $x \sim y \iff yx^{-1} \in H$ と定義すると,

---

[4] Hx を左剰余類と呼ぶか, 右剰余類と呼ぶかは教科書によって異なっている. その理由は, x を剰余のように見たとき, 右にあるか左にあるかという立場と, x ではなく H が右にあるか左にあるかという立場による. 数学辞典 (岩波書店刊) でも第 3 版と第 2,4 版で立場が変わっている. 本書では第 4 版の立場を採用している.

（反射律）　$x \sim x$,

（対称律）　$x \sim y \Rightarrow y \sim x$,

（推移律）　$x \sim y,\ y \sim z \Rightarrow x \sim z$

を満たしている．実際，$xx^{-1} = e \in H$, $yx^{-1} \in H \Rightarrow xy^{-1} = (yx^{-1})^{-1} \in H$, $yx^{-1}, zy^{-1} \in H \Rightarrow zx^{-1} = (zy^{-1})(yx^{-1}) \in H$ となるからである．

$x \sim y$ ならば，$yx^{-1} \in H \iff y \in Hx$ であるから，

$$x \text{ の同値類 } = \{y \in G \mid x \sim y\} = Hx$$

となる．また，(3) の一部であるが，対応 $H \to Hx$, $h \mapsto hx$ は全単射である．

(2) (1) と同様にして証明される．(3) は (1) における注意から従う．　□

G を H の左剰余類の和として $G = \coprod_{\lambda \in \Lambda} Hx_\lambda$ と表すことを，G の H による**左類別**という．同様に，G を H の右剰余類の和として $G = \coprod_{\lambda \in \Lambda} y_\lambda H$ と表すことを，G の H による**右類別**という．左剰余類の代表元の系 $\{x_\lambda \mid \lambda \in \Lambda\}$ を，G の H による**左完全代表系**という．同様に，$\{y_\lambda \mid \lambda \in \Lambda\}$ を**右完全代表系**という．ここで，左代表系と右代表系を表すのに同じ添字集合を使っているのは，次の結果による．

補題 4.3.2　$G = \coprod_{\lambda \in \Lambda} Hx_\lambda$ が左類別ならば，$G = \coprod_{\lambda \in \Lambda} x_\lambda^{-1} H$ は右類別である．同様に，$G = \coprod_{\lambda \in \Lambda} y_\lambda H$ が右類別ならば，$G = \coprod_{\lambda \in \Lambda} Hy_\lambda^{-1}$ は左類別である．

証明　写像 $\iota : x \mapsto x^{-1}$ は，G から自分自身への全単射である．このとき，$\iota(Hx_\lambda) = x_\lambda^{-1} H$, $\iota(y_\lambda H) = Hy_\lambda^{-1}$ となることに注意すればよい．　□

次の結果は**ラグランジュの定理**と呼ばれる．

定理 4.3.3　G が有限群，H がその部分群ならば，$|H|$ は $|G|$ の約数である．したがって，$[G : H] = \dfrac{|G|}{|H|}$ とおけば，$[G : H]$ は，G の H による左（または右）剰余類の数である．

証明　H と Hx_λ（または $y_\lambda H$）の間には全単射が存在するから，定理の証明は明らかである．　□

4.3 正規部分群と剰余群

$[G:H]$ を，H の G における**指数**という．G の元 x について，yxy^{-1} の形の元を x の**共役元**という．また，G の部分群 H について，$yHy^{-1} = \{yxy^{-1} \mid x \in H\}$ は G の部分群になるので，これを H の**共役部分群**という．有限群 G の位数が素数 p ならば，単位元でない G の元 x をとって，$G = \langle x \rangle$ と表せる．実際，部分群 $\langle x \rangle$ の位数は 1 でなく p を割るので，$G = \langle x \rangle$ となる．

補題 4.3.4 $x \in G$ について，

$$Z_G(x) = \{y \in G \mid yxy^{-1} = x\}$$

は G の部分群である．また，

$$Z(G) = \{x \in G \mid Z_G(x) = G\}$$

は G の部分群である．

証明 $y_1, y_2 \in Z_G(x)$ ならば，$y_1^{-1} x y_1 = x$ に注意して，

$$(y_1^{-1} y_2) x (y_1^{-1} y_2)^{-1} = y_1^{-1}(y_2 x y_2^{-1}) y_1 = y_1^{-1} x y_1 = x.$$

よって，$y_1^{-1} y_2 \in Z_G(x)$ だから，$Z_G(x)$ は部分群である．

また，$Z_G(x) = G \iff xy = yx \; (\forall y \in G)$ に注意すると，$Z(G)$ が部分群になることを示すのは容易である． □

ここで，$Z_G(x)$ を x の**中心化群**といい，$Z(G)$ を G の**中心**という．

補題 4.3.5 G の部分群 H について，

$$N_G(H) = \{y \in G \mid yHy^{-1} = H\}$$

は H を含む G の部分群である．

証明 $y_1, y_2 \in N_G(H)$ ならば，

$$(y_1 y_2) H (y_1 y_2)^{-1} = y_1 (y_2 H y_2^{-1}) y_1^{-1} = y_1 H y_1^{-1} = H$$

だから，$y_1 y_2 \in N_G(H)$．また，$y \in N_G(H)$ に対して $y^{-1} H y = H$ が従うので，$y^{-1} \in N_G(H)$．$h \in H$ とすると，$h^{-1} H h \subseteq H$ より，$H \subseteq hHh^{-1} \subseteq H$．よって，$H = hHh^{-1}$ となるから，$H \subseteq N_G(H)$． □

$N_G(H)$ を H の**正規化群**という．$N_G(H) = G$ となる部分群 H を G の**正規部分群**[5]といい，$H \triangleleft G$ と記す．$H \triangleleft G$ となるための必要十分条件は，

(i) $gHg^{-1} = H$, $\forall g \in G$

であるが，これは次の 3 条件のどれとも同値である．

(ii) $gHg^{-1} \subseteqq H$, $\forall g \in G$.
(iii) $gH = Hg$, $\forall g \in G$.
(iv) $gH \subseteqq Hg$, $\forall g \in G$.

(i) と (iii), (ii) と (iv) は明らかに同値である．(i) ⇒ (ii) は明らかなので，(ii) ⇒ (i) を示す．実際，$g^{-1}H(g^{-1})^{-1} \subseteqq H$ だから，$H \subseteqq gHg^{-1}$ である．また，$gHg^{-1} \subseteqq H$ だから，$H = gHg^{-1}$ が従う．

補題 4.3.6 G を群，H, H_1, H_2 を部分群，N, N_1, N_2 を正規部分群とすると，次のことがらが成立する．

(1) $H_1 \cap H_2$ は部分群であり，$N_1 \cap N_2$ は正規部分群である．
(2) $H \triangleleft N_G(H)$ かつ $H \cap N \triangleleft H$ である．
(3) $HN = \{hx \mid h \in H, x \in N\}$ は G の部分群で，$N_1 N_2 \triangleleft G$ である．

証明 (1) と (2) は定義の条件を確かめればよいから，証明は読者に委ねる．
(3) $h_1, h_2 \in H$, $x_1, x_2 \in N$ とすると，

$$(h_1 x_1)^{-1}(h_2 x_2) = (h_1^{-1} h_2)\left(h_2^{-1} h_1 x_1^{-1} (h_2^{-1} h_1)^{-1}\right) x_2 \in HN$$

となる．実際，$h_1^{-1} h_2 \in H$ で，$\left(h_2^{-1} h_1 x_1^{-1} (h_2^{-1} h_1)^{-1}\right) x_2 \in N$ である．よって，HN は G の部分群である．また，$x_1 \in N_1$, $x_2 \in N_2$, $y \in G$ とすると，

$$y(x_1 x_2) y^{-1} = (y x_1 y^{-1})(y x_2 y^{-1}) \in N_1 N_2$$

だから，$N_1 N_2 \triangleleft G$ である． □

---
[5] 正規部分群を英語で normal subgroup というので，正規部分群を N という記号で表すことが多い．

4.3 正規部分群と剰余群

N を G の正規部分群とすると,左剰余類と右剰余類の区別はなく $xN = Nx$ となるので,単に N の剰余類という.その剰余類全体の集合を G/N と表す.このとき,G/N を次のようにして群にすることができる.

積は, $(xN) \cdot (yN) = xyN$,
単位元は, $eN = N$,
逆元は, $(xN)^{-1} = x^{-1}N$.

この定義が適切であることは,$xN = x'N$, $yN = y'N$ のように剰余類の代表元を取り換えたとき,$xyN = x'y'N$, $x^{-1}N = x'^{-1}N$ が成立することからわかる.実際,$x' = xm$, $y' = yn$ $(m, n \in N)$ とすると,$x'y' = (xm)(yn) = xy \cdot (y^{-1}my)n \in xyN$ であり,$x'^{-1} = (xm)^{-1} = m^{-1}x^{-1} = x^{-1}(xm^{-1}x^{-1}) \in x^{-1}N$ となっている.G/N を G の N による**剰余群**という.集合の商写像 $\pi : G \to G/N$ を $\pi(g) = gN$ と定義すると,π は全射な群準同型写像である.

例 4.3.7 (1) アーベル群 G の任意の部分群は正規部分群である.$G = \langle x \rangle$ が n 次の巡回群で,$m \mid n$ のとき,$H = \langle x^m \rangle$ は正規部分群である.$d = \dfrac{n}{m}$ として,$x^i H = \{x^i, x^{i+m}, \ldots, x^{i+(d-1)m}\}$ となる.$G = \mathbb{Z}/n\mathbb{Z} = \{\overline{0}, \overline{1}, \ldots, \overline{n-1}\}$ とすれば,$H = \{\overline{0}, \overline{m}, 2\overline{m}, \ldots, (d-1)\overline{m}\}$,$\overline{i} + H = \{\overline{i}, \overline{i} + \overline{m}, \ldots, \overline{i} + (d-1)\overline{m}\}$ となり,G/H は $\{\overline{0}, \overline{1}, \ldots, \overline{m-1}\}$ で代表されることがわかる.すなわち,$G/H \cong \mathbb{Z}/m\mathbb{Z}$ となる.

(2) 2面体群 D_n において,$H = \{e, \rho, \ldots, \rho^{n-1}\}$ とおけば,H は n 次の巡回群で,$H \triangleleft D_n$ となっている.なぜならば,$(\sigma \rho^i) \rho^j (\sigma \rho^i)^{-1} = \sigma \rho^j \sigma = \rho^{-j} \in H$ となるからである.$D_n/H \cong \mathbb{Z}/2\mathbb{Z}$ で,σ の剰余類 σH が D_n/H の生成元である.

(3) S_n の部分群 A_n は正規部分群である.実際,$\sigma \in S_n$, $\tau \in A_n$ について,$\sigma \tau \sigma^{-1}$ は偶置換である.このとき,$S_n/A_n \cong \mathbb{Z}/2\mathbb{Z}$ で,1つの互換 $(i\ j)$ の剰余類で生成されている.

(4) $G \triangleright N_i$ $(i = 1, 2)$ で,$N_1 \subset N_2$ ならば,$N_2/N_1 \triangleleft G/N_1$ である. □

次の結果は群に対する**準同型定理**である.

定理 4.3.8 $f : G \to G'$ を群の準同型写像とすると,次のことがらが成立する.

(1) $K = \mathrm{Ker}\, f$ とおくと,$K \triangleleft G$.

(2) $\pi: G \to G/K$, $g \mapsto gK$ を自然な商写像とすると，群準同型写像 $\overline{f}: G/K \to G'$ が存在して，$f = \overline{f} \circ \pi$ となる．また，$\overline{f}$ は，G/K から $\mathrm{Im}\, f$ への同型写像を誘導する．

証明 (1) $k \in K$, $x \in G$ に対して，$f(xkx^{-1}) = f(x)f(k)f(x)^{-1} = f(x)f(e)f(x)^{-1} = e'$ となる．よって，$xKx^{-1} \subseteq K$．すなわち，$K \triangleleft G$．

(2) $\overline{f}(xK) = f(x)$ とおくと，$\overline{f}$ は剰余類の代表元 x の取り方によらない．実際，$xK = x'K$ ならば，$x' = xk$ ($\exists k \in K$) より，$f(x') = f(xk) = f(x)f(k) = f(x)$ となる．明らかに，$\overline{f}$ は群準同型写像で，$f(x) = \overline{f}(xK)$ だから，$f = \overline{f} \circ \pi$ となる．よって，$\mathrm{Im}\, f = \mathrm{Im}\, \overline{f}$．また，$\overline{f}(xK) = e'$ ならば，$f(x) = e'$ より，$x \in K$ となり，$xK = K$ である．すなわち，$\overline{f}$ は単射である．よって，$\overline{f}$ は G/K と $\mathrm{Im}\, f$ の間の同型写像を誘導する． □

系 4.3.9 (1) $N_i \triangleleft G$ ($i = 1, 2$), $N_1 \subset N_2$ ならば，$N_2/N_1 \triangleleft G/N_1$ で，$(G/N_1)/(N_2/N_1) \cong G/N_2$．

(2) H が G の部分群で，$N \triangleleft G$ ならば，$HN/N \cong H/H \cap N$．

証明 (1) 群準同型写像 $f: G/N_1 \to G/N_2$ を $f(xN_1) = xN_2$ で定義すると，f は全射である．また，$\mathrm{Ker}\, f = \{xN_1 \mid xN_2 = N_2\}$ だから，$\mathrm{Ker}\, f = N_2/N_1$ である．よって，準同型定理により，$(G/N_1)/(N_2/N_1) \cong G/N_2$．

(2) 自然な商写像 $\pi: G \to G/N$ を部分群 H に制限すると，群準同型写像 $\pi_H: H \to G/N$ が得られる．そのとき，$\mathrm{Ker}\, \pi_H = \{h \in H \mid hN = N\} = H \cap N$ かつ $\mathrm{Im}\, \pi_H = \left(\bigcup_{h \in H} hN \right)/N = HN/N$ である．よって，準同型定理により，$HN/N \cong H/H \cap N$． □

$f: G \to G'$ を群準同型写像とし，H' を G' の部分群とする．$H = f^{-1}(H') = \{x \in G \mid f(x) \in H'\}$ は f の核 K を含む G の部分群であり，$H/K \cong H' \cap \mathrm{Im}\, f$ となる（章末の問題 5）．H を，H' の f による**逆像**という．

4.4　群作用とシローの定理

2面体群 D_n の元は，回転または折り返しとして，正 n 角形 Γ_n の点を Γ_n の点へ写像している．このような状況を，D_n は Γ_n に作用しているという．この考え方を一般化すると次のようになる．

G を群，$S\ (\neq \emptyset)$ を集合とする．2項演算 $\sigma : G \times S \to S$ が与えられて，次の2条件を満たすとき，G は S の上に（左から）**作用する**という．

(1) $g, g' \in G,\ s \in S$ について，$\sigma(g', \sigma(g, s)) = \sigma(g'g, s)$.

(2) $\sigma(e, s) = s$.

σ のことを，G の S 上への**群作用**と呼ぶ．他のことがらと混同する恐れがない場合は，$\sigma(g, s)$ を gs または $^g s$ と表す．

$g \in G$ について，$T_g : S \to S$ を $T_g(s) = gs$ と定義すれば，T_g は全単射である．さらに，$T_{g'} \circ T_g = T_{g'g}$, $(T_g)^{-1} = T_{g^{-1}}$ である．したがって，$\mathrm{Aut}(S) = \{\varphi : S \to S \mid \varphi$ は全単射$\}$ とおき，$\mathrm{Aut}(S)$ に写像の合成で群構造を定義すると，$T : G \to \mathrm{Aut}(S),\ g \mapsto T_g$ は群準同型写像である．たとえば，S が n 点集合ならば，$\mathrm{Aut}(S)$ は n 次の置換群 S_n である．このような群準同型写像 T を，S による**置換表現**という．

例 4.4.1　(1)　$S = G$ として，群作用 $\sigma : G \times G \to G$ を，群の積 $\sigma(g, x) = gx$ で与える．$T_g : x \mapsto gx$ を**左移動**という．

(2)　同様に $S = G$ として，$\tau(g, x) = xg^{-1}$ とおけば，τ は群作用になる．

(3)　$S = G$ として，$\rho(g, x) = gxg^{-1}$ とおくと，$\rho : G \times G \to G$ は群作用になる．なぜならば，$\rho(g', \rho(g, x)) = \rho(g'g, x)$ という等式は，$g'(gxg^{-1})g'^{-1} = (g'g)x(g'g)^{-1}$ から従い，等式 $\rho(e, x) = x$ は自明だからである．このとき，$T_g : G \to G,\ T_g(x) = gxg^{-1}$ は群自己同型写像である．これを g による**内部自己同型写像**という．$\mathrm{Inn}(G) = \{T_g \mid g \in G\}$ を $\mathrm{Aut}(G)$ の部分群と考えると，群準同型写像 $T : G \to \mathrm{Inn}(G)$ が得られて，$\mathrm{Ker}\, T = \{g \in G \mid gxg^{-1} = x,\ \forall x \in G\} = Z(G)$ となる．よって，$G/Z(G) \cong \mathrm{Inn}(G)$ である．　□

定義 4.4.2　$\sigma : G \times S \to S$ を群作用とする．

(1)　$s \in S$ について，$G_s = \{g \in G \mid \sigma(g, s) = s\}$ は G の部分群である．G_s を s

の**固定部分群**という．

(2) $s \in S$ について，$G(s) = \{\sigma(g,s) \in S \mid g \in G\}$ は S の部分集合である．$G(s)$ を s の **G-軌道**という．

補題 4.4.3 $\sigma: G \times S \to S$ を群作用とすると，次のことがらが成立する．

(1) $s \in S$ について，写像 $G/G_s \to G(s)$, $gG_s \mapsto \sigma(g,s)$ は全単射である．
(2) $s' = gs \in G(s)$ について，$G_{s'} = gG_s g^{-1}$．
(3) S 上の同値関係を

$$s_1 \sim s_2 \iff \exists g \in G,\ s_2 = \sigma(g, s_1)$$

で定義すると，$s \in S$ の同値類は G-軌道 $G(s)$ である．よって，$S = \coprod_{\lambda \in \Lambda} G(s_\lambda)$ で定まる S の **G-軌道分解**が存在する．

証明 (1) $h \in G_s$ とすると，$\sigma(gh,s) = \sigma(g, \sigma(h,s)) = \sigma(g,s)$ である．よって，右剰余類 gG_s について，$\sigma(gG_s, s) = \sigma(g,s)$ と定義できる．$\sigma(g,s) = \sigma(g',s)$ ならば，$\sigma(g'^{-1}g, s) = \sigma(g'^{-1}, \sigma(g,s)) = \sigma(g'^{-1}, \sigma(g',s)) = \sigma(e,s) = s$．したがって，$g'^{-1}g \in G_s$ となり，$gG_s = g'G_s$ となる．すなわち，写像 $gG_s \mapsto \sigma(g,s)$ は単射である．これが全射であることは明らかである．

(2) $h \in G_s$ ならば，$\sigma(ghg^{-1}, gs) = \sigma(gh, g^{-1}gs) = \sigma(gh, s) = \sigma(g, hs) = \sigma(g,s) = gs$ だから，$gG_s g^{-1} \subseteq G_{gs}$．逆に，$s = g^{-1}(gs)$ にこの関係を適用すると，$g^{-1}G_{gs}g \subseteq G_s$ となる．よって，$G_{gs} \subseteq gG_s g^{-1}$ である．

(3) 同値関係になることは，次の計算からわかる．

（反射律）　$\sigma(e,s) = s$ より，$s \sim s$．
（対称律）　$s_2 = \sigma(g, s_1)$ ならば，$\sigma(g^{-1}, s_2) = s_1$．
（推移律）　$s_2 = \sigma(g, s_1)$, $s_3 = \sigma(g', s_2)$ ならば，$\sigma(g'g, s_1) = s_3$．

後の主張は明らかである． □

群 G の，自分自身の上への内部自己同型写像による作用 $\rho: G \times G \to G$, $\rho(g,x) = gxg^{-1}$ を考えてみよう．このとき，$x \in G$ について，

$$G_x = \{g \in G \mid gxg^{-1} = x\} = Z_G(x),$$

4.4 群作用とシローの定理

$$G(x) = \{gxg^{-1} \mid g \in G\}$$

である．G 上に，

$$x \sim y \iff \exists g \in G, \ y = gxg^{-1}$$

という同値関係を考えると，これは補題 4.4.3 の (3) で考えた同値関係に対応している．この同値関係を**共役関係**といい，$G(x)$ を x の**共役類**という．$G(x)$ と G/G_x の間には全単射が存在することを確認しておく．

G が有限群である場合に，次の定理で与えられる関係式を**類等式**と呼ぶ．

定理 4.4.4 G を有限群とし，$\{x_\lambda \mid \lambda \in \Lambda\}$ を G の共役類分解に関する完全代表系とすると，次のことがらが成立する．

(1) $|G(x)| = [G : Z_G(x)]$.

(2) $x \in Z(G) \iff G(x) = \{x\}$.

(3) $|G| = |Z(G)| + \displaystyle\sum_{\lambda \in \Lambda, x_\lambda \notin Z(G)} [G : Z_G(x_\lambda)]$.

証明 (1) $G(x)$ と G/G_x の間に全単射が存在し，$|G/G_x| = [G : Z_G(x)]$ だから，(1) の等式が得られる．

(2) 明らかである．

(3) G の共役類への分解を，

$$G = Z(G) \coprod \left(\coprod_{\lambda \in \Lambda, x_\lambda \notin Z(G)} G(x_\lambda) \right)$$

と表すことができる．求める等式は，この分解より従う． □

群作用の考え方を有限群に適用して，群構造の解明に重要な役割を果たすシロー (Sylow) の定理を導こう．p を素数とする．位数が p べきである有限群を **p-群**という．有限群 G の部分群 H が p-群のとき，このような H を **p-部分群**という．p-部分群 H で，$p \nmid [G:H]$ となるものを，**p-シロー部分群**という．

補題 4.4.5 G を有限アーベル群とし，n をその位数とする．p を $p \mid n$ となる素数とすると，G には位数 p の元が存在する．

証明 n に関する帰納法で証明する．$n = p$ ならば，ラグランジュの定理によって，$G = \langle x \rangle$ となる．ここで，$x^p = e$ だから，x が求める元である．また，もし G の元 y が存在して $|y| = pq$ となれば，$x = y^q$ は求める元である．

そこで，$G \setminus \{e\}$ における任意の元 y の位数が，p と素であると仮定しよう．$y \in G \setminus \{e\}$ として，$H = \langle y \rangle$，$G' = G/H$ とおく．ここで，G はアーベル群だから，$H \triangleleft G$ であり，G' はアーベル群となる．また，$|G'| = |G|/|H|$ で，$\gcd(|H|, p) = \gcd(|y|, p) = 1$ だから，$p \mid |G'|$ である．さらに，$y \neq e$ だから，$|G'| < |G|$ となる．帰納法の仮定を $|G'|$ に適用して，G の元 $\overline{x}$ で，$|\overline{x}| = p$ となるものが見つかる．$\pi : G \to G'$ を自然な商写像として，$x \in G$ を $\pi(x) = \overline{x}$ となるように選ぶと，$p \mid |x|$ となる．なぜならば，$x^m = e$ $(\gcd(m, p) = 1)$ ならば，$\overline{x}^m = \overline{e}$ となる．$\overline{x}^p = \overline{e}$ と合わせると，$\overline{x} = \overline{e}$ となって矛盾する．よって，$p \mid |x|$ となって，最初の仮定に反する． □

次の結果を**シローの定理**という．

定理 4.4.6 G を有限群とし，$n = |G| = p^m q$ $(m > 0,\ p \nmid q)$ とすると，次のことがらが成立する．

(1) G に p-シロー部分群が存在する．
(2) p-シロー部分群は極大 p-部分群であり，極大 p-部分群は p-シロー部分群である．
(3) P_1, P_2 を極大 p-部分群とすると，G の元 x が存在して，$P_2 = x P_1 x^{-1}$．
(4) $N = \#\{P \mid P \text{ は } G \text{ の極大 } p\text{-部分群}\}$ とすると，$N \mid |G|$ かつ $N \equiv 1 \pmod{p}$ である．

証明 (1) G の位数 n に関する帰納法で証明する．G の**真部分群**[6] H で $p \nmid [G : H]$ となるものが存在すれば，H の p-シロー部分群は G の p-シロー部分群である．なぜならば，$p \nmid [G : H]$ だから，$|H| = p^m q'$，$q = q' \cdot [G : H]$ と書けるからである．したがって，帰納法の仮定を H に適用して，G の p-シロー部分群の存在がわかる．

そこで，G の任意の部分群 $H(\neq G)$ について，$p \mid [G : H]$ と仮定する．定理 4.4.4 の (3) により，$x_\lambda \notin Z(G)$ となる x_λ について，$p \mid [G : Z_G(x_\lambda)]$ である．よって，$p \mid Z(G)$ となる．すると，補題 4.4.5 によって，$Z(G)$ の元 x で位数 p のものが存

---
[6] すなわち，$H \subsetneq G$．

4.4 群作用とシローの定理

在する.そこで,$K = \langle x \rangle$, $G' = G/K$ とおく.$x \in Z(G)$ だから,$K \triangleleft G$ である.$\pi : G \to G'$ を自然な商写像とすると,$|G'| = \dfrac{n}{p} < n$ だから,帰納法の仮定により G' には p-シロー部分群 P' があり,$|P'| = p^{m-1}$ である.そこで,$P = \pi^{-1}(P')$ とおくと,$K \triangleleft P$, $P' = P/K$ である.よって,$|P| = p^m$ となる.したがって,P は G の p-シロー部分群である.

(2) p-シロー部分群は明らかに極大 p-部分群である.その逆は,任意の p-部分群 H を含む p-シロー部分群が存在することを示せばよい.なぜならば,H を極大 p-部分群とすると,H を含む p-シロー部分群 P が存在する.このとき,H の極大性によって,$H = P$ となる.

$S = \{P \mid P \text{ は } G \text{ の } p\text{-シロー部分群}\}$ とおく.この有限集合 S 上に G の作用 $(g, P) \mapsto gPg^{-1}$ を考える.ここで,$P \cong gPg^{-1}$ だから,gPg^{-1} も p-シロー部分群である.$P \in S$ の固定部分群を G_P とすると,$P \subset G_P$ である.P の G-軌道を $G(P)$ で表すと,$|G(P)| = [G : G_P]$ かつ $[G : G_P] \mid [G : P]$ である.したがって,$\gcd(|G(P)|, p) = 1$ である.$S_0 = G(P)$ とおくと,S_0 上に G の作用がある.ここで,H を任意の p-部分群として,S_0 上の G-作用を H に制限して,S_0 の H-軌道分解を考える.

$P_1 \in S_0$ ならば,$|H(P_1)| = [H : H_{P_1}]$ である.H は p-群だから,$[H : H_{P_1}] \geq 2$ ならば,$p \mid |H(P_1)|$ である.$p \nmid |S_0|$ であるから,S_0 の元 P_2 として,$|H(P_2)| = 1$ となるものが存在する.すると,H の任意の元 h に対して,$hP_2h^{-1} = P_2$ となる.よって,$H \subset N_G(P_2)$ である.すると,HP_2 は G の部分群で,$P_2 \triangleleft HP_2$ である[7].また,$HP_2/P_2 \cong H/H \cap P_2$ より,HP_2 は p-部分群である.したがって,$HP_2 = P_2$ となり,$H \subseteq P_2$.

(3) (2) と同様にして,$S_0 = G(P_1)$ と,その上への G-作用を考える.$H = P_2$ として,G の作用を H に制限して考えると,H を含む S_0 の元 gP_1g^{-1} が存在する.すなわち,$P_2 \subset gP_1g^{-1}$ となる G の元 g が存在する.このとき,$P_2 = gP_1g^{-1}$.

(4) P を p-シロー部分群として,(2) のように,$S_0 = G(P)$ を考える.このとき,(3) によって,$N = \#(S_0)$ である.$G_P = N_G(P)$ だから,S_0 の元 gPg^{-1} と右剰余類 $gN_G(P)$ の間に $1 : 1$ 対応が成立する.実際,S_0 の任意の元は gPg^{-1} と表されるが,

---

[7] 補題 4.3.5 の (3) の証明を改良せよ.

$$gPg^{-1} = hPh^{-1} \iff (g^{-1}h)P(g^{-1}h)^{-1} = P$$
$$\iff g^{-1}h \in N_G(P)$$
$$\iff gN_G(P) = hN_G(P) .$$

よって, $N = [G : N_G(P)]$ で, $N \mid |G|$ である.

P 以外に p-シロー部分群が存在しなければ, $N = 1$ である. P 以外の p-シロー部分群が存在すれば, それを P' とする. 集合 S_0 上への G の作用を P' に制限して考えると,

$$P'_P = P' \iff P' \subset N_G(P) \iff P' = P$$

が成立する. 上の2番目の同値で $\Leftarrow$ は明らかであるが, $\Rightarrow$ の証明に, $P'P$ が p-部分群になることを使っている. よって,

$$P \neq P' \iff [P' : P'_P] \neq 1$$

となる. ここで, $[P' : P'_P]$ は p-べきである. これから,

$$|S_0| = 1 + \sum_{P' \in S_0, P' \neq P} [P' : P'_P] .$$

ここで, 1 は $[P : P_P]$ に対応している. よって, $N \equiv 1 \pmod{p}$ である. □

ここで, 群の直積について触れておく. G_1, G_2 を群とするとき, 集合の直積 $G_1 \times G_2$ において積を

$$(x_1, x_2)(y_1, y_2) = (x_1 y_1, x_2 y_2)$$

で定義する. この積に関して結合法則が成立することはすぐにわかるが, (e_1, e_2) を単位元, (x_1^{-1}, x_2^{-1}) を元 (x_1, x_2) の逆元として, $G_1 \times G_2$ に群の構造が入ることも容易に確かめられる. $G = G_1 \times G_2$ と書いて, G を G_1 と G_2 の**直積**という. 2つ以上の群の直積 $G_1 \times \cdots \times G_r$ も同様に定義される.

$G = G_1 \times G_2$ の場合, G_1 は G の部分群 $\{(x_1, e_2) \mid x_1 \in G_1\}$ に, G_2 は $\{(e_1, x_2) \mid x_2 \in G_2\}$ に同型である. $p_1 : G \to G_1$, $p_2 : G \to G_2$, $i_1 : G_1 \to G$, $i_2 : G_2 \to G$ を

$$p_1(x_1, x_2) = x_1, \quad p_2(x_1, x_2) = x_2, \quad i_1(x_1) = (x_1, e_2), \quad i_2(x_2) = (e_1, x_2)$$

と定義すると, これら4つの写像は群準同型写像であり,

4.4 群作用とシローの定理

$$p_1 \circ i_1 = 1_{G_1}, \quad p_2 \circ i_2 = 1_{G_2}, \quad p_2 \circ i_1 = e_2, \quad p_1 \circ i_2 = e_1$$

という関係を満たす．ただし，$G_1 \to G_2$, $x_1 \mapsto e_2$ という自明な準同型写像を e_2 で，$G_2 \to G_1$, $x_2 \mapsto e_1$ という写像を e_1 で表している．また，$i_1(G_1) \triangleleft G$, $i_2(G_2) \triangleleft G$ となっていることも直ちにわかるが，G の元 (x_1, x_2) に対して，

$$(i_1 \circ p_1)(x_1, x_2) \cdot (i_2 \circ p_2)(x_1, x_2) = i_1(x_1) \cdot i_2(x_2) = (x_1, e_2)(e_1, x_2) = (x_1, x_2)$$

となっている．

補題 4.4.7 群 G の正規部分群 N_1, N_2 について，$G = N_1 N_2$, $N_1 \cap N_2 = \{e\}$ という条件が満たされると，G は直積 $N_1 \times N_2$ に同型である．

証明 N_1 の元 x_1 と N_2 の元 x_2 は可換であることを示す．そのために，$x_1 x_2 x_1^{-1} x_2^{-1}$ を考えると，$(x_1 x_2 x_1^{-1}) x_2^{-1} \in N_2$, $x_1 (x_2 x_1^{-1} x_2^{-1}) \in N_1$ となる．なぜならば，$N_2 \triangleleft G$ より $x_1 x_2 x_1^{-1} \in N_2$ であり，$N_1 \triangleleft G$ より $x_2 x_1^{-1} x_2^{-1} \in N_1$ だからである．$N_1 \cap N_2 = \{e\}$ だから，$x_1 x_2 x_1^{-1} x_2^{-1} = e$ となるので，$x_1 x_2 = x_2 x_1$．

$G = N_1 N_2$ という条件より，G の任意の元 g について元 $x_1 \in N_1$, $x_2 \in N_2$ が存在して，$g = x_1 x_2$ と表される．この表し方がただ一通りであることを示そう．$g = y_1 y_2$ ($y_1 \in N_1$, $y_2 \in N_2$) という表し方があれば，$y_1^{-1} x_1 = y_2 x_2^{-1} \in N_1 \cap N_2 = \{e\}$ となるので，$y_1 = x_1$, $y_2 = x_2$ となる．

そこで，$g, h \in G$ に対して，$g = x_1 x_2$, $h = y_1 y_2$ ($x_1, y_1 \in N_1$, $x_2, y_2 \in N_2$) と表すと，

$$gh = (x_1 x_2)(y_1 y_2) = x_1 (x_2 y_1) y_2 = x_1 (y_1 x_2) y_2 = (x_1 y_1)(x_2 y_2).$$

ここで，集合の写像 $\varphi : G \to N_1 \times N_2$ を $\varphi(g) = (x_1, x_2)$ と定義すると，$\varphi(gh) = (x_1 y_1, x_2 y_2) = (x_1, x_2)(y_1, y_2) = \varphi(g)\varphi(h)$ が成立していることがわかる．$(x_1, x_2) \in N_1 \times N_2$ に対して，$g = x_1 x_2$ ととれば，$\varphi(g) = (x_1, x_2)$ となる．すなわち，φ は全射である．また，$\varphi(g) = (e, e)$ となれば，$g = ee = e$ となるので，φ は単射でもある． □

次の結果は補題 4.4.7 の拡張である．

補題 4.4.8 群 G の正規部分群 $N_1,\ldots,N_r$ について,

$$G = N_1 \cdots N_r, \quad N_i \cap (N_1 \cdots \overset{\vee}{N_i} \cdots N_r) = \{e\} \quad (1 \leq i \leq r)$$

という条件が満たされると, G は直積 $N_1 \times \cdots \times N_r$ に同型である.

証明 証明は章末の問題 8 とする. □

シローの定理の応用として, 次の定理が証明される.

定理 4.4.9 有限群 G について,

$$|G| = pq, \quad p,q \text{ は素数}, \quad p < q, \quad q \not\equiv 1 \pmod{p}$$

となれば, $G \cong \mathbb{Z}/p\mathbb{Z} \times \mathbb{Z}/q\mathbb{Z}$ となる. とくに, G は巡回群 $\mathbb{Z}/pq\mathbb{Z}$ に同型である.

証明 P を p-シロー部分群, Q を q-シロー部分群とすると, $|P| = p$, $|Q| = q$ である. P の元 $x \,(\neq e)$ をとると, x の位数は p の約数であり, 1 ではないから, $P = \langle x \rangle \cong \mathbb{Z}/p\mathbb{Z}$. 同様にして, $Q \cong \mathbb{Z}/q\mathbb{Z}$ である. $P \triangleleft G$ となることを示す. G の任意の p-シロー部分群は gPg^{-1} の形をしている. $N_G(P)$ を P の正規化群とすると, 定理 4.4.6 の (4) の証明のように,

$$\#\{P' \mid P' \text{ は } G \text{ の } p\text{-シロー部分群}\} = [G : N_G(P)]$$

が成立する. よって, G の p-シロー部分群と, G の $N_G(P)$ の右剰余類とが 1:1 に対応する. $N_G(P) \supset P$ であるから, $[G : N_G(P)]$ は $[G : P] = q$ の約数である. q は素数だから, $[G : N_G(P)]$ は 1 または q である. $[G : N_G(P)] = q$ ならば, シローの定理により $q \equiv 1 \pmod{p}$ であるが, これは与えられた条件に反する. よって, $[G : N_G(P)] = 1$. すなわち, $G = N_G(P)$ となり, $P \triangleleft G$ である.

q-シロー部分群 Q についても,

$$\#\{Q' \mid Q' \text{ は } G \text{ の } q\text{-シロー部分群}\} = [G : N_G(Q)]$$

となり, $[G : N_G(Q)]$ は 1 か p となる. 一方, シローの定理により $[G : N_G(Q)] \equiv 1 \pmod{q}$ だから, 与えられた条件 $p < q$ により $[G : N_G(Q)] = p$ となることはない. すなわち, $[G : N_G(Q)] = 1$ で, $Q \triangleleft G$ となる.

$P \cap Q = \{e\}$ は明らかであるから,補題 4.4.7 により,部分群 PQ は直積 $P \times Q$ に同型である.$|PQ| = |P \times Q| = pq$ だから,$G = PQ \cong P \times Q \cong \mathbb{Z}/p\mathbb{Z} \times \mathbb{Z}/q\mathbb{Z}$ となる.このとき,補題 4.8.1 により,$G \cong \mathbb{Z}/pq\mathbb{Z}$ となる. □

3 次の置換群 S_3 の位数は $6 = 2 \cdot 3$ であるが,S_3 はアーベル群ではない.$3 \equiv 1 \pmod 2$ だから,定理 4.4.9 は使えない.

4.5 可解群とべき零群

群 G の部分群の列
$$G = G_0 \supset G_1 \supset G_2 \supset \cdots \supset G_r \qquad (*)$$
が 2 条件

(1) $G_i \triangleleft G_{i-1}, \quad 1 \leq i \leq r,$
(2) $G_r = \{e\}$

を満たすとき,この列は**有限の長さの正規列**(簡単に,正規列)であるという.群 G が正規列で,G_{i-1}/G_i がすべてアーベル群となるものをもてば,G は**可解群**であるという.群の構造を調べるとき,群 G をより扱いやすい群の場合に還元する.可解群は,正規列を通して,アーベル群の場合に還元できるような群である.

補題 4.5.1 G を可解群,H をその部分群とすると,次のことがらが成立する.

(1) H も可解群である.
(2) H が正規部分群ならば,G/H も可解群である.
(3) H が正規部分群のとき,H と G/H が可解群ならば,G も可解群である.

証明 (1) G は,G_{i-1}/G_i $(1 \leq i \leq r)$ がアーベル群となるような,正規列 $(*)$ をもつと仮定する.そこで,$H_i = H \cap G_i$ とおくと,
$$H = H_0 \supseteq H_1 \supseteq \cdots \supseteq H_r = \{e\}$$
という部分群の列ができる.$G_{i-1} \subset N_G(G_i)$ だから,$H_{i-1} \subset N_G(H_i)$ である.実際,$x \in H_{i-1},\ h \in H_i$ とすると,$xhx^{-1} \in H \cap G_i = H_i$ である.よって,$H_i \triangleleft H_{i-1}$.

また，$H_{i-1}G_i$ は G_{i-1} の部分群で，

$$G_{i-1}/G_i \supseteq H_{i-1}G_i/G_i \cong H_{i-1}/H_{i-1} \cap G_i = H_{i-1}/H_i$$

となるから，H_{i-1}/H_i はアーベル群である．以上から，H は可解群である．

(2) $H \triangleleft G$ と仮定しているから，$G_i H$ は G の部分群である．$G'_i = G_i H$ とおくと，正規列 $(*)$ から G の部分群列

$$G = G'_0 \supseteq G'_1 \supseteq \cdots \supseteq G'_r = H$$

ができる．ここで，$G'_i \triangleleft G'_{i-1}$ となることを示す．実際，$g \in G_{i-1}$, $g' \in G_i$, $h, h' \in H$ として，$G_i \triangleleft G_{i-1}$, $H \triangleleft G$ に注意すると，

$$g(g'h')g^{-1} = (gg'g^{-1})(gh'g^{-1}) \in G_i H = G'_i,$$
$$h(g'h')h^{-1} = g'(g'^{-1}hg')h'h^{-1} \in G_i H = G'_i$$

となる．そこで，$\overline{G} = G/H$, $\overline{G_i} = G'_i/H$ $(1 \leq i \leq r)$ とおくと，

$$\overline{G} = \overline{G}_0 \supseteq \overline{G}_1 \supseteq \cdots \supseteq \overline{G}_r = \{\overline{e}\}.$$

さらに，系 4.3.9 により，$\overline{G}_i \triangleleft \overline{G}_{i-1}$ である．$\overline{G}_{i-1}/\overline{G}_i$ を計算すると，

$$\overline{G}_{i-1}/\overline{G}_i \cong (G'_{i-1}/H)/(G'_i/H) \cong G'_{i-1}/G'_i$$
$$= G_{i-1}H/G_i H \cong G_{i-1}/G_{i-1} \cap G_i H.$$

ここで，$G_i \subset G_{i-1} \cap G_i H$ だから，全射な群準同型写像

$$G_{i-1}/G_i \to G_{i-1}/G_{i-1} \cap G_i H$$

が存在する．G_{i-1}/G_i がアーベル群だから，その像 $\overline{G}_{i-1}/\overline{G}_i$ もアーベル群である．

(3) 章末の問題 **11** とする． □

群 G の空集合でない部分集合 S が与えられたとき，$S^{-1} = \{x^{-1} \mid x \in S\}$ とおく．このとき，$S \cup S^{-1}$ の有限個の元の積が成す集合

$$\langle S \rangle = \{x_1 x_2 \cdots x_n \mid x_i \in S \cup S^{-1},\ n\ \text{は自然数}\}$$

4.5 可解群とべき零群

は G の部分群になる．これを S で**生成された部分群**という．たとえば，S が1つの元 x から成る集合ならば，$\langle S \rangle$ は x から生成された巡回群 $\langle x \rangle$ である．

群 G の元 x, y について，
$$[x, y] = x^{-1}y^{-1}xy$$
を x, y の**交換子**といい，すべての交換子で生成された G の部分群を，$D(G)$ または $[G, G]$ と書いて，G の**交換子群**という．交換子の間の積や逆元について，次のような関係式が成立する．

1. $[x, y]^{-1} = [y, x]$．
2. $[xy, z] = [x, z]^y \cdot [y, z]$．ただし，$a^y = y^{-1}ay$ と定義する．
3. $[x, y]^g = [x^g, y^g]$．

補題 4.5.2 (1) $D(G)$ は，G の正規部分群である．

(2) $G/D(G)$ は，アーベル群である．

(3) G の部分群 H について，
$$H \triangleleft G, \ G/H \text{ はアーベル群} \iff D(G) \subseteq H .$$

証明 (1) $D(G)$ の任意の元 z は，上の関係式を使うと，交換子の積
$$z = [x_1, y_1][x_2, y_2] \cdots [x_n, y_n]$$
で表される．すると，$g \in G$ に対して，
$$g^{-1}zg = [x_1, y_1]^g [x_2, y_2]^g \cdots [x_n, y_n]^g$$
$$= [x_1^g, y_1^g][x_2^g, y_2^g] \cdots [x_n^g, y_n^g]$$
となるので，$g^{-1}zg \in D(G)$ である．よって，$D(G) \triangleleft G$．

(2) $G/D(G)$ の任意の元 $\overline{x} = xD(G)$ と $\overline{y} = yD(G)$ について，
$$[\overline{x}, \overline{y}] = \overline{x}^{-1}\overline{y}^{-1}\overline{xy} = x^{-1}y^{-1}xyD(G) = [x, y]D(G) = D(G) .$$
よって，$\overline{x} \cdot \overline{y} = \overline{y} \cdot \overline{x}$ となる．すなわち，$G/D(G)$ はアーベル群である．

(3) $H \triangleleft G, \ G/H$ はアーベル群と仮定する．$x, y \in G$ について，$(xH)(yH) = (yH)(xH)$ だから，$x^{-1}y^{-1}xyH = H$ である．すなわち，$[x, y] \in H$．ゆえに，$D(G) \subset$

H である．逆に，$D(G) \subset H$ と仮定する．このとき，$H/D(G)$ は $G/D(G)$ の部分群である．$x \in G, h \in H$ に対して，

$$x^{-1}hx = h(h^{-1}x^{-1}hx) = h[h,x] \in hD(G) \subseteq H$$

である．よって，$H \triangleleft G$．このとき，$G/H = (G/D(G))/(H/D(G))$ だから，G/H はアーベル群である． □

H, K を G の部分群とするとき，交換子の集合 $S = \{[x,y] \mid x \in H, y \in K\}$ で生成された部分群を $[H, K]$ と書いて，H と K の交換子群という．同様に，G の高次の交換子群を次のように定義する．

$$D^1(G) = [G, G], \quad D^2(G) = [D^1(G), D^1(G)], \quad \ldots,$$
$$D^n(G) = [D^{n-1}(G), D^{n-1}(G)], \quad \ldots.$$

$D^n(G)$ を **n 次交換子群**という．$D^n(G) \triangleleft D^{n-1}(G)$ となっている．高次の交換子群を使うと，可解群は次のように特徴付けられる．

定理 4.5.3 群 G に関する次の 2 条件は同値である．

(1) G は可解群である．
(2) $D^r(G) = \{e\}$ となる正整数 r が存在する．すなわち，

$$G = D^0(G) \supset D^1(G) \supset \cdots \supset D^r(G) = \{e\}$$

は G の正規列である．

証明 $(2) \Rightarrow (1)$．補題 4.5.2 により，$D^{i-1}(G)/D^i(G)$ はアーベル群だから，交換子群の列 $D^0(G) \supset D^1(G) \supset \cdots \supset D^r(G) = \{e\}$ は可解群を定義する正規列となる．

$(1) \Rightarrow (2)$．G は可解群だから，正規列

$$G = G_0 \supset G_1 \supset \cdots \supset G_r = \{e\}$$

で，G_{i-1}/G_i がアーベル群となるものが存在する．i に関する帰納法で，$D^i(G) \subseteq G_i$ を示す．$i = 0$ ならば，$D^0(G) = G = G_0$ だから，明らかに成立する．$i = 1$

ならば，G/G_1 がアーベル群だから，補題 4.5.2 によって，$D^1(G) \subseteq G_1$ となる．$D^{i-1}(G) \subseteq G_{i-1}$ と仮定して，$D^i(G) \subseteq G_i$ となることを示す．実際，

$$D^i(G) = [D^{i-1}(G), D^{i-1}(G)] \subseteq [G_{i-1}, G_{i-1}] = D(G_{i-1}) \subseteq G_i$$

となる．最後の包含関係は，G_{i-1}/G_i がアーベル群だから成立する．$G_r = \{e\}$ だから，$D^r(G) = \{e\}$ となる． □

置換群 S_n ($n \geq 2$) の場合に，交換子群列がどのようになるかを見てみよう．

定理 4.5.4 置換群 S_n の交換子群列は次のように定まる．

(1) $n \geq 3$ のとき，$D^1(S_n) = A_n$．
(2) $n \geq 5$ のとき，$D^1(A_n) = A_n$．
(3) $n = 2$ のとき，$D^1(S_2) = \{e\}$．
(4) $n = 3$ のとき，$D^1(A_3) = \{e\}$．
(5) $n = 4$ のとき，$D^1(A_4) = V = \{e, (1\ 2)(3\ 4), (1\ 3)(2\ 4), (1\ 4)(2\ 3)\}$,
$D^1(V) = \{e\}$．

証明 (1) 異なる 3 文字 i, j, k について，

$$[(i\ j), (i\ k)] = (i\ j\ k)$$

となる．補題 4.2.5 によって，A_n ($n \geq 3$) は長さ 3 の巡回置換の積として表されるから，$A_n \subseteq D^1(S_n)$ である．一方，$D^1(S_n)$ の元はすべて偶置換だから，$D^1(S_n) \subseteq A_n$ である．よって，$D^1(S_n) = A_n$ となる．

(2) i, j, k を異なる 3 文字とすると，$n \geq 5$ だから，i, j, k とは異なる 2 文字 ℓ, m がある．すると，

$$[(i\ \ell\ j), (i\ m\ k)] = (i\ j\ k)$$

となる．よって，$A_n = D^1(A_n)$ である．

(3) $S_2 \cong \mathbb{Z}/2\mathbb{Z}$ だから，$D^1(S_2) = \{e\}$．
(4) $A_3 = \{e, (1\ 2\ 3), (1\ 3\ 2)\}$ である．よって，$A_3 \cong \mathbb{Z}/3\mathbb{Z}$ で，$D^1(A_3) = \{e\}$．
(5) $V = \{e, (1\ 2)(3\ 4), (1\ 3)(2\ 4), (1\ 4)(2\ 3)\}$ は，$\mathbb{Z}/2\mathbb{Z} \times \mathbb{Z}/2\mathbb{Z}$ に同型なアーベル群である．実際，群の同型写像 $\varphi: V \to \mathbb{Z}/2\mathbb{Z} \times \mathbb{Z}/2\mathbb{Z}$ を，

$$\varphi((1\ 2)(3\ 4)) = (\overline{1}, \overline{0}), \quad \varphi((1\ 3)(2\ 4)) = (\overline{0}, \overline{1}), \quad \varphi((1\ 4)(2\ 3)) = (\overline{1}, \overline{1})$$

として与えることができる．さらに，$V \triangleleft S_4$ となっていることを計算で確かめることができる．よって，$V \triangleleft A_4$ であり，A_4/V は 3 次のアーベル群になる．ゆえに，$D(A_4) \subseteq V$ である．ここで，$[(1\ 2\ 3), (1\ 2\ 4)] = (1\ 2)(3\ 4)$，$[(1\ 3\ 2), (1\ 3\ 4)] = (1\ 3)(2\ 4)$，$[(1\ 4\ 2), (1\ 4\ 3)] = (1\ 4)(2\ 3)$ となるので，$D(A_4) = V$ である． □

定理 4.5.4 によって，置換群 S_n は，$n \leq 4$ ならば可解群であり，$n \geq 5$ ならば非可解群である．また，2 面体群 D_n は可解群である（章末の問題 **12**）．

高次の交換子群の代わりに，次の部分群列

$$\Gamma^0(G) = G, \quad \Gamma^1(G) = D^1(G), \quad \Gamma^2(G) = [G, \Gamma^1(G)], \quad \ldots,$$
$$\Gamma^i(G) = [G, \Gamma^{i-1}(G)], \quad \ldots$$

を考える．

補題 4.5.5 次のことがらが成立する．

(1) $\Gamma^i(G) \triangleleft G$.
(2) $\Gamma^i(G) \subseteq \Gamma^{i-1}(G)$.
(3) $\Gamma^{i-1}(G)/\Gamma^i(G) \subseteq Z(G/\Gamma^i(G))$. ただし，$Z(G/\Gamma^i(G))$ は $G/\Gamma^i(G)$ の中心を表す．

証明 (1) i に関する帰納法で示す．$i = 1$ のときは補題 4.5.2 による．$\Gamma^{i-1}(G) \triangleleft G$ と仮定する．$x, g \in G$, $y \in \Gamma^{i-1}(G)$ に対して，$[x, y]^g = [x^g, y^g]$ で，$y^g \in \Gamma^{i-1}(G)$ だから，$[x, y]^g \in \Gamma^i(G)$. よって，$\Gamma^i(G) \triangleleft G$.

(2) $x \in G$, $y \in \Gamma^{i-1}(G)$ とすると，$\Gamma^{i-1}(G) \triangleleft G$ だから，$[x, y] = (x^{-1}y^{-1}x)y \in \Gamma^{i-1}(G)$. よって，$\Gamma^i(G) \subseteq \Gamma^{i-1}(G)$.

(3) $x \in G$, $y \in \Gamma^{i-1}(G)$ について，$\overline{x} = x\Gamma^i(G)$, $\overline{y} = y\Gamma^i(G)$ とおくと，$[x, y] \in \Gamma^i(G)$ だから，$\overline{x}^{-1}\overline{y}^{-1}\overline{x}\overline{y} = [x, y]\Gamma^i(G) = \Gamma^i(G) = \overline{e}$. よって，$\overline{x} \cdot \overline{y} = \overline{y} \cdot \overline{x}$ となるので，$\overline{y} \in Z(G/\Gamma^i(G))$ となる． □

部分群の減少列

4.5 可解群とべき零群

$$G = \Gamma^0(G) \supseteq \Gamma^1(G) \supseteq \cdots \supseteq \Gamma^i(G) \supseteq \cdots$$

に対して，正整数 r が存在して $\Gamma^r(G) = \{e\}$ となるとき，G は**べき零群**であるといい，減少列を**降中心列**という．$\Gamma^{r-1}(G) \neq \{e\}$, $\Gamma^r(G) = \{e\}$ となる整数 r を，降中心列の**長さ**という．

べき零群を考えるときは，次の部分群の増大列を考えると都合がよい．$Z_0(G) = \{e\}$, $Z_1(G) = Z(G)$（$= G$ の中心）として，i に関して帰納的に $Z_i(G)$ を次のように定める．$Z_{i-1}(G) \triangleleft G$ であるとして，自然な商写像 $\pi : G \to G/Z_{i-1}(G)$ による $Z(G/Z_{i-1}(G))$ の逆像を $Z_i(G)$ とおく．このとき，$g, g' \in G$, $x \in Z_i(G)$ に対して，

$$\pi((g^{-1}xg)g') = \pi(g)^{-1}\pi(x)\pi(g)\pi(g') = \pi(x)\pi(g') = \pi(g')\pi(x) = \pi(g'(g^{-1}xg))$$

により $g^{-1}xg \in Z_i(G)$ となるので，$Z_i(G) \triangleleft G$ となることがわかる．ここで，部分群の増大列

$$Z_0(G) = \{e\} \subseteq Z_1(G) \subseteq \cdots \subseteq Z_i(G) \subseteq \cdots$$

に対して，正整数 m が存在して $Z_m(G) = G$ となるとき，増大列を G の**昇中心列**という．$Z_{m-1}(G) \neq G$, $Z_m(G) = G$ となるとき，m をその**長さ**という．

補題 4.5.6 群 G に関する次の 2 条件は同値である．

(1) 降中心列が存在する．
(2) 昇中心列が存在する．

これらの条件が満たされるとき，降中心列の長さと昇中心列の長さは一致する．

証明 (1) $\Rightarrow$ (2)．群 G の降中心列を

$$G = \Gamma^0(G) \supsetneq \Gamma^1(G) \supsetneq \cdots \supsetneq \Gamma^{r-1}(G) \supsetneq \Gamma^r(G) = \{e\}$$

とする．$\Gamma^r(G) = [G, \Gamma^{r-1}(G)] = \{e\}$ だから，$\Gamma^{r-1}(G) \subseteq Z_1(G)$ となる．i に関する帰納法で，$\Gamma^{r-i}(G) \subseteq Z_i(G)$ となることを示す．$\Gamma^{r-i+1}(G) \subseteq Z_{i-1}(G)$ と仮定する．補題 4.5.5 により，$\Gamma^{r-i}(G)/\Gamma^{r-i+1}(G) \subseteq Z(G/\Gamma^{r-i+1}(G))$ で，包含関係 $\Gamma^{r-i+1}(G) \subseteq Z_{i-1}(G)$ から誘導される自然な商写像

$$\pi : G/\Gamma^{r-i+1}(G) \to G/Z_{i-1}(G), \quad g\Gamma^{r-i+1}(G) \mapsto gZ_{i-1}(G)$$

は全射である．よって，$G/\Gamma^{r-i+1}(G)$ の中心は，π によって，$Z_i(G)/Z_{i-1}(G)$ のなかに写像される．したがって，

$$\pi(\Gamma^{r-i}(G)/\Gamma^{r-i+1}(G)) \subseteq Z_i(G)/Z_{i-1}(G) .$$

すなわち，$\Gamma^{r-i}(G)Z_{i-1}(G) \subseteq Z_i(G)$. これから，

$$\Gamma^{r-i}(G) \subseteq Z_i(G)$$

がわかる．$i = r$ のとき，$G = \Gamma^0(G) \subseteq Z_r(G)$. すなわち，$G$ の昇中心列が存在する．その長さを m とすると，$m \leq r$.

(2) ⇒ (1). G の昇中心列を

$$Z_0(G) = \{e\} \subsetneq Z_1(G) \subsetneq \cdots \subsetneq Z_{m-1}(G) \subsetneq Z_m(G) = G$$

とする．$G/Z_{m-1}(G) = Z_m(G)/Z_{m-1}(G) = Z(G/Z_{m-1}(G))$ だから，$G/Z_{m-1}(G)$ はアーベル群である．よって，$D(G) = \Gamma^1(G) \subseteq Z_{m-1}(G)$ となる．i に関する帰納法で，$\Gamma^i(G) \subseteq Z_{m-i}(G)$ を示す．$\Gamma^{i-1}(G) \subseteq Z_{m-i+1}(G)$ と仮定する．剰余群 $Z_{m-i+1}(G)/Z_{m-i}(G)$ は $G/Z_{m-i}(G)$ の中心だから，

$$\Gamma^i(G) = [G, \Gamma^{i-1}(G)] \subseteq [G, Z_{m-i+1}(G)] \subseteq Z_{m-i}(G) .$$

最後の包含関係が成り立つ理由は，$g \in G$, $x \in Z_{m-i+1}(G)$ について，$xZ_{m-i}(G)$ は $G/Z_{m-i}(G)$ の元と可換だから，$g^{-1}x^{-1}gxZ_{m-i}(G) = Z_{m-i}(G)$ となり，$[g,x] \in Z_{m-i}(G)$ となるからである．$Z_0(G) = \{e\}$ だから，$\Gamma^m(G) = \{e\}$. すなわち，G に降中心列が存在して，$r \leq m$. 以上から，$m = r$ もわかる． □

補題 4.5.7 G をべき零群，H をその部分群とする．

(1) H もべき零群である．
(2) $H \triangleleft G$ ならば，G/H もべき零群である．

証明 (1) $\Gamma^i(H) \subseteq \Gamma^i(G)$ となることは，i に関する帰納法で容易に示すことができる．$\Gamma^r(G) = \{e\}$ だから，$\Gamma^r(H) = \{e\}$ となり，H は降中心列をもつ．よって，H はべき零群である．

4.5 可解群とべき零群

(2) $\overline{G} = G/H$ とし，$\pi : G \to \overline{G}$ を自然な商写像とする．π は全射であるから，$\Gamma^i(G)$ と $\Gamma^i(\overline{G})$ の定義によって，$\Gamma^i(\overline{G}) = \pi(\Gamma^i(G))$ が成立する．すなわち，$\Gamma^i(G)H/H = \Gamma^i(\overline{G})$．一方，$\Gamma^r(G) = \{e\}$ となる正整数 r が存在するから，$\Gamma^r(\overline{G}) = \{\overline{e}\}$．よって，$\overline{G}$ もべき零群である． □

べき零群は可解群である（章末の問題 **13**）．次の結果を証明しよう．

定理 4.5.8 G を有限群とする．

(1) p を素数として，G が p-群ならば，G はべき零群である．

(2) $|G| = p_1^{\alpha_1} \cdots p_n^{\alpha_n}$ を素因数分解とする．G がべき零群ならば，G は p_i-シロー部分群 P_i $(1 \leq i \leq n)$ の直積 $P_1 \times \cdots \times P_n$ に同型である．

証明 (1) $Z(G)$ を G の中心とする．定理 4.4.4 の (3) における類等式において，
$$x_\lambda \notin Z(G) \iff [G : Z_G(x_\lambda)] \neq 1$$
である．G は p-群だから，$x_\lambda \notin Z(G)$ に対して，$p \mid [G : Z_G(x_\lambda)]$．よって，類等式から $p \mid |Z(G)|$ となる．すなわち，$Z_1(G) = Z(G) \neq \{e\}$ である．また，$G/Z_1(G)$ も p-群だから，$Z_2(G)/Z_1(G) = Z(G/Z_1(G)) \neq \{\overline{e}\}$．よって，$Z_1(G) \subsetneq Z_2(G)$．同様にして，$Z_{i-1}(G) \neq G$ ならば，$Z_i(G)/Z_{i-1}(G) = Z(G/Z_{i-1}(G)) \neq \{\overline{e}\}$．よって，$Z_{i-1}(G) \subsetneq Z_i(G)$ である．G は有限群だから，ある正整数 m に対して $Z_m(G) = G$ となる．すなわち，G に昇中心列が存在するから，G はべき零群である．

(2) $p = p_i$ $(1 \leq i \leq n)$ として，G の p-シロー部分群を P とする．このとき，$P \triangleleft G$ となることを示す．そのために，P の正規化群 $N = N_G(P)$ と，N の正規化群 $N' = N_G(N)$ を考える．明らかに，$P \triangleleft N$，$N \triangleleft N'$ である．この場合，$x \in N'$ について，$xPx^{-1} \subset xNx^{-1} = N$ である．P と xPx^{-1} は N の p-シロー部分群だから，定理 4.4.6 の (3) により，$y \in N$ が存在して，$xPx^{-1} = yPy^{-1} = P$ となる．よって，$x \in N$ となり，$N = N'$ がわかる．次に，$N \subsetneq G$ と仮定して矛盾が生じることを示す．そこで，
$$\{e\} = Z_0(G) \subset Z_1(G) \subset \cdots \subset Z_m(G) = G$$
を G の昇中心列とすると，自然数 ℓ が存在して，$Z_\ell(G) \subset N$，$Z_{\ell+1}(G) \not\subset N$ となる．$Z_{\ell+1}(G) \triangleleft G$ だから，$N \cdot Z_{\ell+1}(G)$ は G の部分群で，$N \subsetneq N \cdot Z_{\ell+1}(G)$．一方，

$Z_{\ell+1}(G)/Z_\ell(G)$ は $G/Z_\ell(G)$ の中心だから,$Z_{\ell+1}(G)/Z_\ell(G)$ と $N/Z_\ell(G)$ は元ごとに可換である.よって,$N' = N_G(N) \supset N \cdot Z_{\ell+1}(G)$ となるので,$N \subsetneq N'$ となって矛盾が生じる.

$1 \leq i \leq n$ について,P_i を p_i-シロー部分群として,

$$G = P_1 \cdots P_n, \quad P_i \cap (P_1 \cdots \overset{\vee}{P_i} \cdots P_n) = \{e\} \quad (1 \leq i \leq n)$$

という条件が成立することを示す.$x \in P_j \cap P_k \ (j \neq k)$ とすると,$x^{p_j^{\alpha_j}} = x^{p_k^{\alpha_k}} = e$.$p_j \neq p_k$ であるから,整数 c, d が存在して,$c p_j^{\alpha_j} + d p_k^{\alpha_k} = 1$ となる.よって,$x = x^{c p_j^{\alpha_j} + d p_k^{\alpha_k}} = (x^{p_j^{\alpha_j}})^c \cdot (x^{p_k^{\alpha_k}})^d = e$.すなわち,$P_j \cap P_k = \{e\}$ である.そこで,$y \in P_j, z \in P_k$ とすると,$P_j \triangleleft G, P_k \triangleleft G$ だから,$[y,z] = y^{-1}z^{-1}yz \in P_j \cap P_k = \{e\}$.ゆえに,$yz = zy$ となり,P_j と P_k は元ごとに可換である.$P_1 \cap (P_2 \cdots P_n) = \{e\}$ となることを示そう.一般の i について,$P_i \cap (P_1 \cdots \overset{\vee}{P_i} \cdots P_n) = \{e\}$ も同様に示される.$x \in P_1 \cap (P_2 \cdots P_n)$ とすると,$x = y_2 \cdots y_n \ (y_j \in P_j)$ と表される.上の注意により,$x^m = y_2^m \cdots y_n^m$ となる.よって,x の位数は $\prod_{j=2}^{n} p_j^{\alpha_j}$ の約元である.一方,$x \in P_1$ だから,その位数は $p_1^{\alpha_1}$ の約元である.$\gcd\left(p_1^{\alpha_1}, \prod_{j=2}^{n} p_j^{\alpha_j}\right) = 1$ だから,上と同様にして,$x = e$ となる.そこで,$G' = P_1 \cdots P_n$ とおくと,補題 4.4.8 により,$G' \cong P_1 \times \cdots \times P_n$ となる.$|G'| = p_1^{\alpha_1} \cdots p_n^{\alpha_n} = |G|$ となるので,$G = G'$ がわかる. □

4.6 有限生成アーベル群の構造

この節では,アーベル群の 2 項演算を,積でなく和で表すこととする.アーベル群 G の元 x と整数 n について

$$nx = \begin{cases} x \text{ の } n \text{ 回の和} & (n > 0), \\ 0 & (n = 0), \\ -x \text{ の } (-n) \text{ 回の和} & (n < 0) \end{cases}$$

と定義する.これを,G の元の整数倍という.この演算には

4.6 有限生成アーベル群の構造

(ⅰ) $(n+m)x = nx + mx$,

(ⅱ) $(nm)x = n(mx)$,

(ⅲ) $n(x_1 + x_2) = nx_1 + nx_2$,

(ⅳ) $1 \cdot x = x,\ 0 \cdot x = 0,\ (-n)x = -(nx)$

という性質がある．ただし，$1 \cdot x$ と $0 \cdot x$ における 1 と 0 は整数である．よって，G を整数環 $\mathbb{Z}$ 上の加群と見なすことができる（3.5 節を参照）．

A をアーベル群とする．A に有限個の元 $z_1, \ldots, z_r$ が存在して，A の任意の元 x が

$$x = n_1 z_1 + \cdots + n_r z_r$$

と表せるとき，A は**有限生成アーベル群**であるといい，$\{z_1, \ldots, z_r\}$ はその**生成系**であるという．$\{z_1, \ldots, z_r\}$ について，

$$n_1 z_1 + \cdots + n_r z_r = 0 \Rightarrow n_1 = \cdots = n_r = 0$$

が成立するとき，$\{z_1, \ldots, z_r\}$ をその**自由生成系**（または**自由基底**）という．このとき，有限生成自由アーベル群 A の任意の元 x を

$$x = n_1 z_1 + \cdots + n_r z_r$$

と書き表す方法はただ一通りである．したがって，集合の写像

$$\varphi : A \to \underbrace{\mathbb{Z} \times \cdots \times \mathbb{Z}}_{r},\quad x \mapsto (n_1, \ldots, n_r)$$

が定義できて，群としての同型写像になる．直積 $\mathbb{Z} \times \cdots \times \mathbb{Z}$ は $\mathbb{Z}$-加群の直和 $\mathbb{Z} \oplus \cdots \oplus \mathbb{Z}$ に同一視できる．この直和を $\mathbb{Z}^{\oplus r}$ と書き表す．また，r をその**階数**という．

アーベル群 A について，A が有限生成であるための必要十分条件は，有限生成自由アーベル群 F と全射な群準同型写像 $f : F \to A$ が存在することである．実際，$\{z_1, \ldots, z_r\}$ が A の生成系であるならば，$F = \mathbb{Z}e_1 + \cdots + \mathbb{Z}e_r$ を自由基底 $\{e_1, \ldots, e_r\}$ をもつ自由アーベル群とし，全射な群準同型写像 $f : F \to A$ を

$$f\left(\sum_{i=1}^{r} n_i e_i\right) = \sum_{i=1}^{r} n_i z_i$$

で定めればよい．逆に，このような $f : F \to A$ が存在すれば，$\{f(e_1), \ldots, f(e_r)\}$ は A の生成系である．

補題 4.6.1 (1) 有限生成自由アーベル群 F の部分群 A は有限生成自由アーベル群であり，A の階数は F の階数以下である．

(2) 有限生成アーベル群の部分群および剰余群は有限生成アーベル群である．

証明 (補題 3.5.7 の証明と比較せよ．$\mathbb{Z}$ のイデアルが単項イデアルであることを使えば，証明が本質的に同じであることがわかる．) $F = \mathbb{Z}e_1 \oplus \cdots \oplus \mathbb{Z}e_r$ を階数 r の有限生成自由アーベル群とし，A をその部分群とする．証明は階数 r に関する帰納法で行う．$r = 1$ ならば，A の元はすべて ae_1 $(a \in \mathbb{Z})$ の形をしている．そこで，$I = \{a \in \mathbb{Z} \mid ae_1 \in A\}$ とおくと，I は $\mathbb{Z}$ のイデアルである．I は単項イデアルだから，$I = (a_1)$ と書ける．よって，$A = \mathbb{Z}(a_1 e_1)$ となり，A は階数 1 の有限生成自由アーベル群である．$r > 1$ のときは，$F_1 = \mathbb{Z}e_2 \oplus \cdots \oplus \mathbb{Z}e_r$, $A_1 = A \cap F_1$ とおくと，F_1 は階数 $r-1$ の有限生成自由アーベル群であり，A_1 はその部分群である．帰納法の仮定により，A_1 は有限生成自由アーベル群で，$A_1 = \mathbb{Z}u_2 \oplus \cdots \oplus \mathbb{Z}u_s$ $(s \leq r)$ と表すことができる．そこで，$I = \{a \in \mathbb{Z} \mid \exists z \in A, z = ae_1 + a_2 e_2 + \cdots + a_r e_r\}$ とおくと，I は $\mathbb{Z}$ の単項イデアル (a_1) になる．$I = (0)$ ならば，$A = A_1 \subset F_1$ となる．$I \neq (0)$ ならば，A の元

$$u_1 = a_1 e_1 + a_2 e_2 + \cdots + a_r e_r$$

が存在する．このとき，A は $\{u_1, u_2, \ldots, u_s\}$ を自由基底にもつ有限生成自由アーベル群である．実際，$z \in A$ を任意の元とすると，$z = b_1 e_1 + \cdots + b_r e_r$ と書けて，$b_1 \in I$. よって，$b_1 = na_1$ と表される．このとき，$z - nu_1 \in F_1 \cap A = A_1$ となる．したがって，$z \in \sum_{i=1}^{s} \mathbb{Z}u_i$. すなわち，$A = \sum_{i=1}^{s} \mathbb{Z}u_i$ となる．$\{u_1, \ldots, u_s\}$ が A の自由基底であることを示そう．そのために，

$$u_j = \sum_{k=2}^{r} d_{jk} e_k, \quad 2 \leq j \leq s$$

と表しておく．$c_1 u_1 + \cdots + c_s u_s = 0$ とすれば，上の関係式を代入して，

$$c_1 a_1 e_1 + \sum_{k=2}^{r} \left(c_1 a_k + \sum_{j=2}^{s} c_j d_{jk} \right) e_k = 0$$

となる．よって，$c_1 a_1 = 0$, $c_1 a_k + \sum_{j=2}^{k} c_j d_{jk} = 0$ $(2 \leq k \leq r)$ となる．$a_1 \neq 0$ と仮定しているから，$c_1 = 0$. すると，$c_2 u_2 + \cdots + c_s u_s = 0$ となり，$\{u_2, \ldots, u_s\}$ が A_1

4.6 有限生成アーベル群の構造

の自由基底であることを使えば，$c_2 = \cdots = c_s = 0$ となる．よって，$\{u_1, \ldots, u_s\}$ は A の自由基底であり，$s \leq r$ となっている．

(2) A を有限生成アーベル群とし，$\{z_1, \ldots, z_r\}$ をその生成系とすると，階数 r の有限生成自由アーベル群 F と，全射な群準同型写像 $f: F \to A$ とが存在する．B を A の部分群として，$F_1 = f^{-1}(B)$ とおくと，F_1 は F の部分群であり，f の F_1 への制限 $f_1: F_1 \to B$ は全射な群準同型写像である．(1) によって，F_1 は有限生成自由アーベル群だから，B は有限生成アーベル群になる．

また，$\overline{A}$ を A の剰余群とすると，$\pi: A \to \overline{A}$ を自然な商写像として，f との合成 $\pi \circ f: F \to \overline{A}$ は全射な群準同型写像である．よって，$\overline{A}$ は有限生成アーベル群である． □

アーベル群 A の非零元 x に対して，非零整数 n が存在して $nx = 0$ となるとき，x を**捩れ元**という．このような A の捩れ元の集合

$$T(A) = \{x \in A \mid x \text{ は捩れ元}\} \cup \{0\}$$

は A の部分群である．$T(A)$ を A の**捩れ部分群**という．また，$T(A) = \{0\}$ のとき，A は**捩れのない**アーベル群という．

定理 4.6.2 A を有限生成アーベル群とすると，次のことがらが成立する．

(1) A が捩れのないアーベル群ならば，A は有限生成自由アーベル群である．
(2) A の捩れ部分群 $T(A)$ は有限群である．とくに，$A = T(A)$ ならば，A は有限群である．
(3) $A/T(A)$ は有限生成自由アーベル群で，$A \cong A/T(A) \oplus T(A)$ となる[8]．
(4) A を有限群とし，$|A| = p_1^{\alpha_1} \cdots p_n^{\alpha_n}$ を素因数分解とする．$1 \leq i \leq n$ に対して，P_i を p_i-シロー部分群とすると，A は直積 $P_1 \times \cdots \times P_n$ に同型である．

(1), (2), (3) は補題 3.5.6 および補題 3.5.9 と同様にして証明される．これらの証明は章末の問題 **14** とする．(4) は，アーベル群がべき零群であることに注意すると，定理 4.5.8 より従う．

有限生成捩れアーベル群の構造を知るには，有限アーベル p-群の構造を定めればよい．

---

[8] 3.5 節で説明したように，有限個のアーベル群の直積を，$\mathbb{Z}$-加群としての直和と同一視している．

定理 4.6.3 p を素数とし，A を有限アーベル p-群とすると，自然数

$$\alpha_1 \geq \alpha_2 \geq \cdots \geq \alpha_s > 0$$

がただ一通りに定まって，

$$A \cong (\mathbb{Z}/p^{\alpha_1}\mathbb{Z}) \times \cdots \times (\mathbb{Z}/p^{\alpha_s}\mathbb{Z})$$

となる．

証明 定理 3.5.10 における元の p-位数を位数に読み替えると同様に証明される．証明は章末の問題 **15** とする． □

定理 4.6.2 と定理 4.6.3 を合わせると，有限生成アーベル群の構造がわかる．すなわち，A が有限生成アーベル群ならば，A は自由アーベル群 $\mathbb{Z}^{\oplus r}$ と有限アーベル群の直積に同型になる．有限アーベル群は，その位数の素因数分解に対応する p-シロー部分群の直積として表される．さらに，有限アーベル p-群の構造は定理 4.6.3 のように定まる．これらを合わせて，**有限生成アーベル群の基本定理**という．

4.7 群の生成系と基本関係

この節では，集合 E で生成される自由群を定義する．その後，与えられた群を，生成系と基本関係によって表示することを考える．

E を空集合でない集合とする．E が有限集合であるか無限集合であるかは問わない．E の各元 α に対して記号 x_α^{+1} と x_α^{-1} を用意して，

$$E^+ = \{x_\alpha^{+1} \mid \alpha \in E\}, \quad E^- = \{x_\alpha^{-1} \mid \alpha \in E\}$$

とおく．ここで，x_α^{+1} を x_α と略記する．$E^+ \cup E^-$ の有限個の元の順序付けられた列

$$w = x_{\alpha_1}^{\varepsilon_1} x_{\alpha_2}^{\varepsilon_2} \cdots x_{\alpha_n}^{\varepsilon_n}, \quad \varepsilon_i = \pm 1$$

において，x_α^{+1} と x_α^{-1} が隣り合わないとき，w を**語** (word) という．$n = \ell(w)$ と書いて，これを w の**長さ**という．$\ell(w) = 0$ となる語 w_0 がただ一つ存在することとする．すなわち，空の列を w_0 と表す．

4.7 群の生成系と基本関係

たとえば，$\alpha \neq \beta$ のとき，$x_\alpha x_\beta^{-1} x_\alpha x_\beta^{-1} x_\alpha^{-1}$ は語であるが，$x_\alpha x_\beta^{-1} x_\beta x_\alpha$ は語ではない．

$$W = \{w \mid w \text{ は } E^+ \cup E^- \text{ で作られた語}\} \cup \{w_0\}$$

とおいて，集合 W に次のように演算を導入する．

W に属する 2 つの語

$$w_1 = x_{\alpha_1}^{\varepsilon_1} x_{\alpha_2}^{\varepsilon_2} \cdots x_{\alpha_n}^{\varepsilon_n}, \ w_2 = x_{\beta_1}^{\delta_1} x_{\beta_2}^{\delta_2} \cdots x_{\beta_m}^{\delta_m}, \quad \varepsilon_i = \pm 1, \delta_j = \pm 1$$

について，$\alpha_n \neq \beta_1$ または，$\alpha_n = \beta_1$ かつ $\varepsilon_n + \delta_1 \neq 0$ ならば，

$$w_1 w_2 = x_{\alpha_1}^{\varepsilon_1} x_{\alpha_2}^{\varepsilon_2} \cdots x_{\alpha_n}^{\varepsilon_n} x_{\beta_1}^{\delta_1} x_{\beta_2}^{\delta_2} \cdots x_{\beta_m}^{\delta_m}$$

と定義する．$\alpha_n = \beta_1$ かつ $\varepsilon_n + \delta_1 = 0$ ならば，$x_{\alpha_n}^{\varepsilon_n} x_{\beta_1}^{\delta_1}$ を列から消去できる．この操作を**簡約**という．このとき，さらに，自然数 $k \leq \min(m, n)$ で，$1 \leq i \leq k$ となる各 i について，

$$\alpha_{n-i+1} = \beta_i, \quad \varepsilon_{n-i+1} + \delta_i = 0$$

となるものが存在する．$k < \min(m, n)$ ならば，

$$\alpha_{n-k} \neq \beta_{k+1} \quad \text{または，} \alpha_{n-k} = \beta_{k+1}, \varepsilon_{n-k} = \delta_{k+1}$$

となっている．このとき，k 回簡約を繰り返して，

$$w_1 w_2 = \begin{cases} x_{\alpha_1}^{\varepsilon_1} \cdots x_{\alpha_{n-k}}^{\varepsilon_{n-k}} \cdot x_{\beta_{k+1}}^{\delta_{k+1}} \cdots x_{\beta_m}^{\delta_m} & (k \leq \min(m, n),\ m \neq n \text{ のとき}), \\ w_0 & (k = m = n \text{ のとき}) \end{cases}$$

と定義する．簡単にいえば，

$$x_{\alpha_1}^{\varepsilon_1} x_{\alpha_2}^{\varepsilon_2} \cdots x_{\alpha_n}^{\varepsilon_n} \cdot x_{\beta_1}^{\delta_1} x_{\beta_2}^{\delta_2} \cdots x_{\beta_m}^{\delta_m}$$

と並べたとき，$\alpha_n = \beta_1$ かつ ε_n と δ_1 が異符号のとき，$x_{\alpha_n}^{\varepsilon_n} \cdot x_{\beta_1}^{\delta_1}$ を消去する．次に，$x_{\alpha_{n-1}}^{\varepsilon_{n-1}}$ と $x_{\beta_2}^{\delta_2}$ で同じように消去できるかどうかを見る．このように，できる限り消去した後，残った列を $w_1 w_2$ とするのである．全部消去できたときは $w_1 w_2 = w_0$ とするのである．

補題 4.7.1 W の上記の演算は結合法則を満たす．

証明　関係式
$$w_1(w_2 w_3) = (w_1 w_2) w_3 \qquad (*)$$
が成立することを, $\ell(w_2)$ に関する帰納法で示す. まず, $\ell(w_2) = 0$ とすると, $w_2 = w_0$ である. このとき, $w_1 w_0 = w_1$, $w_0 w_3 = w_3$ である. よって, 関係式 $(*)$ は
$$w_1(w_2 w_3) = w_1 w_3 = (w_1 w_0) w_3$$
となって成立する. $\ell(w_2) = 1$ とすると, $w_2 = x_\alpha^\varepsilon$ ($\varepsilon = \pm 1$) と表せる. また,
$$w_1 = x_{\beta_1}^{\delta_1} \cdots x_{\beta_\ell}^{\delta_\ell}, \quad w_3 = x_{\gamma_1}^{\eta_1} \cdots x_{\gamma_n}^{\eta_n}$$
とおく. $x_{\beta_\ell}^{\delta_\ell} x_\alpha^\varepsilon$ と $x_\alpha^\varepsilon x_{\gamma_1}^{\eta_1}$ の間に簡約ができないならば, 明らかに関係式 $(*)$ が成立する. $x_{\beta_\ell}^{\delta_\ell} = x_\alpha^{-\varepsilon} \neq x_{\gamma_1}^{\eta_1}$ ならば,
$$w_1 w_2 = x_{\beta_1}^{\delta_1} \cdots x_{\beta_{\ell-1}}^{\delta_{\ell-1}}, \quad w_2 w_3 = x_\alpha^\varepsilon x_{\gamma_1}^{\eta_1} \cdots x_{\gamma_n}^{\eta_n}$$
であるが, 積 $w_1(w_2 w_3)$ においては, $x_{\beta_\ell}^{\delta_\ell}$ と x_α^ε の間に簡約が生じ, その後の $x_{\beta_{\ell-1}}^{\delta_{\ell-1}}$ と $x_{\gamma_1}^{\eta_1}$ 等との間の簡約については, $w_1 w_2$ と w_3 の間の簡約と同じである. よって, $w_1(w_2 w_3) = (w_1 w_2) w_3$ となる. $x_{\beta_\ell}^{\delta_\ell} \neq x_\alpha^{-\varepsilon} = x_{\gamma_1}^{\eta_1}$ の場合も同様である. $x_{\beta_\ell}^{\delta_\ell} = x_\alpha^{-\varepsilon} = x_{\gamma_1}^{\eta_1}$ ならば, $x_{\beta_{\ell-1}}^{\delta_{\ell-1}}$ と $x_\alpha^{-\varepsilon}$, $x_\alpha^{-\varepsilon}$ と $x_{\gamma_2}^{\eta_2}$ の間に簡約は起こらないことに注意して,
$$w_1(w_2 w_3) = x_{\beta_1}^{\delta_1} \cdots x_{\beta_{\ell-1}}^{\delta_{\ell-1}} x_\alpha^{-\varepsilon} (x_{\gamma_2}^{\eta_2} \cdots x_{\gamma_n}^{\eta_n}),$$
$$(w_1 w_2) w_3 = (x_{\beta_1}^{\delta_1} \cdots x_{\beta_{\ell-1}}^{\delta_{\ell-1}}) x_\alpha^{-\varepsilon} x_{\gamma_2}^{\eta_2} \cdots x_{\gamma_n}^{\eta_n}$$
となる. よって, $w_1(w_2 w_3) = (w_1 w_2) w_3$ である.

$\ell(w_2) \geq 2$ の場合には,
$$w_2 = x_{\alpha_1}^{\varepsilon_1} \cdots x_{\alpha_{m-1}}^{\varepsilon_{m-1}} \cdot x_{\alpha_m}^{\varepsilon_m} = w_2' x_{\alpha_m}^{\varepsilon_m}, \quad w_2' = x_{\alpha_1}^{\varepsilon_1} \cdots x_{\alpha_{m-1}}^{\varepsilon_{m-1}}$$
とおけば, 帰納法の仮定を使って,
$$w_1(w_2 w_3) = w_1 \left[(w_2' x_{\alpha_m}^{\varepsilon_m}) w_3 \right] = w_1 \left[w_2' (x_{\alpha_m}^{\varepsilon_m} w_3) \right]$$
$$= (w_1 w_2')(x_{\alpha_m}^{\varepsilon_m} w_3) = \left[(w_1 w_2') x_{\alpha_m}^{\varepsilon_m} \right] w_3$$
$$= \left[w_1 (w_2' x_{\alpha_m}^{\varepsilon_m}) \right] w_3 = (w_1 w_2) w_3$$
と計算される. □

4.7 群の生成系と基本関係

系 4.7.2 W は上記の演算で群になる．その単位元は w_0 で，語 $w = x_{\alpha_1}^{\varepsilon_1} \cdots x_{\alpha_n}^{\varepsilon_n}$ の逆元は語 $x_{\alpha_n}^{-\varepsilon_n} \cdots x_{\alpha_1}^{-\varepsilon_1}$ である．

証明は明らかであろう．群 W を，E を生成系にもつ**自由群**といい，$|E|$ をその**階数**という．

補題 4.7.3 G を群，E を集合，$\sigma : E \to G$ を集合の写像，W を E を生成系にもつ自由群とする．写像 σ を $\sigma(\alpha) = g_\alpha$ $(\alpha \in E)$ と書き表し，E で添字付けされた記号の集合 $E^+ = \{x_\alpha \mid \alpha \in E\}$ からの集合の写像 $\varphi_0 : E^+ \to G$, $\varphi(x_\alpha) = g_\alpha$ を考える．このとき，φ_0 はただ一通りに群準同型写像 $\varphi : W \to G$ に拡張される．

証明 W の語 $w = x_{\alpha_1}^{\varepsilon_1} \cdots x_{\alpha_n}^{\varepsilon_n}$ に対して，$\varphi(w) = g_{\alpha_1}^{\varepsilon_1} \cdots g_{\alpha_n}^{\varepsilon_n}$ とおけば，φ は群準同型写像で，$\varphi(x_\alpha) = \varphi_0(x_\alpha) = g_\alpha$ である．φ_0 の拡張がただ一通りであることは，φ が群準同型写像であるという性質を使えば明らかである． □

系 4.7.4 群 G に対して，自由群 W と全射な群準同型写像 $\varphi : W \to G$ が存在する．

証明 G を集合と見て，G を生成系にもつ自由群を W とする．W の生成元は $E^+ = \{x_g \mid g \in G\}$ である．補題 4.7.3 において，σ を G の恒等写像として $\varphi_0(x_g) = g$ と見れば，$\varphi(x_{g_1}^{\varepsilon_1} \cdots x_{g_n}^{\varepsilon_n}) = g_1^{\varepsilon_1} \cdots g_n^{\varepsilon_n}$ である．φ_0 は集合の写像として全射だから，φ は全射な群準同型写像になる． □

以下，W の語 w の列において，同一の記号の繰り返し

$$\underbrace{x_\alpha^\varepsilon \cdots x_\alpha^\varepsilon}_{r}$$

を $x_\alpha^{r\varepsilon}$ と略記することとする．また，$x_\alpha^0 = w_0$ と了解する．したがって，$w = x_{\alpha_1}^{\varepsilon_1} \cdots x_{\alpha_n}^{\varepsilon_n}$ と書くとき，ε_i は ± 1 だけでなく，任意の整数をとるものとする．

群 G が，全射な群準同型写像 $\varphi : W \to G$ によって，自由群 W の剰余群になっていると仮定して，

$$G \cong W/H, \quad H \triangleleft W$$

と表す．W の語 $w = x_{\alpha_1}^{\varepsilon_1} \cdots x_{\alpha_n}^{\varepsilon_n}$ について，

$$w \in H \quad \Longleftrightarrow \quad w(g) = g_{\alpha_1}^{\varepsilon_1} \cdots g_{\alpha_n}^{\varepsilon_n} = e$$

である．ただし，$g_\alpha = \varphi(x_\alpha)$ $(\alpha \in E)$ であり，$w(g) = \varphi(w)$ である．このとき，$\{g_\alpha \mid \alpha \in E\}$ を群 G の**生成系**という．また，G は $\{g_\alpha \mid \alpha \in E\}$ で生成されるという．G が有限群ならば，集合 E として有限集合を選ぶことができることは，系 4.7.4 の証明よりわかる．

上の H の部分集合 R を，R で生成された W の正規部分群が H となるようにとったとき，
$$\{g_{\alpha_1}^{\varepsilon_1} \cdots g_{\alpha_n}^{\varepsilon_n} = e \mid w = x_{\alpha_1}^{\varepsilon_1} \cdots x_{\alpha_n}^{\varepsilon_n} \in R\}$$
を，群 G の生成系 $\{g_\alpha \mid \alpha \in E\}$ の**基本関係**という．このとき，
$$G = \left\langle g_\alpha \ (\alpha \in E) \mid w(g) = g_{\alpha_1}^{\varepsilon_1} \cdots g_{\alpha_n}^{\varepsilon_n} = e \ (w \in R) \right\rangle$$
という表示をする．

補題 4.7.5 G を群とする．G の元の集合 $\{g_\alpha \mid \alpha \in E\}$ と関係式の集合 $\{w_\beta(g) = e \mid \beta \in F\}$ が，G の生成系と基本関係を与える必要十分条件は，次の 2 条件が満たされることである．

(i) G の元はすべて，$\{g_\alpha \mid \alpha \in E\}$ の元の積として表される．

(ii) $\{g_\alpha \mid \alpha \in E\}$ が G において満たす関係式は，$\{w_\beta(g) = e \mid \beta \in F\}$ を使って導かれる．

証明 集合 E に添字付けされた記号の集合 $E^+ = \{x_\alpha \mid \alpha \in E\}$ を生成系にもつ自由群を W とすると，群準同型写像 $\varphi : W \to G$ を $\varphi(x_\alpha) = g_\alpha$ $(\alpha \in E)$ によって定義することができる．関係式 $w_\beta(g)$ について，$w_\beta(g) = \varphi(w_\beta)$ となるような語 w_β を選んで，それらの集合を R とする．また，R で生成される W の正規部分群を H とする．$\overline{W} = W/H$ とし，$\pi : W \to \overline{W}$ を自然な商写像とすると，群準同型写像 $\psi : \overline{W} \to G$ が存在して，$\varphi = \psi \circ \pi$ となる．定義により，
$$G = \left\langle g_\alpha \ (\alpha \in E) \mid w_\beta(g) = e \ (\beta \in F) \right\rangle$$
となることと，$\psi : \overline{W} \to G$ が同型写像になることは同値である．この同値な言い換えから，必要条件の (i) が従うのは明らかである．

必要条件の (ii) が導かれることを示そう．$w(g) = g_1^{\beta_1} \cdots g_m^{\beta_m} = e$ を $\{g_\alpha \mid \alpha \in E\}$ の間の関係式とすると，語 $w = x_1^{\beta_1} \cdots x_m^{\beta_m}$ が存在して，$w(g) = \varphi(w) = e$ となる．

4.7 群の生成系と基本関係

すなわち，$w \in H$ となる．ここで，$R^- = \{w_\beta^{-1} \mid \beta \in F\}$ とすると，w は $R \cup R^{-1}$ に属する語とそれらの共役元の積として表せる．したがって，$w(g) = e$ という関係式は $\{w_\beta(g) = e \mid \beta \in F\}$ から導かれる．

逆に，(i) と (ii) の条件が成立すると仮定すると，$w(g) = e$ を与える語 $w = x_1^{\beta_1} \cdots x_m^{\beta_m}$ は H に属する．よって，$\operatorname{Ker} \varphi = H$ となるので，$\psi : \overline{W} \to G$ は同型写像である． □

例 4.7.6 (1) 3次の対称群 S_3 について，
$$S_3 = \langle a, b \mid a^3 = b^2 = abab = e \rangle.$$

(2) クラインの4元群 V について，
$$V = \langle a, b \mid a^2 = b^2 = abab = e \rangle.$$

(3) n 次の2面体群 D_n について，
$$D_n = \langle a, b \mid a^n = b^2 = abab = e \rangle.$$

(3) の証明は，定理 4.2.3 において $\rho = a$, $\sigma = b$ とおけばよい．実際，補題 4.7.5 の記号を使うと，W を記号 x, y で生成された自由群，$R = \{w_1 = x^n, w_2 = y^2, w_3 = xyxy\}$ として，$\varphi(x) = a$, $\varphi(y) = b$ によって定まる群準同型写像 $\varphi : W \to D_n$ は全射であり，$|W/H| = |D_n| = 2n$ となる．よって，$W/H \cong G$ である．また，D_n において，$ba^2ba^2 = e$ であるから，語 $v = yx^2yx^2$ は H に属する．実際，
$$v = yx^2yx^2 = \{yx(xyxy)x^{-1}y^{-1}\} \cdot \{y(xyxy)y^{-1}\} \cdot (x^{-1}y^2x)^{-1}$$

と表される．$ba^iba^i = e$ ($1 \leq i < n$) を与える語 $v_i = yx^iyx^i$ を，H の元として具体的に書くのは複雑である（章末の問題 **16**）． □

4元数群 Q を定義するために，ハミルトンの4元数体 $\mathbb{H}$ を導入しておこう．$\mathbb{H}$ は実数体 $\mathbb{R}$ 上の4次元のベクトル空間
$$\mathbb{H} = \mathbb{R} \cdot 1 + \mathbb{R} \cdot i + \mathbb{R} \cdot j + \mathbb{R} \cdot k$$

で，次の2項演算によって，和と積を定義したものである．

(1)　$(a + bi + cj + dk) \pm (a' + b'i + c'j + d'k)$
$$= (a \pm a') + (b \pm b')i + (c \pm c')j + (d \pm d')k.$$

(2)　$i^2 = j^2 = k^2 = -1, \quad ij = k, \; jk = i, \; ki = j, \; ji = -k, \; kj = -i, \; ik = -j$.

(2) の演算を使って，実際に計算すると，
$$(a + bi + cj + dk) \cdot (a' + b'i + c'j + d'k)$$
$$= (aa' - bb' - cc' - dd') + (ab' + ba' + cd' - dc')i$$
$$+ (ac' - bd' + ca' + db')j + (ad' + bc' - cb' + da')k.$$

とくに，積は可換ではない．この非可換体を**ハミルトンの 4 元数体**という．元 $a + bi + cj + dk$ について，
$$a + bi + cj + dk = 0 \iff a = b = c = d = 0$$
である．$\alpha = a + bi + cj + dk$ とするとき，$\overline{\alpha} = a - bi - cj - dk$ とおいて，$\overline{\alpha}$ を α の共役元という．上の積の定義に従えば，
$$\alpha \cdot \overline{\alpha} = a^2 + b^2 + c^2 + d^2$$
となる．したがって，$\alpha \neq 0$ ならば，
$$\alpha^{-1} = \frac{a - bi - cj - dk}{a^2 + b^2 + c^2 + d^2}$$
は α の逆元である．

4 元数体の積によって，$Q = \{\pm 1, \pm i, \pm j, \pm k\}$ は群になる．この群 Q を **4 元数群**という．

例 4.7.7　4 元数群 Q は次のような表示をもつ．
$$Q = \langle a, b \mid a^4 = b^4 = e, \; a^2 = b^2, \; aba = b \rangle.$$
証明は章末の問題 **9** とする．　　　　　　　　　　　　　　　　　□

4.8　低位数の有限群の構造

G を位数 n の有限群として，$n \leq 15$ の場合に，G がどのような群であるのかを考察しよう．まず，次の結果がある．

4.8 低位数の有限群の構造

補題 4.8.1 (1) 素数位数の群は，巡回群である．

(2) 自然数 m, n について，$\gcd(m, n) = 1$ ならば，$\mathbb{Z}/m\mathbb{Z} \times \mathbb{Z}/n\mathbb{Z} \cong \mathbb{Z}/mn\mathbb{Z}$.

証明 (1) G の位数を p とする．単位元でない G の元 a で生成された部分群を $\langle a \rangle$ とする．a の位数は，p の 1 でない約数だから，p に等しい．したがって，$G = \langle a \rangle$ となる．

(2) $\mathbb{Z}/m\mathbb{Z} \times \mathbb{Z}/n\mathbb{Z}$ で $a = (\overline{1}, \overline{0})$, $b = (\overline{0}, \overline{1})$ とおくと，a の位数は m，b の位数は n となる．このとき，ab の位数は mn である．   □

$n = 1, 2, 3$ の場合には，上の補題により，それぞれ $G = \{e\}$, $G \cong \mathbb{Z}/2\mathbb{Z}$, $G \cong \mathbb{Z}/3\mathbb{Z}$ のように構造が定まる．$n = 4$ の場合には，次の一般的結果により，$G \cong \mathbb{Z}/4\mathbb{Z}$ または $G \cong \mathbb{Z}/2\mathbb{Z} \times \mathbb{Z}/2\mathbb{Z}$ である．

補題 4.8.2 G はべき零群であると仮定すると，次の結果が成立する．

(1) H を G の**極大部分群**とする．すなわち，H が G の真部分群で，$H \subset K \subset G$ となる部分群 K があれば，$H = K$ または $K = G$ となる．このとき，$H \triangleleft G$.

(2) p を素数として，$|G| = n = p^2$ ならば，G は $\mathbb{Z}/p^2\mathbb{Z}$ または $\mathbb{Z}/p\mathbb{Z} \times \mathbb{Z}/p\mathbb{Z}$ に同型である．

証明 (1) $Z_i = Z_i(G)$ とおいて，
$$Z_0 = \{e\} \subsetneq Z_1 \subsetneq Z_2 \subsetneq \cdots \subsetneq Z_m = G$$
を G の昇中心列とする．$N = N_G(H)$ を H の正規化群とすると，$G \supseteq N \supseteq H$ となる．$N \supsetneq H$ ならば $G = N$ となり，$H \triangleleft G$ である．$H \subsetneq N$ を示そう．自然数 ℓ を $Z_\ell \subseteq H$, $Z_{\ell+1} \not\subseteq H$ となるようにとる．$Z_{\ell+1} \triangleleft G$ だから，$H \cdot Z_{\ell+1}$ は部分群で，$H \cdot Z_{\ell+1} \supsetneq H$. また，$Z_{\ell+1}/Z_\ell$ は G/Z_ℓ の中心だから，$Z_{\ell+1}/Z_\ell$ の元は H/Z_ℓ の元と可換である．よって，$Z_{\ell+1} \subseteq N_G(H) = N$ となり，$H \subsetneq N$ である．

(2) $G \not\cong \mathbb{Z}/p^2\mathbb{Z}$ と仮定すると，G の単位元でない任意の元の位数は p である．$G \ni a$, $a \neq e$ について，$H = \langle a \rangle$ とおくと，$H \cong \mathbb{Z}/p\mathbb{Z}$. $b \in G \setminus H$ として，$K = \langle b \rangle$ とおくと，$K \cong \mathbb{Z}/p\mathbb{Z}$. ここで，$H$ と K は G の極大部分群である．よって，H と K は G の正規部分群である．また，$H \cap K = \{e\}$ である．実際，$c \in H \cap K$ で $c \neq e$

となるものがあれば，$H = \langle c \rangle = K$ となる．$H \cdot K = G$ だから，補題 4.4.7 により，$G \cong H \times K$ である． □

$n = 5$ のときは，$G \cong \mathbb{Z}/5\mathbb{Z}$ である．$n = 6$ のときは，次の一般的結果を用いる．これは定理 4.4.9 の拡張である．

補題 4.8.3 p, q を $p < q$ となる素数とする．$|G| = pq$ ならば，G は次のいずれかに同型である．

(1) $\mathbb{Z}/pq\mathbb{Z}$.
(2) $G = \langle a, b \mid a^p = e,\ b^q = e,\ a^{-1}ba = b^r,\ r^p \equiv 1 \pmod{q} \rangle$.

証明 Q を G の q-シロー部分群とし，$N_Q = N_G(Q)$ とおく．$[G : N_Q]$ は G の q-シロー部分群の数であるから，シローの定理(定理 4.4.6)により，$[G : N_Q] \equiv 1 \pmod{q}$ であり，かつ $[G : N_Q]$ は $|G| = pq$ の約数である．$p < q$ だから，$[G : N_Q] = 1$. すなわち，$G = N_Q$ となり，$Q \triangleleft G$ である．Q は巡回群だから，$Q = \langle b \mid b^q = e \rangle$ と表す．P を G の p-シロー部分群，$N_P = N_G(P)$ とすると，$[G : N_P] \equiv 1 \pmod{p}$ かつ $[G : N_P] \mid pq$ である．よって，$[G : N_P] = 1$ または $[G : N_P] = q$ である．

(1) $[G : N_P] = 1$ とすると，$P \triangleleft G$. $P = \langle a \mid a^p = e \rangle$ と表すと，$P \cap Q = \{e\}$ かつ $P \cdot Q = G$ だから，$G \cong P \times Q$. すなわち，$G \cong \mathbb{Z}/p\mathbb{Z} \times \mathbb{Z}/q\mathbb{Z} \cong \mathbb{Z}/pq\mathbb{Z}$.

(2) $[G : N_P] = q = 1 + kp$ と仮定する．$P = \langle a \mid a^p = e \rangle$ とすると，$Q \triangleleft G$ だから，$a^{-1}ba = b^r$ と表せる．ここで，$r \neq 1$ である．なぜならば，$r = 1$ とすると，$ab = ba$ となり，$N_P = G$ となってしまう．よって，$1 < r < q$.

$i \geq 1$ について $a^{-i}ba^i = b^{r^i}$ となることを，i に関する帰納法で示すことができる．$i = p$ とすると，$a^p = e$ だから，$b = b^{r^p}$ となる．よって，$r^p \equiv 1 \pmod{q}$ が導かれる．このとき，$P \cdot Q$ の元は $a^u b^v$ ($0 \leq u < p,\ 0 \leq v < q$) と表されるが，それらの乗法は次のように計算される．

$$(a^u b^v) \cdot (a^x b^y) = a^{u+x}(a^{-x} b^v a^x) b^y$$
$$= a^{u+x}(a^{-x} b a^x)^v b^y = a^{u+x} b^{r^x v + y}.$$

よって，G は，補題の主張 (2) で与えられた生成元と基本関係による表示をもつ． □

4.8 低位数の有限群の構造

系 4.8.4 $n = 6$ ならば,$G \cong \mathbb{Z}/6\mathbb{Z}$ または $G \cong S_3$ である.

証明 補題 4.8.3 の (2) の場合を考える.$n = 6$ のとき,$p = 2$,$q = 3$ である.また,$1 < r < 3$ より,$r = 2$ である.このとき,$r^2 \equiv 1 \pmod{3}$ となる.よって,

$$G = \langle a, b \mid a^2 = b^3 = e,\ a^{-1}ba = b^2 \rangle$$

と与えられる.ここで,$a^{-1}ba = b^2 \Leftrightarrow abab = e$ に注意すると,例 4.7.6 により,G は 3 次の対称群 S_3 に同型になる. □

$n = 7$ のとき,$G \cong \mathbb{Z}/7\mathbb{Z}$ である.

補題 4.8.5 $n = 8$ ならば,G は次の群のどれかに同型である.

(1) G がアーベル群のときは,

$$\mathbb{Z}/8\mathbb{Z},\quad \mathbb{Z}/4\mathbb{Z} \times \mathbb{Z}/2\mathbb{Z},\quad \mathbb{Z}/2\mathbb{Z} \times \mathbb{Z}/2\mathbb{Z} \times \mathbb{Z}/2\mathbb{Z}\,.$$

(2) G がアーベル群でないときは,

$$D_4 = \langle a, b \mid a^4 = e,\ b^2 = e,\ abab = e \rangle \quad (\text{4 次の 2 面体群}),$$
$$Q = \langle a, b \mid a^4 = e,\ b^2 = a^2,\ aba = b \rangle \quad (\text{4 元数群}).$$

証明 (1) G は 2-群であるから,結果は有限アーベル p-群の分類(定理 4.6.3)から明らかである.

(2) G はアーベル群でないと仮定する.すると,G に位数 4 の元が存在する.実際,単位元と異なる G の元の位数は $2, 4, 8$ のいずれかであるが,位数 2 の元しかなければ G はアーベル群であり(章末の問題 **1**),位数 8 の元があれば G は巡回群となってアーベル群になる.したがって,位数 4 の元 a が存在する.すなわち,$a^4 = e$,$a^2 \neq e$ である.$H = \langle a \rangle$ とおくと,$H \triangleleft G$ である.実際,$b \in G \setminus H$ とすると,$G = H + bH = H + Hb$ と右(左)剰余類に分解される.よって,$bH = Hb$ となる(章末の問題 **2**).b は $G \setminus H$ の元として任意にとれるから,$H \triangleleft G$ となる.$b \in G \setminus H$ を 1 つ定める.このとき,$b^2 \in H$ である.実際,$b^2 \in Hb$ とすると,$b^2 = a^i b$ と書けるから,$b = a^i \in H$ となって矛盾する.このとき,b の位数は 8 ではないから,$b^2 = e$ または $b^2 = a^2$ となる.一方,$b^{-1}ab \in H$ で,$b^{-1}ab$ は a

と同じ位数をもつから，$b^{-1}ab = a$ または $b^{-1}ab = a^3$ となる．$b^{-1}ab = a$ ならば，$ab = ba$ となって，G はアーベル群になる．G はアーベル群でないと仮定したから，$b^{-1}ab = a^3$ である．ここで，$b^{-1}ab = a^3 \Leftrightarrow aba = b$ となることに注意しよう．

(i) $b^2 = e$ のときは，
$$G = \langle a, b \mid a^4 = e,\ b^2 = e,\ b^{-1}ab = a^3 \rangle$$
となって，G は 4 次の 2 面体群 D_4 に同型である．

(ii) $b^2 = a^2$ のときは，
$$G = \langle a, b \mid a^4 = e,\ b^2 = a^2,\ b^{-1}ab = a^3 \rangle$$
となって，G は 4 元数群である（章末の問題 **17**）．

□

$n = 9$ ならば，補題 4.8.2 により，$G \cong \mathbb{Z}/9\mathbb{Z}$ または $G \cong \mathbb{Z}/3\mathbb{Z} \times \mathbb{Z}/3\mathbb{Z}$ である．

$n = 10$ ならば，$G \cong \mathbb{Z}/10\mathbb{Z}$ または $G \cong D_5$ である．実際，G がアーベル群でないときは，補題 4.8.3 により，
$$G = \langle a, b \mid a^2 = e,\ b^5 = e,\ a^{-1}ba = b^r,\ r^2 \equiv 1 \pmod{5} \rangle$$
と表されるが，$r = 2, 3, 4$ のうち，$r^2 \equiv 1 \pmod{5}$ の条件を満たすのは $r = 4$ だけである．このとき，G は 5 次の 2 面体群である．

$n = 11$ ならば，$G \cong \mathbb{Z}/11\mathbb{Z}$ である．

$n = 12$ のときを調べるために，次の結果を用意する．

補題 4.8.6 p, q を相異なる素数とし，G は位数 p^2q の群であるとする．P を G の p-シロー部分群，Q を G の q-シロー部分群とすると，$P \triangleleft G$ または $Q \triangleleft G$ となる．

証明 Q が G の正規部分群ではないと仮定して，$P \triangleleft G$ となることを示す．$N_Q = N_G(Q)$ とすると，$[G : N_Q] \mid p^2$ かつ $[G : N_Q] \equiv 1 \pmod{q}$ である．したがって，$[G : N_Q] = p$ または $[G : N_Q] = p^2$ である．実際，$[G : N_Q] = 1$ ならば，$Q \triangleleft G$ となって仮定に反する．

$[G : N_Q] = p^2$ のときは，G には q-シロー部分群 Q_i $(1 \leq i \leq p^2)$ が存在して，$Q_i \cap Q_j = \{e\}$ $(i \neq j)$，$P \cap Q_i = \{e\}$ となる．よって，

4.8 低位数の有限群の構造

$$|Q_1 \cup \cdots \cup Q_{p^2}| = p^2(q-1) + 1 = p^2 q - (p^2 - 1)$$

となる．よって，$P \cup Q_1 \cup \cdots \cup Q_{p^2} = G$．したがって，$P \triangleleft G$ となる．実際，P' が P と異なる p-シロー部分群ならば，$x \in P' \setminus P$ はある Q_i $(1 \le i \le p^2)$ に属するから，x の位数は p^2 と q の約数となる．すなわち，$x = e$ となって，矛盾である．

$[G : N_Q] = p$ のときは，$p \equiv 1 \pmod{q}$ だから，$p = 1 + \ell q$ $(\ell > 0)$ と表される．$N_P = N_G(P)$ とすると，$[G : N_P] \equiv 1 \pmod{p}$ かつ $[G : N_P] \mid q$ である．$[G : N_P] = q$ ならば，$q = 1 + kp$ $(k > 0)$ と書けるから，

$$p = 1 + \ell q = 1 + \ell(1 + kp) = (1 + \ell) + \ell k p > p$$

となって矛盾である．$[G : N_P] = 1$ のときは，$P \triangleleft G$． □

補題 4.8.7 $n = 12$ のときは，G は次の群のいずれかに同型である．

(1) G がアーベル群のときは，

$$\mathbb{Z}/12\mathbb{Z}, \quad \mathbb{Z}/6\mathbb{Z} \times \mathbb{Z}/2\mathbb{Z}.$$

(2) G がアーベル群でないときは，

$$A_4 \text{ (4次の交代群)}, \quad S_3 \times \mathbb{Z}/2\mathbb{Z}, \quad \langle a, b \mid a^4 = e, b^3 = e, a^{-1}ba = b^2 \rangle.$$

証明 (2) を証明すればよい．G はアーベル群でないと仮定する．H を 2-シロー部分群，K を 3-シロー部分群とする．補題 4.8.6 により，$H \triangleleft G$ または $K \triangleleft G$ だから，2 つの場合に分けて考察する．

(I) $H \triangleleft G$ のとき．$H \cong \mathbb{Z}/4\mathbb{Z}$ と仮定して，$H = \langle a \mid a^4 = e \rangle$ と表す．$K = \langle b \mid b^3 = e \rangle$ とすると，$b^{-1}ab = a$ または $b^{-1}ab = a^3$ である．$b^{-1}ab = a$ ならば，$ab = ba$ となる．したがって，部分群 $H \cdot K \cong H \times K$ で，$|HK| = 12$ だから，G はアーベル群になる．よって，$b^{-1}ab = a^3$ である．このとき，$b^{-2}ab^2 = b^{-1}a^3 b = (b^{-1}ab)^3 = a^9 = a$ となり，$ab^2 = b^2 a$ である．$K = \langle b^2 \rangle$ だから，$b^{-1}ab = a$ の場合と同様に，G はアーベル群になる．次に，$H \cong \mathbb{Z}/2\mathbb{Z} \times \mathbb{Z}/2\mathbb{Z}$ と仮定して，

$$H = \langle a, a' \mid a^2 = a'^2 = e, aa' = a'a \rangle$$

とおく．また，$K = \langle b \mid b^3 = e \rangle$ とする．$b^{-1}ab$ と $b^{-1}a'b$ は H の元 a, a', aa' のどれかになるが，場合分けをして考えよう．

(ⅰ) $\begin{pmatrix} b^{-1}ab \\ b^{-1}a'b \end{pmatrix} = \begin{pmatrix} a' \\ aa' \end{pmatrix}$ または $\begin{pmatrix} b^{-1}ab \\ b^{-1}a'b \end{pmatrix} = \begin{pmatrix} aa' \\ a \end{pmatrix}$ のとき．

a と a' を入れ換えて，$b^{-1}ab = a'$, $b^{-1}a'b = aa'$ としてもよい．このとき，
$$G = \langle a, a', b \mid a^2 = a'^2 = b^3 = e,\ aa' = a'a,\ b^{-1}ab = a',\ b^{-1}a'b = aa' \rangle$$
となるが，G は 4 次の交代群 A_4 に同型である．実際，$a = (1\ 2)(3\ 4)$, $a' = (1\ 3)(2\ 4)$, $b = (1\ 2\ 3)$ とすると，上の関係式を満たすことがわかる．

(ⅱ) $\begin{pmatrix} b^{-1}ab \\ b^{-1}a'b \end{pmatrix} = \begin{pmatrix} a' \\ a \end{pmatrix}$ のとき．

$b^{-1}aa'b = aa'$ だから，a' を aa' で取り換えて，$b^{-1}ab = aa'$, $b^{-1}a'b = a'$ としてもよい．このとき，$aba = b(aa')a = ba' = a'b$ となるから，$ab^4a = (aba)^4 = (a'b)^4 = a'^4b^4 = b^4$. よって，$ab = ba$ となり，G はアーベル群である．

(ⅲ) $\begin{pmatrix} b^{-1}ab \\ b^{-1}a'b \end{pmatrix} = \begin{pmatrix} a \\ aa' \end{pmatrix}$ または $\begin{pmatrix} b^{-1}ab \\ b^{-1}a'b \end{pmatrix} = \begin{pmatrix} aa' \\ a' \end{pmatrix}$ のとき．

a と aa', または a' と aa' を入れ換えると，(ⅱ) の場合になる．したがって，G はアーベル群である．

(ⅳ) $\begin{pmatrix} b^{-1}ab \\ b^{-1}a'b \end{pmatrix} = \begin{pmatrix} a \\ a' \end{pmatrix}$ のとき．G はアーベル群である．

(Ⅱ) $K \triangleleft G$ のとき．$H = \langle a \mid a^4 = e \rangle$ とすると，$a^{-1}ba = b$ または $a^{-1}ba = b^2$ である．$a^{-1}ba = b$ ならば，G はアーベル群になる．$a^{-1}ba = b^2$ ならば，
$$G = \langle a, b \mid a^4 = e,\ b^3 = e,\ a^{-1}ba = b^2 \rangle.$$

次に，$H = \langle a, a' \mid a^2 = a'^2 = e,\ aa' = a'a \rangle$ のとき，$aba = b$ または $aba = b^2$ である．同様に，$a'ba' = b$ または $a'ba' = b^2$ である．もし $aba = b^2$, $a'ba' = b^2$ ならば，$(aa')b(aa') = b$ となるから，a を aa' で取り換えて，$aba = b$ としてもよい．このとき，$a'ba' = b$ ならば，G はアーベル群である．$a'ba' = b^2$ ならば，

$$G = \langle a, a', b \mid a^2 = a'^2 = b^3 = e,\ aa' = a'a,\ ab = ba,\ a'ba' = b^2 \rangle$$
$$\cong \langle a \mid a^2 = e \rangle \times \langle a', b \mid a'^2 = b^3 = e,\ a'ba' = b^2 \rangle$$
$$\cong \mathbb{Z}/2\mathbb{Z} \times S_3 \ .$$

□

$n = 13$ ならば, $G \cong \mathbb{Z}/13\mathbb{Z}$.

$n = 14$ ならば, 補題 4.8.3 により, $G \cong \mathbb{Z}/14\mathbb{Z}$ または

$$G = \langle a, b \mid a^2 = b^7 = e,\ a^{-1}ba = b^r,\ r^2 \equiv 1 \pmod{7} \rangle$$

となる. このうち, $1 < r < 7$ の範囲で, 条件を満たすものは $r = 6$ だけである. よって, G はアーベル群でなければ, $G \cong D_7$.

$n = 15$ ならば, 定理 4.4.9 により, $G \cong \mathbb{Z}/15\mathbb{Z}$.

$n = 16$ の場合は, 分類は複雑になる.

問 題

1. 群 G の各元 x が $x^2 = e$ を満たせば, G はアーベル群になることを示せ.
2. 群 G の部分群 H について, $[G : H] = 2$ ならば, $H \triangleleft G$ となることを示せ.
3. H_1 と H_2 を G の部分群とする. このとき, 次のことがらを証明せよ.
   (1) H_1 と H_2 の右剰余類の交わり $gH_1 \cap g'H_2$ は, 空集合でなければ, $H_1 \cap H_2$ の右剰余類である.
   (2) $[G : H_i] < \infty\ (i = 1, 2)$ ならば, $[G : H_1 \cap H_2] < \infty$ となることを示せ.
4. H を G の $[G : H] < \infty$ となる部分群とすると, G の正規部分群 N で, $[G : N] < \infty$ かつ $N \subseteq H$ となるものが存在することを示せ.
5. $f : G \to G'$ を群準同型写像とし, H' を G' の部分群とする. $H = f^{-1}(H') = \{x \in G \mid f(x) \in H'\}$ は f の核 K を含む G の部分群であり, $H/K \cong H' \cap \mathrm{Im}\, f$ となることを証明せよ.
6. H, K を群 G の部分群とする. G の部分集合 HK を

$$HK = \{hk \mid h \in H,\ k \in K\}$$

と定義するとき，HK が部分群であるための必要十分条件は，$HK = KH$ であることを証明せよ．とくに，$H \triangleleft G$ または $K \triangleleft G$ ならば，HK は部分群である．また，$H \triangleleft G$ かつ $K \triangleleft G$ ならば，$HK \triangleleft G$ となることを示せ．

7. G の互いに可換な2元 a, b の位数が m, n であったとする．$\gcd(m, n) = 1$ ならば，ab の位数は mn となることを示せ．

8. 群 G の正規部分群 $N_1, \ldots, N_r$ について，
$$G = N_1 \cdots N_r, \quad N_i \cap (N_1 \cdots \overset{\vee}{N_i} \cdots N_r) = \{e\} \quad (1 \le i \le r)$$
という条件が満たされると，G は直積 $N_1 \times \cdots \times N_r$ に同型であることを証明せよ．

9. H, K を群 G の部分群とするとき，次のことがらを示せ．

   (1) G の元 x, y について，
   $$x \sim y \iff \exists h \in H, \exists k \in K, \ y = hxk$$
   と定義すると，この関係は同値関係である．また，その同値類を HxK と表して，H, K に関する**両側剰余類**という．

   (2) G の H による右剰余類分解と左剰余類分解において，共通の完全代表系がとれる．[証明には，(1) のことがらを $H = K$ の場合に適用する．]

10. $f(x, y)$ を 0 でない実数係数の2変数多項式とする．$\mathbb{R}$ 上の2項演算 $f : \mathbb{R} \times \mathbb{R} \to \mathbb{R}$ を $x \cdot y = f(x, y)$ と定義する．結合法則 $(x \cdot y) \cdot z = x \cdot (y \cdot z)$ が成立するならば，f はどのような多項式であるか．

11. G を群，H をその正規部分群とする．H と G/H が可解群ならば，G も可解群であることを示せ．

12. 2面体群 D_n が可解群であることを示せ．

13. べき零群は可解群であることを証明せよ．

14. 定理 4.6.2 の主張 (1), (2), (3) を，補題 3.5.6 と補題 3.5.9 にならって証明せよ．

15. 定理 4.6.3 を証明せよ．

16. 例 4.7.6 の (3) において，関係式 $ba^i ba^i = e \ (1 \le i < n)$ を与える語 $v_i = yx^i yx^i$ を，H の元として表せ．

17. 4元数群 Q は，次のような生成元と基本関係による表示をもつことを示せ．

$$Q = \langle a, b \mid a^4 = b^4 = e,\ a^2 = b^2,\ aba = b \rangle.$$

18. K を体とし，K 上の一般線形群を $\mathrm{GL}(n,K)$ とする．$\mathrm{GL}(n,K)$ の部分群 T, $U^{(r)}$ $(1 \leq r \leq n)$ をそれぞれ，$T = \{\,$上半三角行列$\,\}$，$U^{(r)}$ は次の形の行列 A 全体の集合として定義する．また，$U = U^{(1)}$ とおく．

$$A = \begin{pmatrix} 1 & 0 & \cdots & 0 & * & \cdots & * \\ 0 & 1 & 0 & & \ddots & \ddots & \vdots \\ 0 & 0 & 1 & \ddots & & \ddots & * \\ \vdots & \vdots & \ddots & \ddots & \ddots & & 0 \\ \vdots & \vdots & & \ddots & \ddots & \ddots & \vdots \\ \vdots & \vdots & & & \ddots & \ddots & 0 \\ 0 & 0 & \cdots & \cdots & \cdots & 0 & 1 \end{pmatrix} = (a_{ij}).$$

ただし，$a_{ii} = 1$ $(1 \leq i \leq n)$, $a_{ij} = 0$ $(j < i$ または $j = i+1, \ldots, i+r-1)$. 行列 A の対角線を第 1 対角線，その上の対角線を第 2 対角線，第 3 対角線，$\ldots$，と呼ぶことにすると，A は第 1 対角線の成分が 1，第 2 から第 r までの対角線の成分が 0 である行列である．このとき，次のことがらを証明せよ．

(1) $D(T) \subseteq U^{(1)}$, $\Gamma^{r-1}(U) \subseteq U^{(r)}$ $(1 \leq r \leq n)$.

(2) T は可解群で，U はべき零群である．

群論の応用

群論は代数学にとどまらず，高等数学全般でよく使われる理論である．3.4 節で述べたことがらを発展させて，その一部を紹介してみよう．

K を体として，$R = K[x_1, \ldots, x_n]$ を n 変数多項式環とする．n 次の対称群 S_n の任意の元 σ は，$\sigma(x_i) = x_{\sigma(i)}$ $(1 \leq i \leq n)$ のように，変数の集合 $\{x_1, x_2, \ldots, x_n\}$ に添字を変換することで作用する．この作用を，

$$\sigma(f(x_1, \ldots, x_n)) = f(x_{\sigma(1)}, \ldots, x_{\sigma(n)})$$

によって，多項式環 $R = K[x_1, \ldots, x_n]$ の環自己同型写像に拡張することができる．このとき，

$$s_r = \sum_{i_1 < \cdots < i_r} x_{i_1} x_{i_2} \cdots x_{i_r}, \quad 1 \leq r \leq n$$

は，S_n の作用で不変である．すなわち，$\sigma(s_r) = s_r \ (\forall \sigma \in S_n)$ が成立する．たとえば，$s_1 = x_1 + \cdots + x_n$, $s_2 = x_1 x_2 + \cdots + x_{n-1} x_n$, $s_n = x_1 \cdots x_n$ は S_n の作用で不変である．このように，S_n の元の作用で変わらない多項式を**対称式**または S_n の**不変式**という．S_n の不変式全体の集合は，$K[x_1, \ldots, x_n]$ の部分環 $K[s_1, \ldots, s_n]$ を成す．ここで，$K[s_1, \ldots, s_n]$ は $s_1, \ldots, s_n$ を変数とする n 変数多項式環で，S_n の不変式は $s_1, \ldots, s_n$ に関する K 係数の多項式として表される．3.4 節で説明した，n 次方程式

$$f(x) = x^n + c_{n-1} x^{n-1} + \cdots + c_1 x + c_0 = \prod_{i=1}^{n} (x - \alpha_i)$$

の判別式 $D = \Delta^2$ も，$x_r = \alpha_r \ (1 \leq r \leq n)$ と見て，S_n の不変式である．解と係数の関係を使うと

$$c_{n-r} = (-1)^r s_r(\alpha_1, \ldots, \alpha_n), \quad 1 \leq r \leq n$$

だから，判別式が係数 $c_{n-1}, \ldots, c_1, c_0$ の多項式として表されることがわかる．

S_n の作用は n 変数の有理式全体が作る体 $K(x_1, \ldots, x_n)$ の自己同型写像に拡張できる．すなわち，

$$\sigma\left(\frac{f(x_1, \ldots, x_n)}{g(x_1, \ldots, x_n)}\right) = \frac{f(x_{\sigma(1)}, \ldots, x_{\sigma(n)})}{g(x_{\sigma(1)}, \ldots, x_{\sigma(n)})}$$

として作用させる．このとき，S_n の作用で不変な有理式も定義できる．不変な有理式全体の集合は，$s_1, \ldots, s_n$ に関する有理式全体が作る体 $K(s_1, \ldots, s_n)$ となり，これは $K(x_1, \ldots, x_n)$ の部分体である．

第5章 環

これまでの章において，可換環の定義や環に関連することがらがすでに取り扱われている．すなわち，第1章では整数環を，第3章では体上の1変数の多項式環を対象に，イデアルの概念を使っていろいろな結果を導いた．本章では，これらの部分的結果をまとめることから始める．

5.1 環の定義，準同型写像，イデアル

空集合でない集合 R 上に加法 ($+$) と乗法 ($\cdot$) の2つの2項演算が定義されていて，次の4条件を満たすとき，R は**環**であるという．

(i) $(R,+)$, すなわち集合 R は，加法 ($+$) についてアーベル群になっている．その零元を 0 と書く．

(ii) R 上の乗法 ($\cdot$) について結合法則が成立し，単位元 1 が存在する．2つの元の積 $a \cdot b$ を ab で表す．

(iii) 加法と乗法の間では分配法則

$$(a+b)c = ac + bc, \quad a(b+c) = ab + ac$$

が成立する．

(iv) R は，少なくとも2つの元 0 と 1 をもつ．

R が乗法について，$ab = ba$ を満たすとき，R は**可換環**であるという．環 R の空集合でない部分集合 S は，環 R の加法と乗法を S に制限したもので，環になっているとき，**部分環**であるという．このとき，S の零元は R の零元に一致するが，S の単位元は必ずしも R の単位元ではない．

R の元 a について，$ba = 1$ となる元 b が存在するとき，b は a の**左逆元**という．同様に，$ac = 1$ となる元 c が存在するとき，c を a の**右逆元**という．a の左逆元 b と右逆元 c の両方が存在するとき，$b = c$ となる．実際，$(ba)c = 1 \cdot c = c$ であり，$b(ac) = b \cdot 1 = b$. 結合法則 $(ba)c = b(ac)$ より，$b = c$ となる．このとき，$b(=c)$ を a の**逆元**という．a が逆元をもつとき，a を**可逆元**または**単元**という．$R^* = \{u \in R \mid u \text{ は可逆元}\}$ は，R の乗法に関して，単位元を 1 とする群である．この群を R の**乗法群**という．$R^* = R - \{0\}$ となるとき，R は**斜体**であるという．乗法が可換となる斜体を**体**という．

R を環とするとき，R の**中心** C を
$$C = \{a \in R \mid ax = xa, \forall x \in R\}$$
と定義すると，C は可換な部分環である．R が可換環であることと，$R = C$ となることは同値である．

例 5.1.1 K を体とする．K-係数の n 次正方行列全体が成す集合を $\mathrm{M}(n;K)$ で表すと，$\mathrm{M}(n;K)$ は行列の和と積によって環になっている．このとき，次のことがらが成り立つ．

(1) A が $\mathrm{M}(n;K)$ で左逆元をもつことと，A が $\mathrm{M}(n;K)$ で右逆元をもつこととは同値な条件である．A の逆元は逆行列 A^{-1} である．よって，$\mathrm{M}(n;K)$ の乗法群は $\mathrm{GL}(n;K)$ である．

(2) $\mathrm{M}(n;K)$ の中心 C は，対角行列の集合
$$C = \left\{ \begin{pmatrix} \alpha & 0 & \cdots & 0 \\ 0 & \alpha & \ddots & \vdots \\ \vdots & \ddots & \ddots & 0 \\ 0 & \cdots & 0 & \alpha \end{pmatrix} \; ; \; \alpha \in K \right\}$$
となる． □

$\mathrm{M}(n;K)$ は $\mathrm{M}_n(K)$ とも記す．(2) については章末の問題 **1** を参照せよ．

例 5.1.2 (1) G をアーベル群とし，$\mathrm{End}(G)$ を，G から G への群準同型写像全体の成す集合とする．$\varphi, \psi \in \mathrm{End}(G)$ に対して，和 $\varphi + \psi$ と積 $\varphi \circ \psi$ を

5.1 環の定義, 準同型写像, イデアル

$$(\varphi + \psi)(g) = \varphi(g) + \psi(g),$$
$$(\varphi \circ \psi)(g) = \varphi(\psi(g))$$

と定義すると, $\mathrm{End}(G)$ は環である. その零元は零写像, 単位元は恒等写像である.

(2) $G = \mathbb{Z}$ のとき, $\varphi_n : \mathbb{Z} \to \mathbb{Z}$ を $\varphi_n(x) = nx$ と定義すると, $\varphi_n \in \mathrm{End}(\mathbb{Z})$ であり, $\varphi_n + \varphi_m = \varphi_{n+m}$ かつ $\varphi_n \circ \varphi_m = \varphi_{nm}$ となる. したがって, $n \mapsto \varphi_n$ という対応で, $\mathrm{End}(\mathbb{Z})$ と $\mathbb{Z}$ は環として同型である.

(3) V を体 K 上の n 次元ベクトル空間とし, $\mathrm{End}_K(V)$ を V の K-線形自己準同型写像全体の成す集合とすると, (1) と同様な和と積をもち, $\mathrm{End}_K(V)$ は $\mathrm{M}(n;K)$ に同型になる. □

環 R の非零元 a が**左零因子**であるというのは, $ab = 0$ となるような非零元 b が存在するときにいう. 同様に, **右零因子**も定義される. R が可換環の場合には左零因子と右零因子の区別はなく, **零因子**と呼ばれる.

可換環のイデアルについては, すでに 1.7 節と 3.3 節において, 特殊な場合に定義を与えているが, 一般の場合, とくに非可換環に対しても定義を与えておこう. 環 R の部分集合 I が次の 2 条件

(i) I は $(R,+)$ に関して部分群であり,
(ii) $\forall a \in I, \forall x \in R$ に対して, $xa \in I$

を満たすとき, I は R の**左側イデアル**であるという. 条件 (ii) を,

(iii) $\forall a \in I, \forall x \in R$ に対して, $ax \in I$

に置き換えたとき, I を R の**右側イデアル**という. また, I が左側イデアルであり右側イデアルでもあるとき, **両側イデアル**という.

例 5.1.3 (1) $a \in R$ に対して,

$$Ra = \{xa \mid x \in R\}, \quad aR = \{ax \mid x \in R\},$$
$$RaR = \left\{ \sum_i x_i a y_i \, (\text{有限和}) \,\middle|\, x_i, y_i \in R \right\}$$

とおくとき，Ra は**単項左側イデアル**，aR は**単項右側イデアル**，RaR は**単項両側イデアル**である．

(2) $R = M_n(K)$ のとき，

$$R_i = \{A = (a_{ij}) \mid a_{ij} = 0 \ (1 \leq \forall j \leq n)\},$$
$$L_j = \{B = (b_{ij}) \mid b_{ij} = 0 \ (1 \leq \forall i \leq n)\}$$

とおくと，R_i は右側イデアル，L_j は左側イデアルである．$M_n(K)$ の両側イデアルは，$M_n(K)$ か零イデアル (0) である． □

(2) については章末の問題 **2** を参照せよ．

両側イデアルが，(0) か自分自身でしかないような環を**単純環**というが，$M(n;K)$ は単純環の例になっている．

環準同型写像については 1.4 節と 3.5 節で述べているが，一般の形で定義を述べよう．R, S を環としたとき，集合の写像 $f : R \to S$ が次の 2 条件

(i) $f(a+b) = f(a) + f(b), \ f(ab) = f(a)f(b),$
(ii) $f(0) = 0, \ f(1) = 1$

を満たすとき，f は**環準同型写像**であるという．環準同型写像 $f : R \to S$ が全単射であるとき，f は**環同型写像**であるという．環同型写像があるとき，2 つの環 R と S は(環)同型であるといい，$R \cong S$ と記す．

I を R の両側イデアルとして，R に同値関係 $x \sim y$ を

$$x \sim y \iff x - y \in I$$

によって定義する．x の同値類は

$$x + I = \{x + y \mid y \in I\}$$

であり，I の**剰余類**と呼ばれる．この同値関係による R の商集合を R/I とすると，R/I には，次のように加法と乗法が定義される．

$$(x + I) + (y + I) = (x + y) + I, \quad (x + I) \cdot (y + I) = xy + I.$$

5.1 環の定義，準同型写像，イデアル

この演算の定義が剰余類の代表元の取り方によらないことを保証するのが，I が両側イデアルであるという仮定である．実際，$x+I = x'+I$, $y+I = y'+I$ とすると，$x'-x \in I$, $y'-y \in I$ である．このとき，

$$x'+y' = (x+y) + (x'-x) + (y'-y) \in (x+y) + I,$$
$$x'y' = (x+x'-x)(y+y'-y)$$
$$= xy + (x'-x)y + x(y'-y) + (x'-x)(y'-y) \in xy + I$$

より，$(x'+y') + I = (x+y) + I$, $x'y' + I = xy + I$ となることがわかる．このように，R/I は環となる．その零元は I，単位元は $1+I$ である．R/I を，I による**剰余環**という．自然な商写像 $\pi : R \to R/I$ を $x \mapsto x+I$ で与えると，π は全射な環準同型写像であり，$\operatorname{Ker} \pi = I$ となっている．また，次のように，環に対する**準同型定理**が成立する．

定理 5.1.4 $f : R \to R'$ を環準同型写像とすると，次のことがらが成立する．

(1) $I = \operatorname{Ker} f$ は，R の両側イデアルである．

(2) $\pi : R \to R/I$, $x \mapsto x+I$ を自然な商写像とすると，環準同型写像 $\overline{f} : R/I \to R'$ が存在して，$f = \overline{f} \circ \pi$ と分解される．このとき，$\overline{f}$ は，R/I から $\operatorname{Im} f$ への同型写像を誘導する．

証明 (1) $a \in I$, $x, y \in R$ について，$f(a) = 0$ より，$f(xay) = f(x)f(a)f(y) = 0$. よって，$xay \in I$. したがって，$I$ は R の両側イデアルである．

(2) $\overline{f}(x+I) = f(x)$ とおくと，$\overline{f}(x+I)$ は $x+I$ の代表元の取り方によらずに定まる．実際，$x+I = x'+I$ ならば，$x-x' \in I$ だから，$f(x-x') = 0$. よって，$f(x) = f(x')$ となる．明らかに，$\overline{f} : R/I \to R'$ は環準同型写像である．もし，$\overline{f}(x+I) = 0$ ならば，$x \in I$. よって，$x+I = I$ となるので，$\overline{f}$ は単射である．ところで，$\operatorname{Im} f$ が R' の部分環になることも容易に確かめられる．以上から，$\overline{f}$ は，R/I と $\operatorname{Im} f$ の間の同型写像を導く． □

以下，本章においては断らない限り，環といえば，可換環であると仮定する．可換環においては，左イデアル，右イデアルおよび両側イデアルの区別はない．可換環のイデアルについては，次のような結果がある．

補題 5.1.5 (1) I, J を，環 R のイデアルで $I \subset J$ となるものとする．このとき，$J/I = \{a + I \mid a \in J\}$ は剰余環 R/I のイデアルである．逆に，R/I の任意のイデアル $\overline{J}$ に対して，R のイデアル J が存在して，$\overline{J} = J/I$ と表される．

(2) 上の I, J に対して，$(R/I)/(J/I) \cong R/J$.

証明 (1) 剰余類 $x + I$ を $\overline{x}$ で書き表すことにすると，$a, b \in J$ に対して $\overline{a} + \overline{b} = \overline{a+b} \in J/I$ であり，任意の $\overline{x} \in R/I$ に対して $\overline{x} \cdot \overline{a} = \overline{xa} \in J/I$ となる．よって，J/I は R/I のイデアルである．また，$\overline{J}$ を R/I の任意のイデアルとする．$\pi: R \to R/I$ を自然な商写像として，$J = \pi^{-1}(\overline{J})$ とおくと，J は R のイデアルである．別の表し方をすると，$J = \{x \in R \mid \overline{x} \in \overline{J}\}$ だから，J が R のイデアルになることは明らかである．ここで，π は全射であるから，$\pi|_J$ は $\overline{\pi}: J/I \to \overline{J}$ という全射な写像を誘導する．一方，$\overline{a}, \overline{b} \in J/I$ に対して，$\overline{\pi}(\overline{a}) = \overline{\pi}(\overline{b})$ ならば $\pi(a) = \pi(b)$ である．よって，$a - b \in I$ となり，$\overline{a} = \overline{b}$. すなわち，$\overline{\pi}: J/I \to \overline{J}$ は単射となるので，J/I は $\overline{J}$ と同一視される．

(2) $x + I \mapsto x + J$ という対応によって，環準同型写像 $\rho: R/I \to R/J$ が定義される．明らかに，ρ は全射である．また，$\rho(\overline{x}) = x + J = J$ ならば，$x \in J$. すなわち，$\overline{x} \in J/I$ となる．よって，$\mathrm{Ker}\,\rho = J/I$. 準同型定理によって，$(R/I)/(J/I) \cong R/J$.
□

イデアル I, J について，$I + J = R$ となるとき，I と J は**互いに素**であるという．これは，$a \in I$ と $b \in J$ が存在して，$a + b = 1$ と書き表されることと同値である．

補題 5.1.6 (1) R のイデアル I, J について，$IJ \subseteq I \cap J$. もし I と J が互いに素ならば，$IJ = I \cap J$ となる．

(2) R のイデアル $I_1, \ldots, I_n$ について，どの 2 つも互いに素ならば，
$$I_1 \cdots \overset{\vee}{I_i} \cdots I_n + I_i = R \qquad (1 \leq i \leq n).$$

証明 (1) $IJ \subseteq I \cap J$ となることは明らかである．$I + J = R$ ならば，$a \in I$ と $b \in J$ が存在して，$a + b = 1$ と表される．そこで，任意の $x \in I \cap J$ をとると，$x = x \cdot 1 = xa + xb \in IJ$. よって，$I \cap J \subseteq IJ$ がわかる．

(2) $j \neq i$ について，$I_j + I_i = R$ だから，$b_j \in I_j$ と $a_i^{(j)} \in I_i$ が存在して，$b_j + a_i^{(j)} = 1$ と書ける．このとき，

5.1 環の定義, 準同型写像, イデアル

$$1 = (b_1 + a_i^{(1)})\cdots(b_{i-1} + a_i^{(i-1)})(b_{i+1} + a_i^{(i+1)})\cdots(b_n + a_i^{(n)})$$
$$= b_1\cdots b_{i-1}b_{i+1}\cdots b_n + c_i, \quad c_i \in I_i$$

と表される. よって, $I_1\cdots \check{I}_i\cdots I_n + I_i = R$. □

2つ以上の環の直積は3.5節で述べたので, ここでは繰り返さない. 1.4節で述べた**中国式剰余定理**は次のように一般化される.

定理 5.1.7 $I_1,\ldots,I_n$ を R の相互いに素なイデアルとすると, 次の環同型

$$R/(I_1 \cap \cdots \cap I_n) \cong (R/I_1) \times \cdots \times (R/I_n)$$

が成立する. ここで, $I_1 \cap \cdots \cap I_n = I_1 \cdots I_n$ である.

証明 自然な環準同型写像

$$f: R \to R/I_1 \times \cdots \times R/I_n$$

を $f(x) = (x+I_1,\ldots,x+I_n)$ で定義すると, $\operatorname{Ker} f = I_1 \cap \cdots \cap I_n$ である. 実際, $R/I_1\times\cdots\times R/I_n$ の零元は $(0+I_1,\ldots,0+I_n)$ だから, $x \in \operatorname{Ker} f \iff x \in I_1\cap\cdots\cap I_n$ が成立する. f が全射になることは, R における n 個の元の組 $(x_1,\ldots,x_n)$ を任意にとると, R の元 x が存在して, $x - x_i \in I_i$ $(1 \le i \le n)$ となることと同値である.

$n = 2$ のときは, $I_1 + I_2 = R$ より, $1 = a_1 + a_2$ $(a_i \in I_i)$ と表される. そこで, $x = a_1 x_2 + a_2 x_1$ とおくと,

$$x - x_1 = a_1 x_2 + (a_2 - 1)x_1 = a_1(x_2 - x_1) \in I_1.$$

同様にして $x - x_2 \in I_2$ となる.

一般の n の場合を示そう. 補題 5.1.6 により, $I_1 + I_2\cdots I_n = R$ と書ける. よって, $b_1 - 1 \in I_1$, $b_1 \in I_2\cdots I_n$ となる元 b_1 が存在する. 同様にして, $2 \le i \le n$ について, $b_i - 1 \in I_i$, $b_i \in I_1\cdots \check{I}_i\cdots I_n$ となる元 b_i が存在する. そこで, $x = b_1 x_1 + \cdots + b_n x_n$ とおくと, $1 \le i \le n$ について, $b_1,\ldots,b_{i-1},b_i - 1,b_{i+1},\ldots,b_n \in I_i$ だから,

$$x - x_i = b_1 x_1 + \cdots + (b_i - 1)x_i + \cdots + b_n x_n \in I_i$$

となる. 準同型定理によって, f は環同型

$$R/(I_1 \cap \cdots \cap I_n) \cong (R/I_1) \times \cdots \times (R/I_n)$$

を導くことがわかる．$I_1 \cap \cdots \cap I_n = I_1 \cdots I_n$ となることは，n に関する帰納法で，次のようにして示される．

$n = 2$ のときは補題 5.1.6 の (1) である．$n-1$ のとき正しいとすると，$I_2 \cdots I_n = I_2 \cap \cdots \cap I_n$ が成立する．ここで，補題 5.1.6 の (2) によって，$I_1 + I_2 \cdots I_n = R$. したがって，

$$I_1 \cap \cdots \cap I_n = I_1 \cap I_2 \cdots I_n = I_1 I_2 \cdots I_n$$

となる． □

5.2 商環と商体

環 R に零因子がないとき，環 R は**整域**であるという．たとえば，$\mathbb{Z}/4\mathbb{Z}$ において元 $\bar{2}$ は零因子だから，$\mathbb{Z}/4\mathbb{Z}$ は整域ではない．しかし，整数環 $\mathbb{Z}$ は整域である．環 R のイデアル I が $I \neq R$ であるとき，I は R の**真のイデアル**であるという．

補題 5.2.1 R の真のイデアル P に関して，次の 2 条件は同値である．

(1) $ab \in P \;\Rightarrow\; a \in P$ または $b \in P$.
(2) 剰余環 R/P は整域である．

証明 (1) $\Rightarrow$ (2). $\bar{a}, \bar{b} \in R/P$ について，$\bar{a} \cdot \bar{b} = \bar{0}$ と仮定すると，$ab \in P$. (1) の条件によって，$a \in P$ または $b \in P$. すなわち，$\bar{a} = \bar{0}$ または $\bar{b} = \bar{0}$. よって，R/P は零因子をもたない．

(2) $\Rightarrow$ (1). $ab \in P$ とすると，R/P で $\bar{a} \cdot \bar{b} = \bar{0}$. (2) の条件によって R/P は整域だから，$\bar{a} = \bar{0}$ または $\bar{b} = \bar{0}$ である．すなわち，$a \in P$ または $b \in P$. □

R のイデアル P が補題 5.2.1 における同値な条件を満たすとき，P は**素イデアル**という．

R が整数環 $\mathbb{Z}$ ならば，任意のイデアル I は単項イデアル $n\mathbb{Z}$ となっている．もし n が可逆でない整数の積 ab に分解すれば，$\mathbb{Z}/n\mathbb{Z}$ で $\bar{a} \cdot \bar{b} = \bar{0}$, $\bar{a} \neq \bar{0}$, $\bar{b} \neq \bar{0}$ となるから，$\mathbb{Z}/n\mathbb{Z}$ は整域ではない．n が素数 p に等しい場合には，$ab \in p\mathbb{Z}$ ならば，$p \mid ab$

5.2 商環と商体

となる.このとき,$p\mid a$ または $p\mid b$ となるから,$a\in p\mathbb{Z}$ または $b\in p\mathbb{Z}$ である.すなわち,$\mathbb{Z}$ のイデアル P が素イデアルであることは,素数 p が存在して $P=p\mathbb{Z}$ と書けることに他ならない.体 K 上の1変数多項式環 $K[x]$ における素イデアル P の場合でも,定理 3.3.1 によって,既約多項式 $p(x)$ が存在して,$P=(p(x))$ と表される.このように,素イデアルの概念は,素数や既約多項式を一般化したものである.素イデアルの性質については第2巻において詳しく述べる.

R の真のイデアルから成る集合には,包含関係による順序

$$J \geq I \iff J \supseteq I$$

が入っている.R の真のイデアルのうち,この順序で極大なものを**極大イデアル**という.次の結果を示そう.

定理 5.2.2 (1) R のイデアル M について次の2条件は同値である.

 (i) M は極大イデアルである.

 (ii) R/M は体である.

(2) 極大イデアルは素イデアルである.

証明 (1) (i) $\Rightarrow$ (ii). $a\notin M$ とすると,$M+Ra$ は M を真に含むイデアルである.よって,M の極大性から,$R=M+Ra$, すなわち,$1=m+ba$ を満たす元 $b\in R$ と $m\in M$ が存在する.よって,R/M において,$\bar{a}\cdot\bar{b}=\bar{1}$. すなわち,$\bar{a}$ は逆元をもつ.これから R/M が体であることがわかる.(ii) $\Rightarrow$ (i). R の真のイデアル N で $M\subset N$ となるものをとる.$M\subsetneq N$ ならば $a\in N\setminus M$ をとると,$\bar{a}=a+M$ は逆元 $\bar{b}=b+M$ をもつ.すなわち,$ab-1\in M$. よって,$ab+m=1$ となる $m\in M$ が存在する.このとき,$ab+m\in N$ だから $N=R$ となり,N の取り方に矛盾する.よって,$M=N$ となり,M は極大イデアルである.

(2) R/M は体だから,R/M は整域である.補題 5.2.1 により,M は素イデアルである. □

次の結果はツォルンの補題(定理 0.5.2)から導かれる.

補題 5.2.3 I を R の真のイデアルとすると,I を含む極大イデアル M が存在する.

証明 $\mathfrak{J}$ を R の I を含む真のイデアル全体が成す集合として，$\mathfrak{J}$ に包含関係による順序を入れる．このとき，$I \in \mathfrak{J}$ だから $\mathfrak{J} \neq \emptyset$ である．$\mathfrak{J}$ が帰納的順序集合であることを示す．実際，$\{I_\lambda\}_{\lambda \in \Lambda}$ を $\mathfrak{J}$ の全順序部分集合とする．すなわち，添字集合 Λ は全順序集合で，$\lambda \leq \mu$ ならば $I_\lambda \subseteq I_\mu$ であると仮定する．このとき，$J = \bigcup_{\lambda \in \Lambda} I_\lambda$ とおけば，J は R の真のイデアルである．なぜならば，$a, b \in J$ とすると，$\lambda \in \Lambda$ が存在して $a, b \in I_\lambda$ とできる．このとき，$a + b \in I_\lambda \subseteq J$ である．また，$x \in R$ と $a \in I_\lambda$ について，$xa \in I_\lambda \subseteq J$ となる．もし $J = R$ ならば $1 \in J$ であるが，ある $\lambda \in \Lambda$ について $1 \in I_\lambda$ となって，矛盾である．よって，$J \in \mathfrak{J}$ となり，$\{I_\lambda\}_{\lambda \in \Lambda}$ の上界になっている．よって，$\mathfrak{J}$ は帰納的集合である．ツォルンの補題（定理 0.5.2）によって，$\mathfrak{J}$ には極大元 M が存在する．この M は I を含む極大イデアルである． □

P を環 R の素イデアルとして，補題 5.2.1 の条件 (1) の対偶をとると，

(1)′ $a \notin P$ かつ $b \notin P \Rightarrow ab \notin P$

となる．また，$1 \in R \setminus P$ かつ $0 \notin R \setminus P$ となる．このような $R \setminus P$ の性質を，次のような定義に一般化する．

R の部分集合 S が次の 2 条件

(1) $1 \in S$, $0 \notin S$
(2) $s, t \in S$ ならば，$st \in S$

を満たすとき，S は R の **積閉集合** であるという．積閉集合として次のような例がある．

例 5.2.4 (1) 環 R の元 s が零因子でないとき，$S = \{s^i \mid i = 0, 1, 2, \ldots\}$. ただし，$s^0 = 1$ とする．
(2) $S = \{a \in R \mid a$ は R の零因子ではない $\}$.
(3) P を R の素イデアルとして，$S = R \setminus P$. □

R の積閉集合 S が与えられたとき，新しい環 R' を作ることができる．そのために，直積集合 $R \times S$ に同値関係を

$$(a, s) \sim (b, t) \iff \exists u \in S, \ u(at - bs) = 0$$

5.2 商環と商体

によって定義する．同値関係であることの条件のうち，反射律と対称律が成立することは明らかである．推移律を確かめよう．$(a_1, s_1) \sim (a_2, s_2)$, $(a_2, s_2) \sim (a_3, s_3)$ とすると，定義より $t_1, t_2 \in S$ が存在して，

$$t_1(a_1 s_2 - a_2 s_1) = 0, \quad t_2(a_2 s_3 - a_3 s_2) = 0.$$

このとき，

$$t_1 t_2 s_2 (a_1 s_3 - a_3 s_1) = t_1 t_2 s_3 (a_1 s_2 - a_2 s_1) + t_1 t_2 s_1 (a_2 s_3 - a_3 s_2) = 0.$$

よって，$(a_1, s_1) \sim (a_3, s_3)$ である．この同値関係による (a, s) の同値類を $\dfrac{a}{s}$ と表し，商集合 $R \times S/(\sim)$ を $S^{-1}R$ または R_S と表す．ここで，$t \in S$ のとき $(at, st) \sim (a, s)$ だから，$\dfrac{at}{st} = \dfrac{a}{s}$ となることに注意しよう．

補題 5.2.5 $S^{-1}R$ について，次のことがらが成立する．

(1) $S^{-1}R$ は環である．その和と積は次のように与えられる．

$$\frac{a_1}{s_1} + \frac{a_2}{s_2} = \frac{a_1 s_2 + a_2 s_1}{s_1 s_2}, \quad \frac{a_1}{s_1} \cdot \frac{a_2}{s_2} = \frac{a_1 a_2}{s_1 s_2}.$$

(2) 集合の写像 $f : R \to S^{-1}R$，$a \mapsto \dfrac{a}{1}$ は環準同型写像であり，$\operatorname{Ker} f = \{a \in R \mid \exists s \in S, \, sa = 0\}$．

(3) S の各元 s について，$f(s) = \dfrac{s}{1}$ は $S^{-1}R$ において可逆元である．

証明 (1) 和と積の演算が代表元の取り方によらないことを示す．$(a_1, s_1) \sim (a_1', s_1')$, $(a_2, s_2) \sim (a_2', s_2')$ とする．定義より，$t_1, t_2 \in S$ が存在して

$$t_1(a_1 s_1' - a_1' s_1) = 0, \quad t_2(a_2 s_2' - a_2' s_2) = 0.$$

すると，

$$\begin{aligned}
& t_1 t_2 \{s_1' s_2' (a_1 s_2 + a_2 s_1) - s_1 s_2 (a_1' s_2' + a_2' s_1')\} \\
&= t_2 s_2 s_2' t_1 (a_1 s_1' - a_1' s_1) + t_1 s_1 s_1' t_2 (a_2 s_2' - a_2' s_2) = 0.
\end{aligned}$$

よって，$(a_1 s_2 + a_2 s_1, s_1 s_2) \sim (a_1' s_2' + a_2' s_1', s_1' s_2')$.

また，

$$t_1 t_2 (a_1 a_2 s_1' s_2' - a_1' a_2' s_1 s_2)$$
$$= t_2 a_2 s_2' t_1 (a_1 s_1' - a_1' s_1) + t_1 a_1' s_1 t_2 (a_2 s_2' - a_2' s_2) = 0 \ .$$

よって，$(a_1 a_2, s_1 s_2) \sim (a_1' a_2', s_1' s_2')$．以上により，和と積は代表元の選び方によらないことがわかった．和と積の結合法則や分配法則の証明は容易である．たとえば，分配法則については，

$$\frac{a_1}{s_1}\left(\frac{a_2}{s_2}+\frac{a_3}{s_3}\right) = \frac{a_1}{s_1} \cdot \frac{a_2 s_3 + a_3 s_2}{s_2 s_3} = \frac{a_1(a_2 s_3 + a_3 s_2)}{s_1 s_2 s_3},$$
$$\frac{a_1}{s_1} \cdot \frac{a_2}{s_2} + \frac{a_1}{s_1} \cdot \frac{a_3}{s_3} = \frac{a_1 a_2}{s_1 s_2} + \frac{a_1 a_3}{s_1 s_3} = \frac{a_1 a_2 s_1 s_3 + a_1 a_3 s_1 s_2}{s_1^2 s_2 s_3}$$
$$= \frac{s_1(a_1 a_2 s_3 + a_1 a_3 s_2)}{s_1^2 s_2 s_3} = \frac{a_1 a_2 s_3 + a_1 a_3 s_2}{s_1 s_2 s_3}$$

と計算される．$S^{-1}R$ の零元は $\frac{0}{1}$，単位元は $\frac{1}{1}$ である．それぞれを $0, 1$ と略記する．

(2) $f : R \to S^{-1}R$ を $f(a) = \frac{a}{1}$ と定義すると，f が環準同型写像になることは明らかである．$a \in \mathrm{Ker}\, f$ とすると，$(a,1) \sim (0,1)$ だから，同値関係の定義により $t \in S$ が存在して $ta = 0$ となる．逆に，$t \in S$ に対して $ta = 0$ ならば，$f(a) = 0$ となることは明らかである．

(3) S の元 s について，$(s,1)$ と $(1,s)$ の積は $(1,1)$ に同値である． □

例 5.2.4 のそれぞれの場合に，$S^{-1}R$ を考えよう．

(1) のときは，$S^{-1}R = \left\{ \dfrac{a}{s^i} \;\middle|\; a \in R,\ i = 0, 1, 2, \ldots \right\}$ となる．

(2) のときは，$S^{-1}R$ は R の**全商環**と呼ばれる．とくに，R が整域の場合には，$S = R - \{0\}$ となるので，0 でない $S^{-1}R$ の元 $\dfrac{s}{t}$ は逆元 $\dfrac{t}{s}$ をもつ．したがって，$S^{-1}R$ は R を含む体になる．実際，補題 5.2.5 の (2) により $\mathrm{Ker}\, f = \{0\}$ であるから，f は単射となり，R は $S^{-1}R$ の部分環と見なされる．この体 $S^{-1}R$ を R の**商体**といって，$Q(R)$ で表す．R が整数環 $\mathbb{Z}$ ならば，$Q(\mathbb{Z})$ は有理数体 $\mathbb{Q}$ に等しい．また，R が体 K 上の 1 変数多項式環 $K[x]$ ならば，その商体 $Q(K[x])$ は K-係数の有理式全体がなす体 $K(x)$ になる．明らかに，$Q(R)$ は，R を含む体のなかで最小の体になっている．

(3) のとき，$S^{-1}R$ は R_{R-P} と記すべきところであるが，記号を濫用して R_P と記す．R_P については，次の結果がある．

補題 5.2.6 R_P は次の性質を満たす．

5.2 商環と商体

(1) $PR_P = \left\{ \sum_i \dfrac{a_i}{s_i} \text{(有限和)} \;\middle|\; a_i \in P,\; s_i \notin P \right\}$ は R_P のただ一つの極大イデアルである.

(2) 環準同型写像 $f : R \to R_P$ について, $f^{-1}(PR_P) = P$.

(3) $R_P / PR_P = Q(R/P)$.

証明 (1) PR_P の元 $\sum_i \dfrac{a_i}{s_i}$ は, $\dfrac{a}{s}$ という通分した形で書き直せる. ただし, $a \in P$ で, $s \notin P$ である. $\dfrac{b}{t} \in R_P$ について, $\dfrac{b}{t} \notin PR_P$ ならば, $b \notin P$ である. よって, $\dfrac{t}{b} \in R_P$. したがって, R_P のイデアル J について, $J \not\subseteq PR_P$ ならば, $J = R_P$ となる. これは, PR_P が R_P のただ一つの極大イデアルであることを意味する.

(2) $f(a) = \dfrac{a}{1} \in PR_P$ とすると, $\dfrac{a}{1} = \dfrac{b}{s}$ ($b \in P$, $s \notin P$) と表される. よって, $t \notin P$ が存在して, $t(as - b) = 0$. これから, $ast = bt \in P$. さらに, $st \notin P$ より, $a \in P$. よって, $f^{-1}(PR_P) \subseteq P$. 一方, 明らかに $P \subseteq f^{-1}(PR_P)$ だから, $f^{-1}(PR_P) = P$.

(3) $R_P / PR_P = L$ とおくと, 定理 5.2.2 により, L は体である. $\pi : R_P \to L$ を自然な商写像とすると, $\pi \circ f : R \to L$ は環準同型定理によって,

$$\pi \circ f : R \to R/P \xrightarrow{\overline{f}} L$$

と分解される. 実際, $\mathrm{Ker}\,(\pi \circ f) = f^{-1}(PR_P) = P$ だからである. このとき, $\overline{f}$ は単射になっている. したがって, R/P と $\mathrm{Im}\,\overline{f}$ を同一視すると, L は R/P を含む体だから, $Q(R/P) \subseteq L$ である. $L = Q(R/P)$ となることを示す. 実際, $s \notin P$ ならば, $\dfrac{s}{1}$ は R_P の可逆元であるから, $\dfrac{s}{1} + PR_P$ は R_P/PR_P の可逆元である.

$$\left(\dfrac{s}{1} + PR_P \right) \left(\dfrac{a}{s} + PR_P \right) = \dfrac{a}{1} + PR_P$$

より,

$$\left(\dfrac{a}{s} + PR_P \right) = \left(\dfrac{a}{1} + PR_P \right) \left(\dfrac{s}{1} + PR_P \right)^{-1}$$

である. ここで, $\dfrac{a}{1} + PR_P = \overline{f}(a+P)$, $\dfrac{s}{1} + PR_P = \overline{f}(s+P)$ だから, $\dfrac{a}{s} + PR_P \in Q(R/P)$ となる. □

一般に, 環 R がただ一つの極大イデアル M をもつとき, R は**局所環**であるという. したがって, R_P は PR_P を極大イデアルにもつ局所環である. 一方, 商環 $S^{-1}R$ のイデアルについては, 次の結果がある.

定理 5.2.7 S を環 R の積閉集合とし，$f : R \to S^{-1}R$ を自然な環準同型写像とする．

(1) J を $S^{-1}R$ の真のイデアルとし，$I = f^{-1}(J)$ とすると，I は R のイデアルで，$I \cap S = \emptyset$ かつ $J = I(S^{-1}R)$．ただし，自然な準同型写像 $R \to S^{-1}R$ において，I の像で生成される $S^{-1}R$ のイデアルを，$I(S^{-1}R)$ とおいている．

(2) 逆に，I を，R のイデアルで $S \cap I = \emptyset$ となるものとすれば，$I(S^{-1}R)$ は $S^{-1}R$ の真のイデアルで，$f^{-1}(I(S^{-1}R)) = I_S$．ただし，$I_S = \{a \in R \mid \exists s \in S, \, as \in I\}$ は，I を含むイデアルである．

証明 (1) $I \cap S \neq \emptyset$ とする．$a \in I \cap S$ をとると，$\frac{a}{1} \in J$ で，$\frac{1}{a} \in S^{-1}R$．よって，$J = S^{-1}R$ となって，J の取り方に反する．これから，$I \cap S = \emptyset$ が従う．また，$\frac{a}{s} \in J$ ならば，$\frac{a}{1} = \frac{s}{1} \cdot \frac{a}{s} \in J$．したがって，$a \in I$．さらに，$\frac{a}{s} = \frac{1}{s} \cdot \frac{a}{1} \in I(S^{-1}R)$．よって，$J \subseteq I(S^{-1}R)$．逆の包含関係は明らかである．

(2) $I(S^{-1}R) = S^{-1}R$ とすると，$\frac{a}{s} = \frac{1}{1}$ $(a \in I, s \in S)$ と表される．すると，$t \in S$ について，$at = st \in S \cap I$ となるので仮定に反する．よって，$I(S^{-1}R) \neq S^{-1}R$．このとき，$I \subseteq f^{-1}(I(S^{-1}R))$ は明らかである．$\frac{a}{1} \in I(S^{-1}R)$ ならば，$\frac{a}{1} = \frac{b}{s}$ $(b \in I, \, s \in S)$．よって，$t \in S$ が存在して，$t(as - b) = 0$．すなわち，$ast = bt \in I$．したがって，$a \in I_S$．逆に，$a \in I_S$ ならば，$s \in S$ が存在して $as \in I$．このとき，$\frac{a}{1} = \frac{as}{s} \in I(S^{-1}R)$．よって，$f^{-1}(I(S^{-1}R)) = I_S$ である．I_S が I を含む R のイデアルであることは容易に示される． □

5.3　ユークリッド整域と素元分解整域

整域 R のイデアルがすべて単項イデアルになるとき，R は単項イデアル整域または PID[1] という．定理 1.7.1 と定理 3.3.1 において，整数環 $\mathbb{Z}$ と体 K 上の 1 変数多項式環 $K[x]$ は単項イデアル整域になることを示した．それらの定理は剰余の定理によっている．剰余の定理が本質的に成立する環を考えよう．

まず，全順序集合 W において，空集合でない任意の部分集合が最小元をもつとき，W は**整列集合**であるという．たとえば，非負整数の集合 $\mathbb{Z}_{\geq 0}$ は整列集合であ

---

[1] principal ideal domain の略である．ちなみに，整域は integral domain という．

5.3　ユークリッド整域と素元分解整域

るが，整数全体 $\mathbb{Z}$ は整列集合ではない．整域 R に対して，整列集合 W と集合の写像 $\varphi : R \to W$ が存在して，次の 2 条件

(i)　W の最小元を w_0 とするとき，$\varphi(x) = w_0 \iff x = 0$.

(ii)　$a, b \in R, a \neq 0$ とすると，R の元 q, r が存在して，$b = qa + r$ かつ $\varphi(r) < \varphi(a)$.

を満たすとき，R は**ユークリッド整域**であるという．

定理 5.3.1　(1)　$\mathbb{Z}$ はユークリッド整域である．
(2)　体 K 上の 1 変数多項式環 $K[x]$ はユークリッド整域である．
(3)　ユークリッド整域は単項イデアル整域である．

証明　(1)　$W = \mathbb{Z}_{\geq 0}$ として，$\varphi : \mathbb{Z} \to W$ を $\varphi(n) = |n|$ と与えれば，上の (i) の条件は明らかであり，(ii) の条件は剰余の定理（定理 1.3.1）から従う．

(2)　$\mathbb{Z}_{\geq 0}^* = \mathbb{Z}_{\geq 0} \cup \{-\infty\}$ と定義して，$-\infty$ が $\mathbb{Z}_{\geq 0}^*$ の最小元であると約束する．$\varphi : K[x] \to \mathbb{Z}_{\geq 0}^*$ を $\varphi(f(x)) = \deg f(x)$ とすると，(i) の条件は $\deg 0 = -\infty$ という約束から従い，(ii) の条件は剰余の定理（定理 3.2.1）より従う．

(3)　R をユークリッド整域，I を R の任意のイデアルとする．$I = R$ ならば，I は 1 で生成される単項イデアルである．同様に，$R = (0)$ ならば，I は 0 で生成される単項イデアルである．$I \neq R, (0)$ のときを考える．W の部分集合 $W(I) = \{\varphi(x) \mid x \in I, x \neq 0\}$ の最小元を w_1 として，$\varphi(a) = w_1$ となる I の元 a をとる．b を I の任意の元とすると，R の元 q, r で，$b = qa + r$ ($\varphi(r) < \varphi(a)$) となるものが存在する．このとき，$r = b - qa \in I$ だから，$r = 0$ でなければならない．実際，$r \neq 0$ ならば，$\varphi(r) \in W(I)$, $\varphi(r) < w_1$ となって，w_1 の取り方に反するからである．$r = 0$ だから，$b = qa \in aR$．よって，$I = aR$ となる．　□

ユークリッド整域の例を考えよう．

補題 5.3.2　i を虚数単位 $\sqrt{-1}$ として，**ガウスの整数環** $\mathbb{Z}[i] = \{a + bi \mid a, b \in \mathbb{Z}\}$ を複素数体 $\mathbb{C}$ の部分環として考える．$\varphi : \mathbb{Z}[i] \to \mathbb{Z}_{\geq 0}$ を $\varphi(\alpha) = |\alpha|^2$ で定義すると，$(\mathbb{Z}[i], \varphi)$ はユークリッド整域である．

証明　φ が (i) の条件を満たすことは明らかである．(ii) の条件が成立することを示そう．$\alpha = a + bi, \beta = c + di$ について，$\beta = \gamma\alpha + \delta$ ($\gamma, \delta \in \mathbb{Z}[i], \varphi(\delta) < \varphi(\alpha)$) とな

る γ と δ を見つける．$|\beta| < |\alpha|$ ならば，$\gamma = 0$, $\delta = \beta$ ととればよい．$|\beta| \geq |\alpha|$ と仮定する．$\gamma' = \dfrac{\beta}{\alpha}$ とおくと，γ' は，複素平面上の 0 を中心とする単位円の外側または円周上にある．単位円周上で $\mathbb{Z}[i]$ に属する点は $\pm 1, \pm i$ の 4 点である．そのうちの 1 つ γ_1 について，$|\gamma' - \gamma_1| < |\gamma'|$ となる．

右図の場合には，γ_1 として 1 と i がとれる．$\beta_1 = \beta - \gamma_1 \alpha$ とおくと，$|\beta_1| < |\beta|$ である．$|\beta_1| \geq |\alpha|$ ならば，同じ操作を繰り返して，$\beta_2 = \beta_1 - \gamma_2 \alpha$ を $|\beta_2| < |\beta_1|$ となるようにとる．

このようにして，$\beta_1, \beta_2, \ldots, \beta_n, \ldots$ ととると，ある自然数 N に対して $|\beta_N| < |\alpha|$ となる．すなわち，$\varphi(\beta_N) < \varphi(\alpha)$．$\beta_N = \beta - (\gamma_1 + \cdots + \gamma_N)\alpha$ だから，$\gamma = \gamma_1 + \cdots + \gamma_N$，$\delta = \beta_N$ とおけばよい． □

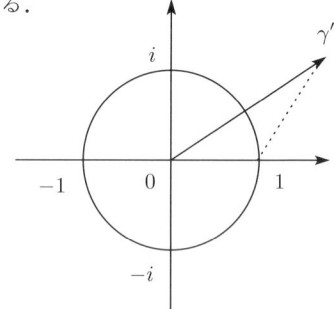

以下，本節では，整域における既約元への分解を考えて，一意分解整域または素元分解整域を定義する．R を整域とする．R の 2 元 a, b について，$b = ac$ となる元 c が存在するとき，$a \mid b$ と表す．また，$a \neq 0$, $b \neq 0$ のとき，$a \mid b$, $b \mid a$ ならば，$b = au$, $a = bv$ となる元 u, v があるが，第 1 式を第 2 式に代入して，$a = bv = auv$. ここで，$a \neq 0$ だから，$uv = 1$ となる．すなわち，u, v は R の単元である．このようなとき，a と b は**同伴である**といい，$a \sim b$ と表す（3.2 節を参照）．非零元 a について，$a = bc$ という分解があれば，b または c が必ず単元になるとき，a は**既約元**という．既約元でない元は**可約元**という．さらに，単項イデアル aR が素イデアルのとき，a を**素元**という．

補題 5.3.3 素元は既約元である．逆は必ずしも成立しない．

証明 a を素元として，$a = bc$ という分解を考える．このとき，$bc \in aR$ より，$b \in aR$ または $c \in aR$ である．$b \in aR$ とすると，$b = ad$ と書ける．したがって，$a = (ad)c = a(dc)$. これから，$cd = 1$ となり，c は単元である．$c \in aR$ のときは，b が単元になる．既約元が必ずしも素元でない例については章末の問題 **5** を参照せよ． □

5.3 ユークリッド整域と素元分解整域

整域 R の元を，既約元の積に分解することを考えて，まず，一意分解整域の定義を与える．

定義 5.3.4 整域 R において，次の 2 条件が満たされるとき，R を**一意分解整域**または UFD[2] という．

(i) R の任意の非零元 a は，単元であるかまたは有限個の既約元の積に同伴である．

(ii) $a = ua_1 \cdots a_m = vb_1 \cdots b_n$ を既約元への分解（**既約分解**）とする．ただし，$a_1, \ldots, a_m, b_1, \ldots, b_n$ は既約元で，u, v は単元である．このとき，$m = n$ であって，ある置換 $\sigma \in S_n$ が存在して $a_i \sim b_{\sigma(i)}$ $(1 \leq i \leq n)$ である．

次に素元分解整域を定義する．

定義 5.3.5 整域 R において，任意の非零元 a が単元であるかまたは有限個の素元の積に同伴であるとき，R は**素元分解整域**であるという．

実は，この 2 つの定義は同値である．すなわち，次の結果が成立する．

補題 5.3.6 整域 R において，定義 5.3.4 の条件 (i) を仮定すると，同じ定義の条件 (ii) は次の条件

(iii) R のすべての既約元は素元である

に同値である．

証明 (ii) → (iii)．a を既約元とする．$bc \in aR$ とすると，$bc = ad$．ここで，$b = ub_1 \cdots b_r$, $c = vc_1 \cdots c_s$, $d = wd_1 \cdots d_t$ と既約分解する．ただし，b_i, c_j, d_k は既約元で，u, v, w は単元である．すると，

$$(uv)b_1 \cdots b_r c_1 \cdots c_s = wad_1 \cdots d_t$$

は同一元の 2 つの既約分解である．条件 (ii) によって，$a \sim b_i$ または $a \sim c_j$ である．$a \sim b_i$ ならば $b \in aR$ であり，$a \sim c_j$ ならば $c \in aR$ である．すなわち，a は素元である．

---

[2] unique factorization domain の略．

(iii) ⇒ (ii). $ua_1\cdots a_m = vb_1\cdots b_n$ を同一元の 2 つの既約分解とする．ただし，a_i, b_j は既約元で，u, v は単元である．ここで，m に関する帰納法で，$n = m$，かつ，ある置換 $\sigma \in S_n$ に関して $a_i \sim b_{\sigma(i)}$ $(1 \leq i \leq n)$ となることを示す．既約分解の式より，$b_1\cdots b_n \in a_1 R$．条件 (iii) により，a_1 は素元だから，$b_j \in a_1 R$ $(1 \leq \exists j \leq n)$．よって，$b_j = a_1 c$ $(c \in R)$ と書ける．b_j も素元だから，$a_1 c \in b_j R$ より，$a_1 \in b_j R$ または $c \in b_j R$ である．$c \in b_j R$ ならば，$c = b_j d$ と書いて $b_j = a_1 c$ に代入すれば，a_1 は単元であることがわかる．a_1 は単元ではないから，$a_1 \in b_j R$ である．$a_1 = b_j f$ と書いて，$b_j = a_1 c$ に代入することにより，c, f が単元になることがわかる．よって，$a_1 \sim b_j$．単元 u, v を別の単元 u', v' で置き換えて，

$$u'a_2\cdots a_m = v'b_1\cdots \overset{\vee}{b_{j_1}}\cdots b_n \quad (j_1 = j)$$

となることがわかる．したがって，帰納法の仮定より，$m - 1 = n - 1$ となることと，$a_2 \sim b_{j_2}$, ..., $a_m \sim b_{j_m}$ となることが従う．ここで，$\sigma = \begin{pmatrix} 1 & \cdots & m \\ j_1 & \cdots & j_m \end{pmatrix}$ とおけば，$a_i \sim b_{\sigma(i)}$ $(1 \leq i \leq m)$ がわかる． □

補題 5.3.6 により，一意分解整域と素元分解整域は同じものであることがわかった．

定理 5.3.7 単項イデアル整域は素元分解整域である．

証明 R を単項イデアル整域とする．a を R の非零元とする．$a = up_1\cdots p_n$ (u は単元，p_i は素元) という素元分解をもつことを示す．a は単元でないとしてもよい．このとき，$aR \neq R$ だから，補題 5.2.3 により，極大イデアル $M_1 \supseteq aR$ が存在する．R は単項イデアル整域だから，$M_1 = p_1 R$ と書けて，p_1 は素元である．よって，$a = p_1 a_1$ と表せる．a_1 が単元でなければ，上の議論を使って，$a_1 = p_2 a_2$ と表せて，p_2 は素元である．この操作を n 回続けて

$$a = p_1 p_2 \cdots p_n a_n \quad (*)$$

と書いたとき，a_n が単元ならば，$(*)$ は求める表示である．この操作を何回続けても a_n が単元にならないとしよう．すなわち，

$$aR \subsetneq a_1 R \subsetneq a_2 R \subsetneq \cdots \subsetneq a_n R \subsetneq \cdots$$

という，イデアルの真の無限包含列が存在する．そこで $I = \bigcup_{n=1}^{\infty} a_n R$ とおくと，I は R の真のイデアルである．I がイデアルになることは，補題 5.2.3 の証明のようにしてわかる．もし，$1 \in I$ となれば，$1 \in a_n R$ となる n が存在して，a_n は単元であることになる．これは仮定に反するから，$I \neq R$．よって，$I = bR$ と表せて，$b \in a_N R$ となる N が存在する．すなわち，$I = bR = a_N R$ となって，無限包含列という仮定に矛盾する．したがって，ある n に対して a_n は単元となり，求める $(*)$ の表示が得られた． □

R を素元分解整域とする．整数環（1.2 節）や体 K 上の 1 変数多項式環（3.2 節）の場合と同様に，R においても**最大公約元**と**最小公倍元**が定義される．

$a_1, \ldots, a_n \in R$ として，次のように定義する．

(ⅰ) d が $a_1, \ldots, a_n$ の公約元 $\iff d \mid a_i \ (1 \leq i \leq n)$.

(ⅱ) d が $a_1, \ldots, a_n$ の最大公約元 $\iff d$ が $a_1, \ldots, a_n$ の公約元で，d' が $a_1, \ldots, a_n$ の公約元ならば，$d' \mid d$. このとき，$d = \gcd(a_1, \ldots, a_n)$ と記す．

(ⅲ) ℓ が $a_1, \ldots, a_n$ の公倍元 $\iff a_i \mid \ell \ (1 \leq i \leq n)$.

(ⅳ) ℓ が $a_1, \ldots, a_n$ の最小公倍元 $\iff \ell$ が $a_1, \ldots, a_n$ の公倍元で，ℓ' が $a_1, \ldots, a_N$ の公倍元ならば，$\ell \mid \ell'$. このとき，$\ell = \mathrm{lcm}\,(a_1, \ldots, a_n)$ と記す．

$a_1, \ldots, a_n$ の素元分解を使って，最大公約元と最小公倍元を書き表すことができる．その表示は整数環の場合（系 1.3.6）と 1 変数多項式環の場合（第 3 章章末の問題 **3**）と同じである．

5.4　素元分解整域上の多項式環

R を素元分解整域とし，$R[x]$ を R-係数の 1 変数多項式環とする．K で R の商体 $Q(R)$ を表すことにすると，R は K の部分環だから，$R[x]$ を $K[x]$ の部分環と自然に見なすことができる．

R-係数の多項式

$$f(x) = a_n x^n + a_{n-1} x^{n-1} + \cdots + a_1 x + a_0$$

について，$\gcd(a_n,\ldots,a_0) = 1$ のとき，すなわち $a_n,\ldots,a_0$ の公約元は単元しかないとき，$f(x)$ は**原始多項式**であるという．また，$f(x)$ は**原始的**であるという．

補題 5.4.1 $f(x), g(x)$ を $R[x]$ の原始多項式とすると，次のことがらが成立する．

(1) 非零元 $a, b \in R$ について，$af(x) = bg(x)$ ならば，$a \sim b$.

(2) $f(x)g(x)$ も原始多項式である．

証明
$$f(x) = a_n x^n + a_{n-1} x^{n-1} + \cdots + a_1 x + a_0,$$
$$g(x) = b_m x^m + b_{m-1} x^{m-1} + \cdots + b_1 x + b_0$$

とおく．(1) を証明する．$af(x) = bg(x)$ ならば，$n = m$ かつ $aa_i = bb_i$ ($0 \le i \le n$) となる．a, b を素元分解して

$$a = u p_1^{\alpha_1} p_2^{\alpha_2} \cdots p_r^{\alpha_r}, \quad b = v p_1^{\beta_1} p_2^{\beta_2} \cdots p_r^{\beta_r}, \quad \alpha_i + \beta_i > 0$$

とする．ここで，p_i は素元で，u, v は単元である．$N(a, b) = \sum_{i=1}^{r} (\alpha_i + \beta_i)$ とおいて，(1) の主張を $N(a, b)$ に関する帰納法で示す．$N(a, b) = 0$ ならば，a, b は単元だから問題はない．$p_1, \ldots, p_r$ の 1 つを p で表すことにすると，$p \mid aa_i$ かつ $p \mid bb_j$. ここで，$f(x)$ と $g(x)$ が原始的という仮定から，$p \nmid a_i$, $p \nmid b_j$ となる係数 a_i, b_j が存在する．よって，$p \mid a$ かつ $p \mid b$ である．このとき，$a' = \dfrac{a}{p}$, $b' = \dfrac{b}{p}$ とおけば，$a'f(x) = b'g(x)$. また，$N(a', b') = N(a, b) - 2$. したがって，帰納法の仮定により，$a' \sim b'$. よって，$a \sim b$.

(2) を証明する．p を R の任意の素元とする．$f(x), g(x)$ は原始的だから，

$$p \mid a_n, \quad p \mid a_{n-1}, \quad \cdots, \quad p \mid a_{r+1}, \quad p \nmid a_r,$$
$$p \mid b_m, \quad p \mid b_{m-1}, \quad \cdots, \quad p \mid b_{s+1}, \quad p \nmid b_s$$

となる r, s が存在する．$f(x)g(x)$ の x^{r+s} の係数は

$$\sum_{i+j=r+s} a_i b_j = a_r b_s + \sum_{\substack{i+j=r+s \\ i>r,\, j<s}} a_i b_j + \sum_{\substack{i+j=r+s \\ i<r,\, j>s}} a_i b_j$$

に等しいが，上式の右辺の第 2 項と第 3 項は pR の元である．一方，$a_r b_s \notin pR$ だから，$\sum_{i+j=r+s} a_i b_j \notin pR$. よって，$f(x)g(x)$ は原始的である． □

5.4 素元分解整域上の多項式環

補題 5.4.2 (1) $R[x]^* = R^*$. すなわち, $R[x]$ の単元は R の単元である.

(2) 零でない多項式 $\varphi(x) \in K[x]$ について, 互いに素な R の元 a, d と原始多項式 $f(x)$ が存在して, $\varphi(x) = \dfrac{d}{a} f(x)$ と書ける. さらに, $\varphi(x) = \dfrac{e}{b} g(x)$ と同様な表示があると, $a \sim b$, $d \sim e$ かつ $f(x) \sim g(x)$.

(3) $f(x) \in R[x]$ について, $f(x)$ が $R[x]$ の素元である必要十分条件は, $f(x)$ が定数 $a \in R$ で, かつ, a が R の素元であるか, または, $f(x)$ は原始多項式で, かつ, $f(x)$ は $K[x]$ の既約多項式である.

証明 (1) $f(x), g(x) \in R[x]$ が $f(x)g(x) = 1$ を満たすと仮定する. $f(x), g(x)$ を補題 5.4.1 のように表して, $a_n \neq 0, b_m \neq 0$ とする. このとき, $f(x)g(x)$ の最高次の項は $a_n b_m x^{n+m}$ である. よって, $n+m = 0$ かつ $a_n b_m = 1$. すなわち, $f(x), g(x) \in R^*$ である.

(2) $\varphi(x) = \alpha_n x^n + \alpha_{n-1} x^{n-1} + \cdots + \alpha_1 x + \alpha_0$ $(\alpha_i \in K)$ とすると, $\alpha_i = \dfrac{b_i}{a}$ $(a, b_i \in R)$ と書ける. $d = \gcd(b_n, \ldots, b_0)$, $b_i = d a_i$, $f(x) = a_n x^n + a_{n-1} x^{n-1} + \cdots + a_1 x + a_0$ とすると, $\varphi(x) = \dfrac{d}{a} f(x)$ となる. $f(x)$ は原始多項式で, $\gcd(a, d) = 1$ と仮定できるから, $\dfrac{d}{a} f(x)$ は求める $\varphi(x)$ の表し方である. $\varphi(x) = \dfrac{d}{a} f(x) = \dfrac{e}{b} g(x)$ ならば, $bd f(x) = ae g(x)$. $f(x)$ と $g(x)$ は原始的だから, 補題 5.4.1 により, $bd \sim ae$ かつ $f(x) \sim g(x)$. さらに, $\gcd(a, d) = 1$, $\gcd(b, e) = 1$ だから, $a \sim b$ かつ $d \sim e$ である.

(3) 十分条件であることを示す. p が R の素元ならば, p は $R[x]$ の素元である. 実際, $g(x), h(x), k(x) \in R[x]$ について $g(x)h(x) = p k(x)$ ならば, $g(x) = c \widetilde{g}(x)$, $h(x) = d \widetilde{h}(x)$, $k(x) = e \widetilde{k}(x)$ と書いて, $cd \widetilde{g}(x) \widetilde{h}(x) = pe \widetilde{k}(x)$. ただし, $\widetilde{g}(x), \widetilde{h}(x), \widetilde{k}(x)$ は原始多項式とする. 補題 5.4.1 により, $cd \sim pe$. よって, $p \mid c$ または $p \mid d$. これから $p \mid g(x)$ または $p \mid h(x)$ となることがわかる.

$f(x) \notin R$ かつ $g(x)h(x) \in f(x)R[x]$ と仮定する. $f(x)$ は $K[x]$ の既約多項式だから, 補題 3.2.3 により, $K[x]$ のなかで $f(x) \mid g(x)$ または $f(x) \mid h(x)$ となる. $f(x) \mid g(x)$ であると仮定すると, $g(x) = f(x) k'(x)$ $(k'(x) \in K[x])$ と書ける. $k'(x) = \dfrac{d}{a} k(x)$ $(a, d \in R, \gcd(a, d) = 1, k(x)$ は原始多項式) と書き表すと, $a g(x) = d f(x) k(x)$. $f(x) k(x)$ は原始的だから, 補題 5.4.1 により, $a \mid d$. すなわち, $k'(x) \in R[x]$ となって, $g(x) \in f(x) R[x]$ がわかる. $K[x]$ のなかで $f(x) \mid h(x)$ となる場合も同様である.

必要条件であることを示す．$f(x)$ が $R[x]$ の素元であると仮定する．$f(x)$ が定数 $p \in R$ に等しいとき，p が R の素元であることを示す．$a, b \in R$ について $ab \in pR$ ならば，$ab \in pR[x]$．よって，$a \in pR[x]$ または $b \in pR[x]$．したがって，$a \in pR$ または $b \in pR$ である．$f(x) \notin R$ と仮定する．$f(x)$ は $R[x]$ の既約元であるから，$f(x)$ が原始的であることは明らか．$f(x)$ が $K[x]$ で既約多項式でなければ，$f(x) = g'(x)h'(x)$ $(g'(x), h'(x) \in K[x],\ \deg g'(x) > 0,\ \deg h'(x) > 0)$ と分解する．さらに，$g'(x) = \dfrac{d}{a}g(x)$, $h'(x) = \dfrac{e}{b}h(x)$ $(a, b, d, e \in R,\ \gcd(a, d) = 1,\ \gcd(b, e) = 1,\ g(x), h(x)$ は $R[x]$ の原始多項式) と表すと，$abf(x) = deg(x)h(x)$ である．$f(x), g(x), h(x)$ は原始多項式だから，$f(x) \sim g(x)h(x)$ となって，$f(x)$ が $R[x]$ における既約元であることに矛盾する．よって，$f(x)$ は $K[x]$ において既約多項式である． □

以上の準備のもとで，次の結果を証明しよう．

定理 5.4.3 素元分解整域 R 上の 1 変数多項式環 $R[x]$ も素元分解整域である．

証明 $f(x) \in R[x]$ を零でない任意の多項式ととる．$f(x)$ が定数 $a \in R$ であれば，補題 5.4.2 の (3) により，a の R における素元分解は，$R[x]$ における素元分解である．$f(x) \notin R$ と仮定する．まず，$f(x)$ を，$K[x]$ のなかで既約多項式の積

$$f(x) = \alpha p'_1(x) \cdots p'_r(x)$$

と表す．そこで，$\alpha = \dfrac{b}{a}$, $p'_i(x) = \dfrac{d_i}{a_i}p_i(x)$ $(a, b, a_i, d_i \in R,\ \gcd(a, b) = 1,\ \gcd(a_i, d_i) = 1,\ p_i(x)$ は $R[x]$ の原始多項式) と書き表すと，

$$aa_1 \cdots a_r f(x) = bd_1 \cdots d_r p_1(x) \cdots p_r(x)\ .$$

多項式の積 $p_1(x) \cdots p_r(x)$ は原始的であるから，$aa_1 \cdots a_r \mid bd_1 \cdots d_r$．よって，$c \in R$ が存在して

$$f(x) = cp_1(x) \cdots p_r(x) \qquad (*)$$

と表される．c を R のなかで素元に分解すると，補題 5.4.2 の (3) によって，$(*)$ は，$f(x)$ が $R[x]$ のなかで素元の積に分解されることを意味している．よって，$R[x]$ は素元分解整域である． □

5.4 素元分解整域上の多項式環

系 5.4.4 素元分解整域 R 上の n 変数多項式環 $R[x_1,\ldots,x_n]$ は素元分解整域である．とくに，体 k 上の n 変数多項式環 $k[x_1,\ldots,x_n]$ は素元分解整域である．

証明 n に関する帰納法で証明する．$R[x_1,\ldots,x_n] = (R[x_1,\ldots,x_{n-1}])[x_n]$ と見れば，$R[x_1,\ldots,x_n]$ は $R[x_1,\ldots,x_{n-1}]$ 上の 1 変数多項式環である．帰納法の仮定により，$R[x_1,\ldots,x_{n-1}]$ は素元分解整域である．定理 5.4.3 により，$R[x_1,\ldots,x_n]$ は素元分解整域である．

$k[x_1,\ldots,x_n] = k[x_1][x_2,\ldots,x_n]$ と考える．$k[x_1]$ は定理 5.3.7 により素元分解整域であるから，上の結果によって，$k[x_1,\ldots,x_n]$ も素元分解整域である． □

$f(x) \in R[x]$ の既約性に関する結果をいくつか述べておこう．R, K などの記号は上と同じである．

補題 5.4.5 $\deg f(x) > 0$ である $f(x) \in R[x]$ について，

$$f(x) = g(x)h(x), \quad g(x), h(x) \in R[x], \quad \deg g(x) > 0, \quad \deg h(x) > 0$$

と分解するための必要十分条件は，$f(x)$ が $K[x]$ の多項式として可約であることである．

証明 必要条件であることは明らかだから，十分条件であることを示す．$f(x) = g'(x)h'(x)$ ($g'(x), h'(x) \in K[x]$, $\deg g'(x) > 0$, $\deg h'(x) > 0$) と分解したと仮定する．このとき，補題 5.4.2 の証明の議論と同様に，$g'(x) = \dfrac{d}{a}g(x)$, $h'(x) = \dfrac{e}{b}h(x)$ ($a, b, d, e \in R$, $\gcd(a,d) = 1$, $\gcd(b,e) = 1$, $g(x), h(x)$ は原始多項式) と表せば，$abf(x) = deg(x)h(x)$. ここで，$g(x)h(x)$ は原始的だから，補題 5.4.2 により，$ab \mid de$. すなわち，$c \in R$ が存在して，$f(x) = cg(x)h(x)$ と書ける． □

次の結果は**アイゼンシュタインの（既約性判定）定理**と呼ばれる．

定理 5.4.6 次数 $n > 0$ の R-係数の多項式 $f(x) = a_n x^n + a_{n-1}x^{n-1} + \cdots + a_1 x + a_0$ が与えられたとき，R の素元 p で，次の条件 $(*)$ を満たすものが存在すれば，$f(x)$ は $K[x]$ のなかで既約多項式である．

$$p \nmid a_n, \quad p \mid a_i \ (0 \leq i < n), \quad p^2 \nmid a_0 \tag{$*$}$$

証明 $f(x)$ が $K[x]$ の元として可約であると仮定して矛盾を導く．補題 5.4.5 により，$R[x]$ の元 $g(x), h(x)$ ($\deg g(x) > 0$, $\deg h(x) > 0$) が存在して，$f(x) = g(x)h(x)$ となる．そこで，

$$g(x) = b_\ell x^\ell + b_{\ell-1} x^{\ell-1} + \cdots + b_1 x + b_0 ,$$
$$h(x) = c_m x^m + c_{m-1} x^{m-1} + \cdots + c_1 x + c_0$$

と表す．$a_0 = b_0 c_0$, $p \mid a_0$ だから，$p \mid b_0$ または $p \mid c_0$ である．もし，$p \mid b_0$ かつ $p \mid c_0$ ならば，$p^2 \mid a_0$ となって仮定に反する．よって，$p \mid b_0$, $p \nmid c_0$ と仮定してもよい．いま，$p \mid b_0, \ldots, p \mid b_{i-1}$ と仮定して，$p \mid b_i$ となることを示す．実際，

$$a_i = b_0 c_i + b_1 c_{i-1} + \cdots + b_{i-1} c_1 + b_i c_0$$

で，$i \leq \ell < n$ だから，$p \mid a_i$．よって，$p \mid b_i c_0$ である．$p \nmid c_0$ だから，$p \mid b_i$．とくに，$p \mid b_\ell$ となる．すなわち，$g(x) = p\tilde{g}(x)$ ($\tilde{g}(x) \in R[x]$) と表される．すると，$f(x) = p\tilde{g}(x)h(x)$ となって，$p \mid a_n$．これは仮定に矛盾する． □

5.5 ネーター環とヒルベルトの基底定理

環 R のイデアル I が与えられたとき，I の元 $f_1, \ldots, f_n$ が存在して，

$$I = \{f_1 a_1 + \cdots + f_n a_n \mid a_1, \ldots, a_n \in R\}$$

と表せるならば，I は**有限生成イデアル**であるといい，$\{f_1, \ldots, f_n\}$ をその**生成系**という．このとき，$I = (f_1, \ldots, f_n)$ と書く．単項イデアル整域では，任意のイデアルは 1 つの元で生成されている．

補題 5.5.1 環 R に関する次の 2 条件は同値である．

(1) R の任意のイデアルは有限生成イデアルである．

(2) R のイデアルの昇鎖列

$$I_1 \subseteq I_2 \subseteq \cdots \subseteq I_n \subseteq \cdots$$

が任意に与えられると，添字 N が存在して，$I_n = I_N$ ($\forall n \geq N$).

5.5 ネーター環とヒルベルトの基底定理

証明 (1) ⇒ (2). $I = \bigcup_{i=1}^{\infty} I_i$ は R のイデアルである．I は有限生成イデアルだから，$I = (f_1, \ldots, f_n)$ と表せるので，$f_i \in I_N$ $(1 \leq i \leq n)$ となるような N がとれる．このとき，$I_N = I_{N+1} = \cdots = I$ となる．

(2) ⇒ (1). $I \neq (0)$, $I \neq R$ としてもよい．$f_1 \in I$, $f_1 \neq 0$ ととって，$I_1 = (f_1) = f_1 R$ とおく．$I_1 = I$ ならば，I は有限生成イデアルである．$I_1 \subsetneq I$ ならば，$f_2 \in I \setminus I_1$ ととって，$I_2 = (f_1, f_2)$ とおく．$I_1 \subsetneq I_2 \subsetneq \cdots \subsetneq I_i$, $I_j = (f_1, \ldots, f_j)$ $(1 \leq j \leq i)$ ととれたとして，$I_i \subsetneq I$ ならば，$f_{i+1} \in I \setminus I_i$ をとり，$I_{i+1} = (f_1, \ldots, f_i, f_{i+1})$ とおく．この操作を有限回繰り返して $I = (f_1, \ldots, f_n)$ となれば，I は有限生成イデアルである．有限回の繰り返しで I に至らなければ，無限に続く真の昇鎖列

$$I_1 \subsetneq I_2 \subsetneq \cdots \subsetneq I_i \subsetneq \cdots$$

が存在することになり，(2) の条件に反する． □

補題 5.5.1 の (2) の条件を，イデアルに関する**昇鎖律**という．この同値な条件を満たすような環を**ネーター環**という．ネーター環という条件を付加することで，可換環は格段に扱いやすくなり，その理論は大きく発展した．

補題 5.5.2 (1) R をネーター環，$\overline{R}$ を R の剰余環とすれば，$\overline{R}$ はネーター環である．

(2) R をネーター環，S をその積閉集合とすると，商環 $S^{-1}R$ はネーター環である．

証明 (1) $\overline{R} = R/I_0$ と表す．$\overline{R}$ のイデアルの昇鎖列を

$$\overline{I}_1 \subseteq \overline{I}_2 \subseteq \quad \subseteq \overline{I}_n \subseteq$$

とする．自然な商写像 $\pi : R \to R/I_0$, $x \mapsto x + I_0$ に関する逆像 $I_j = \pi^{-1}(\overline{I}_j)$ は昇鎖列

$$I_0 \subseteq I_1 \subseteq I_2 \subseteq \cdots \subseteq I_n \subseteq \cdots$$

を成す．R で昇鎖律が成立するから，$I_n = I_N$ $(\exists N, \forall n \geq N)$ となる．補題 5.1.5 により，$\overline{I}_j = I_j/I_0$ だから，$\overline{I}_n = \overline{I}_N$ $(\forall n \geq N)$．よって，$\overline{R}$ はネーター環である．

(2) $f : R \to S^{-1}R$, $x \mapsto \dfrac{x}{1}$ を自然な環準同型写像とする．$S^{-1}R$ の真のイデアルの昇鎖列を

$$J_1 \subseteq J_2 \subseteq \cdots \subseteq J_n \subseteq \cdots$$

とし，$I_j = f^{-1}(J_j)$ とおくと，I_j は $I_j \cap S = \emptyset$ となる R のイデアルであり，昇鎖列

$$I_1 \subseteq I_2 \subseteq \cdots \subseteq I_n \subseteq \cdots$$

をつくる．R の昇鎖律により，$I_n = I_N$ ($\exists N, \forall n \geq N$) となる．このとき，$J_j = I_j(S^{-1}R)$ だから，$J_n = J_N$ ($\forall n \geq N$) となって，昇鎖律が $S^{-1}R$ で成立する． □

次の結果は**ヒルベルトの基底定理**と呼ばれている．

定理 5.5.3 ネーター環 R 上の多項式環 $R[x_1,\ldots,x_n]$ は，ネーター環である．

この定理を証明するために，環 R 上の加群の理論を使う．3.5 節において，体 K 上の 1 変数多項式環上の加群を定義したが，$K[x]$ を R に置き換えれば，定義はそのまま通用するので，改めて繰り返すことはしない．R-加群の準同型写像，準同型定理，有限生成 R-加群も同様に取り扱える．読者には，$K[x]$ を R に置き換えて，定義 3.5.1 ～ 補題 3.5.5 の記述を書きかえることをすすめる．

補題 5.5.4 R をネーター環，M を有限生成 R-加群，N を M の部分 R-加群とすると，N は有限生成 R-加群である．

証明 $M = Rm_1 + \cdots + Rm_r$ として，生成元の数 r に関する帰納法で証明する．$r = 1$ ならば，$M = Rm_1 \supseteq N$ である．$I = \{a \in R \mid am_1 \in N\}$ は R のイデアルである．R はネーター環だから，$I = (f_1,\ldots,f_n)$．このとき，$N = Rf_1m_1 + \cdots + Rf_nm_1$ となる．まず，$f_1m_1,\ldots,f_nm_1 \in N$ だから，$Rf_1m_1 + \cdots + Rf_nm_1 \subseteq N$ となる．N の任意の元 z をとると，$z = am_1$ と書ける．定義より $a \in I$ だから，$a = b_1f_1 + \cdots + b_nf_n$ と表せる．すると，

$$\begin{aligned} z = am_1 &= (b_1f_1 + \cdots + b_nf_n)m_1 \\ &= b_1(f_1m_1) + \cdots + b_n(f_nm_1) \in Rf_1m_1 + \cdots + Rf_nm_1\,. \end{aligned}$$

よって，N は有限生成 R-加群である．M の生成元の数が $r-1$ のとき主張が正しいと仮定して，r の場合も正しいことを示す．$M_1 = Rm_1 + \cdots + Rm_{r-1}$，$N_1 = M_1 \cap N$ とおくと，N_1 は有限生成 R-加群 M_1 の部分加群である．よって，帰納法の仮定に

5.5 ネーター環とヒルベルトの基底定理

より, N_1 は有限生成 R-加群である. ここで, $J = \{a \in R \mid am_r \in M_1 + N\}$ とおくと, J は R のイデアルである. $J = (g_1, \ldots, g_s)$ と書くとき, $1 \leq j \leq s$ について $g_j m_r \in M_1 + N$ だから,

$$n_j = g_j m_r + \sum_{k=1}^{r-1} a_{jk} m_k \in N$$

となる元 n_j が存在する. このとき, N は N_1 の生成系と $\{n_1, \ldots, n_s\}$ を合わせたもので生成されることを示そう. 実際, $\sum_{j=1}^{s} Rn_j + N_1 \subseteq N$ は明らかである. N の元 z を任意にとると, $z = a_1 m_1 + \cdots + a_{r-1} m_{r-1} + a_r m_r$ だから, $a_r \in J$. よって, $a_r = c_1 g_1 + \cdots + c_s g_s$ と表せる. このとき,

$$\begin{aligned} z - \sum_{j=1}^{s} c_j n_j &= \sum_{i=1}^{r-1} a_i m_i + \left(\sum_{j=1}^{s} c_j g_j\right) m_r - \sum_{j=1}^{s} c_j n_j \\ &= \sum_{i=1}^{r-1} a_i m_i - \sum_{j=1}^{s} \sum_{i=1}^{r-1} c_j a_{ji} m_i \\ &= \sum_{i=1}^{r-1} \left\{a_i - \sum_{j=1}^{s} c_j a_{ji}\right\} m_i \in M_1 \cap N \end{aligned}$$

となる. よって, $N \subseteq \sum_{j=1}^{s} Rn_j + N_1$. □

定理 5.5.3 の証明. R がネーター環のとき, R 上の 1 変数多項式環 $R[x]$ がネーター環であることを証明すればよい. 一般の n の場合は, $R[x_1, \ldots, x_n] = R[x_1, \ldots, x_{n-1}][x_n]$ に注意して, n に関する帰納法を使えばよい.

J を $R[x]$ のイデアルとする. J に属する多項式の最高次の係数を集めた集合

$$I = \{a \in R \mid \exists f(x) \in J, \, f(x) = ax^m + a_{m-1} x^{m-1} + \cdots + a_0\}$$

は R のイデアルになる. 実際,

$$f(x) = ax^m + a_{m-1} x^{m-1} + \cdots + a_0, \quad g(x) = bx^n + b_{n-1} x^{n-1} + \cdots + b_0$$

がともに J に属する多項式ならば,

$$x^n f(x) + x^m g(x) = (a+b) x^{n+m} + \text{(低次の項)}$$

も J に属する多項式である．よって，$a+b \in J$．また，$a \in I$，$c \in R$ ならば，$ca \in I$ となることは明らかである．R はネーター環だから，$I = (b_1, \ldots, b_r)$ と表される．そこで，m を十分大きくとれば，J に属する m 次の多項式

$$f_i(x) = b_i x^m + （低次の項），\quad 1 \leq i \leq r$$

が存在するとしてもよい．ここで，

$$M = R + Rx + \cdots + Rx^{m-1} = \{f(x) \in R[x] \mid \deg f(x) < m\}$$

とおき，$N = J \cap M$ とおくと，N は M の R-部分加群である．このとき，J は，$f_1, \ldots, f_r$ と N の生成系によってイデアルとして生成されることを見よう．実際，$J_1 = \sum_{i=1}^{r} f_i R[x] + N$ とおけば，$J_1 \subseteq J$ となることは明らかである．$f(x)$ を J に属する任意の多項式とする．$\deg f(x) < m$ ならば，$f(x) \in N$ である．$n = \deg f(x) \geq m$ と仮定する．帰納法の仮定により，次数が n より小さい J の多項式は J_1 に属すると仮定してもよい．このとき，a を $f(x)$ の最高次の係数とすると，$a \in I$ だから，$a = c_1 b_1 + \cdots + c_r b_r$ と表される．そこで，

$$f(x) - x^{n-m} \left(\sum_{i=1}^{r} c_i f_i(x) \right)$$
$$= \left(a - \sum_{i=1}^{r} c_i b_i \right) x^n + （低次の項），\quad a - \sum_{i=1}^{r} c_i b_i = 0．$$

したがって，$f(x) - x^{n-m} \left(\sum_{i=1}^{r} c_i f_i(x) \right) \in J$ で，その次数は n より小さい．よって，$f(x) - x^{n-m} \left(\sum_{i=1}^{r} c_i f_i(x) \right) \in J_1$．これから，$f(x) \in J_1$ が従う．すなわち，$J \subseteq J_1$． □

環 R を部分環にもつような環 A は，R の単位元 1_R と A の単位元 1_A が一致するとき，**R-代数**と呼ばれる．R 上の多項式環からの**全射**な環準同型写像

$$\varphi : R[x_1, \ldots, x_n] \to A$$

で $\varphi|_R = \mathrm{id}_R$ となるものが存在するとき，R-代数 A は R 上**有限生成代数**であるという．$\varphi(x_i) = f_i$ とすると，$A = R[f_1, \ldots, f_n]$ と表される．すなわち，A の任意の元 a は，R-係数の多項式 $F(x_1, \ldots, x_n)$ に $x_i = f_i$ ($1 \leq i \leq n$) を代入して，$a = F(f_1, \ldots, f_n)$ と表される．

系 5.5.5 R をネーター環，A を R 上の有限生成代数とすると，A はネーター環である．

証明 $A = R[x_1, \ldots, x_n]/I$ と表されるので，補題 5.5.2 と定理 5.5.3 から結果が従う． □

ネーター環であるような整域を**ネーター整域**という．最後に，ネーター整域における，次の性質を示そう．

定理 5.5.6 R をネーター整域とすると，任意の非零元は，単元と有限個の既約元の積として書ける．

証明 R の非零元で，単元と有限個の既約元の積への分解（既約分解）をもたないものが存在する，と仮定して矛盾を導く．a が既約分解をもたない非零元とすると，a は既約元ではない．したがって，$a = a_1 a_1'$ のように，a は単元でない 2 つの元の積として表せる．もし a_1 と a_1' の両方が既約分解をもてば，a も既約分解をもつことになるので，a_1 は既約分解をもたないとしてよい．すると，$a_1 = a_2 a_2'$ のように，a_1 は単元でない 2 つの元の積として表せる．ここで，a_2 は既約分解をもたないとしてよい．したがって，a_2 は単元でない 2 つの元の積として表せる．この分解の操作は限りなく続けることができる．このとき，次の単項イデアルの真の包含列

$$(a) \subsetneq (a_1) \subsetneq (a_2) \subsetneq \cdots \subsetneq (a_n) \subsetneq \cdots$$

が存在する．これはネーター整域 R において昇鎖律が成立するという仮定に矛盾する． □

問 題

1. 例 5.1.1 における (2) のことがらを証明せよ．
2. $\mathrm{M}_n(K)$ の両側イデアルは，(0) か $\mathrm{M}_n(K)$ であることを証明せよ．
3. 次のことがらを示せ．

(1) I, J を R の左側イデアルとすると，$I + J = \{a + b \mid a \in I, b \in J\}$ と $I \cap J$ は R の左側イデアルである．I, J が右側イデアルまたは両側イデアルの場合にも，$I + J$ と $I \cap J$ は同じ性質をもつ．

(2) I を R の左側イデアル，J を R の右側イデアルとすると，$IJ = \{\sum_i a_i b_i \mid a_i \in I, b_j \in J\}$ は R の両側イデアルである．

4. $R = \mathbb{Z}[\sqrt{-5}]$ はユークリッド整域ではない．これを次の小問を解いて証明せよ．

   (0) $a + b\sqrt{-5}, c + d\sqrt{-5} \in \mathbb{Z}[\sqrt{-5}]$ について，$a + b\sqrt{-5} = c + d\sqrt{-5} \iff a = c, b = d$ を証明せよ．

   (1) R のイデアル $P = (2, 1 + \sqrt{-5})$ は，真のイデアルかつ素イデアルである．ただし，$P = \{2\alpha + (1 + \sqrt{-5})\beta \mid \alpha, \beta \in \mathbb{Z}[\sqrt{-5}]\}$.

   (2) R の単元全体の集合 R^* を求めよ．

   (3) $2 = (a + b\sqrt{-5})(c + d\sqrt{-5})$ を満たす整数の組 (a, b, c, d) をすべて求めよ．

   (4) P は単項イデアルでないことを示せ．

   (5) R はユークリッド整域でないことを示せ．

5. 環 $\mathbb{Z}[\sqrt{-5}]$ において，元 2 は既約元であるが素元ではないことを示せ．

6. 環 $\mathbb{Z}[\sqrt{-5}]$ において，$2 \cdot 3 = 6 = (1 + \sqrt{-5})(1 - \sqrt{-5})$ は相異なる既約分解であることを示せ．したがって，$\mathbb{Z}[\sqrt{-5}]$ は素元分解整域ではない．

7. K を標数 p の体とする．$K[x, y]$ の元 $f(x, y)$ が次のどれかの形をとるとき，与えられた標数に関する条件の下で，既約多項式であることを証明せよ．

   (i) $f(x, y) = x^n + yx^{n-1} + \cdots + y^i x^{n-i} + \cdots + y^{n-1}x + y^n - y$　（p は任意）．

   (ii) $f(x, y) = x^n + y^n - 1$ $(p \nmid n)$．ただし，$p \mid n$ のとき，$f(x, y)$ は可約である．

8. R を単項イデアル整域とするとき，R 上有限生成加群の構造について，補題 3.5.6, 補題 3.5.9 と定理 3.5.10 に相当する結果を導いて証明せよ．

9. R を可換環とするとき次の小問に答えよ．

   (1) $\overline{R} = R/I$ を剰余環，M を R-加群とするとき，$IM = \{\sum_i a_i m_i \mid a_i \in I, m_i \in M\}$ は M の部分 R-加群であり，$\overline{M} = M/IM$ は $\overline{R}$-加群と見なされることを示せ．

   (2) S を R の積閉集合，M を R-加群とするとき，直積 $M \times S$ に同値関係を $(m, s) \sim (n, t) \iff \exists u \in S, u(tm - sn) = 0$ で定義する．商集合

$M \times S/(\sim)$ を $S^{-1}M$ で表すと,$S^{-1}M$ は次の演算

$$(a, s) \cdot (m, t) = (am, st)$$

で $S^{-1}R$-加群になっていることを示せ.

10. 環 $\mathbb{Z}[\sqrt{-5}]$ の素イデアルをすべて決定せよ.

多項式環のイデアルとグレブナー基底

体 K 上の 1 変数多項式環 $K[x]$ は単項イデアル整域 (PID) であるから,どのようなイデアル I も 1 つの元で生成されている.イデアル I は ある性質を満たす多項式の集合として定義される.たとえば,$\alpha_1, \ldots, \alpha_n$ を K の元,$m_1, \ldots, m_n$ を正整数として,

$$I = \left\{ h(x) \in K[x] \ \middle| \ \begin{array}{l} \text{各 } 1 \leq i \leq n \text{ について, } \alpha_i \text{ は} \\ h(x) \text{ の } m_i \text{ 次以上の重複解である.} \end{array} \right\}$$

とおくと,I はイデアルであり,$f(x) = \prod_{i=1}^{n}(x - \alpha_i)^{m_i}$ は I の生成元となる.この例のように,生成元 $f(x)$ は I の元すべての最大公約元である.

$n > 1$ として,体 K 上の n 変数多項式環 $R = K[x_1, \ldots, x_n]$ を考えると,R はネーター環である.したがって,任意のイデアル I は有限個の元で生成されて,$I = (f_1, \ldots, f_r) = \{ f_1 g_1 + \cdots + f_r g_r \mid g_i \in R \ (1 \leq i \leq r) \}$ と書けるが,イデアル I の生成系 $\{f_1, \ldots, f_r\}$ を見つけるアルゴリズム(論法)が必要となる.

$n = 1$ の場合には,アルゴリズムは剰余の定理またはユークリッドの互除法である.n 変数の場合に,剰余の定理に代わる割り算をもとに考えられたアルゴリズムが**グレブナー基底**である.その計算は手計算ではなく,さまざまな計算ソフトを使って計算する.

$n = 1$ の場合には,多項式の次数によって,$K[x]$ はユークリッド整域になる.$n > 1$ の場合には,単項式全体の集合に**単項式順序**と呼ばれる順序を定義して,この順序に従って割り算を実行するのである.$n = 2$ として説明を試みよう.簡単のために,零でない単項式の係数はすべて 1 と仮定する.2 つ

の単項式 $x_1^{\alpha_1}x_2^{\alpha_2}$ と $x_1^{\beta_1}x_2^{\beta_2}$ の間に**辞書式順序**を

$$x_1^{\alpha_1}x_2^{\alpha_2} > x_1^{\beta_1}x_2^{\beta_2} \iff \begin{cases} \alpha_1 + \alpha_2 > \beta_1 + \beta_2 \text{ または} \\ \alpha_1 + \alpha_2 = \beta_1 + \beta_2, \; \alpha_1 > \beta_1 \end{cases}$$

と定める．たとえば，$f = x^3 - x^2y - x^2 - 1$, $g = x^2 - xy + 1$ とすると，f と g の辞書式順序で最大の単項式は x^3 と x^2 である．このとき，$f = (x-1)g - x(y+1)$ と書けて，余り $-x(y+1)$ の最大の単項式は $-xy$ となり，明らかに，g の最大項 x^2 より小さい．

一般に，$R = K[x_1, \ldots, x_n]$ の単項式の間に単項式順序を1つ定める．R の元 f に現れる単項式のなかで，この順序で最大のものを $\mathrm{in}(f)$ と表す．ただし，$\mathrm{in}(f)$ の係数は 1 としておく．$I \neq \{0\}$ を R のイデアルとして，$\{\mathrm{in}(f) \mid f \in I \setminus \{0\}\}$ で生成される R のイデアルを $\mathrm{in}(I)$ と書く．イデアル I の生成系 $\{g_1, \ldots, g_r\}$ を $\{\mathrm{in}(g_1), \ldots, \mathrm{in}(g_r)\}$ が $\mathrm{in}(I)$ の生成系になるようにとれるとき，$\{g_1, \ldots, g_r\}$ を定められた単項式順序に関する I の**グレブナー基底**という．

問題の解答

第0章

1. (i) $\bigcup_{i\in I}(X_i \cap Y) \subseteq \left(\bigcup_{i\in I} X_i\right) \cap Y$ となることは明らかである．逆に，$z \in \left(\bigcup_{i\in I} X_i\right) \cap Y$ とすると，$z \in Y$ かつ $z \in X_i$ ($\exists i \in I$). よって，$z \in \bigcup_{i\in I}(X_i \cap Y)$ である．

(ii) $\left(\bigcap_{i\in I} X_i\right) \cup Y \subseteq \bigcap_{i\in I}(X_i \cup Y)$ は明らかである．逆に，$z \in \bigcap_{i\in I}(X_i \cup Y)$ とする．$z \in Y$ ならば，$z \in \left(\bigcap_{i\in I} X_i\right) \cup Y$. $z \notin Y$ ならば，$z \in X_i$ ($\forall i \in I$). よって，$z \in \left(\bigcap_{i\in I} X_i\right) \cup Y$.

2. (1) $f(\mathbb{R}) = \{y \in \mathbb{R} \mid y \geq 0\}$ である．よって，f は全射ではない．また，$f(x) = f(-x)$ だから，f は単射でもない．

(2) f は全単射である．

(3) (1) と (2) の場合から推測されるが，n が奇数ならば f は全単射であるが，n が偶数のとき f は全射でも単射でもない．

(4) $f(x) = \dfrac{1}{x}$ のグラフを考えて，f は $\mathbb{R} - \{0\}$ から $\mathbb{R} - \{0\}$ への全単射を誘導する．そこで，$f(0) = 0$ とおくと，$f : \mathbb{R} \to \mathbb{R}$ は全単射になる．

(5) f は単射であるが全射ではない．f の像は正の実数の集まり $\mathbb{R}_{>0}$ である．$f : \mathbb{R} \to \mathbb{R}_{>0}$ と考えると，この写像は全単射である．

(6) f は全射であるが単射ではない．

(7) f は周期関数であるから単射ではない．また，$|\sin x| \leq 1$ だから，全射ではない．

3. (1) ⇒ (2). $|F| = n$ とおく. f が単射ならば, $|f(F)| = n$ となる. したがって, $f(F) = F$ となるので, f は全射である.

(2) ⇒ (3). f が単射でなければ, $|f(F)| < |F|$ でなければならない. しかしながら, f は全射と仮定しているので, f は単射である.

(3) ⇒ (1). 明らかである.

4. $x \in X$ について, x で代表される同値類は $f(x) \in Y$ の逆像 $f^{-1}(f(x))$ である. よって, 同値類の集合 $X/\sim$ と f の像 $f(X)$ の間に $f^{-1}(f(x)) \mapsto f(x)$ という全単射がある. すなわち, 商集合を像 $f(X)$ と同一視することができる. 商写像 q は, $x \in X$ に対して x で代表される同値類を対応させる写像であるから, $q(x) = f(x)$ となる. ここで, $q : X \to f(X)$ であるから, q と包含写像 $i : f(X) \to Y$ を合成すると, $i \circ q : X \to f(X) \to Y$ は与えられた写像 f になる.

5. (1) 反射律と対称律が成立することは明らかである. 推移律が満たされない例として, X_1, X_2, X_3 のいずれも 2 点集合として, $X_1 = \{1, 2\}$, $X_2 = \{\overline{1}, \overline{2}\}$, $X_3 = \{\widehat{1}, \widehat{2}\}$ と表す. 写像 f_{21}, f_{31} を $f_{21}(1) = f_{21}(2) = \overline{1}$, $f_{31}(1) = \widehat{1}$, $f_{31}(2) = \widehat{2}$ で与えると, $X_2 \coprod X_3 = \{\overline{1}, \overline{2}, \widehat{1}, \widehat{2}\}$ 上の関係は,

$$\overline{1} \sim \overline{1} \qquad \overline{1} \sim \widehat{1} \quad \overline{1} \sim \widehat{2}$$
$$\overline{2} \sim \overline{2}$$
$$\widehat{1} \sim \overline{1} \qquad \widehat{1} \sim \widehat{1}$$
$$\widehat{2} \sim \overline{1} \qquad \widehat{2} \sim \widehat{2}$$

で尽くされる. このとき, $\overline{1} \sim \widehat{1}$, $\overline{1} \sim \widehat{2}$ であるが, $\widehat{1} \sim \widehat{2}$ ではない. したがって推移律が成立していない.

(2) 新しい関係 $\approx$ は, 反射律と対称律を満たす. 反射律については, 関係 $\sim$ がすでに満たしている. 対称律については, 有限点列 $u_0, \ldots, u_n$ を逆に並べた点列 $u_n, \ldots, u_0$ を考えればよい. 推移律を示すために, $x \approx y$, $y \approx z$ として, その関係を定義する有限点列を $u_0, \ldots, u_n$ と $v_0, \ldots, v_m$ とする. ただし, $u_0 = x$, $u_n = y = v_0$, $v_m = z$ であり, $u_i \sim u_{i+1}$ ($0 \leq i < n$), $v_j \sim v_{j+1}$ ($0 \leq j < m$) である. このとき, 2 つの点列を合わせた点列 $u_0, \ldots, u_n = v_0, \ldots, v_m$ を考えると, $x \approx z$ が従う. (1) の例では, 空白部分の (3, 4)-成分と (4, 3)-成分

問題の解答（第 1 章）

6. 定理 0.6.3 の証明における記号を使うと，問題における射影的系の射影的極限は

$$V = \{(x_2, x_3, x_1) \in X_2 \times X_3 \times X_1 \mid x_1 = f_{12}(x_2) = f_{13}(x_3)\}$$

である．この集合 V は，元 (x_2, x_3, x_1) の第 3 成分 x_1 が第 1 成分と第 2 成分によって与えられるから，$X_2 \times X_3$ の部分集合 $\{(x_2, x_3) \in X_2 \times X_3 \mid f_{12}(x_2) = f_{13}(x_3)\}$ と同一視できる．

7. $f(X)$ の 2 元 $f(x_1), f(x_2)$ に対して，$\psi(f(x_1), f(x_2)) = f(\varphi(x_1, x_2)) \in f(X)$ となる．よって，f の像 $f(X)$ は Y の 2 項演算 ψ について閉じた部分集合である．

8. n に関する帰納法で証明する．$n = 3$ のときは結合法則により成立している．$n-1$ 項までの演算については括弧の入れ方によらないと仮定して，演算の結果を $\varphi(x_1, \ldots, x_m)$ $(m < n)$ と表す．また，$\varphi(x_1, x_2) = x_1 \cdot x_2$ と表す．このとき，

$$\begin{aligned}
&x_1 \cdot (x_2 \cdot (\cdots (x_{n-1} \cdot x_n) \cdots)) \\
&= x_1 \cdot \varphi(x_2, \ldots, x_n) = x_1 \cdot (x_2 \cdot \varphi(x_3, \ldots, x_n)) \\
&= (x_1 \cdot x_2) \cdot \varphi(x_3, \ldots, x_n) = \varphi((x_1 \cdot x_2), x_3, \ldots, x_n) \\
&= \varphi(x_1, (x_2 \cdot x_3), x_4, \ldots, x_n) = \cdots \\
&= \varphi(x_1, \ldots, x_{i-1}, (x_i \cdot x_{i+1}), x_{i+2}, \ldots, x_n)
\end{aligned}$$

となるので，隣り合うどの 2 元 x_i, x_{i+1} $(1 \leq i \leq n-2)$ から始めた演算の結果にも一致する．

第 1 章

1. (1) 次の 3 つの場合に分けて証明する．

   (i) $\alpha \geq \beta$, $\alpha \geq \gamma$ の場合．

   $$\max(\alpha, \min(\beta, \gamma)) = \alpha, \quad \min(\max(\alpha, \beta), \max(\alpha, \gamma)) = \alpha \ .$$

   (ii) $\beta \geq \alpha$, $\beta \geq \gamma$ の場合．

   $$\max(\alpha, \min(\beta, \gamma)) = \max(\alpha, \gamma) \ ,$$

$$\min(\max(\alpha,\beta),\max(\alpha,\gamma)) = \min(\beta,\max(\alpha,\gamma)) = \max(\alpha,\gamma) .$$

(iii) $\gamma \geq \alpha$, $\gamma \geq \beta$ の場合．(ii) の場合と同様にしてできる．

(2) a,b,c の素因数分解を

$$a = p_1^{\alpha_1}\cdots p_n^{\alpha_n},\ b = p_1^{\beta_1}\cdots p_n^{\beta_n},\ c = p_1^{\gamma_1}\cdots p_n^{\gamma_n},\quad \alpha_i \geq 0,\ \beta_i \geq 0,\ \gamma_i \geq 0$$

とすると，

$$\mathrm{lcm}\,(a, \gcd(b,c)) = \mathrm{lcm}\,(p_1^{\alpha_1}\cdots p_n^{\alpha_n},\, p_1^{\min(\beta_1,\gamma_1)}\cdots p_n^{\min(\beta_n,\gamma_n)})$$
$$= p_1^{\max(\alpha_1,\min(\beta_1,\gamma_1))}\cdots p_n^{\max(\alpha_n,\min(\beta_n,\gamma_n))} ,$$

$$\gcd(\mathrm{lcm}\,(a,b), \mathrm{lcm}\,(a,c))$$
$$= p_1^{\min(\max(\alpha_1,\beta_1),\max(\alpha_1,\gamma_1))}\cdots p_n^{\min(\max(\alpha_n,\beta_n),\max(\alpha_n,\gamma_n))} .$$

よって (1) を使うと望ましい等式が得られる．

(3) a,b,c が正整数の場合を取り扱う．その他の場合は，この場合に還元されるか，自明な場合である．

$$a\mathbb{Z} \cap (b\mathbb{Z} + c\mathbb{Z}) = a\mathbb{Z} \cap \gcd(b,c)\mathbb{Z} = \mathrm{lcm}\,(a,\gcd(b,c))\mathbb{Z} ,$$

$$(a\mathbb{Z} \cap b\mathbb{Z}) + (a\mathbb{Z} \cap c\mathbb{Z}) = \mathrm{lcm}\,(a,b)\mathbb{Z} + \mathrm{lcm}\,(a,c)\mathbb{Z} = \gcd(\mathrm{lcm}\,(a,b),\mathrm{lcm}\,(a,c))\mathbb{Z} .$$

よって，等式は (2) より従う．

2. (1) $\iff$ (2) 補題 1.3.4 の (1) で示した通りである．

(2) $\Rightarrow$ (3) $ax + by \in a\mathbb{Z} + b\mathbb{Z}$ だから，$1 \in a\mathbb{Z} + b\mathbb{Z}$. よって $\mathbb{Z} = a\mathbb{Z} + b\mathbb{Z}$.

(3) $\Rightarrow$ (2) $1 \in \mathbb{Z}$ だから，整数 x, y が存在して $1 = ax + by$ と書ける．

3. (1) $x, y \in a\mathbb{Z} : b\mathbb{Z}$ ならば，$bx, by \in a\mathbb{Z}$. よって，$bx + by = b(x+y) \in a\mathbb{Z}$. また，$x \in a\mathbb{Z} : b\mathbb{Z}$ に対して，m を任意の整数とすると，$b(xm) = (bx)m \in a\mathbb{Z}$. 以上から $a\mathbb{Z} : b\mathbb{Z}$ が整数のイデアルであることがわかる．

(2) $x \in a\mathbb{Z} : b\mathbb{Z}$ とすると，$bx \in a\mathbb{Z}$ より，$p_1^{\beta_1}\cdots p_n^{\beta_n}x = p_1^{\alpha_1}\cdots p_n^{\alpha_n}y$ と書ける．$\alpha_i > \beta_i$ ならば $p_i^{\alpha_i - \beta_i} \mid x$. したがって，整数 c の定義を使うと，$x \in c\mathbb{Z}$. 逆に $x \in c\mathbb{Z}$ ならば $x = cx' = \prod_{\alpha_i > \beta_i} p_i^{\alpha_i - \beta_i} x'$ ($x' \in \mathbb{Z}$) と書けるから，

$$p_1^{\beta_1}\cdots p_n^{\beta_n} x = p_1^{\beta_1}\cdots p_n^{\beta_n}\left(\prod_{\alpha_i > \beta_i} p_i^{\alpha_i - \beta_i}\right) x' \in p_1^{\alpha_1}\cdots p_n^{\alpha_n}\mathbb{Z} .$$

問題の解答（第 1 章）　　245

よって $x \in a\mathbb{Z} : b\mathbb{Z}$ である.

4. (1) $e_i^2 - e_i = -e_i(1 - e_i)$ で, $p_j^{\alpha_j} \mid e_i$ $(j \neq i)$ かつ $p_i^{\alpha_i} \mid (1 - e_i)$ だから, $n \mid (e_i^2 - e_i)$. よって, $e_i^2 \equiv e_i \pmod{n}$ である. $e_i e_j$ $(i \neq j)$ についても, $k \neq i, j$ ならば $p_k^{\alpha_k} \mid e_i$ かつ $p_k^{\alpha_k} \mid e_j$ であって, $p_i^{\alpha_i} \mid e_j$, $p_j^{\alpha_j} \mid e_i$. よって, $n \mid e_i e_j$ となる. さらに, $p_i^{\alpha_i} \mid e_j$ $(j \neq i)$, $p_i^{\alpha_i} \mid (1 - e_i)$ だから, $p_i^{\alpha_i} \mid \{1 - (e_1 + \cdots + e_r)\}$. これは任意の i $(1 \leq i \leq r)$ について成立するから, $n \mid \{1 - (e_1 + \cdots + e_r)\}$. よって $e_1 + \cdots + e_r \equiv 1 \pmod{n}$.

(2) 集合の写像 $\varphi : \mathbb{Z}/p_i^{\alpha_i}\mathbb{Z} \to e_i(\mathbb{Z}/n\mathbb{Z})$ は $\varphi(\overline{x}) = e_i x \pmod{n}$ で定義できることを示そう. ただし, $\overline{x} = x + p_i^{\alpha_i}\mathbb{Z}$ である. 実際, $x \equiv x' \pmod{p_i^{\alpha_i}}$ ならば, $p_j^{\alpha_j} \mid e_i$ $(j \neq i)$, $p_i^{\alpha_i} \mid (x - x')$ だから, $e_i(x - x') \equiv 0 \pmod{n}$ となる. よって, $e_i x \equiv e_i x' \pmod{n}$. この φ は単射である. 実際, もし $\varphi(\overline{x}) = e_i x \equiv 0 \pmod{n}$ ならば, $n \mid e_i x$ となる. ここで $e_i \equiv 1 \pmod{p_i^{\alpha_i}}$ だから, $e_i x \equiv x \pmod{p_i^{\alpha_i}}$. よって, $x \equiv 0 \pmod{p_i^{\alpha_i}}$ となって, φ は単射である. φ が全射であることは明らかである. さらに, φ は加法と乗法を保つので, φ は環の同型写像である. よって, $e_i(\mathbb{Z}/n\mathbb{Z})$ は $\mathbb{Z}/p_i^{\alpha_i}\mathbb{Z}$ と同一視できる.

5. (1) $e_1' = p_2^{\alpha_2} \cdots p_r^{\alpha_r} \ell_1$ とおくと, $e_1' \equiv 0 \pmod{p_i^{\alpha_i}}$ $(2 \leq i \leq r)$ かつ $e_1' \equiv 1 \pmod{p_1^{\alpha_1}}$ となっている. 定理 1.4.7 によって, $e_1 \equiv e_1' \pmod{n}$ である.

(2) $a = \sum_{i=1}^{r} a_i e_i$ とおくと, $a \equiv a_i e_i \equiv a_i \pmod{p_i^{\alpha_i}}$ $(1 \leq i \leq r)$ がわかる.

6. $n_i^{\vee} = \dfrac{n}{n_i}$ $(1 \leq i \leq r)$ とおく. n_i と $n_i^{\vee}$ は互いに素であるから, 整数 ℓ_i と m_i が存在して, $n_i^{\vee} \ell_i + n_i m_i = 1$ とできる. ここで $e_i = n_i^{\vee} \ell_i$ とおくと, $n_i^{\vee} \equiv 0 \pmod{n_j}$ だから, $e_i \equiv 0 \pmod{n_j}$ $(j \neq i)$. さらに, $e_i \equiv 1 \pmod{n_i}$ である. そこで, $a = \sum_{i=1}^{r} a_i e_i$ とおくと, a が求める解である. なぜならば, $a = \sum_{j \neq i} a_j e_j + a_i e_i = a_i e_i = u_i \pmod{n_i}$ となる.

7. n は素数でないから, $n = n_1 n_2$ $(n_1 > 1, n_2 > 1)$ と表せる. $n_2 \geq n_1$ ならば, $n_1^2 \leq n$. よって, $n_1 \leq \sqrt{n}$.

8. (1) a に関する帰納法で証明する. a を n で割って, $a = a_1 n + c_0$ $(0 \leq c_0 < n)$ と表す. このとき, $a_1 < a$ だから, 帰納法の仮定によって

$$a_1 = c_r n^{r-1} + c_{r-1} n^{r-2} + \cdots + c_1, \quad 0 \leq c_i < n, \quad c_r \neq 0$$

と表される．よって，
$$a = c_r n^r + c_{r-1} n^{r-1} + \cdots + c_1 n + c_0 .$$
この n 進表示がただ一通りであることを示す．
$$a = d_s n^s + d_{s-1} n^{s-1} + \cdots + d_1 n + d_0, \ \ 0 \leq d_i < n, \ \ d_s \neq 0$$
と表されたとすると，
$$c_0 - d_0 = \sum_{i=1}^{s} d_i n^i - \sum_{j=1}^{r} c_j n^j \equiv 0 \pmod{n} .$$
しかるに，$-n < c_0 - d_0 < n$ だから，$c_0 = d_0$. すると，
$$c_r n^{r-1} + c_{r-1} n^{r-2} + \cdots + c_1 = d_s n^{s-1} + d_{s-1} n^{s-2} + \cdots + d_1 .$$
よって，a に関する帰納法を用いて，$r-1 = s-1$, $c_{i+1} = d_{i+1}$ $(0 \leq i \leq r-1)$ となる．これで，n 進表示の一意性が示された．

(2) $n = m+1$ だから，$n \equiv 1 \pmod{m}$. よって，
$$a \equiv c_r + c_{r-1} + \cdots + c_0 \pmod{m}$$
となる．これから，$a \equiv 0 \pmod{m} \Longleftrightarrow \sum_{i=0}^{r} c_i \equiv 0 \pmod{m}$ という同値は明らかである．

(3) $n = m-1$ だから，$n \equiv -1 \pmod{m}$. したがって，
$$a \equiv c_r (-1)^r + c_{r-1} (-1)^{r-1} + \cdots + c_1 (-1) + c_0 .$$
これから，$a \equiv 0 \pmod{m} \Longleftrightarrow \sum_{i=0}^{r} (-1)^i c_i \equiv 0 \pmod{m}$ となる．

9. 左辺を因数分解して，$(x+2)(x+3) \equiv 0 \pmod{35}$. したがって，次の 4 つの場合が考えられる．

 (i) $x + 2 \equiv 0 \pmod{35}$.
 (ii) $x + 3 \equiv 0 \pmod{35}$.
 (iii) $x + 2 \equiv 0 \pmod 5$, $\quad x + 3 \equiv 0 \pmod 7$.
 (iv) $x + 2 \equiv 0 \pmod 7$, $\quad x + 3 \equiv 0 \pmod 5$.

それぞれの場合に解を求めると，$x \equiv 33 \pmod{35}$, $x \equiv 32 \pmod{35}$, $x \equiv 18 \pmod{35}$, $x \equiv 12 \pmod{35}$.

第 2 章

1. 定理 2.4.2 と定理 2.4.3 により，等式

$$\dim(\operatorname{Ker} f) + \dim(\operatorname{Im} f) = \dim V = n$$

が成立する．$\operatorname{Ker} f = \{0\}$ ならば，$\dim(\operatorname{Ker} f) = 0$ だから，$\dim(\operatorname{Im} f) = n$ となる．すなわち，V の部分ベクトル空間 $\operatorname{Im} f$ は V に一致する．よって，(1) $\Rightarrow$ (2)．逆に，$\operatorname{Im} f = V$ ならば，$\dim(\operatorname{Ker} f) = 0$ となり，$\operatorname{Ker} f = \{0\}$ である．よって，(2) $\Rightarrow$ (1)．したがって，(3) $\iff$ (1)+(2) だから，(1), (2), (3) の 3 条件は同値になる．

次に，(3) $\Rightarrow$ (4) を示す．このとき，線形変換 $g : V \to V$ が存在して，g は f の逆写像になっている．すなわち，$g \circ f = 1_V$, $f \circ g = 1_V$ が成立する．基底 $\{v_1, \ldots, v_n\}$ に関する g の行列表現 $B = (b_{ij})$ は

$$g(v_i) = \sum_{j=1}^{n} b_{ij} v_j , \quad 1 \leq i \leq n \qquad (*)$$

によって与えられる．このとき，

$$v_i = g \circ f(v_i) = g\left(\sum_{j=1}^{n} a_{ij} v_j\right)$$
$$= \sum_{j=1}^{n} a_{ij} \left(\sum_{k=1}^{n} b_{jk}\right) v_k = \sum_{k=1}^{n} \left(\sum_{j=1}^{n} a_{ij} b_{jk}\right) v_k$$

だから，$\sum_{j=1}^{n} a_{ij} b_{jk} = \delta_{ik}$ が成立する．すなわち，$AB = E_n$．同様にして，$f \circ g = 1_V$ より，$BA = E_n$ が得られる．このとき，B は A の逆行列である．

(4) $\Rightarrow$ (3) を示す．$B = A^{-1}$ として，V の線形変換 g を $(*)$ 式で定義する．このとき，(3) $\Rightarrow$ (4) を示した計算を逆にたどって，$g \circ f = 1_V$ となることがわかる．$f \circ g = 1_V$ も成立する．よって，f は同型写像である．行列と行列式の理論によって，A が逆行列をもつための必要十分条件は $\det A \neq 0$ である．

2. $f(v_i) = \sum_{j=1}^{m} a_{ij} w_j = (a_{i1}, a_{i2}, \ldots, a_{im})$ $(1 \leq i \leq n)$ である．$\operatorname{Im} f$ は $f(v_1), \ldots, f(v_n)$ で生成される W の部分ベクトル空間であり，その基底は $\{f(v_1), \ldots, f(v_n)\}$

から選んだ一次独立なベクトルの極大系である．よって，$\dim(\mathrm{Im}\,f) = \mathrm{rank}\,A$ となる．

3. 線形写像 $f : V \to W$ を，$A = (a_{ij})$ から，問題 **2** と同様にして定義すると，$N = \mathrm{Ker}\,f$ である．定理 2.4.3 によって，$\dim V = \dim N + \dim(\mathrm{Im}\,f)$ だから，$\dim N = n - \mathrm{rank}\,A$ となる．

4. (1) $1 \leq i \leq j$ に対して $f(V_i) \subseteq V_i$ だから，$f(v_i) = \sum_{j=1}^{n} a_{ij} v_j$ において，$j > i$ ならば $a_{ij} = 0$ となる．すなわち，$A = (a_{ij})$ は下三角行列である．

(2) $f(v_i) = \sum_{j=1}^{n} a_{ij} v_j$ だから，
$$f^*(v_i^*)(v_j) = v_i^*(f(v_j)) = v_i^*\left(\sum_{k=1}^{n} a_{jk} v_k\right) = a_{ji}\,.$$

よって，$f^*(v_i^*) = \sum_{j=1}^{n} a_{ji} v_j^*$ である．すなわち，$\{v_1^*, \ldots, v_n^*\}$ に関する f^* の行列表現は，A の転置行列 ${}^t A$ となる．A は下三角行列だから，${}^t A$ は上三角行列である．

(3) 完全系列 $0 \longrightarrow V_i \longrightarrow V \longrightarrow V/V_i \longrightarrow 0$ より，完全系列 $0 \longrightarrow (V/V_i)^* \longrightarrow V^* \longrightarrow V_i^* \longrightarrow 0$ が得られる．よって，$(V/V_i)^*$ は V^* の部分ベクトル空間と考えられる．$V_i = Kv_1 + \cdots + Kv_i$ で，$j > i$ ならば $v_j^*(v_1) = \cdots = v_j^*(v_i) = 0$ である．$\dim(V/V_i)^* = n - i$ だから，$(V/V_i)^* = Kv_{i+1}^* + \cdots + Kv_n^*$ と見なせる．ここで，$i+1 \leq j \leq n$ に対して，$f^*(v_j^*) = a_{jj} v_j^* + a_{j+1\,j} v_{j+1}^* + \cdots + a_{nj} v_n^*$ となるから，$f^*((V/V_i)^*) \subseteq (V/V_i)^*$ がわかる．また，

$$(V/V_{n-1})^* = Kv_n^*, \quad (V/V_{n-2})^* = Kv_n^* + Kv_{n-1}^*, \quad \cdots,$$
$$(V/V_{n-i})^* = Kv_n^* + \cdots + Kv_{n-i+1}^*, \quad \cdots$$

であるから，部分ベクトル空間の列

$$\{0\} \subsetneq (V/V_{n-1})^* \subsetneq (V/V_{n-2})^* \subsetneq \cdots \subsetneq (V/V_{n-i})^* \subsetneq \cdots \subsetneq (V/V_1)^* \subsetneq V^*$$

が得られる．

(4) は上の構成から明らかである．

問題の解答（第 2 章）　　　　　　　　　　　　　　　　　　　　　249

5. (1) 包含関係は明らかである．V を 2 次元ベクトル空間，$\{v_1, v_2\}$ をその基底として，$W_1 = Kv_1$, $W_2 = Kv_2$, $W_3 = K(v_1+v_2)$ とおくと，$W_1 \cap W_3 = W_2 \cap W_3 = \{0\}$. よって，$W_1 \cap W_3 + W_2 \cap W_3 = \{0\}$ であるが，$(W_1+W_2) \cap W_3 = V \cap W_3 = W_3$. この例は，等号が一般には成立しないことを示している．

(2) $(W_1 \cap W_2) + W_3 \subseteq (W_1 + W_3) \cap (W_2 + W_3)$ は明らかである．等号が成立しない例としては，(1) と同じ例を考える．すると，$W_1 + W_3 = W_2 + W_3 = V$, $W_1 \cap W_2 = \{0\}$ である．よって，$(W_1 + W_3) \cap (W_2 + W_3) = V$ であるが，$(W_1 \cap W_2) + W_3 = W_3 \neq V$ である．したがって，等号は成立しない．

(3) (1) で等号が成立すれば (2) で等号が成立することを示す．$v = w_1 + w_3 = w_2 + w_3' \in (W_1 + W_3) \cap (W_2 + W_3)$ とする．ただし，$w_1 \in W_1$, $w_2 \in W_2$, $w_3, w_3' \in W_3$ である．すると，$w_1 - w_2 = w_3' - w_3 \in (W_1 + W_2) \cap W_3$ だから，$w_1 - w_2 = w_1' - w_2'$ $(w_1' \in W_1 \cap W_3, w_2' \in W_2 \cap W_3)$ と表せる．このとき，$w_1 - w_1' = w_2 - w_2' \in W_1 \cap W_2$ で，$v = w_1 + w_3 = (w_1 - w_1') + (w_1' + w_3)$ と書けて，$w_1' + w_3 \in W_3$ となるので，$v \in (W_1 \cap W_2) + W_3$ となる．逆に，(2) で等号が成立したとしよう．$v \in (W_1 + W_2) \cap W_3$ ととれば，$v = w_1 + w_2$ $(w_1 \in W_1, w_2 \in W_2)$ と書ける．このとき，$w_1 - v = -w_2 \in (W_1 + W_3) \cap (W_2 + W_3)$ であるから，$w_1 - v = w + w_3$ $(w \in W_1 \cap W_2, w_3 \in W_3)$ と表せる．すると，$v = (w_1 - w) + (w + w_2)$ と書けて，$w_1 - w \in W_1 \cap W_3$, $w + w_2 \in W_2 \cap W_3$ である．実際，$w_1 - w = v + w_3$ から $w_1 - w \in W_1 \cap W_3$ がわかり，$w + w_2 = -w_3$ から $w + w_2 \in W_2 \cap W_3$ がわかる．よって，$v \in W_1 \cap W_3 + W_2 \cap W_3$ である．

6. (1) $n = \dim V$ として，V の基底を $\{v_1, \ldots, v_n\}$ とする．各 v_i に対して，自然数 m_i が存在して，$f^{m_i}(v_i) = 0$ となる．ここで，$M = \max(m_1, \ldots, m_n)$ とおくと，$f^M(v_i) = 0$ $(1 \leq i \leq n)$ である．V の任意のベクトル v を $v = c_1 v_1 + \cdots + c_n v_n$ と表すと，
$$f^M(v) = \sum_{i=1}^n c_i f^M(v_i) = 0 \,.$$
よって，$f^M = 0$ となるので，f はべき零写像である．

(2) $n = \dim V$ とする．ある自然数 M が存在して，$f^M = 0$ となる．v を 0 でない任意のベクトルとすると，$f^r(v) \neq 0$, $f^{r+1}(v) = 0$ となるような自然数 r が存在する．$v_1 = f^r(v)$ とおけば，$f(v_1) = 0 \cdot v_1$ だから，v_1 は固有値 0 の固

有ベクトルである．$V_1 = Kv_1$, $\overline{V} = V/V_1$ とおくと，f は $\overline{V}$ の線形変換 $\overline{f}$ を誘導して，$\overline{f}^M = 0$ となる．n に関する帰納法により，$\overline{f}$ の固有値はすべて 0 である．f の固有値は，$\overline{f}$ の固有値とベクトル v_1 の固有値 0 で尽くされるから，f の固有値は 0 だけである．

7. (1) f の基底 $\{v_1, \ldots, v_n\}$ に関する表現行列は，

$$A = \begin{pmatrix} 0 & 1 & 0 & \cdots & 0 \\ 0 & 0 & 1 & \ddots & \vdots \\ \vdots & 0 & \ddots & \ddots & 0 \\ 0 & \vdots & \ddots & \ddots & 1 \\ 1 & 0 & \cdots & 0 & 0 \end{pmatrix}$$

である．

(2) c を f の固有値，v を固有値 c の固有ベクトルとすると，$f(v) = cv$．一方，$f^n(v_i) = v_i$ $(1 \leq i \leq n)$ だから，$f^n(v) = c^n v = v$ となる．すなわち，c は方程式 $\lambda^n - 1 = 0$ の解である．ζ を 1 の原始 n 乗根[3]とする．このとき，$\{1, \zeta, \zeta^2, \ldots, \zeta^{n-1}\}$ は 1 の n 乗根全体を尽くしている．次の (3) で ζ^i $(1 \leq i \leq n)$ が f の固有値であることを示す．

(3) $\zeta^{-1} = \zeta^{n-1}$ に注意して，

$$w_i = \zeta^{-i} v_1 + \zeta^{-2i} v_2 + \cdots + \zeta^{-i(n-1)} v_{n-1} + \zeta^{-in} v_n, \quad 1 \leq i \leq n$$

とおくと，

$$\begin{aligned} f(w_i) &= \zeta^{-i} v_2 + \zeta^{-2i} v_3 + \cdots + \zeta^{-i(n-1)} v_n + \zeta^{-in} v_1 \\ &= \zeta^i \left(\zeta^{-i} v_1 + \zeta^{-2i} v_2 + \cdots + \zeta^{-i(n-1)} v_{n-1} + \zeta^{-in} v_n \right) \\ &= \zeta^i w_i \end{aligned}$$

と計算できる．すなわち，ζ^i は f の固有値であり，w_i は固有値 ζ^i の固有ベクトルである．

---

[3] $\zeta^n = 1$ であるが，$\zeta^i \neq 1$ $(0 < i < n)$ となるような ζ を，1 の原始 n 乗根という．例えば，$e^{\frac{2\pi}{n} \sqrt{-1}}$ は原始 n 乗根である．原始 n 乗根は複素数体のなかに $\varphi(n)$ 個だけ存在する．ここで，$\varphi(n)$ はオイラーの関数である．

(4) ここで，$1 \leq i, j \leq n$ となる i, j について，$i \neq j$ ならば $\zeta^i \neq \zeta^j$ であることに注意すると，$V = Kw_1 \oplus Kw_2 \oplus \cdots \oplus Kw_n$ となるので，$\{w_1, \ldots, w_n\}$ は V の基底である．よって，$P = \begin{pmatrix} \tau & \tau^2 & \cdots & \tau^{n-1} & \tau^n \\ \tau^2 & \tau^4 & \cdots & \tau^{2(n-1)} & \tau^n \\ \cdots & \cdots & \cdots & \cdots & \cdots \\ \tau^{n-1} & \tau^{2(n-1)} & \cdots & \tau^{(n-1)^2} & \tau^{n(n-1)} \\ 1 & 1 & \cdots & 1 & 1 \end{pmatrix}$

とすると，$PAP^{-1} = \begin{pmatrix} \zeta & 0 & \cdots & \cdots & 0 \\ 0 & \zeta^2 & 0 & \cdots & 0 \\ \vdots & \ddots & \ddots & \ddots & \vdots \\ 0 & \cdots & 0 & \zeta^{n-1} & 0 \\ 0 & 0 & \cdots & 0 & 1 \end{pmatrix}$ となる．ただし，$\tau = \zeta^{-1}$ である．

8. $g = 1_V - f$ とおく．$f^2 = f$ だから，$f \circ (1_V - f) = 0$．すなわち，$f \circ g = 0$ で，$f + g = 1_V$．さて，V の任意のベクトル v に対して，$v = f(v) + g(v)$ で，$f(v) \in V_1$ である．$f \circ g(v) = 0$ であるから，$g(v) \in V_2$．よって，$V = V_1 + V_2$ がわかる．もし $v \in V_1 \cap V_2$ ならば，$v = f(v')$ と表されるが，$v \in V_2$ だから $f(v) = 0$．よって，$0 = f(v) = f^2(v') = f(v') = v$．すなわち，$V_1 \cap V_2 = \{0\}$ となる．これから，$V = V_1 \oplus V_2$ となる．

9. p を K の標数とする．K は有限体であるから，$p = 0$ ということはない．実際，標数が 0 ならば，有理数体 $\mathbb{Q}$ が K に体として含まれることになる．これは K が有限体という仮定に反する．したがって，p は素数である．このとき，$\mathbb{Z}/p\mathbb{Z}$ が K に体として含まれる．$k = \mathbb{Z}/p\mathbb{Z}$ とおくと，K は k 上のベクトル空間と見なすことができる．すると，基底 $\{v_1, \ldots, v_n\}$ が存在して，$K = kv_1 \oplus \cdots \oplus kv_n$ となる．すなわち，K の元と k^n の行ベクトル $(c_1, \ldots, c_n)$ が $1:1$ に対応している．したがって，$|K| = |k|^n = p^n$ である．

第 3 章

1. $f(x), g(x) \in K[x]_{\leq n}$, $a, b \in K$ に対して，$\deg(af(x)+bg(x)) \leq n$ である．また，$1, x, \ldots, x^n$ は $K[x]_{\leq n}$ の基底となっている．

2. $R[x]$ の非零元
$$f(x) = a_n x^n + \cdots + a_1 x + a_0, \quad a_n \neq 0,$$
$$g(x) = b_m x^m + \cdots + b_1 x + b_0, \quad b_m \neq 0$$
とすると，
$$f(x)g(x) = a_n b_m x^{n+m} + \cdots + a_0 b_0$$
であるが，R は整域だから $a_n b_m \neq 0$．よって，$f(x)g(x) \neq 0$．

3. $d(x) = p_1(x)^{\gamma_1} \cdots p_n(x)^{\gamma_n}$, $\ell(x) = p_1(x)^{\delta_1} \cdots p_n(x)^{\delta_n}$ とおく．$d(x) \mid f(x)$, $d(x) \mid g(x)$ は明らかである．$h(x) \mid f(x)$, $h(x) \mid g(x)$ とすれば，$h(x) = cp_1(x)^{e_1} \cdots p_n(x)^{e_n}$ と書けて，$e_i \leq \min(\alpha_i, \beta_i)$ $(1 \leq i \leq n)$ である．よって，$h(x) \mid d(x)$ となるから，$d(x) = \gcd(f(x), g(x))$ である．$\ell(x) = \mathrm{lcm}(f(x), g(x))$ となることも同様にして証明できる．

4. (1) φ_x が線形変換であることは明らかである．$\varphi_x(g+I) = I$ とすると，$f(x) \mid xg(x)$ となる．さらに，$f(0) \neq 0$ という仮定から $\gcd(x, f(x)) = 1$ である．よって，$f(x) \mid g(x)$．すなわち，$g + I = I$ となる．φ_x は単射であり $\dim V = n$ だから，φ_x は自己同型写像である．

(2) V の基底として $\{1+I, x+I, \ldots, x^{n-1}+I\}$ がとれる．この基底に関する φ_x の行列表現は

$$A = \begin{pmatrix} 0 & 1 & 0 & \cdots & \cdots & 0 \\ 0 & 0 & 1 & 0 & \cdots & 0 \\ \vdots & \vdots & \ddots & \ddots & \ddots & \vdots \\ 0 & 0 & \cdots & 0 & 1 & 0 \\ 0 & 0 & \cdots & 0 & 0 & 1 \\ -a_0 & -a_1 & \cdots & \cdots & -a_{n-2} & -a_{n-1} \end{pmatrix}$$

となる．ただし，$f(x) = x^n + a_{n-1} x^{n-1} + \cdots + a_1 x + a_0$ とおいている．よって，φ_x の固有多項式 $\Phi_x(\lambda) = \det(\lambda E_n - A)$ を計算すると，

$$\Phi_x(\lambda) = \begin{vmatrix} \lambda & -1 & 0 & \cdots & \cdots & 0 \\ 0 & \lambda & -1 & 0 & \cdots & 0 \\ 0 & 0 & \ddots & \ddots & \ddots & \vdots \\ \vdots & \vdots & \ddots & \lambda & -1 & 0 \\ 0 & 0 & \cdots & 0 & \lambda & -1 \\ a_0 & a_1 & \cdots & \cdots & a_{n-2} & \lambda + a_{n-1} \end{vmatrix}$$

$$= \lambda \begin{vmatrix} \lambda & -1 & 0 & \cdots & 0 \\ 0 & \lambda & -1 & \ddots & \vdots \\ \vdots & \ddots & \ddots & \ddots & 0 \\ 0 & \cdots & 0 & \lambda & -1 \\ a_1 & a_2 & \cdots & a_{n-2} & \lambda + a_{n-1} \end{vmatrix} + (-1)^{n+1} a_0 \begin{vmatrix} -1 & 0 & \cdots & 0 \\ \lambda & -1 & \ddots & \vdots \\ \vdots & \ddots & \ddots & 0 \\ 0 & \cdots & \lambda & -1 \end{vmatrix}$$

$$= \lambda(\lambda^{n-1} + a_{n-1}\lambda^{n-2} + \cdots + a_1) + (-1)^{2n} a_0 = f(\lambda).$$

(3) $\varphi_x(f_i(x) + I) = x f_i(x) + I = (x - \alpha_i) f_i(x) + \alpha_i f_i(x) + I = \alpha_i f_i(x) + I$ と計算されるから, $f_i(x) + I$ は V の固有ベクトルで, その固有値は α_i である. $\alpha_1, \ldots, \alpha_n$ が相異なれば, 補題 2.7.2 によって,

$$U(\alpha_1) + \cdots + U(\alpha_n) = U(\alpha_1) \oplus \cdots \oplus U(\alpha_n) = V.$$

ただし, $U(\alpha_i)$ は固有値 α_i の固有ベクトル空間である. とくに, $\dim U(\alpha_i) = 1$ である.

(4) (3) より明らかである.

5. (1) $h_1(x), h_2(x) \in I : J$ ならば, $(h_1(x) \pm h_2(x))g(x) = h_1(x)g(x) \pm h_2(x)g(x) \in I$ である. よって, $h_1(x) \pm h_2(x) \in I : J$. また, $h(x) \in I : J$, $k(x) \in K[x]$ ならば, $(k(x)h(x))g(x) = k(x)(h(x)g(x)) \in I$ となって, $k(x)h(x) \in I : J$ となる. さらに, $f(x) \in I : J$ は明らかだから, $I : J$ は I を含む $K[x]$ のイデアルである.

(2) $h(x) \in I : J \iff f(x) \mid h(x)g(x)$ である. ここで,

$$h(x) = p_1(x)^{\delta_1} \cdots p_n(x)^{\delta_n} q(x), \quad \gcd(q(x), f(x)) = 1$$

と表すと,

$$f(x) \mid h(x)g(x) \iff \delta_i + \beta_i \geq \alpha_i \quad (1 \leq i \leq n)$$

である．この条件が成立するとき，$\delta_i \geq \gamma_i \ (1 \leq i \leq n)$ を示せばよいが，これは明らかである．

(3) $\varphi_g(h(x) + I) = I \iff g(x)h(x) + I = I \iff f(x) \mid g(x)h(x)$ だから，$\mathrm{Ker}\varphi_g = (I : J)/I$ である．また，φ_g が自己同型写像になるのは $\mathrm{Ker}\varphi_g = \{\overline{0}\}$ となるときであるから，$I : J = I \iff \gamma_i = \alpha_i \ (1 \leq i \leq n) \iff \gcd(f(x), g(x)) = 1$ となるときである．

6. 定理 3.4.9 と同じ考え方で証明する．$f(x), g(x)$ の分解を K の十分大きな拡大体のなかで考えることにして，$\alpha_1, \ldots, \alpha_n, \beta_1, \ldots, \beta_m$ は K 上独立変数であると考える．モニックな多項式 $f(x)/a_n$, $g(x)/b_m$ の係数は $\alpha_1, \ldots, \alpha_n, \beta_1, \ldots, \beta_m$ の多項式として表されるから，$\mathrm{Res}_x(f, g)$ は $\alpha_1, \ldots, \alpha_n, \beta_1, \ldots, \beta_m$ の整数係数の多項式である．補題 3.4.3 により，$\alpha_i = \beta_j$ ならば，$f(x) = 0$ と $g(x) = 0$ は共通解をもつから $\mathrm{Res}_x(f, g) = 0$ である．よって，$(\beta_j - \alpha_i) \mid \mathrm{Res}_x(f, g)$．ここで，$i, j$ は $1 \leq i \leq n$, $1 \leq j \leq m$ の範囲で任意にとれるから，

$$\prod_{j=1}^{m}\prod_{i=1}^{n}(\beta_j - \alpha_i) \ \Big| \ \mathrm{Res}_x(f, g)$$

となる．他方，$\mathrm{Res}_x(f, g)$ を定義する行列式を展開すると，その 1 つの項として $a_n^m b_0^n$ が現れるが，$\beta_1, \ldots, \beta_n$ を使って書くと，

$$a_n^m b_0^n = (-1)^{nm} a_n^m b_m^n (\beta_1 \cdots \beta_m)^n$$

である．したがって，$\mathrm{Res}_x(f, g)$ と $\prod_{j=1}^{m}\prod_{i=1}^{n}(\beta_j - \alpha_i)$ の係数を比較して，

$$\mathrm{Res}_x(f, g) = (-1)^{mn} a_n^m b_m^n \prod_{j=1}^{m}\prod_{i=1}^{n}(\beta_j - \alpha_i)$$

がわかる．残りの 2 つの等式はこの式から容易に導かれる．

7. (1) 対数微分により，

$$\frac{f'(x)}{f(x)} = \sum_{i=1}^{n}\frac{1}{x - \alpha_i}$$

が得られる．よって，$f'(x) = \sum_{i=1}^{n}\dfrac{f(x)}{x - \alpha_i}$ となる．

(2) (1) によって,
$$f'(\alpha_1)\cdots f'(\alpha_n) = (-1)^{n(n-1)/2}\prod_{i<j}(\alpha_i-\alpha_j)^2 = (-1)^{n(n-1)/2}\Delta^2$$
である. よって,
$$\mathrm{Res}_x(f,f') = f'(\alpha_1)\cdots f'(\alpha_n) = (-1)^{n(n-1)/2}\Delta^2$$
である.

8. (1) $\varphi: M \to N$ を $K[x]$ 準同型写像, m を M の任意の元として, $\varphi(m) = 0$ となることを示す. M は捩れ加群であるから, $K[x]$ の非零元 $a(x)$ が存在して, $a(x)m = 0$ となる. このとき, $\varphi(a(x)m) = a(x)\varphi(m) = 0$ で, N は捩れのない加群であるから, $\varphi(m) = 0$ となる. したがって, $\varphi = 0$.

(2) $\gcd(f(x),g(x)) = 1$ だから, $K[x]$ の元 $a(x), b(x)$ が存在して, $a(x)f(x) + b(x)g(x) = 1$ とできる. また, $1 + (f(x))$ は $K[x]$ 加群 $K[x]/(f(x))$ の生成元であり, $1 + (g(x))$ は $K[x]/(g(x))$ の生成元である. $K[x]$ 準同型写像 $\varphi: M \to N$ は $1 + (f(x))$ の像 $\varphi(1 + (f(x))) = h(x) + (g(x))$ を与えるとただ一通りに定まる. ここで,
$$\varphi(1+(f(x))) = \varphi(a(x)f(x)+b(x)g(x)+(f(x))) = \varphi(b(x)g(x)+(f(x)))$$
$$= b(x)g(x)\varphi(1+(f(x))) = b(x)g(x)h(x)+(g(x)) = (g(x))\ .$$
よって, $\varphi = 0$ である.

(3) $u = 1 + (p(x)^\alpha)$, $v = 1 + (p(x)^\beta)$ と略記する. u, v は $K[x]$ 加群 M, N の生成元である. $\varphi \in \mathrm{Hom}_{K[x]}(M,N)$ に対して, $\varphi(u) = h(x)v$ とするとき, $h(x) \in K[x]$ は等式 $\varphi(p(x)^\alpha u) = p(x)^\alpha h(x) v = 0$ を満たしている. $\alpha \geq \beta$ ならば, $p(x)^\alpha v = 0$ だから, 任意の $h(x)$ はこの等式を満たす. また, $h(x)v = k(x)v \iff h(x) + (p(x)^\beta) = k(x) + (p(x)^\beta)$ だから, φ は, $h(x) + (p(x)^\beta)$ と $1:1$ に対応している. さらに, $\varphi, \psi \in \mathrm{Hom}_{K[x]}(M,N)$ が剰余類 $h(x) + (p(x)^\beta)$, $k(x) + (p(x)^\beta)$ に対応しているならば, $a(x)\varphi + b(x)\psi$ は $a(x)h(x) + b(x)k(x) + (p(x)^\beta)$ に対応している. 以上のことから, $\mathrm{Hom}_{K[x]}(M,N) \cong K[x]/(p(x)^\beta)$ となる. $\beta > \alpha$ とすると, $p(x)^{\beta-\alpha} \mid h(x)$ でなければならない. したがって, 上と同様の考察により,

$$\mathrm{Hom}_{K[x]}(M,N) \cong p(x)^{\beta-\alpha}K[x]/(p(x)^\beta) \cong K[x]/(p(x)^\alpha)$$

となる.

9. (1) $\{u_1,\ldots,u_r\}$ を M の自由基底, $\{v_1,\ldots,v_s\}$ を N の自由基底とすると, $\mathrm{Hom}_{K[x]}(M,N)$ の元 φ は,

$$\varphi(u_i) = \sum_{j=1}^{s} a_{ij}v_j , \quad 1 \leq i \leq r$$

を与えることによって定まるから, $\varphi \mapsto (a_{ij})$ という対応で, $\mathrm{Hom}_{K[x]}(M,N)$ と $\mathrm{M}(r,s;K[x])$ の間に全単射が存在する. これが $K[x]$ 加群の準同型写像になることを示すのは容易である.

(2) $p(x)$ を既約多項式, $M = K[x]u_1$, $N = K[x]v_1$ とする. すなわち, $r = s = 1$ と仮定する. $\varphi: M \to N$ を $\varphi(u_1) = p(x)v_1$ によって定義する. このとき, $\varphi(b(x)u_1) = b(x)p(x)v_1$ だから, $\varphi(b(x)u_1) = 0$ ならば $p(x)b(x) = 0$ である. よって, $b(x) = 0$ となるので, φ は単射である. 一方, φ が全射ならば, $b(x) \in K[x]$ が存在して $\varphi(b(x)u_1) = p(x)b(x)v_1 = v_1$ となる. すなわち, $p(x)b(x) = 1$ となるから, $p(x)$ は定数である. これは仮定に反するから, φ は全射ではない.

(3) φ が単射になることを示せばよい. M の元 $m = b_1u_1 + \cdots + b_ru_r$ が存在して $\varphi(m) = 0$ になったと仮定する. $\varphi: M \to N$ には, $K[x]$ に成分をもつ r 次正方行列 $A = (a_{ij})$ が対応して,

$$0 = \varphi(m) = \sum_{i=1}^{r} b_i\varphi(u_i) = \sum_{i=1}^{r}\sum_{j=1}^{r} b_i a_{ij} v_j$$

となるから, $(b_1,\ldots,b_r)A = 0$ である. ここで, A の随伴行列[4]を A^* とすると, 行列と行列式の理論により, $AA^* = dE_r$ $(d = \det A)$ となる. したがって,

$$(b_1,\ldots,b_r)AA^* = (db_1,\ldots,db_r) = (0,\ldots,0) .$$

よって, $db_1 = \cdots = db_r = 0$ である. ここで, $d \neq 0$ となることが証明されれば, $b_1 = \cdots = b_r = 0$ となって, φ は単射になる. さて, φ は全射だから, $1 \leq j \leq r$ に対して, $m_j = \sum_{i=1}^{r} b_{ji}u_i$ が存在して $\varphi(m_j) = v_j$ とできる. したがって, $B = (b_{ij})$ として,

---

[4] A の (i,j)-余因子 $\widetilde{a}_{ij}$ を (i,j)-成分とする行列の転置行列である.

$$\begin{pmatrix} v_1 \\ \vdots \\ v_r \end{pmatrix} = \begin{pmatrix} \varphi(m_1) \\ \vdots \\ \varphi(m_r) \end{pmatrix} = \begin{pmatrix} \sum_{i=1}^r b_{1i}\varphi(u_i) \\ \vdots \\ \sum_{i=1}^r b_{ri}\varphi(u_i) \end{pmatrix}$$
$$= \begin{pmatrix} \sum_{i,j=1}^r b_{1i}a_{ij}v_j \\ \vdots \\ \sum_{i,j=1}^r b_{ri}a_{ij}v_j \end{pmatrix} = BA \begin{pmatrix} v_1 \\ \vdots \\ v_r \end{pmatrix}.$$

よって, $BA = E_r$ となって, $\det B \cdot \det A = 1$ となる. これから, $d \neq 0$ である.

10. (1) $f(x), g(x) \in J$ として, $f(x) = ax^n +$ (低次の項), $g(x) = bx^m +$ (低次の項) と書けば, $x^m f(x) \pm x^n g(x) = (a \pm b)x^{n+m} + \cdots \in J$ となる. よって, $a \pm b \neq 0$ ならば, $a \pm b \in I$. また, $c \in R$ について, $ca \neq 0$ ならば, $cf(x) = cax^n +$ (低次の項) $\in J$ と書けるので, $ca \in I$. よって, I は R のイデアルである.

(2) $f(x) = x^r +$ (低次の項) と書く. $g(x) \in J$ ならば, 剰余の定理によって, $q(x), r(x) \in R[x]$ が存在して, $g(x) = q(x)f(x) + r(x)$ と表せて, $r(x) = 0$ または $0 \leq \deg r(x) < \deg f(x)$ となる. すると, $r(x) = g(x) - q(x)f(x) \in J$. $f(x)$ の取り方に関する仮定から, $r(x) = 0$. すなわち, $g(x) \in (f(x))$. よって, $J = (f(x))$ である.

(3) R を 1 変数多項式環 $K[t]$ とする. $K[t][x] = K[t,x]$ のイデアル $J = \{gt + hx \mid g, h \in K[t,x]\}$ を考えると, $x \in J$ だから, $I = R$ である. しかし, J は単項イデアルではない. もし $J = (f(x))$ となったとすると, $t = f(x)f_1(x)$ と書けるから, $\deg_x f(x) = 0$. すなわち, $f(x) \in K[t]$ である. $f(x) = a$ とおくと, $x = af_2(x)$. よって, $b \in K[t]$ が存在して, $ab = 1$. すると, $a \in K$ となって, $J = K[t,x]$ となる. このとき, $1 \in J$ だから, $1 = gt + hx$ となる $g, h \in K[t,x]$ が存在するが, $t = x = 0$ という値を代入すると $1 = 0$ となって矛盾が生じる. よって, J は単項イデアルではない.

第 4 章

1. $x, y \in G$ について,$(xy)^2 = e$. よって,$xyxy = e$. この等式の両辺に,左から x,右から y を掛けると,$x(xyxy)y = xy$ となるので,$yx = xy$.

2. $x \in G \setminus H$ について,$xH \neq H$ かつ $Hx \neq H$. よって,$G = H + xH = H + Hx$. これから,$Hx = xH$ となる.

3. (1) $a \in gH_1 \cap g'H_2$ とすると,$a = gh_1 = g'h_2$ ($h_1 \in H_1$, $h_2 \in H_2$) と表せる.$x \in gH_1 \cap g'H_2$ を任意にとると,$a^{-1}x \in H_1 \cap H_2$ である.よって,$x \in a(H_1 \cap H_2)$. すなわち,$gH_1 \cap g'H_2 \subseteq a(H_1 \cap H_2)$. 逆に,$ah \in a(H_1 \cap H_2)$ とすると,$ah = gh_1 h \in gH_1$ かつ $ah = g'h_2 h \in g'H_2$ だから,$a(H_1 \cap H_2) \subseteq gH_1 \cap g'H_2$.

    (2) $G = g_1 H_1 + \cdots + g_m H_1$,$G = g'_1 H_2 + \cdots + g'_n H_2$ とすると,$g_i H_1 = g_i H_1 \cap g'_1 H_2 + g_i H_1 \cap g'_2 H_2 + \cdots + g_i H_1 \cap g'_n H_2$ と,集合の直和として表される.$g_i H_1 \cap g'_j H_2$ は,空集合でなければ,$H_1 \cap H_2$ の右剰余類である.よって,G は $H_1 \cap H_2$ の有限個の右剰余類の直和に分解されている.これから,$[G : H_1 \cap H_2] < \infty$ がわかる.

4. $N = \bigcap_{g \in G} gHg^{-1}$ とおくと,N は H に含まれる部分群である.また,G の任意の元 a について,
$$aNa^{-1} = \bigcap_{g \in G} a(gHg^{-1})a^{-1} = \bigcap_{g \in G} (ag)H(ag)^{-1} = N$$
となるので,$N \triangleleft G$. ここで,$[G : H] = n$ として,$G = g_1 H + \cdots + g_n H$ のように右剰余類分解を行なったとき,G の任意の元 g について,$g \in g_i H$ となる i が存在する.このとき,$gHg^{-1} = g_i H g_i^{-1}$ である.実際,$g = g_i h$ とすると,$gHg^{-1} = g_i(hHh^{-1})g_i^{-1} = g_i H g_i^{-1}$ である.ここで,$H = hHh^{-1}$ であることに注意せよ.よって,$N = \bigcap_{i=1}^n g_i H g_i^{-1}$ となる.一方,$a \in G$ に対して,$G = g_1 H + g_2 H + \cdots + g_n H$ より $G = (ag_1 a^{-1})aHa^{-1} + \cdots + (ag_n a^{-1})aHa^{-1}$ が得られるが,これは G の aHa^{-1} による右剰余類分解である.よって,$[G : H] = [G : aHa^{-1}]$ となる.$[G : H] < \infty$ より $[G : g_i H g_i^{-1}] < \infty$ であるから,問題 3 によって,$[G : \bigcap_{i=1}^n g_i H g_i^{-1}] < \infty$ となることがわかる.

5. $x, y \in H$ ならば $f(x), f(y) \in H'$ である.よって,$f(x^{-1}y) = f(x)^{-1} f(y) \in H'$.

問題の解答（第 4 章）

したがって，$x^{-1}y \in H$ となるから，H は G の部分群である．さらに，$k \in K$ ならば，$f(k) = e \in H'$ だから，$k \in H$ となる．よって，$K \subseteq H$．ここで，$f : G \to G'$ の H への制限 $f_H : H \to G'$ を考えると，$\mathrm{Ker}\, f_H = K$, $\mathrm{Im}\, f_H = H' \cap \mathrm{Im}\, f$ となる．準同型定理を f_H に適用して，$H/K \cong H' \cap \mathrm{Im}\, f$ を得る．

6. HK が部分群であったとすれば，$h \in H$, $k \in K$ に対して，$kh = (e \cdot k) \cdot (h \cdot e) \in HK$．よって，$KH \subseteq HK$．また，$(hk)^{-1} = k^{-1}h^{-1} \in KH$ となることと，群 A について，A から A への集合の写像 $x \mapsto x^{-1}$ が全単射であることに注意すると，$KH = HK$ となることがわかる．逆に，$HK = KH$ と仮定すると，

$$(hk)(h'k') = h(kh')k' = h(h''k'')k' = (hh'')(k''k') \in HK,$$
$$(hk)^{-1} = k^{-1}h^{-1} \in KH = HK$$

より，HK が部分群であることがわかる．ただし，$HK = KH$ より，$kh' = h''k''$ と表されることを用いた．$H \triangleleft G$ ならば，K の任意の元 k について，$kH = Hk$．よって，$KH \subseteq HK$ かつ $HK \subseteq KH$ がわかる．したがって，$HK = KH$ となる．$K \triangleleft G$ の場合も同様である．$H \triangleleft G$, $K \triangleleft G$ と仮定すると，G の任意の元 g に対して，$gHKg^{-1} = (gHg^{-1})(gKg^{-1}) = HK$ となるから，$HK \triangleleft G$ である．

7. $(ab)^{mn} = (a^m)^n(b^n)^m = e$ より，ab の位数は mn の約数である．ab の位数を N とすると，$a^N b^N = e$．このとき，$a^{nN}b^{nN} = a^{nN} = e$．よって，$m \mid nN$．さらに $\gcd(m,n) = 1$ より，$m \mid N$．同様にして，$n \mid N$．したがって，$mn \mid N$．以上より，$N = mn$ となる．

8. $i \neq j$ ならば，N_i の元 x_i と N_j の元 x_j は可換である．なぜならば，$x_i x_j x_i^{-1} x_j^{-1} \in N_i \cap N_j \subseteq N_i \cap (N_1 \cdots \overset{\vee}{N_i} \cdots N_r) = \{e\}$ である．したがって，$x_i x_j = x_j x_i$．また，$G = N_1 \cdots N_r$ という条件より，G の元 g は $g = x_1 \cdots x_r$ $(x_i \in N_i)$ と表されることがわかる．この表し方はただ一通りである．実際，$g = y_1 \cdots y_r$ $(y_i \in N_i)$ と表されたとしよう．このとき，上の可換性に関する注意によって，

$$y_1^{-1} x_1 = (y_2 \cdots y_r)(x_r^{-1} \cdots x_2^{-1}) = (y_2 x_2^{-1}) \cdots (y_r x_r^{-1})$$
$$\in N_1 \cap (N_2 \cdots N_r) = \{e\}.$$

よって，$y_1 = x_1$ かつ $y_2 \cdots y_r = x_2 \cdots x_r$ である．同様に繰り返して，$y_2 =$

$x_2, \ldots, y_r = x_r$ がわかる．そこで，$g = x_1 \cdots x_r$ $(x_i \in N_i)$ と表されるとき，$\varphi(g) = (x_1, \ldots, x_r)$ によって，集合の写像 $\varphi : G \to N_1 \times \cdots \times N_r$ を定義する．このとき，φ は群準同型写像で，かつ，全単射になっていることは，補題 4.4.7 の証明と同様にしてできる．

9. (1)（反射律）$x = exe$ より $x \sim x$．（対称律）$y = hxk$ ならば，$x = h^{-1}yk^{-1}$. よって，$x \sim y$ ならば $y \sim x$．（推移律）$y = hxk$, $z = h'yk'$ ならば，$z = (h'h)x(kk')$. よって，$x \sim y$, $y \sim z$ ならば，$x \sim z$. 以上より，$x \sim y$ という関係は同値関係である．明らかに，元 $x \in G$ を含む同値類は HxK である．

(2) $G = \coprod_{\lambda \in \Lambda} g_\lambda H$, $G = \coprod_{\lambda \in \Lambda} Hg'_\lambda$ とする．ただし，G の H による右剰余類分解と左剰余類分解で，同じ添字集合 Λ がとれることに注意せよ（補題 4.3.2 参照）．これから，$G = \bigcup_{\lambda \in \Lambda} Hg_\lambda H = \bigcup_{\lambda \in \Lambda} Hg'_\mu H$ となる．したがって，任意の $\lambda \in \Lambda$ に対して，$Hg_\lambda H = Hg'_\mu H$ とできる．このとき，$\{g'_\mu \mid \mu \in \Lambda\}$ を別の右完全代表系に取り換えると，$g_\lambda H = g'_\mu H$ となることを示す．実際，$g_\lambda = hg'_\mu h'$ と表せるから $g_\lambda h'^{-1} = hg'_\mu$ である．さらに $Hg'_\mu = H(hg'_\mu)$ だから，g'_μ を $g''_\mu = hg'_\mu$ で取り換えて，$g'_\mu = g_\lambda h'^{-1}$ と仮定できる．すると，$g'_\mu H = g_\lambda h'^{-1} H = g_\lambda H$ である．したがって，$\{g'_\mu \mid \mu \in \Lambda\}$ が，G の H による右剰余類分解と左剰余類分解に共通する完全代表系である．

10. $f(x,y) = a_0(y)x^n + a_1(y)x^{n-1} + \cdots + a_n(y)$, $a_i(y) \in \mathbb{R}[y]$, $a_0(y) \neq 0$ と表す．結合法則は
$$f(f(x,y),z) = f(x, f(y,z)) \tag{$*$}$$
と表されるので，
$$a_0(z)\left(a_0(y)x^n + \cdots + a_n(y)\right)^n + a_1(z)\left(a_0(y)x^n + \cdots + a_n(y)\right)^{n-1}$$
$$+ \cdots + a_n(z)$$
$$= a_0\left(a_0(z)y^n + \cdots + a_n(z)\right)x^n + \cdots + a_n\left(a_0(z)y^n + \cdots + a_n(z)\right)$$

という関係がある．この式を，$\mathbb{R}[y,z]$ に係数をもつ x に関する多項式の間の恒等式と見て，最高次の項を比較すると，
$$a_0(z)a_0(y)^n x^{n^2} = a_0(a_0(z)y^n + \cdots + a_n(z))x^n$$

となるから，$n=0$ または $n=1$ である．

(i) $n=0$ のとき．$f(x,y)=g(y)\in\mathbb{R}[y]$ である．すると，
$$f(f(x,y),z)=g(z),\quad f(x,f(y,z))=g(f(y,z))=g(g(z))\ .$$
よって，$g(z)=g(g(z))$ となる．ここで，
$$g(y)=b_0 y^m + b_1 y^{m-1}+\cdots+b_m,\quad b_0\neq 0$$
とおくと，
$$g(z)=b_0 z^m+\cdots+b_m,\quad g(g(z))=b_0^{m+1} z^{m^2}+\cdots$$
だから，$m=m^2$．よって，$m=0$ または $m=1$ である．$m=0$ ならば，明らかに，$g(z)=g(g(z))$ が成立する．$m=1$ ならば，$g(z)=b_0 z+b_1$ は
$$b_0 z+b_1=b_0(b_0 z+b_1)+b_1=b_0^2 z+b_0 b_1+b_1$$
を満たす．よって，$b_0=1$ かつ $b_1=0$．すなわち，$g(z)=z$．よって，$f(x,y)=y$．

(ii) $n=1$ のとき．$f(x,y)=a_0(y)x+a_1(y)$ である．$f(x,y)$ を $\mathbb{R}[x]$-係数の y の多項式と見て，同様の議論を行う．すると $f(x,y)$ は，定数，または x，または y について 1 次の多項式であることがわかる．
$$f(x,y)=axy+bx+cy+d,\quad a,b,c,d\in\mathbb{R}$$
と表せる場合を考えよう．結合法則 $(*)$ の係数を比較して，

$a\neq 0$ ならば，$f(x,y)=axy+b(x+y)+\dfrac{b(b-1)}{a}$，

$a=0$ ならば，$f(x,y)=x+y+d$

となる．

11. $\overline{G}=G/H$ とおき，$\pi:G\to\overline{G}$ を，$x\mapsto xH$ で定まる自然な商写像とする．$\overline{G}$ は可解群だから，正規列
$$\overline{G}=\overline{G}_0\supset\overline{G}_1\supset\cdots\supset\overline{G}_r=\{\overline{e}\}$$
で，$\overline{G}_{i-1}/\overline{G}_i\ (1\leq i\leq r)$ がアーベル群となるものが存在する．また，H も可解群だから，正規列

$$H_0 \supset H_1 \supset \cdots \supset H_s = \{e\}$$

で,H_{j-1}/H_j $(1 \leq j \leq s)$ がアーベル群となるものがある.ここで,$1 \leq i \leq r$ に対して,$G_i = \pi^{-1}(\overline{G}_i)$ とおくと,$G_i \triangleleft G_{i-1}$ かつ $G_{i-1}/G_i \cong \overline{G}_{i-1}/\overline{G}_i$ となる.ただし,$G_0 = G$ とおく.また,$G_r = H$ である.そこで,$G_{r+j} = H_j$ $(1 \leq j \leq s)$ とおくと,

$$G = G_0 \supset G_1 \supset \cdots \supset G_r \supset G_{r+1} \supset \cdots \supset G_{r+s} = \{e\}$$

は正規列で,G_{k-1}/G_k $(1 \leq k \leq r+s)$ はアーベル群である.よって,G は可解群である.

12. 定理 4.2.3 により,$D_n = \{e, \rho, \ldots, \rho^{n-1}, \sigma, \sigma\rho, \ldots, \sigma\rho^{n-1}\}$ と表される.ただし,$\rho^n = e$, $\sigma^2 = e$, $\sigma\rho\sigma = \rho^{-1}$ という関係式を満たす.そこで,$G = G_0 = D_n$, $G_1 = \{e, \rho, \ldots, \rho^{n-1}\}$ とおくと,$G_1 \triangleleft G$ で,$G/G_1 = \{\overline{e}, \overline{\sigma}\} \cong \mathbb{Z}/2\mathbb{Z}$ である.さらに,$G_1 \cong \mathbb{Z}/n\mathbb{Z}$ だから,$G = G_0 \supset G_1 \supset \{e\}$ は,$G/G_1, G_1$ がアーベル群となる正規列である.よって,D_n は可解群である.

13. G をべき零群とする.このとき,i に関する帰納法で $\Gamma^i(G) \supseteq D^i(G)$ を証明する.$i = 0, 1$ のときは明らかである.$\Gamma^{i-1}(G) \supseteq D^{i-1}(G)$ と仮定すると,

$$\Gamma^i(G) = [G, \Gamma^{i-1}(G)] \supseteq [D^{i-1}(G), D^{i-1}(G)] = D^i(G)$$

となる.ある正整数 r に対して $\Gamma^r(G) = \{e\}$ だから,$D^r(G) = \{e\}$ となる.よって,G は可解群である.

14. (1) A は有限生成アーベル群だから $A = \sum_{i=1}^{r} \mathbb{Z}w_i$ と表す.ここで,$\{w_1, \ldots, w_r\}$ の部分集合 $\{w_{i_1}, \ldots, w_{i_s}\}$ で自由なものが存在する.すなわち,$n_{i_1}w_{i_1} + \cdots + n_{i_s}w_{i_s} = 0$ ならば,$n_{i_1} = \cdots = n_{i_s} = 0$ となる.このような部分集合は必ず存在する.たとえば,$\{w_1\}$ は,A が捩れのないアーベル群だから,自由である.これらの部分集合のうち,包含関係で極大なものをとる.$w_1, \ldots, w_r$ の順番を入れ換えて,$\{w_1, \ldots, w_s\}$ $(s \leq r)$ が自由な極大部分集合であると仮定してもよい.すると,任意の j $(s+1 \leq j \leq r)$ に対して,

$$d_j w_j \in \sum_{i=1}^{s} \mathbb{Z}w_i, \quad \exists d_j \neq 0$$

問題の解答（第 4 章）

となる関係がある．そこで，$d = \prod_{j=s+1}^{r} d_j$ とおくと，

$$dw_j \in \sum_{i=1}^{s} \mathbb{Z}w_i, \quad 1 \leq j \leq r$$

となる．すなわち，$dA = \{dx \mid x \in A\}$ は $\sum_{i=1}^{s} \mathbb{Z}w_i$ の部分加群になる．ここで，$\{w_1, \ldots, w_s\}$ の選び方から，$\sum_{i=1}^{s} \mathbb{Z}w_i$ は自由アーベル群である．補題 4.6.1 の (1) によって，dA は有限生成自由アーベル群である．そこで，dA の自由基底を $\{v_1, \ldots, v_t\}$ とすると，$t \leq s$ である．$1 \leq i \leq t$ に対して，$du_i = v_i$ となる A の元 u_i を選ぶと，$\{u_1, \ldots, u_t\}$ は A の自由基底になることを示す．任意の $x \in A$ について，$dx = c_1 v_1 + \cdots + c_t v_t$ と書けるので，$v_i = du_i$ と置き換えて整理すると，

$$d(x - c_1 u_1 - \cdots - c_t u_t) = 0 \, .$$

ここで，$T(A) = \{0\}$ に注意すると，$d \neq 0$ だから，$x = c_1 u_1 + \cdots + c_t u_t$ となる．すなわち，$A = \sum_{i=1}^{t} \mathbb{Z}u_i$ である．また，$c_1 u_1 + \cdots + c_t u_t = 0$ ならば，全体を d 倍して，$c_1 v_1 + \cdots + c_t v_t = 0$ となる．$\{v_1, \ldots, v_r\}$ は dA の自由基底だから，$c_1 = \cdots = c_t = 0$ となる．よって，A は $\{u_1, \ldots, u_t\}$ を自由基底にもつ自由アーベル群である．

(2) $T(A)$ は有限生成アーベル群 A の部分群だから，補題 4.6.1 の (2) によって，$T(A)$ も有限生成アーベル群である．$T(A) = \sum_{i=1}^{m} \mathbb{Z}x_i$ と表すと，$1 \leq i \leq m$ について整数 $d_i \neq 0$ が存在して，$d_i x_i = 0$ となる．$d = \prod_{i=1}^{m} d_i$ とおく．さらに，$F = \sum_{i=1}^{m} \mathbb{Z}e_i$ を階数 m の自由アーベル群として，全射な群準同型写像 $f : F \to T(A)$ を $f(n_1 e_1 + \cdots + n_m e_m) = n_1 x_1 + \cdots + n_m x_m$ で定義する．このとき，$dx_i = 0 \, (1 \leq i \leq m)$ だから，$f(dF) = 0$ となる．よって，準同型定理から，f は

$$f : F \xrightarrow{\pi} F/dF \xrightarrow{\overline{f}} T(A)$$

と分解される．ただし，$\pi: F \to F/dF$ は自然な商写像で，$\overline{f}$ は全射である．$F/dF \cong \underbrace{\mathbb{Z}/d\mathbb{Z} \times \cdots \times \mathbb{Z}/d\mathbb{Z}}_{m}$ だから，F/dF は位数 d^m の有限群である．よって，$T(A)$ も有限群で，$|T(A)| \leq d^m$ である．

(3) まず，$T(A/T(A)) = \{\overline{0}\}$ となることを示す．実際，$x \in A$ に対して $\overline{x} = x + T(A)$ が捩れ元ならば，非零整数 d が存在して，$d\overline{x} = \overline{0}$ となる．すなわち，$dx \in T(A)$ となる．したがって，非零整数 m が存在して，$m(dx) = 0$．よって，$x \in T(A)$ となり，$\overline{x} = \overline{0}$ となる．すなわち，$A/T(A)$ は捩れのない有限生成アーベル群である．したがって，(1) によって，$A/T(A)$ は自由アーベル群になる．その自由基底を $\{\overline{u}_1, \ldots, \overline{u}_r\}$ として，$A/T(A) = \sum_{i=1}^{r} \mathbb{Z}\overline{u}_i$ と表す．そこで，$u_i \in A\ (1 \leq i \leq r)$ を $\overline{u}_i = u_i + T(A)$ となるように選び，$M = \sum_{i=1}^{r} \mathbb{Z}u_i$ とおく．$\{u_1, \ldots, u_r\}$ が M の自由基底であることを示そう．実際，$c_1 u_1 + \cdots + c_r u_r = 0$ ならば，$c_1 \overline{u}_1 + \cdots + c_r \overline{u}_r = \overline{0}$ である．$\{\overline{u}_1, \ldots, \overline{u}_r\}$ は $A/T(A)$ の自由基底だから，$c_1 = \cdots = c_r = 0$ となる．ここで，$A = M + T(A)$，$M \cap T(A) = \{0\}$ となることを示せば，$A = M \oplus T(A) \cong A/T(A) \oplus T(A)$ となる．$\pi: A \to A/T(A)$ を自然な商写像とする．A の任意の元 z について，$\pi(z) = n_1 \overline{u}_1 + \cdots + n_r \overline{u}_r$ と表す．このとき，$\pi(z - n_1 u_1 - \cdots - n_r u_r) = \overline{0}$ となる．よって，$z - n_1 u_1 - \cdots - n_r u_r \in T(A)$．すなわち，$z \in M + T(A)$．これから，$A = M + T(A)$ が従う．また，$z \in M \cap T(A)$ とすると，非零整数 d が存在して $dz = 0$．一方，$z = n_1 u_1 + \cdots + n_r u_r$ と表すと，$dz = (dn_1)u_1 + \cdots + (dn_r)u_r = 0$．よって，$dn_1 = \cdots = dn_r = 0$．したがって，$n_1 = \cdots = n_r = 0$ となり，$z = 0$ である．これから，$M \cap T(A) = \{0\}$ となる．

15. $|A|$ に関する帰納法で証明する．

(i) z_1 を位数が最大の元として，その位数を p^{α_1} とする．$A_1 = \langle z_1 \rangle = \mathbb{Z}z_1$ は $\mathbb{Z}/p^{\alpha_1}\mathbb{Z}$ に同型である．

(ii) $\overline{A} = A/A_1$ とおく．$\overline{z} \in \overline{A}$ が位数 p^β の元ならば，A の元 z で，その位数が p^β で，$\overline{z} = z + A_1$ となるものが存在することを示す．そのために，$z \in A$ を $\overline{z} = z + A_1$ となるようにとると，$p^\beta z \in A_1$．よって，$p^\beta z = m z_1$ と表される．$m = p^\gamma n$, $\gcd(n, p) = 1$ と分解すると，$A_1 = \langle n z_1 \rangle$ である（定理

問題の解答（第 4 章）　　　　　　　　　　　　　　　　　　　　　　　　265

4.2.2 の (2) を参照). 必要ならば, z_1 を nz_1 で置き換えて, $p^\beta z = p^\gamma z_1$ と仮定してもよい. $\gamma \geq \alpha_1$ ならば, $p^\gamma z_1 = 0$ だから, $p^\beta z = 0$ となる. 一方, $p^{\beta-1}z + A_1 = p^{\beta-1}(z+A_1) = p^{\beta-1}\overline{z} \neq \overline{0}$ だから, $p^{\beta-1}z \neq 0$. よって, z の位数は p^β となるので, z は求める元である. $\gamma < \alpha_1$ ならば, $p^\gamma z_1$ の位数は $p^{\alpha_1-\gamma}$ である. したがって,

$$p^{\beta+\alpha_1-\gamma}z = p^{\alpha_1-\gamma}(p^\beta z) = p^{\alpha_1-\gamma}(p^\gamma z_1) = 0$$

である. 元 z_1 の選び方によって, $\beta+\alpha_1-\gamma \leq \alpha_1$ だから, $\beta \leq \gamma$ となる. このとき, $p^\beta(z - p^{\gamma-\beta}z_1) = 0$. ここで, $z' = z - p^{\gamma-\beta}z_1$ とおくと, $\overline{z} = z' + A_1$ となるから, z' の位数は p^β である.

(iii) $|\overline{A}| = |A|/|A_1| < |A|$ だから, 帰納法の仮定により

$$\overline{A} = \overline{A}_2 \oplus \cdots \oplus \overline{A}_s, \quad \overline{A}_i \cong \mathbb{Z}/p^{\alpha_i}\mathbb{Z},\ \alpha_2 \geq \alpha_3 \geq \cdots \geq \alpha_s$$

と表すことができる. $\overline{z}_i$ $(2 \leq i \leq s)$ を $\overline{A}_i$ の生成元として, A の元 z_i を, $\overline{z}_i = z_i + A_1$ かつ z_i の位数が p^{α_i} となるようにとる. そこで, $A_i = \langle z_i \rangle = \mathbb{Z}z_i$ とおくとき,

$$A = A_1 \oplus A_2 \oplus \cdots \oplus A_s$$

となることを証明する.

z を A の任意の元とすると, $\overline{z} = z + A_1$ は $\overline{z} = n_2\overline{z}_2 + \cdots + n_s\overline{z}_s$ と表される. すると, $z - (n_2z_2 + \cdots + n_sz_s) \in A_1$ だから, $z = n_1z_1 + n_2z_2 + \cdots + n_sz_s$ と表される. ここで, $0 \leq n_i < p_i^\alpha$ $(1 \leq i \leq s)$ ととる. 元 z の別の表示

$$z = m_1z_1 + \cdots + m_sz_s, \quad 0 \leq m_i < p^{\alpha_i},\ 1 \leq i \leq s$$

をもったとすると, $\overline{z} = n_2\overline{z}_2 + \cdots + n_s\overline{z}_s = m_2\overline{z}_2 + \cdots + m_s\overline{z}_s$ となる. $\overline{A} = \overline{A}_2 \oplus \cdots \oplus \overline{A}_s$ であるから, $n_i\overline{z}_i = m_i\overline{z}_i$ $(2 \leq i \leq s)$ となる. したがって, $(n_i - m_i)\overline{z}_i = \overline{0}$ となるが, $0 \leq n_i, m_i < p^{\alpha_i}$ だから, $n_i = m_i$ $(2 \leq i \leq s)$ となる. すると, $n_1z_1 = m_1z_1$ となるが, $0 \leq n_1, m_1 < p^{\alpha_1}$ だから, $n_1 = m_1$ が従う. これから, $A \cong \mathbb{Z}/p^{\alpha_1}\mathbb{Z} \times \mathbb{Z}/p^{\alpha_2}\mathbb{Z} \times \cdots \times \mathbb{Z}/p^{\alpha_s}\mathbb{Z}$ と書けることがわかる.

(iv) A の 2 通りの直積分解

$$A \cong \mathbb{Z}/p^{\alpha_1}\mathbb{Z} \times \cdots \times \mathbb{Z}/p^{\alpha_s}\mathbb{Z}, \quad \alpha_1 \geq \cdots \geq \alpha_s > 0$$
$$\cong \mathbb{Z}/p^{\beta_1}\mathbb{Z} \times \cdots \times \mathbb{Z}/p^{\beta_t}\mathbb{Z}, \quad \beta_1 \geq \cdots \geq \beta_t > 0$$

が得られたとして，$s = t$, $\alpha_1 = \beta_1$, ..., $\alpha_s = \beta_s$ となることを示す．A の部分群 pA を考えると

$$pA \cong \mathbb{Z}/p^{\alpha_1-1}\mathbb{Z} \times \cdots \times \mathbb{Z}/p^{\alpha_s-1}\mathbb{Z}$$
$$\cong \mathbb{Z}/p^{\beta_1-1}\mathbb{Z} \times \cdots \times \mathbb{Z}/p^{\beta_t-1}\mathbb{Z}$$

となる．ただし，$\alpha_i = 1$ または $\beta_j = 1$ のときは，$\mathbb{Z}/p^{\alpha_i-1}\mathbb{Z} = \{0\}$, $\mathbb{Z}/p^{\beta_j-1}\mathbb{Z} = \{0\}$ と考えて，上の直積分解から省く．$|pA| < |A|$ だから，

$$\alpha_1 \geq \cdots \geq \alpha_k > 1 = \alpha_{k+1} = \cdots = \alpha_s,$$
$$\beta_1 \geq \cdots \geq \beta_\ell > 1 = \beta_{\ell+1} = \cdots = \beta_t$$

とすると，帰納法の仮定によって，$k = \ell$ で，$\alpha_1 = \beta_1$, ..., $\alpha_k = \beta_k$ である．一方，

$$|A| = \prod_{i=1}^{k} p^{\alpha_i} \cdot p^{s-k} = \prod_{j=1}^{\ell} p^{\beta_j} \cdot p^{t-\ell}$$

だから，$s - k = t - \ell$ となる．よって，$s = t$ となる．

16. i に関する帰納法によって示す．$i = 1$ のときは，$yxyx = y(xyxy)y^{-1}$. そこで，i のとき，$v_i \in H$ として，v_i が具体的に w_1, w_2, w_3 とそれらの共役類の積として書けたとして，$i + 1$ の場合を考えると，

$$yx^{i+1}yx^{i+1} = yx^i(xyxy)x^{-i}y^{-1}yx^iy^{-1}x^i$$
$$= \{yx^i w_3 (yx^i)^{-1}\} \cdot \{yx^i yx^i\} \cdot \{x^{-i} y^{-2} x^i\}$$
$$= \{yx^i w_3 (yx^i)^{-1}\} \cdot \{yx^i yx^i\} \cdot \{x^{-i} w_2 x^i\}^{-1}$$

と表される．

17. $Q' = \langle a, b \mid a^4 = b^4 = e, \ a^2 = b^2, \ aba = b \rangle$ とおく．群準同型写像 $f : Q' \to Q$ を $f(a) = i$, $f(b) = j$ と定義すると，f は全射である．とくに，$f(ab) = k$ である．与えられた関係式を使うと，$Q' = \{e, a, a^2, a^3, b, b^3, ab, ba\}$ となり，$|Q'| = |Q|$ となるので，f は同型写像である．

問題の解答（第 4 章）

18. (1) T と $U^{(r)}$ が $\mathrm{GL}(n, K)$ の部分群で，

$$T \supset U^{(1)} \supset U^{(2)} \supset \cdots \supset U^{(n)} = \{E\}$$

となっていることは容易に示される．ただし，E は単位行列である．また，$D(T) \subseteq U^{(1)}$ となることも容易に確かめられる．ここで，$\Gamma^{r-1}(U) \subseteq U^{(r)}$ となることを，r に関する帰納法で証明する．U に属する行列

$$A = (a_{ij}) = \begin{pmatrix} 1 & a_{12} & \cdots & a_{1r} & * & \cdots & * \\ 0 & 1 & \ddots & & \ddots & \ddots & \vdots \\ \vdots & 0 & \ddots & \ddots & \ddots & & * \\ \vdots & \vdots & \ddots & \ddots & \ddots & & a_{n-r+1\,n} \\ \vdots & \vdots & & \ddots & \ddots & \ddots & \vdots \\ 0 & 0 & \cdots & \cdots & 0 & 1 & a_{n-1\,n} \\ 0 & 0 & \cdots & \cdots & \cdots & 0 & 1 \end{pmatrix}$$

に対して，その逆行列 $A^{-1} = (b_{ij})$ は，a_{ij} を b_{ij} で置き換えた形をしている．また，$U^{(r-1)}$ に属する行列

$$C = (c_{ij}) = \begin{pmatrix} 1 & 0 & \cdots & 0 & c_{1r} & * & \cdots & * \\ 0 & 1 & \ddots & & \ddots & \ddots & \ddots & \vdots \\ \vdots & 0 & \ddots & & \ddots & \ddots & & * \\ \vdots & \vdots & \ddots & \ddots & & 0 & c_{n-r+1\,n} \\ \vdots & \vdots & & \ddots & \ddots & & & 0 \\ \vdots & \vdots & & & \ddots & \ddots & 0 & \vdots \\ \vdots & \vdots & & & & \ddots & \ddots & 0 \\ 0 & 0 & \cdots & & & \cdots & 0 & 1 \end{pmatrix}$$

に対して，その逆行列 C^{-1} は C と同じ形をして，第 r 対角線上の成分が $-c_{1r}, \ldots, -c_{n-r+1\,n}$ となっている．ここで，$ACA^{-1}C^{-1}$ の第 1 対角線の成分は 1 で，第 2 から第 r 対角線の成分がすべて 0 になっていることが，計算で容易に確かめることができる．よって，$\Gamma^{r-1}(U) \subseteq U^{(r)}$ である．

(2) $D^1(T) = D(T) \subseteq U$, $D^2(T) \subseteq [U,U] \subseteq U^{(2)}$, ..., $D^r(T) = [D^{r-1}(T), D^{r-1}(T)] \subseteq [U^{(r-1)}, U^{(r-1)}] \subseteq [U, U^{(r-1)}] \subseteq U^{(r)}$ となるから，$D^n(T) = \{E\}$ となって，T は可解群である．また，$\Gamma^n(U) = \{E\}$ となるから，U はべき零群である．

第 5 章

1. $i \neq j$ について，n 次正方行列 $U_{ij} = (u_{ij})$ を
$$u_{kk} = 1 \quad 1 \leq k \leq n,$$
$$u_{k\ell} = \begin{cases} 1 & (k,\ell) = (i,j), \\ 0 & (k,\ell) \neq (i,j) \end{cases}$$
で定義する．A を，中心 C に属する任意の行列とすると，$AU_{ij} = U_{ij}A$．一方，行列の計算によって，AU_{ij} は，j 列を除くすべての列が A と同じで，j 列が
$${}^t(a_{1i} + a_{1j},\ a_{2i} + a_{2j},\ \ldots,\ a_{ni} + a_{nj})$$
となる行列である．他方，$U_{ij}A$ は，i 行を除くすべての行が A と同じで，i 行が
$$(a_{i1} + a_{j1},\ a_{i2} + a_{j2},\ \ldots,\ a_{in} + a_{jn})$$
となる行列である．よって，$a_{ki} = 0\ (k \neq i)$，$a_{j\ell} = 0\ (\ell \neq j)$，$a_{ii} = a_{jj}$ となる．$i \neq j$ となる組 (i,j) をいろいろと取り換えて，A は対角成分 $a_{ii} = \alpha\ (\forall i)$ となる対角行列であることがわかる．逆に，このような対角行列が C に属することは行列計算から明らかである．

2. E_{ij} で (i,j)-成分が 1，残りの成分は 0 の行列を表す．$A = (a_{ij})$ に対して，$E_{ij}A$ は，第 i 行が $(a_{j1}, a_{j2}, \ldots, a_{jn})$ で残りの行成分はすべて 0 の行列になり，AE_{ij} は，第 j 列が ${}^t(a_{1i}, a_{2i}, \ldots, a_{ni})$ で残りの列成分はすべて 0 の行列になる．I を $\mathrm{M}_n(K)$ の両側イデアルとして，$I \neq (0)$ と仮定しよう．$A \in I$，$A \neq 0$ とすると，$a_{k\ell} \neq 0$ となる (k,ℓ)-成分があるから，$a_{k\ell}^{-1} E_{kk} A E_{\ell\ell} = E_{k\ell}$ となる．よって，$E_{k\ell} \in I$ と仮定してもよい．このとき，$E_{ij} = E_{ik} E_{k\ell} E_{\ell j}$ だから，$E_{ij} \in I$ となる．すると，任意の行列 $B = (b_{ij})$ について，$B = \sum_{i,j} b_{ij} E_{ij} \in I$ だから，$I = \mathrm{M}_n(K)$ となる．

問題の解答（第 5 章）　　　　　　　　　　　　　　　　　　　　　　　　269

3. (1) $a \in I, b \in J, x \in R$ に対して，$x(a+b) = xa + xb \in I + J$ より，$I+J$ が左側イデアルとなることは明らか．$c \in I \cap J, x \in R$ に対して，$xc \in I \cap J$ である．よって，$I \cap J$ は左側イデアルである．この他の場合も同様にして証明される．

(2) $x, y \in R, \sum_i a_i b_i \in IJ$ に対して，$xa_i \in I, b_i y \in J$ であることから，$x(\sum_i a_i b_i)y = \sum_i (xa_i)(b_i y) \in IJ$ となる．よって，IJ は R の両側イデアルである．

4. (0) $a + b\sqrt{-5} = 0 \iff a = b = 0$ を示せばよい．$\Leftarrow$ は明らかだから，$\Rightarrow$ を示す．$a + b\sqrt{-5} = 0$ ならば，$0 = (a + b\sqrt{-5})(a - b\sqrt{-5}) = a^2 + 5b^2$ となる．よって，$a = b = 0$.

(1) $P = R$ と仮定すると，R の 2 元 $\alpha = a + b\sqrt{-5}, \beta = c + d\sqrt{-5}$ が存在して，
$$2\alpha + (1 + \sqrt{-5})\beta = 1$$
を満たす．これを a, b, c, d に関する条件として書き表すと，
$$2a + c - 5d = 1, \quad 2b + c + d = 0$$
となる．これらから d を消去すると，$2a + 10b + 6c = 1$ であるが，この式を満たす整数 a, b, c は存在しない．よって，P は R の真のイデアルである．また，$R/P \cong \mathbb{Z}/2\mathbb{Z}$ となるので，P は極大イデアルである．よって，P は素イデアルである．

(2) $a + b\sqrt{-5}$ が R の単元だとすると，$c + d\sqrt{-5} \in R$ が存在して $(a + b\sqrt{-5})(c + d\sqrt{-5}) = 1$ となる．すなわち，
$$ac - 5bd = 1, \quad bc + ad = 0$$
となる．最初の式から $\gcd(a, b) = 1$．よって，第 2 の式から，$c = au, d = -bu$ $(u \in \mathbb{Z})$ と表せる．第 1 の式に代入すると，$(a^2 + 5b^2)u = 1$．よって，$u = 1, a^2 + 5b^2 = 1$．これから，$a = \pm 1, b = 0$．したがって，$R^* = \{1, -1\}$．

(3) 与式から，$ac - 5bd = 2, bc + ad = 0$．最初の式から，$\gcd(a, b) = 1, 2$ である．$\gcd(a, b) = 1$ のとき，第 2 式から，$c = au, d = -bu$ となる $u \in \mathbb{Z}$

が存在する．これを最初の式に代入して，$(a^2+5b^2)u = 2$．これから，$a = \pm 1$, $b = 0$, $u = 2$ である．$\gcd(a,b) = 2$ のとき，$a = 2a'$, $b = 2b'$ と表すと，$a'c - 5b'd = 1$, $b'c + a'd = 0$．これは (2) で取り扱った方程式だから，$a' = \pm 1$, $b' = 0$．以上から，(a,b,c,d) は次の 4 組の 1 つである．

$$(1,0,2,0), \quad (-1,0,-2,0), \quad (2,0,1,0), \quad (-2,0,-1,0).$$

(4) P が単項イデアルだと仮定して，$P = (a+b\sqrt{-5})R$ と表す．このとき，R の元 $c+d\sqrt{-5}$, $e+f\sqrt{-5}$ が存在して，

$$2 = (a+b\sqrt{-5})(c+d\sqrt{-5}), \quad 1+\sqrt{-5} = (a+b\sqrt{-5})(e+f\sqrt{-5}).$$

最初の式を満たす $a+b\sqrt{-5}$ は (3) で与えられている．$a+b\sqrt{-5}$ は R の単元でないから，$a+b\sqrt{-5} = \pm 2$ である．このとき，第 2 の式は

$$1+\sqrt{-5} = \pm(2e+2f\sqrt{-5})$$

となって矛盾である．よって，P は単項イデアルではない．

(5) R がユークリッド整域ならば，定理 5.3.1 により，R の任意のイデアルは単項イデアルである．一方，P は単項イデアルではないから，R はユークリッド整域ではない．

5. 問題 4 の (2) によって，$2 = \alpha\beta$ と分解すると，α または β は単元である．よって，2 は既約元である．他方，$(1+\sqrt{-5})(1-\sqrt{-5}) = 6 \in 2R$ である．2 が素元ならば，$1+\sqrt{-5} \in 2R$ または $1-\sqrt{-5} \in 2R$．もし $1+\sqrt{-5} \in 2R$ ならば，$1+\sqrt{-5} = 2(a+b\sqrt{-5})$ と書ける．これから，$1 = 2a$ となって矛盾である．$1-\sqrt{-5} \in 2R$ の場合も同様にして矛盾に到る．

6. 2 が既約元であることは問題 4 の (2) より従う．3 が既約元であることも，2 の場合と同様の計算でわかる．$1+\sqrt{-5}$ が既約元であることを示そう（$1-\sqrt{-5}$ の場合も同様である）．$1+\sqrt{-5} = (a+b\sqrt{-5})(c+d\sqrt{-5})$ とすると，

$$ac - 5bd = 1, \quad ad + bc = 1.$$

第 1 式から第 2 式を引いて，

$$a(c-d) = b(c+5d) .$$

また，第 2 式より，$\gcd(a,b) = 1$. したがって，$u \in \mathbb{Z}$ が存在して，

$$c + 5d = au, \quad c - d = bu$$

と表される．これを解いて

$$6c = (a + 5b)u, \quad 6d = (a - b)u .$$

よって，

$$6 = 6(ad + bc) = a(a-b)u + b(a+5b)u = (a^2 + 5b^2)u .$$

これを解くと，次の 2 つの場合がある．

(i) $u = 1, a = b = c = \pm 1, d = 0$,

(ii) $u = 6, a = c = d = \pm 1, b = 0$.

(i) の場合には $c + d\sqrt{-5}$ が単元であり，(ii) の場合には $a + b\sqrt{-5}$ が単元である．よって，$1 + \sqrt{-5}$ は既約元である．また，$1 + \sqrt{-5}$ が，2 とも 3 とも同伴でないことは容易に示される．$1 - \sqrt{-5}$ についても同様である．

7. アイゼンシュタインの既約性判定定理を $R = K[y]$ の場合に使う．定理 5.4.6 の記号を使えば，(i) の場合には，$a_0 = 1, a_i = y^i \ (0 < i < n), a_n = y^n - y$ である．$p = y$ ととれば，$p \nmid a_0, p \mid a_i \ (0 \leq i < n), p^2 \nmid a_n$ となっていることがわかる．よって，$f(x,y)$ は既約多項式である．(ii) のときには，$a_0 = 1, a_i = 0 \ (0 < i < n), a_n = y^n - 1, p = y - 1$ ととる．$\dfrac{da_n}{dy} = ny^{n-1}$ だから，$p \nmid n$ のとき，$y^n - 1$ における $y - 1$ の重複度は 1 である．したがって，$p^2 \nmid a_n$. この場合には，$f(x,y)$ は既約多項式である．もし $p \mid n$ ならば，$n - pm$ と表すと，$f(x,y) - x^{pm} + (y^m - 1)^p - \{x^m + y^m - 1\}^p$ となって，$f(x,y)$ は既約多項式ではない．

8. $K[x]$ を R に置き換えて議論すればよいので，詳細は省略する．

9. (1) IM は明らかに M の部分 R-加群である．そこで，R/I と M/IM の間の演算を

$$(a + I) \cdot (m + IM) = am + IM$$

と定義すると，この演算は代表元 a, m の取り方によらない．実際，$a + I =$

$b + I$, $m + IM = n + IM$ とすると，$n = m + m'$，$b = a + a'$ $(m' \in IM, a' \in I)$ である．よって，$bn = (a+a')(m+m') = am + (am' + a'm + a'm')$ であって，$am' + a'm + a'm' \in IM$ だから，$bn + IM = am + IM$．この演算で $\overline{M}$ が $\overline{R}$-加群となることは明らかである．

(2) 証明は $M = R$ の場合と同様にすればよい．

10. P を素イデアルとする．このとき，$P \cap \mathbb{Z}$ は $\mathbb{Z}$ の素イデアルである．なぜならば，$a, b \in \mathbb{Z}$ について，$ab \in P \cap \mathbb{Z}$ ならば，$ab \in P$ より，$a \in P$ または $b \in P$．よって，$a \in P \cap \mathbb{Z}$ または $b \in P \cap \mathbb{Z}$ である．したがって，$P \cap \mathbb{Z} = (0)$ または，素数 p が存在して $P \cap \mathbb{Z} = p\mathbb{Z}$ である．

$P \cap \mathbb{Z} = (0)$ ならば，$S = \mathbb{Z} \setminus \{0\}$ として，$P \cap S = \emptyset$．S は $\mathbb{Z}[\sqrt{-5}]$ の積閉集合である．よって，$P(S^{-1}R)$ は $S^{-1}R$ の真のイデアルである．さらに，$S^{-1}R \supset S^{-1}\mathbb{Z} = \mathbb{Q}$ であるから，$S^{-1}R = \mathbb{Q}[\sqrt{-5}]$ となる．ここで，$\mathbb{Q}[\sqrt{-5}]$ の元 $a + b\sqrt{-5}$ は零元 $0 + 0 \cdot \sqrt{-5}$ でなければ，逆元 $(a - b\sqrt{-5})/(a^2 + 5b^2)$ をもつから，$\mathbb{Q}[\sqrt{-5}]$ は体である．よって，$P(S^{-1}R) = (0)$．したがって，$P = (0)$．

次に，$P \cap \mathbb{Z} = p\mathbb{Z}$ の場合を考える．このとき，$P \supset pR$．そこで，R/pR を考えると，$R/pR = (\mathbb{Z}/p\mathbb{Z})[x]/(x^2 + 5)$ である．実際，自然な準同型写像

$$\varphi : (\mathbb{Z}/p\mathbb{Z})[x] \to R/pR, \quad \varphi|_{\mathbb{Z}/p\mathbb{Z}} = \mathrm{id}, \quad \varphi(x) = \sqrt{-5} + pR$$

を考えると，φ は全射で，$\mathrm{Ker}\, \varphi = (x^2 + 5)$ である．ここで，$p \neq 2, 5$ の場合，$x^2 + 5$ は重解をもたない多項式である．

(ⅰ) $p = 2$ のとき．$\mathbb{Z}/2\mathbb{Z}$ 上 $x^2 + 5 = (x+1)^2$ だから，$P = (2, 1+\sqrt{-5})$．なぜならば，$P \supset pR$ だから，R/P は R/pR の剰余環で整域である．$R/2R = (\mathbb{Z}/2\mathbb{Z})[x]/((x+1)^2)$ だから，$P/2R$ は $R/2R$ において $(x+1)$ で生成された単項イデアルである．よって，$P = (2, 1+\sqrt{-5})$．

(ⅱ) $p = 5$ のとき．$x^2 + 5 = x^2$．(ⅰ) と同様に考えると，$P = (5, \sqrt{-5}) = \sqrt{-5}R$．

(ⅲ) $p \neq 2, 5$ のとき．$x^2 + 5$ が $\mathbb{Z}/p\mathbb{Z}$ 上で 1 次式の積に分解するのは，$a \in \mathbb{Z}$ が存在して，$a^2 + 5 \equiv 0 \pmod{p}$ となるときである[5]．このとき，$\mathbb{Z}/p\mathbb{Z}$ 上で，$x^2 + 5 = (x-a)(x+a)$．一般に，体 K 上で $a \neq 0$ ならば，

---

[5] すなわち，p を法として，-5 が平方剰余のときである．

$K[x]/(x^2-a^2) \cong K[x]/(x-a) \times K[x]/(x+a)$（中国式剰余定理）．このとき，$K[x]/(x^2-a^2)$ の素イデアルは単項イデアル $(x-a)$ と $(x+a)$ である．したがって，$P=(p,-a+\sqrt{-5})$ または $P=(p,a+\sqrt{-5})$．たとえば，$p=23$ のとき，$a=8$.

(iv) x^2+5 が $\mathbb{Z}/p\mathbb{Z}$ 上で既約多項式の場合[6]には，R/pR は定理 3.3.5 により体である．よって，$P=pR$ である．

---

[6] すなわち，p を法として，-5 が平方非剰余のときである．

索引

ア

アーベル群　151
r 変数多項式環　128
アイゼンシュタインの定理　231
余り　23, 110

イ

位数　153, 154
一意分解整域　225
1 次結合　52
一次従属　52
一次独立　52
1 : 1 写像　2
1 変数多項式環　108
イデアル　44, 113
イメージ　61, 132

ウ　エ

上に有界　13
上への写像　2
n 次交換子群　182
n 次式　107
n 次巡回群　157
n 進表示　47

オ

オイラーの関数　3
オイラーの φ 関数　36
押し出し　20

カ

カーネル　61, 132
階数　133, 189, 195
ガウスの整数環　223
可解群　179
可換　19
可換環　30, 209
可換図式　62
可換体　49
可逆元　26, 210
核　61, 132
拡大固有ベクトル空間　94
拡大体　119
加群　130
可算集合　6
可算濃度　11
可付番集合　6
可付番濃度　11
加法群　151

可約元　224
環　209
環準同型写像　35, 138, 212
完全　80
完全列　80
環同型写像　35, 212
簡約　193

キ

基底　55
軌道　172
軌道分解　172
帰納的極限　16
帰納的系　14
帰納的順序集合　13
基本関係　196
既約元　111, 224
逆元　151, 210
逆写像　3, 59
逆像　3, 170
既約多項式　111
既約分解　112, 225
共通解　121
共通部分　2
行ベクトル　51

索　引

行ベクトル空間　51
行ベクトル表示　61
共役関係　173
共役元　167
共役部分群　167
共役類　173
行列表現　63
極小元　13
局所環　221
局所べき零写像　106
極大イデアル　217
極大元　13
極大部分群　199

ク

空集合　1
クラインの4元群　160
グラム・シュミットの正
　規直交化法　102
クロネッカーのデルタ　78
群　151
群作用　171
群準同型写像　154
群同型写像　155

ケ

係数行列　98
係数体　50
結合法則　3, 18
元　1
原始多項式　228
原始的　228

コ

語　192
交換子　181
交換子群　181
合成写像　3
交代群　163
降中心列　185
合同　23
合同1次方程式　31
合同関係　7
恒等写像　3
合同変換　158
合同類　28
公倍元　22, 109
公約元　22, 109
互換　162
固定部分群　172
固有多項式　89
固有値　90
固有ベクトル　90
固有ベクトル空間　92
固有方程式　90
根基　115

サ

最小公倍元　22, 109, 227
最大公約元　22, 109, 227
次元　57, 133
4元数群　198

4元数体　198
指数　167
自然な商写像　66
実数体　50
実ベクトル空間　102
射影的系　16
写像　2
斜体　210
自由　133
自由加群　133
自由基底　133, 189
自由群　195
終結式　122
集合の系　14
自由生成系　189
巡回群　156
巡回置換　161
順序　12
順序集合　12
準同型写像　58, 132, 151
準同型定理　67, 169, 213
商　23, 110
条件式　1
昇鎖律　233
商写像　11
商集合　11
乗積表　164
商体　220
昇中心列　185
乗法群　151, 210

剰余　23, 110
剰余環　30, 117, 213
剰余群　169
剰余の定理　23, 109
剰余類　212
ジョルダン標準形　96
シルベスターの慣性法則　103
シローの定理　174
真のイデアル　216
真部分群　174

ス　セ

推移律　7
スカラー　51
スカラー積　50
整域　108, 118, 216
正規化群　168
正規直交基底　102
正規部分群　168
正規列　179
斉次多項式　128
生成系　52, 189, 196, 232
生成元　156
正定値　102
整列集合　222
積閉集合　218
零因子　30, 211
零空間　99
零ベクトル　51
線形自己準同型写像　64

線形自己同型写像　64
線形写像　58
線形商写像　66
線形同型　58
線形変換　64, 86
全射　2
全順序集合　13
全商環　220
選択公理　14
全単射　3

ソ

素イデアル　114, 216
素因数分解　27
像　2, 61, 132
双一次形式　97
総次数　127
双対基底　79
双対ベクトル空間　75
添字集合　8
素元　27, 112, 224
素元分解　27
素元分解整域　225
素数　26

タ

体　30, 49, 210
対角化可能　94
対角集合　9
対角線論法　6
対称　97
大小関係　12

対称群　160
対称律　7
代数　236
代表系　8
代表元　8
互いに素　25, 109, 214
多項式　128
短完全列　80
単元　26, 210
単項イデアル　44, 114
単項式　107, 127
単項左側イデアル　212
単項右側イデアル　212
単項両側イデアル　212
単射　2
単純環　212

チ

置換　160
置換群　151, 160
置換表現　171
中国式剰余定理　32, 215
中心　167, 210
中心化群　167
直積　9, 34, 138, 176
直積集合　9
直和　8, 70, 73, 133
直和分解　8
直交　99
直交基底　100
直交補空間　99

索引

ツ

ツォルンの補題　13
定数　108
定数項　107

ト

同型　132, 155
同型写像　3, 58, 132, 138
同値関係　7
同値類　8
同伴　112, 224

ナ ニ

内部自己同型写像　171
長さ　192
2項演算　18
2面体群　158

ネ ノ

ネーター環　233
ネーター整域　237
捩れ元　191
捩れ部分加群　134
捩れ部分群　191
濃度　11

ハ

倍元　22, 109
ハミルトン・ケーリーの定理　90

テ

半群　149
反射律　7
判別式　125

ヒ

$p(x)$-位数　142
p-群　173
p-シロー部分群　173
p-部分群　173
非可算集合　6
引き戻し　20
非退化　99
左移動　171
左側イデアル　211
左完全代表系　166
左逆元　210
左剰余類　165
左零因子　211
左類別　166
標準基底　58
ヒルベルトの基底定理　234

フ

ファイバー積　20
フィボナッチ数列　39
フェルマーの小定理　30
複素数体　50
負元　151
符号数　104
部分加群　131
部分環　209

部分群　153
部分集合　2
部分体　119
部分ベクトル空間　51

ヘ ホ

べき等元分解　138
べき零群　185
べき零写像　106
ベクトル　51
ベクトル空間　50
補集合　2

マ ミ

マイナス元　151
交わり　2
右側イデアル　211
右完全代表系　166
右逆元　210
右剰余類　165
右零因子　211
右類別　166

ム モ

無限群　153
無限集合　1
無限体　50
モニック　107, 128
モニックな既約分解　113
モノイド　149

ヤ　ユ

約元　22, 109
ユークリッド整域　223
ユークリッドの互除法　24, 110
有限群　153
有限集合　1
有限生成　52
有限生成アーベル群　189
有限生成アーベル群の基本定理　192
有限生成イデアル　232
有限生成加群　133
有限生成系　133
有限生成代数　236
有限体　50
有向集合　14
有理数体　50

ラ　リ

ラグランジュの定理　166
両側イデアル　211
両側剰余類　206

ル　レ

類等式　173
列ベクトル　51
連続体の濃度　11
連分数　39
連分数展開　39

ワ

和　2

著者略歴
宮西正宜(みやにしまさよし)

1940 年　滋賀県生まれ.
1965 年　京都大学大学院理学研究科修士課程修了．同年，京都大学理学部助手，1967 年同講師，1972 年大阪大学理学部助教授，1984 年同教授となる．2003 年同定年退職（大阪大学名誉教授），2003 年— 2009 年関西学院大学理工学部教授．この間，代数学関係の講義を行うと同時に，カナダ・アメリカ・フランス・ドイツ・インド・中国などの多くの大学で教育と研究に携わる．理学博士．
著書：抽象代数幾何学（共立出版，共著），代数幾何学（裳華房），複素数への招待（日本評論社，共著），Algebraic geometry（アメリカ数学会），Open algebraic surfaces（アメリカ数学会）．その他著書多数．

代数学 1 － 基礎編 －

2010 年 5 月 25 日　第 1 版 1 刷発行

検印省略

定価はカバーに表示してあります．

著作者	宮 西 正 宜	
発行者	吉 野 和 浩	
発行所	東京都千代田区四番町 8 番地 電 話 03-3262-9166〜9 株式会社　裳 華 房	
印刷所	三美印刷株式会社	
製本所	株式会社　青木製本所	

社団法人　自然科学書協会会員

JCOPY 〈(社)出版者著作権管理機構 委託出版物〉
本書の無断複写は著作権法上での例外を除き禁じられています．複写される場合は，そのつど事前に，(社)出版者著作権管理機構（電話 03-3513-6969，FAX03-3513-6979，e-mail:info@jcopy.or.jp）の許諾を得てください．

ISBN 978-4-7853-1555-9

© 宮西正宜, 2010　Printed in Japan

理工系の数理	薩摩順吉・藤原毅夫・三村昌泰・四ツ谷晶二 編集		
線形代数	永井敏隆・永井 敦 共著	定価 2310 円
微分積分＋微分方程式	川野日郎・薩摩順吉・四ツ谷晶二 共著	定価 2835 円
フーリエ解析＋偏微分方程式	藤原毅夫・栄伸一郎 共著	定価 2625 円

リメディアル　線形代数 ―2次行列と図形からの導入―	桑村雅隆 著	定価 2520 円
線形代数概説	内田伏一・浦川 肇 共著	定価 2100 円
入門講義　線形代数	足立俊明・山岸正和 共著	定価 2625 円
線形代数入門	内田・高木・剱持・浦川 共著	定価 2520 円
数学選書1　線型代数学	佐武一郎 著	定価 3360 円

徹底的に微分積分がわかる　数学指南	志村史夫 著	定価 2100 円
微分積分入門	桑村雅隆 著	定価 2520 円
入門講義　微分積分	吉村善一・岩下弘一 共著	定価 2625 円
数学シリーズ　微分積分学	難波 誠 著	定価 2940 円
微分積分読本　―1変数―	小林昭七 著	定価 2415 円
続 微分積分読本　―多変数―	小林昭七 著	定価 2415 円

常微分方程式とラプラス変換	齋藤誠慈 著	定価 2205 円
微分方程式	長瀬道弘 著	定価 2415 円
基礎解析学コース　微分方程式	矢野健太郎・石原 繁 共著	定価 1470 円

新統計入門	小寺平治 著	定価 1995 円
データ科学の数理　統計学講義	稲垣・吉田・山根・地道 共著	定価 2205 円
数学シリーズ　数理統計学（改訂版）	稲垣宣生 著	定価 3780 円

位相入門	内田伏一 著	定価 2310 円
曲線と曲面　―微分幾何的アプローチ―	梅原雅顕・山田光太郎 共著	定価 2835 円
曲線と曲面の微分幾何（改訂版）	小林昭七 著	定価 2730 円

裳華房ホームページ　http://www.shokabo.co.jp/　　2010 年 5 月現在